RISC-V 处理器与嵌入式开发丛书

深入理解 RISC-V 程序开发

林金龙　何小庆　编著

北京航空航天大学出版社

内容简介

本书在介绍 RISC-V 处理器架构、芯片、软件开发工具和方法的基础上，从程序员角度深入分析 RISC-V 处理器软件开发过程的要点，并通过例程帮助读者理解和掌握 RISC-V 处理器编程技术。

本书从内核、处理器、开发板到系统，逐层讨论 RISC-V 处理器程序的开发方法，主要内容包括：RISC-V 处理器架构特点以及软件开发工具和方法；RV32 指令集、汇编语言和 C 语言程序编写方法；GD32VF103 处理器芯片的启动、外设访问、中断服务和功耗管理程序开发方法；嵌入式实时操作系统的移植以及物联网应用程序开发。最后，本书通过一个完整案例，系统地说明 RISC-V 处理器的应用程序开发方法和技术。

本书既可作为高等院校电子和计算机专业的教材，也可作为嵌入式、物联网和人工智能开发者的工具书。

图书在版编目(CIP)数据

深入理解 RISC－V 程序开发 / 林金龙，何小庆编著
. -- 北京 ：北京航空航天大学出版社，2021.9
ISBN 978－7－5124－3589－6

Ⅰ. ①深… Ⅱ. ①林… ②何… Ⅲ. ①微处理器—系统设计 Ⅳ. ①TP332

中国版本图书馆 CIP 数据核字(2021)第 160141 号

深入理解 RISC-V 程序开发
林金龙　何小庆　编著
策划编辑　胡晓柏　　责任编辑　杨　昕
*
北京航空航天大学出版社出版发行
北京市海淀区学院路 37 号(邮编 100191)　http://www.buaapress.com.cn
发行部电话：(010)82317024　传真：(010)82328026
读者信箱：emsbook@buaacm.com.cn　　邮购电话：(010)82316936
涿州市新华印刷有限公司印装　各地书店经销
*
开本：710×1 000　1/16　印张：21　字数：448 千字
2021 年 9 月第 1 版　2021 年 9 月第 1 次印刷　印数：3 000 册
ISBN 978－7－5124－3589－6　定价：69.00 元

前　言

2019年12月19日，中国嵌入式技术大会在深圳国际会展中心举行。会上，IAR系统软件公司、卡姆派乐信息技术公司和深圳优矽科技公司分别介绍了各自公司开发的RISC-V软件开发工具，芯来科技公司介绍了RISC-V MCU解决方案，时擎智能科技公司介绍了基于RISC-V内核的智能物联网AIoT芯片及其应用。

市场研究机构Semico Research预计2025年全球市场的RISC-V核心数将达到624亿颗，其中工业应用将占据167亿颗，2018年至2025年复合增长率将高达146%。

面对风起云涌的RISC-V市场，在聆听了演讲者的精彩报告，感受到听众们的热情后，我们感觉到嵌入式系统RISC-V时代的脚步越来越近了。

会后，我们有了一个想法，为RISC-V生态的发展做点事，写一本关于RISC-V处理器方面的书，向嵌入式系统开发者介绍RISC-V处理器的特点及其应用程序开发方法。

在分析了市场上现有使用RISC-V内核的产品之后，我们选择了易兆创新科技发布的GD32VF103处理器作为本书阐述的重点，并结合SiFive和平头哥RISC-V处理器芯片，帮助开发者全面了解RISC-V处理器知识，并应用RISC-V处理器设计产品。

本书首先介绍RISC-V内核和处理器类型、RISC-V软件开发平台和工具；然后重点介绍GD32VF103处理器的内核、结构、程序开发方法和应用案例；接着说明面向GD32VF103的嵌入式操作系统移植方法；最后通过介绍高性能RISC-V处理器C910，展望RISC-V处理器的发展趋势。

本书共12章，其中，第1、2、3、9和10章由何小庆编写，第4、5、6、7、8、11和12章由林金龙编写。

各章内容介绍如下：

第1章，概述了RISC-V指令集架构的发展历程、RISC-V处理器内核和芯片产品、RISC-V嵌入式系统软件开发生态以及对RISC-V处理器的应用展望。

第2章，介绍了RISC-V处理器芯片GD32VF103 MCU、NXP RV32M1 MUC、WCH CH32V103 MCU、SiFive Freedom E310、Kendryte K210和平头哥CH2601，

以及相关开发板。

第 3 章，介绍了 RISC-V GNU 工具链、开源集成开发环境 Nuclei Studio 和 Freedom Studio、商业开发环境 SEGGER Embedded Studio 和 IAR Embedded Workbench，并用一个应用案例讲述 IAR RISC-V 评估套件的使用方法。

第 4 章，概述了 RISC-V 处理器架构，详细介绍 RISC-V 基础指令集 RV32I 和 RISC-V 内核 BumbleBee。

第 5 章，介绍了 RISC-V 处理器软件开发方法，讨论了用于 RISC-V 处理器软件开发的 GCC 工具链，并通过示例程序说明使用 Embedded Studio 开发 RISC-V 处理器应用程序的过程。

第 6 章，介绍了 GD32VF103 微控制器的特点和结构，说明访问微控制器外设的方式，分析了 GD32VF103 中典型外设的特点和应用方法，并给出示例程序。

第 7 章，分析了中断应用程序和中断服务程序的开发过程和方法，介绍了 GD32VF103V-EVAL 评估板上键盘中断、DMA 中断和触摸屏中断应用程序开发案例。

第 8 章，讨论了嵌入式系统程序中的启动程序、内存资源管理、程序优化和系统能耗管理等问题，并给出 GD32VF103V-EVAL 开发环境上的程序示例。

第 9 章，简述了嵌入式操作系统的基本概念和应用，以 FreeRTOS 为例讲解嵌入式实时操作系统的基本功能、内核 API 使用和基于 RISC-V MCU 的移植技术，最后介绍了使用 Tracealyzer 软件工具分析 FreeRTOS 的应用开发技术。

第 10 章，介绍了物联网操作系统的发展历程、基本功能和技术架构，并介绍了目前市场上活跃的腾讯 TencentOS tiny 和 RT-Thread 物联网操作系统，以及基于这两个物联网操作系统的 RISC-V 嵌入式处理器、SoC 芯片开发板和云平台，最后介绍了空气质量检测终端和音频语音播放应用。

第 11 章，分析了电磁感应自动循迹导航智能车的原理和技术，并给出电磁智能车中软件结构和关键程序的实现。

第 12 章，以 C910 为例，分析了高性能 RISC-V 处理器架构特点，重点分析了处理器的多核协同和内存管理机制。

致　谢

感谢易兆创新科技公司的马晓路先生，他为本书的写作提供了 GD32VF103V-EVAL 评估板、函数库和参考例程，以及电磁引导车的设计和说明资料。感谢芯来科技公司的徐雷先生和覃小蓉女士，为我们提供了 BumbleBee 以及相关内核的资料。

感谢腾讯公司汪礼超、RT-Thread 陈峰为物联网操作系统章节提供应用案例和套件，麦克泰公司张爱华和付元彬为嵌入式操作系统章节提供了支持，阿里平头哥提供了 RISC-V 处理器 IP 和生态芯片资料及开发板；麦克泰公司提供了 J-Link-EDU

仿真器，沁恒微电子、IAR 提供了 RISC-V 开发板套件。

感谢北京航空航天大学出版社胡晓柏先生，他鼓励我们关于本书的最初想法，并支持我们完成本书的写作。北京航空航天大学出版社赵延永副社长很早就开始关注 RISC-V 的发展，并鼓励 RISC-V 图书的出版。

本书可供对 RISC-V 处理器及其应用开发感兴趣的嵌入式系统开发人员、高校教师和学生在项目开发时参考，也可作为基于 RISC-V 处理器的嵌入式系统或物联网专业课程教材或参考书。

写作的过程，也是我们学习 RISC-V 处理器技术和应用开发的过程，我们体会到 RISC-V 非常适合高校电子信息相关研究项目和课程教学，而且它是一种全新开源硬件模式和合作创新环境，这在今天尤为重要。但由于时间仓促，学术水平有限，我们很难全面和准确地掌握 RISC-V 技术，以及相关产品和应用知识，书中错误与不妥之处在所难免，恳请广大读者批评指正。

本书的课件和部分示例代码可以从 http://hexiaoqing.net/publications/中获得。欢迎联系作者：林金龙 linjl@ss.pku.edu.cn、何小庆 xiaoqinghe@live.com 就 RISC-V 处理器技术及嵌入式与物联网开发进行研讨交流。

作　者

2021 年 4 月于北京海淀

目 

第 1 章

了解 RISC-V

过去的 20 年，ARM 在移动和嵌入式领域应用成果丰硕，在物联网（Internet of Things，IoT）领域也正逐渐确定其市场地位。一些其他商用架构（如 MIPS 和 PowerPC）处理器逐渐消亡。ARM 正在进军 Intel 所在的 x86 市场，并给传统 PC 和服务器领域造成一定的压力。RISC-V 开源指令集的出现，引起了产业界的广泛关注。科技巨头都很看重指令集架构（CPU ISA）的开放性，各大公司正在积极寻找 ARM 之外的第二选择，而 RISC-V 就成为理想的选择。全球范围内的大学陆续在教材中使用 RISC-V 替代以前的 MIPS 和 x86 架构，政府和企业逐步将 RISC-V 作为标准指令集，开源的 CPU 核和 SoC 芯片不断涌现，生态环境逐渐丰富，开发者社区越来越活跃。在错综复杂的国际政治经济环境的大背景下，芯片成为中国科技的新制高点。CPU“自主可控”与“普世通用”存在天然的矛盾，RISC-V 开源指令集架构帮助人们化解了这一矛盾。

1.1 RISC-V 指令架构的演进历史

CPU 支持的所有指令和指令的字节级编码就是这个 CPU 的指令集架构（Instruction Set Architecture，ISA），指令集在计算机软件和硬件之间搭起了一座桥梁。不同的 CPU 家族，例如 x86、PowerPC 和 ARM，都有不同的 ISA。RISC-V ISA 开源，更确切地讲是它的指令集规范和标准开源。

RISC-V 起源于加州大学伯克利分校。在 2010 年夏季，Krste Asanovic 教授带领他的两个学生 Andrew Waterman 和 Yunsup Lee 启动了一个 3 个月的项目，目标是针对 x86 和 ARM 指令集架构复杂和需要 IP 授权的问题，开发一个简化和开放的指令集架构。

RISC-V 基金会创建于 2015 年，是一家非营利组织。基金会董事会由 Bluespec、Google、Microsemi、NVIDIA、NXP、UC Berkeley、Western Digital 七家单位组成，目

前的主席是 Krste Asanovi 教授。基金会为核心芯片架构制定标准和建立生态，标准公开免费下载。基金会旗下有超过 1 000 家成员，包括高通、NXP、阿里巴巴和华为等。RISC-V 基金会成员可以使用 RISC-V 商标。RISC-V 指令集架构采用开源 BSD 授权，任何企业、高校和个人都可以遵循 RISC-V 架构指南设计自己的 CPU。

秉承开放、中立的宗旨，RISC-V 基金会总部从美国迁往瑞士，并于 2020 年 3 月完成在瑞士的注册，更名为 RISC-V 国际基金会（RISC-V International Association）。近日，基金会 CEO Calista Redmond 撰文 *RISC-V Catalyst for Change RISC-V*，文章指出，RISC-V 标准是免费和开放的，没有任何一个实体可以控制 RISC-V 技术。企业、学术界和机构都可以自由地在 RISC-V 指令集架构上进行创新，共同推动计算前沿技术的迅速发展。

1.2 RISC-V 处理器家族

RISC-V 处理器家族有许多成员，其核心成员是 RISC-V 处理器核心（CPU Core，简称核）、SoC 平台 和 SoC 芯片这三大类产品和技术。目前可以提供这三类产品和技术的企业、高校和研究机构有 200 余家，此外围绕这些 RISC-V 核心技术提供软件、工具和生态服务的企业和研究机构也有 100 余家。在讨论三大类 RISC-V 产品和技术之前，我们有必要对 RISC-V 指令集有一个简单的了解。

RISC-V 指令集是模块化组织结构，每个模块使用一个英文字母来表示。I 字母表示整数指令子集，它是 RISC-V 最基本并唯一强制要求实现的指令集。其他的指令集部分均为可选的模块，其代表性的模块包括 M/A/F/D/C，比如 某款 RISC-V 处理器内核是 RV32IMAC，即代表实现了 I/M/A/C 指令集。

RISC-V 指令集在不断发展变化，32I 和 64I 已经冻结（成为正式标准），M/A/F/D/Q/C 指令扩展也冻结了，指令集如 32E、128I、LBJTPV 和 Zam 原子访问扩展还在开发中，指令集扩展是 RISC-V 技术的特色之一。

1.2.1 RISC-V 处理器内核

自 RISC-V 架构诞生以来，市场上已有数十个版本的 RISC-V 内核和 SoC 芯片，它们中的一部分是开源免费的，而商业公司开发的 RISC-V 处理器内核和平台是需要商业授权的。某些商业公司开发用于内部使用的 RISC-V 内核，但也可以开源运作。西部数据的 SweRV 架构（RV32IMC）是 RISC-V 内核处理器的典型代表，它是一个 32 bit 顺序执行指令架构，具有双向超标量设计和 9 级流水线，采用 28 nm 工艺技术实现，运行频率高达 1.8 GHz，可提供 4.9 CoreMark/MHz 的性能，略高于 ARM 的 Cortex A15，已经在西部数据的 SSD 和 HDD 控制器上使用，SweRV 项目是一个开源项目（Chip Alliance）。

典型的开源 RISC-V 内核有 Rocket Core，它是加州大学伯克利分校开发的一个经典的 RV64 设计。伯克利分校还开发了一个 BOOM Core,它与 Rocket Core 不同的是面向更高的性能。苏黎世理工大学(ETH Zurich)开发的 Zero-riscy,是经典的 RV32 设计。苏黎世理工大学还开发了另外一款 RISC-V R15CY Core,可配置成 RV32E,面向的是超低功耗、超小芯片面积的应用场景。由 Clifford Wolf 开发的 RISC-V Core-Pico RV32,其内核重点在于追求面积和 CPU 频率的优化。

开源的 RISC-V 内核非常适用于研究和教学,但用于商业芯片设计还有许多工作要做。SiFive(美国赛昉科技)由 Yunsup Lee 创立,他也是 RISC-V 的创始人之一。2017 年 SiFive 公司发布首个 RISC-V 内核、SoC 平台家族,以及相关支持软件和开发板。在这些芯片中,包括采用 28 nm 制造技术,支持 Linux 操作系统的 64 位多核 CPU U500,以及采用 180 nm 制造技术的多外设低成本 IoT 处理器内核 E300。开发 RISC-V 处理器内核的厂商还包括 Codasip、Syntacore、T-Head(平头哥半导体)、Andes (晶芯科技),以及创业公司芯来科技等。

1.2.2 RISC-V SoC 平台

知名的 RISC-V 处理器 SoC 平台有 PULPino、LowRISC 以及 Rocket Chip 开源项目。Rocket Chip 是加州大学伯克利分校基于 Chisel 语言开发的开源 SoC 生成器。芯来科技胡振波发起的“蜂鸟”E200 开源项目,是国内知名度非常高的开源软核 32 位 SoC 平台之一,如图 1.1 所示。

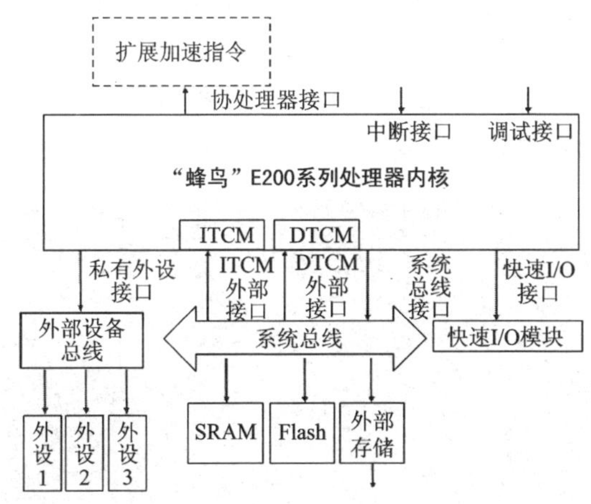

图 1.1 “蜂鸟”E200 RISC-V 处理器

在 64 位 SoC 平台方面,平头哥半导体发展很快,先后推出了玄铁 C906 单核和玄铁 C910 多核高性能 64 位 RISC-V 处理器。C910 采用 12 级超标量流水线,在算术运算、内存访问以及多核同步等方面进行了增强,标配内存管理单元,可运行 Linux 操作系统;采用 3 发射、8 执行的深度乱序执行架构,有单/双精度浮点引擎,可进一步选配面向 AI 加速的向量计算引擎,适用于 5G、人工智能等对性能要求很高的应用领域。平头哥最近成功地将 Android 10 (AOSP)移植到 C910,并在其一个 3 核 C910 平台 ICE EVB SoC 板运行。ICE SoC 的结构如图 1.2 所示。

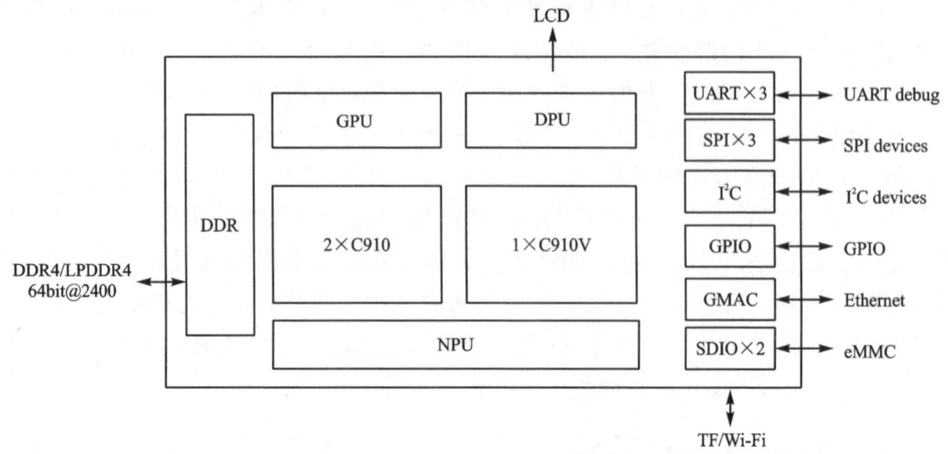

图 1.2　ICE SoC 芯片结构示意图

1.2.3　RISC-V SoC 芯片

RISC-V 处理器 SoC 芯片近年发展迅速,知名度较高的、通用性 SoC 芯片有兆易创新开发的 GD32VF103 MCU 芯片,该芯片基于芯来 BumbleBee 内核(RV32IMAC)。GD32VF103 系列提供了 108 MHz 的运算主频,16～128 KB 的片上闪存和 6～32 KB 的 SRAM,支持各种标准的 MCU 外设和封装形式。市场上有多款基于 GD32VF103 的开发板,例如图 1.3 所示的 RV-START 开发板。

图 1.3　芯来科技的 RV-START 开发板

嘉楠科技 K210 是一个 AIoT SoC 芯片。K210 包含 RISC-V 64 位双核 CPU，采用 RV64 GC 核，包含 M/A/F/D ISA 指令集标准扩展。此外，K210 还包含 KPU 通用神经网络处理器，内置卷积运算单元，可以对人脸或物体进行实时检测。K210 的 FFT 加速器也是用硬件的方式来实现的。K210 开发板很多，图 1.4 是 Sipeed MAix BiT Kit for RISC-V AI+IoT 开发套件。

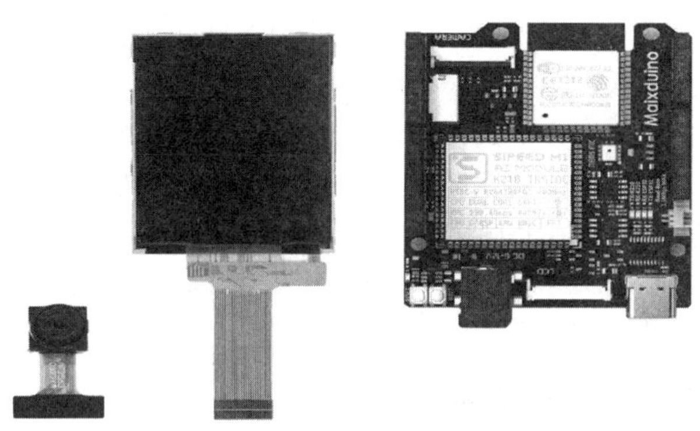

图 1.4　Sipeed MAix BiT 开发套件

NXP RV32M1 集成了 4 个核：RISC-V RI5CY 核、RISC-V ZERO-RISCY 核、ARM Cortex-M4 核和 ARM Cortex-M0+ 核。从专业视角看，RV32M1 更像是工程实验样品，供开发者评估使用，为此 NXP 创建 https://open-isa.org/社区，维护工具链和软件生态，为开发者学习 RISC-V 嵌入式开发提供了便利，在早期市场培育期发挥了重要的作用。

GreenWaves 是法国半导体初创公司于 2018 年推出的 GAP8 处理器，它是业界首款在 IoT 应用中实现电池长期供电的 AI 超低功耗处理器，可以在传感设备中进行低功率 AI 处理。其芯片基于 RISC-V 指令集架构和 PULP 的可编程并行计算平台，以应对机器学习算法最新技术的快速发展。GAP8 作为一款边缘处理器，包含了 1+8 个 RISC-V 处理器内核，采用台积电 55 nm 工艺制程，主频 250 MHz。GAP8 集成了卷积神经网络(CNN)推理，经过优化后可以执行图像和音频算法，能够捕捉、分析、分类并处理大量融合数据源，如图像、声音或振动等。

Microchip PolarFire SoC 芯片是一款低成本、多核 RISC-V SoC FPGA，包含了 4 个 64 bit RV64GC RISC-V 应用核，可运行 Linux。其中，一个单核 RV64IMAC 承担实时和监控任务。这是一款适合工业控制和物联网应用的开发平台。

1.3　RISC-V 嵌入式软件生态

上一节我们讨论了 RISC-V 处理器核、平台和芯片。很明显，嵌入式与物联网以及 AIoT 是 RISC-V 最活跃的应用市场。RISC-V 给嵌入式系统带来了以下 3 个显著优势：

① 开源和免费。开源是新的经济方式，是成功的商业之道，也是学生和工程师学习的最佳途径。ISA 开源意味着开发者可以针对特定应用场景，创建自己的芯片架构。免费则可以降低芯片设计门槛，让草根开发者进入芯片设计领域。

② 简单和灵活。RISC-V 基础指令集有接近 50 条指令，模块化的 4 个指令集能让设计者开发出非常简化的 RISC-V CPU，而且是代码密度很低、功耗很低的芯片，覆盖从 8051 到 ARM A 系列的各种嵌入式处理器应用。

③ 高效和安全。RISC-V 通过预留编码空间和用户指令支持扩展的指令集，实现运算加速和物联网安全。物联网保护的一种通用的途径是分层，分为信任执行环境（TEE）和非信任环境。RISC-V ISA 的设计将 TEE 硬件要求定义为标准规范的一部分，可以在任何 RISC-V 芯片上实现，包括配置物理内存保护（PMP）单元。PMP 类似 ARM 处理器内存保护单元（MPU）机制。

1.3.1 开源 GNU 工具链软件

目前市场上常见的开源 GNU 工具软件有 SiFive Freedom Studio、AndeSight 和 Nuclei Studio IDE。这些软件基本针对自家企业的 RISC-V 处理器内核开发和优化，集成开发环境基于 Eclipse。如果开发者有兴趣，完全可以自己下载 jdk-8u101-windows-x64.exe、Eclipse IDE for C/C++ developers、GNU MCU Eclipse Windows Build Tools、openocd 以及 riscv32-unknown-elf-gcc，搭建一个属于自己的 RISC-V 开发环境。

QEUM 处理器模拟器支持 RV32 和 RV64 指令集，这对于 CPU 种类繁多的 RISC-V 家族是一件好事，开发者可以在 QEUM 环境下执行软件代码和操作系统，比如 FreeRTOS、Zephyr 和 Linux 。

商业嵌入式软件公司已经开始支持通用的 RISC-V ISA RV32 及一些公司的处理器内核和芯片，例如 GD32VF103 芯片和 SiFive E310。瑞典 IAR 的 IAR Embedded Workbench for RISC-V 和德国 SEGGER Embedded Studio for RISC-V 是目前市场上知名度比较高的两款商业软件工具。

1.3.2 IAR Embedded Workbench

在嵌入式和 MCU 市场，IAR Embedded Workbench 是一款与 KEIL MDK 同样知名的开发工具，其具有出色的优化代码尺寸和程序性能的功能。开发者完全可以信赖这个工具来做编译、分析以及调试应用代码。IAR Embedded Workbench 支持许多 8 位、16 位、32 位处理器架构，包括 ARM 和 RISC-V。图 1.5 所示为 IAR Embedded Workbench for RISC-V 软件界面，其最新版本有以下特点：

① 编译器和运行库进一步优化，运行库中包含了对软件乘除法的实现，可以支

持不带 M Extension(硬件乘除法指令)的芯片。

② 支持 P Extension(Packed SIMD)DSP 指令,支持 DSP 和 Packed SIMD specification(草案), Intrinsic functions 支持 Andes DSP libraries。

③ 进一步完善了 Trace 调试功能,支持基于 Nexus IEEE-ISTO 500 协议的 Trace 调试环境,支持 SiFive Insigh 解决方案(注意许多 RISC-V SoC 芯片不支持 Trace)。

④ 自动建立中断向量表,无须手工编写汇编代码,支持 SiFive、Andes 和 GigaDevice 处理器核和 SoC 芯片。

⑤ 支持 Andes D25F、CloudBear BM-310、SiFive、Microchip 和 Syntacore 处理器,还支持 GigaDevice GD32V 系列和芯来科技的 Nuclei N200/300/600 SoC。

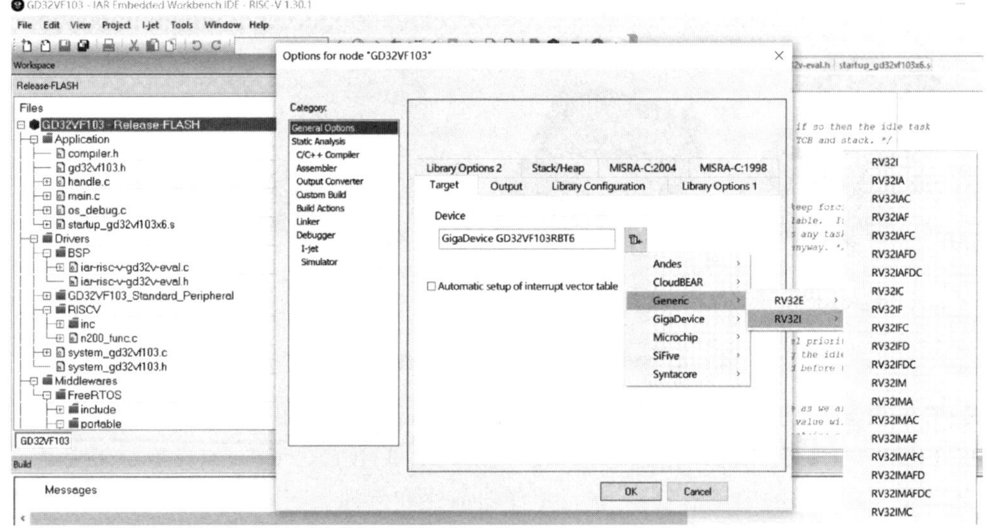

图 1.5　IAR Embedded Workbench for RISC-V 软件界面

未来 IAR 计划支持第三方调试器(目前仅支持 I-JET),支持 RV64I 指令集、C-RUN (代码运行时分析)功能的安全版本。

1.3.3　SEGGER Embedded Studio

2017 年初,Embedded Studio 开始支持 RISC-V。产业界熟知的 SEGGER 公司的嵌入式产品是硬件 J-Link 调试器(如图 1.6 所示)。当然 Embedded Studio 使用的是 J-Link,也可以通过 GDB 支持其他调试接口,例如 OpenOCD 和 GD-Link。本书实验中推荐的是供非商业的教育版本 J-Link EDU 和 J-Link EDU Mini。Embedded Studio 支持单核 RV32 指令集,包括 RV32I、RV32IMA、RV32IMAC、RV32IMAF、RV32IMAFC、RV32G 和 RV32GC。Embedded Studio 支持芯来科技公司的 RISC-V 处理器内核,据悉,其支持的 RV64 和多核版本正在测试中。

Embedded Studio 支持与主机调试器间的高速通信(Real Time Transfer,RTT)。RTT 是一种嵌入式交互的通信技术,使用 RTT 可以从 MCU 非常快速地输出调试信息和数据,且不影响 MCU 的实时性,平均输出一行文本的时间在 1 μs 或更短的时间。

图 1.6 SEGGER 公司的 J-Link 调试器系列产品

RTT 现已支持 RISC-V 处理器。Embedded Studio 是一个集成开发工具,SEGGER 官方称这个工具使用的编译器是 Clang / LLVM 和 GCC C/C++编译器。通常说的 GCC 是一套完整的编译器软件,包括编译器前端和后端。而 Clang 只是一个编译器前端,Clang 由苹果公司开发,效率要比 GCC 高很多,Clang 通常使用 LLVM 作为编译器后端。Embedded Studio 支持外部工具链,比如芯来科技在 Embedded Studio 工程中配置使用芯来科技自己优化的 GCC 工具链,如图 1.7 所示。

SEGGER 创始人 Rolf SEGGER 在 2020 年 2 月一篇名为 *The SEGGER Compiler* 的博文中指出:"我们有三个选择:从头开始构建,基于 GCC 构建,基于 Clang/LLVM 构建。Clang 具有更现代的设计,并且通常被认为比 GCC 更先进。除此之外,Clang 还获得了更为宽松的许可(BSD 的开源授权)。ARM/Keil 从 Clang 派生了一个编译器,从而停止了其先前专有编译器的开发。考虑到所有这些,我们决定更深入地研究 Clang,使用它创建自己的编译器是我们的目标。"这样我们不难看出 SEGGER 编译器指的就是一个"Clang 交叉编译器"。SEGGER 将所有内容打包到一个易于下载的"软件包"中,完全集成并且可以立即使用。

Embedded Studio 的授权方法友好,对于高校老师、学生和非商业使用者都是免费的,不需要联网激活,同意终端用户使用协议后就能使用。

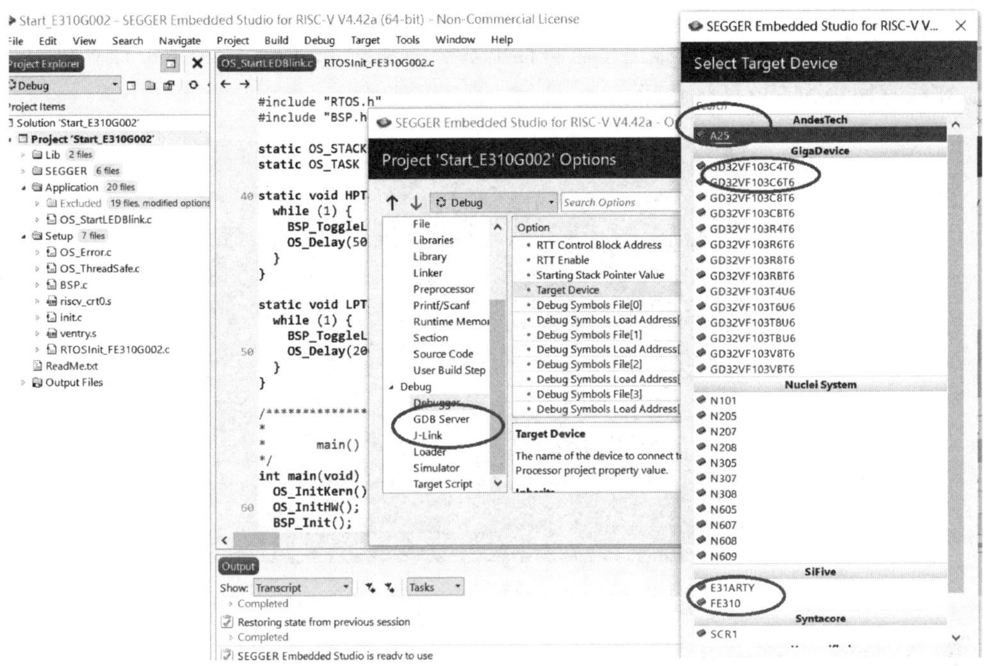

图 1.7　Embedded Studio for RISC-V 软件界面

1.3.4　嵌入式操作系统

RISC-V 处理器应用离不开嵌入式操作系统的支持。国外的 FreeRTOS、Zephyr OS、Thread X(现已被微软收购,命名为 Azure RTOS)、μC/OS、RIOT 已经有移植好的参考实例。比如 FreeRTOS 10.3 版本就有 NXP VEGA 和 SiFive Freedom HiFive 1/RevB 开发板的移植,编译器支持 GCC 和 IAR。SEGGER embOS 有在 GD32VF103V-EVAL 开发板 embOS 和 emWin 上的演示。SiFive 在 Github 上发布了物联网操作系统 Amazon FreeRTOS 移植代码,目前有 SiFive Learn Inventor 开发板和 Andes Corvette-F1 N25 平台可运行。

国内的开源 RT-Thread 有在 HiFive 1/RevB 和其他多种 RISC-V 处理器上的移植代码,物联网操作系统 Huawei LiteOS 有在 GD32VF103V-EVAL 上的演示,Sylix OS 支持 Andes RISC-V 内核的开发板。

RISC-V 指令集架构要进入高端计算市场,需要 Linux 内核的支持,RISC-V 架构进入 Linux 开源的主线(Linux tree)是至关重要的。目前在 Andes、西部数据和 SiFive 工程师的努力下已有很大的进展,比如 Fedora 和 Debian 能够在 SiFive HiFive Unleashed 上演示。虽然许多开源 Linux 开发者对 RISC-V 新处理器很感兴趣,但是由于缺乏经济实惠的 RISC-V 开发板,限制了开发人员在这种架构上的更多工作。如图 1.8 所示,HiFive Unleashed RISC-V 开发板内置了 Freedom U540,是全球第一个支持 Linux 的多核 RISC-V 处理器。但开发板价格昂贵，折合成人民币接近 1 万元。可喜的是，据报道全志将推出基于玄铁 C906 的 Linux 单板计算机，全志在线官网售为 599 元人民币。

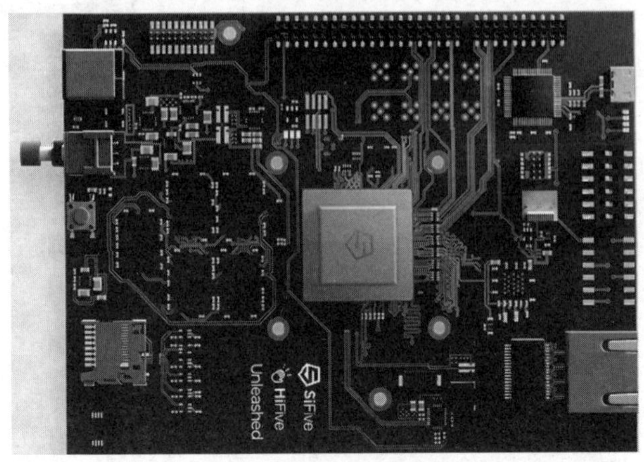

图 1.8　全球首款基于 RISC-V 的开源硬件板卡

Linux 社区对 RISC-V 的支持正在改善，Linux 5.8 版本正式支持 RV64，如 K210 处理器，改变了过去 K210 只能支持 no-mmu Linux 的局面。重要的是，在社区可以很容易地找到一个 K210（RV64GC）的开发板。

1.4　RISC-V 内核、平台和芯片的选择

关注 RISC-V 处理器教学、研究和开发的人士开始增多。在选择 RISC-V 内核、平台和芯片方面，笔者的建议如下：

① 芯片设计者可选择 RISC-V 处理器内核和 SoC 平台构建自己的芯片。比如，使用 PULPino 平台开发 SoC 芯片，处理器内核使用 RI5CY 和 Zero-risky。国内有很多企业和高校研究项目都采用这种方案。

② 建议嵌入式和物联网系统开发者使用 RISC-V SoC 芯片。比如，选择 GD32VF103 系列 MCU 芯片作嵌入式项目开发，GD32VF103 有多款开发板和开发工具链支持。AIoT 应用可以选择 K210 处理器，K210 已经成功应用在人脸识别和智能抄表等机器视觉和机器听觉领域。K210 开发软件 SDK 非常成熟，既支持 FreeRTOS 也支持裸机。最近 Linux 5.8 正式将 K210 RISC-V 处理器纳入主线，未来 RISC-V Linux 软件将越来越成熟。

③ 高校和研究机构可以选择开源 RISC-V 处理器内核在 FPGA 平台上进行计算机体系架构、操作系统、编译技术以及嵌入式系统的教学和研究工作。比如，在基于 Arty FPGA 开发板实现一个 SiFive 开源 Freedom E310 微控制器的技术已经非

常成熟，相应的软件工具链支持也很好，如图 1.9 所示。

图 1.9　可配置 RISC-V 软核的 Arty FPGA 开发板

1.5　RISC-V 处理器与应用展望

2010 年加州大学伯克利分校的暑期项目标志着 RISC-V 的诞生，10 年来 RISC-V 蓬勃发展，在 CPU IP 核、设计平台、SoC 芯片和应用上都有了相当数量的成果。目前，有 50 多个国家超过 200 家企业已在使用 RISC-V，为构建 RISC-V 生态做出了积极贡献。应用上，我们可以看到有西部数据（Western Digital）设计的 SSD 和 HDD 控制器，内核是西部数据自己研发的基于 RISC-V 指令集架构的 SweRV Core。三星使用 RISC-V 核心的一个应用是毫米波射频处理，其在 5G 射频前端模块实现，该射频前端模块在 2020 年用于三星的 5G 旗舰智能手机。NVIDIA 计划用于其 GPU 控制器，高通则用于移动 SoC 中。2020 年 10 月瑞萨电子（Renesas Electronics）宣布选择了晶芯科技的 32 位 AndesCore IP，将其 RISC-V CPU 内核集成到其新的专用标准产品中，该产品于 2021 年下半年向其客户的设计师提供。

中国企业在 RISC-V 处理器开发与应用上非常积极，中科蓝芯开发的 TWS 蓝牙耳机芯片，嘉楠科技的 K210 AIoT 芯片，沁恒微电子的 RISC-V 系列蓝牙 MCU、32 位通用 MCU 和高速接口的 MCU，乐鑫发布的 Wi-Fi＋BLE5.0 芯片 ESP32-C3，中科蓝讯与 RT-Thread 推出的平台芯片 AB32VG1，紫光展锐推出的基于 RISC-V 内核的常春藤 5882 芯片，平头哥的平台芯片 CH2601（玄铁 E906），航顺芯片将推出 ARM 和 RISC-V 双核 MCU，中微半导体的 ANT32RV56XX 以及泰凌微电子推出的 Telink TLSR 9 蓝牙 SoC 芯片，将主要适用于可穿戴设备和各类 IoT 应用产品。这些芯片的内核都采用 RISC-V 指令集架构。

RISC-V 指令集简单且可扩展的设计，能使其成为人工智能、汽车、云计算、边缘计算、物联网、机器学习、移动和 5G 等前沿应用的理想选择。人们对 RISC-V 的关注和投资也将会持续增长。许多当前尚未采用 RISC-V 的公司，也将会更加关注如何把 RISC-V 应用到它们的下一代产品中。

指导 RISC-V 技术发展的是国际基金会的技术工作组（Technical Working Groups），他们负责创建并维护处理器指令集的制定及其周围的其他项目，包括测试和调试框架、软件规格以及安全技术等方面。

2019 年清华大学与加州大学伯克利分校合作成立非营利组织：Tsinghua-Berkeley Shenzhen Institute（TBSI），它是一个 RISC-V 国际性的开源实验室（RIOS Lab），致力于为芯片设计者提供开源的设计平台。RIOS Lab 创建了一个开放的、价格可承受的、具有 Linux 功能的 RISC-V 硬件平台 PicoRio，帮助软件开发人员移植许多需要 Javascript 或 GPU 的应用程序。PicoRio 将基于专家级的高质量 CPU IP 和软件组件集成到一个类似树莓派的开发板上。PicoRio 的开发计划分为以下三个阶段：

第一阶段（PicoRio 1.0），包括一个运行完整 Linux 的基本 64 位四核高速缓存设计（RV64GC）。以命令行模式启动了 Chromium OS 内核，Chrome V8 Javascript 引擎将直接在内核上运行。2020 年下半年发布 Beta 版，PicoRio 的“headless”版本适用于软件开发。

第二阶段（PicoRio 2.0），除了改进 v1.0 硬件之外，还与 Imagination 合作，包括改善具有视频编码/解码功能的完整 GPU，支持运行图形密集型应用程序，例如 Web 浏览器。

第三阶段（PicoRio 3.0），基于 v2.0 硬件，计划进一步提高 CPU 性能，使 PicoRio 开发板达到平板电脑或笔记本电脑的水平。

RISC-V 技术与应用的发展离不开教育和人才培养，2020 年 9 月 Imagination 宣布推出针对本科教学的 RISC-V 计算机体系结构课程，课程名字是 RVfpga：Understanding Computer Architecture。课程是 Imagination 与 Sarah Harris 副教授共同开发的，Sarah Harris 是备受欢迎的《数字设计与计算机体系结构》教材的合著者。Sarah Harris 说：“RISC-V 以各种可能的方式对前几代处理器进行了改善，从功耗到性能，同时还提升了安全性。作为计算机体系结构的又一次巨大进步，从基础层面上认识 RISC-V 对学生而言是很重要的。”

毫无疑问，RISC-V 非常适合高校电子信息相关研究项目和教育课程，以一种全新的开源硬件模式，构建当今社会不可多得的合作创新环境！华盛顿大学计算机工程学院 Michael Taylor 教授说，RISC-V 的技术与应用正在逐渐成熟，它将最终取代以 x86、ARM 为主的微处理器指令集，从根本上改变计算的世界。

1.6　本章小结

本章概述了 RISC-V 指令集架构的发展历程、RISC-V 处理器内核、芯片开发平台和处理器芯片产品、生态环境、开发软件和操作系统现状与应用展望。Semico 预计 2025 年全球市场的 RISC-V 核心数将达到 624 亿颗，其中工业应用将占据 167 亿颗。Tractica 预测，RISC-V 的 IP 和软件工具市场将在 2025 年达到 10.7 亿美元。

第 2 章 RISC-V 处理器芯片

RISC-V 处理器家族有许多成员，有 RISC-V 处理器内核、SoC 平台和 SoC 处理器芯片这三大类产品和技术。RISC-V 处理器芯片非常适合嵌入式和物联网系统开发者使用，尤其适用于 AIoT 产品。本章介绍几款市场上已经量产的 RISC-V 处理器芯片和开发板。

2.1 GD32VF103 微控制器

2.1.1 芯片简介

兆易创新的 GD32VF103 芯片是基于 RISC-V 内核的 32 位通用微控制器，它在处理能力、整体功耗和外围设备方面做了较好平衡。该芯片的 RISC-V 处理器内核支持增强型内核本地中断控制器(ECLIC)、SysTick 定时器和高级调试接口。

GD32VF103 芯片集成了 108 MHz 的 RISC-V 32 位处理器内核，Flash 的访问是零等待以获得最高效率。它提供了最多 128 KB 片上闪存和 32 KB SRAM 存储器，增强功能 I/O 和外围设备连接到两条 APB 总线。芯片最多可提供 2 个 12 位 ADC、2 个 12 位 DAC，4 个通用 16 位定时器，2 个基本定时器，1 个高级 PWM 定时器以及标准通信接口：最多 3 个 SPI，2 个 I^2C，3 个 USART，2 个 UART，2 个 I^2S，2 个 CAN 和 1 个 USBFS，芯片提供有 QFN36、LQFP48/64/100 封装。

GD32VF103 芯片采用 2.6～3.6 V 电源供电，工作温度范围：－40～＋85 ℃。几种省电模式提供唤醒延迟和功耗之间最大程度优化的灵活性，这一点是低功耗应用中尤其重要的考虑因素。

上述特性使 GD32VF103 芯片适用于各种物联网应用，如工业控制、电机驱动、电力监控和报警系统、消费和手持设备、POS、车辆 GPS、LED 显示等。

2.1.2 芯片内核

GD32VF103 芯片内核是 BumbleBee 内核，是由兆易创新联合芯来科技针对物联网或其他超低功耗应用的通用 MCU 产品定制的一款商用 RISC-V 处理器内核，专用于型号为 GD32VF103 的 MCU 产品。BumbleBee 内核的特性如下：

1. CPU 内核

2 级变长流水线架构，采用先进的处理器架构设计，可以实现业界高能效比与低成本芯片设计。简单的动态分支预测器、指令预取单元，能够按顺序预取两条指令，从而隐藏指令的访存延迟。支持机器模式（Machine Mode）和用户模式（User Mode）。

2. 指令集架构

BumbleBee 内核支持 32 位的 RISC-V 指令集架构，支持 RV32IMAC 指令子集的组合。硬件支持非对齐（Misalign）的存储器访问操作（Load/Store 指令）。

3. 总线架构

支持 32 位标准 AHB-Lite 系统总线接口，用于访问外部指令和数据；支持 32 位的指令局部存储器（Instruction Local Memory，ILM）总线接口；支持 32 位数据局部存储器（Data Local Memory，DLM）总线接口；支持 32 位的私有设备总线（Private Peripheral Interface，PPI），支持标准的 APB 接口协议，用于连接私有的外设。

4. 调试和软件开发功能

支持标准 JTAG 接口和 RISC-V 调试标准；支持 4 个硬件断点和多种成熟的开源和商业调试工具，BumbleBee 内核支持 RISC-V 标准的编译工具链。

5. 增强的内核中断控制器

支持 RISC-V 标准定义的软件中断、定时器中断和外部中断；支持数十个外部中断源。

6. 低功耗管理

支持 WFI（Wait For Interrupt）与 WFE（Wait For Event）进入休眠模式；支持两级休眠模式：浅度休眠与深度休眠。

7. 内核私有的定时器单元（Machine Timer，简称 TIMER）

64 位实时定时器，支持产生 RISC-V 标准定义的定时器中断。

2.1.3 GD32VF103 开发板

GD32VF103 芯片有几种开发板，比如第 1 章介绍的芯来科技 RV-START 开发板，其中官方的 GD32VF103C-START 和 GD32VF103V-EVAL 评估板如图 2.1 所示。GD32VF103C-START 评估板是入门型开发板，包含了核心 MCU 和片上基本外设，调试使用 GD-Link。GD32VF103V-EVAL 是资源最丰富的开发板之一，该开发板使用 GD32VF103VBT6 芯片作为主控制器，支持全方位的外围设备。评估板使用 mini-USB 接口或 5 V 的 AC/DC 适配器作为供电电源，提供包括扩展引脚在内的资源以及 SWD、Reset、Boot、User button key、LED、CAN、I^2C、I^2S、USART、RTC、SPI、ADC、DAC、EXMC、USBFS 等外设资源。

开发板板载资源如下：

① 主控芯片 GD32VF103VBT6，基于 Nuclei BumbleBee RISC-V 处理器，主频 108 MHz。

② 板载 GD-Link 调试器，基于 GD32VF103CBT6、CMSIS-DAP 固件。

③ 3.2 in(1 in=2.54 cm)TFT 液晶屏，240×320 分辨率，电阻式触摸屏。

④ 1 个五向按键，1 个复位按键，4 个用户 LED。

⑤ 2 路 232 串口，DB9 接口，预留 DAC/ADC 接口。

⑥ 2 路 CAN 接口，1 路 I^2S 音频接口。

⑦ 预留标准 20P_JTAG 接口，内置了 GD-Link，支持 J-Link 调试器，调试速度更快。

⑧ 1 片 AT24C02 EPROM，1 片 GD25Q16 SPI Flash。

⑨ RTC 备用电池座。

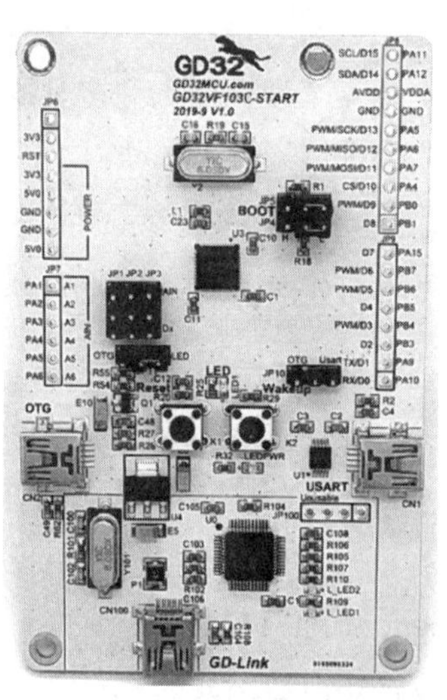

图 2.1　GD32VF103C-START 和 GD32VF103V-EVAL 评估板

GD32VF103V-EVAL 评估板配合软件库的 demo suite，包括 20 个驱动例程，支

持使用芯来科技的 Nucleo IDE 或者 SEGGER Embedded Studio IDE 。

2.2 NXPRV32M1 微控制器

2.2.1 芯片简介

RV32M1 更像是一颗 RISC-V 工程实验芯片，其被推出的目的是扩大和推动 RISC-V 生态系统的发展，让广大的 MCU 嵌入式开发工程师有真正的 RISC-V 芯片可用。目前该芯片只供应给 OPEN-ISA 社区生产评估开发板使用，不单独销售。如果需要样片，可以到社区申请，下面介绍 RV32M1 的片上资源。

芯片 2.48 GHz，支持低功耗蓝牙（BLE）、通用 FSK（支持 250、500、1 000、2 000 kbps）或者 IEEE 802.15.4 标准，可以运行 BLE Mesh、Thread 和 ZigBee 协议栈。

2 个 ARM 核共用 1 个 JTAG 调试口，2 个 RISC-V 核共用 1 个 JTAG 调试口，每个核都可以运行于 48 MHz 频率，在高速模式（HSRUN）下，可达 72 MHz。4 个核被分为 2 个子系统，大核 CM4F/RI5CY 和小核 CM0+/ZERO-RISCY，片上集成 1.25 MB Flash、384 KB SRAM，其中 1 MB 的 Flash 被大核所使用，起始地址为 0x0000_0000；另外的 256 KB Flash 被小核所使用，起始地址为 0x0100_0000。

通过配置 RV32M1 片上的 FOPT 寄存器（Flash Option Register），可以支持上电时从不同的内核来启动，默认从 RISC-V RI5CY 内核启动。如果要进行 ARM 内核开发，如 M4 开发，则必须切换为从 ARM 内核启动，否则当使用调试器进行程序下载时，根本不能识别到 ARM 芯片。

2.2.2 RV32M1 内核

RV32M1 芯片里有 2 个 RISC-V 内核：1 个 RI5CY 内核，1 个 ZERO_RISCY 内核。这两款 RISC-V Core，是苏黎世理工学院（ETH Zurich）开发的 32 位开源内核。2 个 ARM 内核：1 个 Cortex-M4F 内核，1 个 Cortex-M0+内核。

RI5CY 是 PULP SoC 平台架构项目中一个最早开源采用 RISC-V 架构的处理器核，2016 年成为基金会认可的 RISC-V 内核之一，2020 年 2 月更名 CV32E40P，由 OpenHW Group 维护。RI5CY 的指令集支持多个扩展指令，包括硬件循环、增量后加载和存储指令以及附加的 ALU 指令。RI5CY 是实用级处理器，四级流水线结构（取指、译码、执行、回写），具有高性能，实现了定制指令，可进行数字信号处理的应用。

2.2.3 RV32M1 开发板

RV32M1 开发板（见图 2.2）称为 VEGA 织女星开发板，其资源如下：

① 主控芯片：NXP 的 RV32M1，四核异构 MCU 芯片：2 个 ARM 内核，2 个 RISC-V 内核自带无线功能。

② 板载调试器：基于 LPC4322 的 FreeLink 调试器，默认为 CMSIS 固件，升级为 J-Link 固件后可调试 ARM 内核和 RISC-V 内核。

③ 调试接口：2 个 ARM 内核共用 1 个 JTAG 调试口，2 个 RISC-V 内核共用 1 个 JTAG 调试口。

④ RF 射频电路：板载有射频电路，2.48 GHz 频率范围无线收发器，与低功耗蓝牙 Bv4.2 兼容(BLE)，留有天线端子的位置。

⑤ 串行 Flash：美信的 MX25R3235FZNIL0，4 MB 串行闪存，可以存储一些非易失性数据。

⑥ 加速度和磁力传感器：恩智浦的 FXOS8700CQ，六轴传感器，I^2C 接口。

⑦ 按键：4 个用户按键，板载的两侧各 2 个，可以实现人机交互操作。

⑧ LED 指示：1 个 RGB 和 1 个状态指示 LED。

⑨ Arduino 接口：内部的两排插座，兼容 Arduino。

图 2.2　NXP VEGA 织女星开发板

NXP 及其合作伙伴创建了 OPEN ISA 社区(open-isa.org)，里面有丰富的英文芯片开发板和软件开发文档资料，中文社区里面有翔实的文档教你如何搭建织女星开发板 RISC-V 开发环境。感兴趣的开发者和高校老师、学生可以申请开发板，织女星 RISC-V 开发板是学习 RISC-V 处理器和嵌入式开发非常好的工具。

OpenHW Group 董事会主席是 NXP 软件工程副总裁 Rob Oshana，他是国际嵌入式系统业界知名人士，出版过多本嵌入式系统著作。他表示：电子行业正在以前所未有的速度拥抱开源处理器技术。我们认为有必要创建一个深层的生态系统，以支持 RISC-V ISA 的应用。这包括各种中间件、协议栈和工具，这些一致的生态系统将

推动计算体系结构向前发展。未来 OpenHW 和 NXP 会将更多更好的 RISC-V 技术和产品奉献给产业界。

2.3　WCH CH32V103 微控制器

2.3.1　芯片与内核简介

南京沁恒微电子公司基于 RISC-V 开源指令集设计的 32 位 RISC 处理器 RISC-V3A 支持 RV32IMAC 指令集组合。该内核架构包含快速可编程中断控制器(FPIC),提供了 4 个向量可编程的快速中断通道及 44 个优先级可配的普通中断,通过硬件现场保存和恢复的方式实现中断的最短周期响应;包含串行 2 线调试接口,支持用户在线升级和调试;包含多组总线连接处理器外部单元模块,可实现外部功能模块和内核的交互。

CH32V103 通用微控制器以 RISC-V3A 处理器为核心,采用了低功耗两级流水线,最高 80 MHz 系统主频。CH32V103 内置了 20 KB SRAM 和 64 KB Flash,挂载了丰富的外设接口和功能模块,如 RTC、时钟安全机制、1 个 12 位 ADC 转换模块、多组定时器、16 通道触摸按键电容检测(TKey)等。CH32V103 还包含标准的通信接口:2 个 I^2C 接口、2 个 SPI 接口、3 个 USART 接口、1 个 USB2.0 全速主机/设备接口。CH32V103 系列芯片供电电压为 2.7～5.5 V,工作温度范围为－40～85 ℃工业级,支持多种省电工作模式。

CH32V103 配备了完整的软硬件平台、调试工具;提供了 LQFP64M/LQFP48/QFN48X7 几种封装形式,可广泛应用于电机驱动和应用控制、医疗和手持设备、PC 游戏外设和 GPS 平台、可编程控制器、变频器、打印机、扫描仪、警报系统、视频对讲、暖气通风空调系统等场合。

2.3.2　CH32V103 开发板

CH32V103 系列的 CH32V103EVT 开发板(见图 2.3)配有以下资源:

① 主控 MCU:CH32V103C8T6。

② 调试接口:串行 2 线调试接口,用于下载和仿真调试。

③ 指示灯和开关:LED、触摸按键、复位按键和电源开关。

④ 串口:连接主芯片 URAT1 接口,演示串口收发功能。

⑤ SD 卡:连接 SPI1 接口,演示通过 SPI 接口操作 TF 卡。

⑥ EEPROM:连接 I^2C 接口芯片 U2,演示操作 Flash 存储。

⑦ 串行 Flash:连接 SPI1 接口存储器 U4。

⑧ 启动模式配置:通过配置 BOOT0/1 来选择芯片上电时的启动模式。

⑨ USB 接口:主芯片的 USB 通信接口,具有 Host 和 Device 功能。

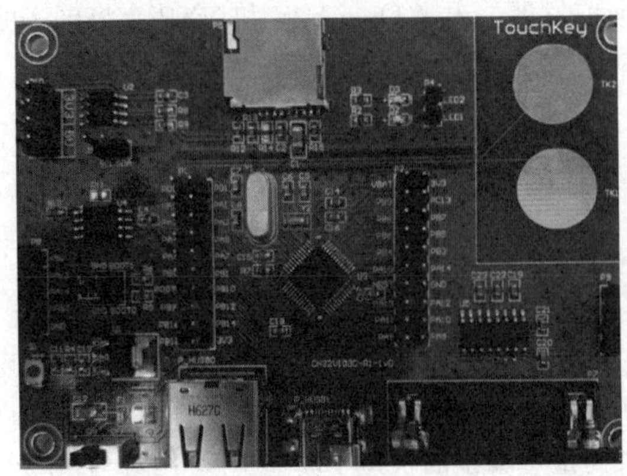

图 2.3 CH32V103EVT 开发板

开发板搭配了 WCH-LinkRV 调试仿真器(见图 2.4),可配合 MounRiver Studio 使用;提供了软件包,在 EXAM 文件夹中有 CH32V103 控制器的软件开发驱动及相应示例。

图 2.4 WCH-LinkRV 调试仿真器

MounRiver Studio 是基于 Eclipse GNU 版本的开发,在原平台代码编辑功能、便捷组件框架的基础上,针对嵌入式 C/C++开发,并进行了一系列界面、功能、操作方面的修改与优化,以及工具链的指令集的增添、定制工作。MounRiver Studio 打造了一款工程师喜爱的、以 RISC-V 内核为主的嵌入式集成开发环境。新版本除继续支持 WCH RISC-V 系列 MCU 外,还增加了 ARM 内核芯片工程模板,自定义 ARM 内核芯片工程模板的创建、导入、导出功能,CH32V103 芯片烧录、调试功能,同时还支持 GD32VF103 系列的 RISC-V MCU。

2.4 SiFive Freedom E310

2.4.1 E310 芯片和 E31 内核介绍

Freedom E310 是 SiFive 公司 Freedom Everywhere 系列 E300 的一个流片实例,目标应用场合是 MCU 和 IoT。Freedom E310 成功采用 180 nm 工艺流片,主频可以达到 320 MHz 以上,目前芯片有 3 个型号:第一代 FE310-G000、第二代 FE310-

G002 和第三代 FE310-G003。

FE310 包括 1 个 RISC-V 标准平台中断控制器（PLIC），支持 52 个中断源；1 个 RISC-V 标准 Core-Local Interruptor（CLINT）提供 1 个 RISC-V 机器模式（Machine-Mode）定时器和软件中断；FE310 片上外设接口包括 UART、QSPI Flash、SPI、I^2C、PWM 和 GPIO；芯片内置 16 KB RAM，芯片有永远在线（Always On）域，支持低功耗操作以及 PMU、WDT 和 RTC 等外设唤醒功能。

Freedom E310 处理器的内核是 SiFive E31 CPU Coreplex，符合 RV32IMAC。SiFive E31 标准内核是目前市场上使用最多的 RISC-V 内核之一。因为 SiFive 公司的创始人是 RSIC-VISA 标准的初期创立者和制定者，因此 E31 与 RISC-V ISA 标准设计同步进行，充分利用了 RISC-V ISA 的优势，完全兼容 RISC-V ISA 标准，形成了高能效的内核，可满足未来智能物联网及存储和工业应用所需的高性能与低功耗的需求。

2.4.2　FE310 开发板

FE310 开发板有 HiFive 1 和 HiFive 1 RevB 两款，开发板兼容 Arduino 标准。HiFive 1，也可以称为一代，如图 2.5 所示。HiFive 1 RevB 第二代开发板搭载的 SoC 从第一代的 FE310-G000 升级到第二代的 FE310-G002，如图 2.6 所示。

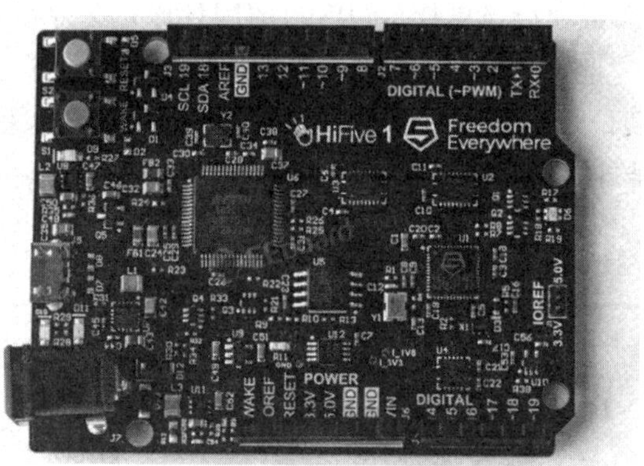

图 2.5　HiFive 1 开发板

FE310-G002 增加了对最新 RISC-V 调试规范 0.13、硬件 I^2C、两个 UART 的支持，以及具有低功耗睡眠模式。FE310-G002 同样采用 SiFive 的 E31 Coreplex 处理器，具有高性能、32 位 RV32IMAC 内核、16 KB L1 指令缓存、16 KB 数据 SRAM 和硬件乘法/除法。FE310 运行速度达 320 MHz，是市场上速度最快的微控制器之一。

HiFive 1 RevB 开发板具有 Wi-Fi 和蓝牙功能，板上有一个单核 ESP32 协处理器，可作为 FE310-G002 处理器的无线调制解调器。

HiFive 1 RevB 开发板外置了工业标准 JTAG 口，板内内置 J-Link OB(板上的调试仿真器)，方便直接通过 USB 调试。

图 2.6 HiFive 1 RevB 开发板

SiFive 开发了 Freedom E SDK，这是一个针对 E 系列处理器硬件平台的演示程序。行业标准基准测试和板级支持包(BSP)的固件库，支持在 HiFive 1 RevB 开发板上运行演示代码。此外与其他的 RISC-V 处理器企业一样，SiFive 提供基于 Eclipse IDE 开发环境的 Freedom Studio，包括了构建好的 GCC 工具链，并与 Freedom E SDK 的工程案例集成在一起。

2.5 Kendryte K210

2.5.1 Kendryte K210 芯片

K210 是一个 AIoT SoC 芯片，包含 RISC-V 64 位双核 CPU，采用双 RV64 GC Core，MAFD ISA 指令标准扩展，使用台积电（TSMC）超低功耗的 28 nm 先进制程。K210 支持平台中断管理器(PLIC)架构，将 64 个外部中断源路由到 2 个核心，K210 本地中断管理 CLINT 支持 CPU 内置定时器中断与跨核心中断。K210 具备支持双核的指令缓存和数据缓存，提升双核数据读取效能，K210 拥有高性能、低功耗的 SRAM，以及功能强大的 DMA，在数据吞吐能力方面性能优异。

K210 每个核心内置独立浮点运算单元(FPU)。K210 的核心功能是机器视觉与听觉，包含用于计算卷积人工神经网络的 KPU 与用于处理麦克风阵列输入的 APU，同时 K210 具备快速傅里叶变换(FFT)加速器，可以进行高性能复数 FFT 计算。因此对于大多数机器学习算法，K210 具备高性能处理能力。K210 内嵌 AES

与 SHA256 算法加速器，为用户提供基本安全功能。

K210 还具备丰富的外设单元，分别是：DVP、JTAG、OTP、FPIOA、GPIO、UART、SPI、RTC、I^2S、I^2C、WDT、Timer 与 PWM，可满足海量应用场景。K210 系统架构如图 2.7 所示。

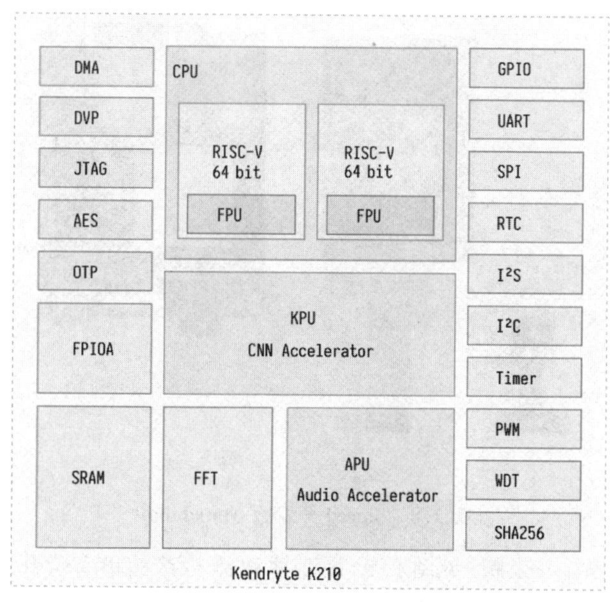

图 2.7 K210 系统架构

2.5.2 Kendryte K210 开发板介绍

市场上知名度比较高的是 Sipeed 开发板 Maixduino，该板兼容 Arduino UNO R3 和 K210＋ESP32（AI 模块＋Wi-Fi＋蓝牙），软件支持 Micropython（MaixPy）和 Arduino IDE（Maixduino），是 AIoT 项目开发和原型验证利器。Sipeed 开发板 Maixduino 如图 2.8 所示，板载主要器件包括：

① Maix M1 模组。

② ESP32-WROOM-32 Wi-Fi 模组（2.4G Wi-Fi＋蓝牙）。

③ 4 个指示灯（ESP32 和 K210 串口发送接收指示灯）。

④ 2 个按钮（复位和启动选择按钮）。

⑤ Type-C 接口。

⑥ Micro SD 卡槽。

⑦ 1 个 CH552 USB 转 TTL 芯片。

⑧ 2 个 FPC 座子（可搭配摄像头和屏幕）。

⑨ 1 个 Mic。

⑩ 1 个单声道音频功放(NS4150)。

⑪ 1 个 LCD 触摸屏幕(可选)。

⑫ 1 个 1.25 mm 音频输出母座。

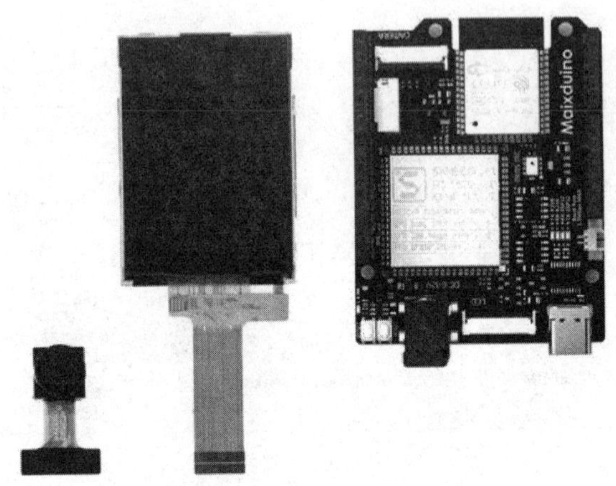

图 2.8　Sipeed 开发板 Maixduino

亚博智能 K210 开发板(见图 2.9)是亚博智能与嘉楠堪智合作开发的一款小型全功能开发套件。开发板采用堪智 K210 RISC-V AIoT SoC 处理器,专门为机器视觉与机器听觉而设计。开发套件包括了电容触摸屏、摄像头、扬声器、六轴姿态传感器、Wi-Fi 模块等外设组件。亚博智能提供嵌入式与物联网开发资料和例程,包括基础实验、核心 RISC-V 处理器实验、高级实验和物联网实验例程,以方便读者二次开发和学习,降低学习嵌入式 AI 的门槛。

图 2.9　亚博智能 K210 开发板

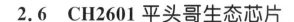

2.6 CH2601 平头哥生态芯片

2.6.1 CH2601 MCU 简介

CH2601 是基于平头哥 32 位玄铁 CPU E906 的 RISC-V 生态芯片，配置有 512 KB Flash、256 KB SRAM 及丰富的片上外设，最高主频 220 MHz，3.1 CoreMark/MHz。软件支持 AliOS Things 物联网操作系统和平头哥基础软件平台 YoC (Yun-on-Chip)，该软件平台最近通过了 IEC 61508:2010 功能安全认证，开发工具使用的是平头哥剑池开发工具(CDK)。

CH2601 处理器内核是玄铁 E906，该处理器内核基于 RISC-V IMAC 指令集，并可扩展 F/D 指令集，具备机器模式和用户模式，五级流水，支持 RISC-V PMP 内存保护标准。

CH2601 芯片硬件示意图如图 2.10 所示，该芯片采用 QFN 64pin 封装。

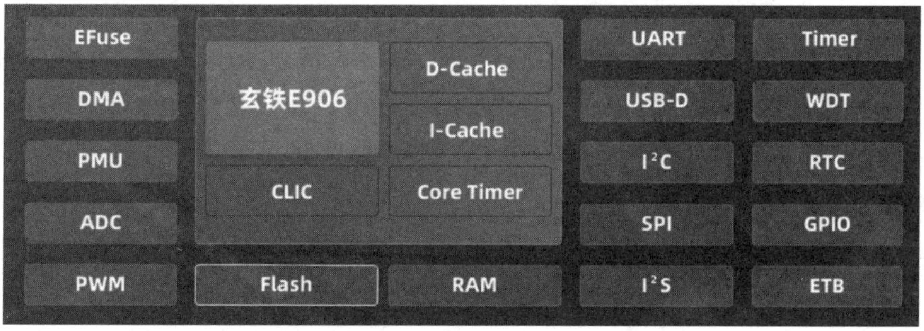

图 2.10 CH2601 芯片硬件示意图

2.6.2 CH2601 开发板和开发环境简介

RVB2601 是基于平头哥生态芯片 CH2601 的开发板，包括：板载 JTAG 调试器、Wi-Fi&BLE 芯片 W800、音频 ADC-ES7210、音频 DAC-ES8156，128×64 OLED 屏幕、RGB 三色指示灯、用户按键，并兼容 Arduino 的扩展接口。RVB2601 开发板如图 2.11 所示。

RVB2601 开发软件环境是剑池 CDK，该软件是平头哥的 IDE。CDK 在不改变用户开发习惯的基础上，全面接入云端开发资源，结合图形化的调试分析工具，加速用户产品开发。开发者直接前往平头哥芯片开放社区资源下载中心下载 CDK 软件包，安装后即可进入程序开发和运行。

开发时双击 CDK，单击工具栏最右侧的 HOME 图标，在弹出的搜索栏中输入 CH2601，在结果里选择 ch2601_ft_demo，单击右侧的“创建工程”按钮。右击工程，

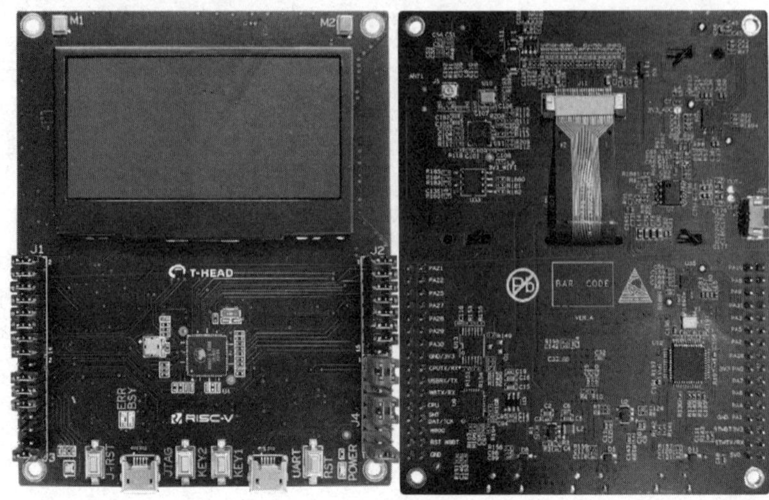

图 2.11　RVB2601 开发板实物图

选择 build 进行编译。编译完成后，可在工程目录下 obj 文件夹里找到 ch2601_ft_demo.elf 可执行文件，选择菜单栏中的 Flash→Download，进行镜像下载，按 RVB2601 板子上的复位键，程序会自动执行。在串口客户端里可以看到打印信息，LED 正常闪烁说明程序已经正确执行。剑池 CDK 开发环境如图 2.12 所示。

图 2.12　剑池 CDK 开发环境

以上只介绍了微控制器类的 RISC-V 处理器芯片及其开发板，还有一些嵌入式微处理器类的 RISC-V 芯片也已经量产，比如 Sifive Freedom U500(见图 2.13)，这

是一款兼容 Linux、1.5 GHz 四核的 RV64GC SoC，配套的开发板是 HiFive Unleashed。此外还有一款 AIoT SoC 芯片 GAP8，它来自法国创业公司，也是 AIoT 应用处理器，集成异构架构，具有超低功耗。GAP8 采用八加一个基于 RISC-V RM32 的高效内核和内嵌扩展指令集的方式进行设计，这款芯片已经量产，市场上也有多种开发板可以选购。

图 2.13　Sifive Freedom U500

2.7　本章小结

本章介绍了几款市场流行的、容易采购到的 RISC-V 处理器芯片和开发板，包括 GD32VF103 MCU、NXP RV32M1 MUC、WCH CH32V103 MCU、SiFive Freedom E310、Kendryte K210 AIoT 和平头哥 CH2601 处理器芯片，更多 RISC-V 处理器芯片正在陆续发布，读者可密切关注产业界相关资讯。

第3章

RISC-V 软件开发工具

生态环境是处理器技术和发展的基础。ARM、x86 处理器的成功得益于详细的资料、丰富的应用资源、众多的开发工具和应用案例等处理器生态资源。本章介绍 RISC-V 处理器应用和软件生态。

3.1 RISC-V 软件生态概述

RISC-V 软件生态以开源软件为主要力量，商业软件作为辅助支撑力量。开源 GNU 工具链支持 RISC-V 处理器的软件开发。支持 RISC-V 处理器操作系统的软件有开源的 Linux 和众多的嵌入式实时多任务操作系统，比如 FreeRTOS 和 Zephyr OS。QEUM CPU 模拟器支持 RV32 和 RV64 指令集，这对于 CPU 种类繁多的 RISC-V 家族是一件好事，开发者可以在 QEUM 上执行软件代码和操作系统，无须实际硬件。

SiFive 在 2020 年召开的 Linley 秋季处理器会议上推出了面向 PC 的 RISC-V PC 主板，命名为 Unmatched，如图 3.1(a)所示。HiFive Unmatched PC 主板装备了

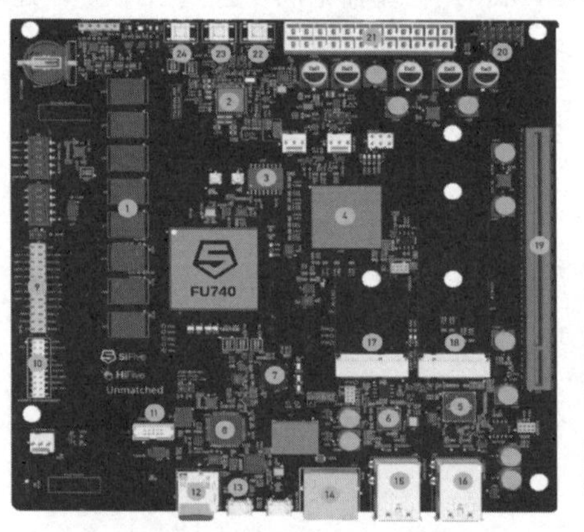

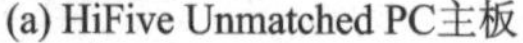
(a) HiFive Unmatched PC主板

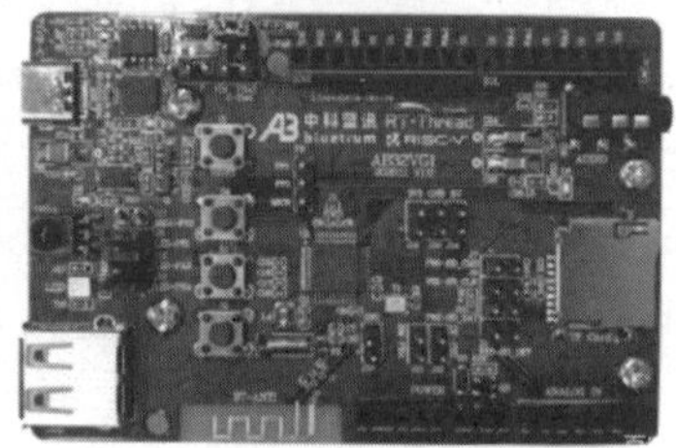

(b) 蓝讯骄龙AB32VG1

图 3.1 HiFive Unmatched PC 主板和蓝讯骄龙 AB32VG1

SiFive FU740 SoC，该五核处理器基于 SiFive 的 7 系列核心，SiFive 称这是当今 RISC-V 最快的商用内核。发布 RISC-V PC 主板是让开发者容易购买基于 RISC-V 的 PC 产品，并使他们能够在 RISC-V 的体系结构上测试其代码。这应该能吸引更多的工程师进入这个领域，解决开源软件生态发展中缺少低成本、高性能 RISC-V 处理器开发平台的问题。毕竟 ARM 在嵌入式、物联网、移动终端和服务器领域耕耘了 20 多年，芯片和开发板众多，生态环境丰富、完善。

2021 年初，RISC-V 基金会 CTO Mark Himelstein 在 RISC-V 国际开源论坛上指出：开发板是 RISC-V 生态建设的关键。全志科技基于平头哥玄铁 C906 (RV64GCV 内核)的 RISC-V 芯片 D1 已经量产，开发板上市，价格为 599 元人民币。除了已经发布的 HiFive Unmatched PC 外，SiFive 还推出了 RISC-V AI 单板计算机 (BeagleV)。它采用了 Starfive 的惊鸿 7100 RISC-V SoC，是双核的 U74，支持 RV64GC 指令集，主频 1.5 GHz，芯片面积只有 85 mm×70 mm，价格为 868 元人民币起。这些高端硬件的面市，大幅降低了高端 RISC-V 开发板的使用门槛。

针对物联网应用，平头哥发布了基于 32 位玄铁 CPU E906 的 RISC-V 平台芯片 CH2601。它配置有 512 KB Flash、256 KB SRAM 及丰富的片上外设，最低主频 220 MHz，支持 AliOS Things 物联网操作系统、平头哥 YoC 软件平台及平头哥剑池开发工具。平头哥最近成功移植了 Android 10，并在其一个 3 核 C910 平台 ICE EVB SoC 开发板上运行，这将 RISC-V 应用从嵌入式和物联网拓展到移动智能终端应用，如图 3.2 所示。

图 3.2　Android 10 运行在 RISC-V 64(XuanTie 910)

在 2020 年末的 RT-Thread 开发者大会上，中科蓝讯面向通用市场发布其自主 RISC-V 内核 32 位 MCU 芯片——蓝讯骄龙 AB32VG1，原生搭载 RT-Thread 物联网操作系统，提供免费的 RT-Thread Studio 集成开发环境，两家公司打造了一个开放的、易获取的、对开发者友好的 RISC-V 开放生态系统，如图 3.1(b)所示。

无论如何，RISC-V 处理器的开源软件生态正在快速发展，低成本、高性能的开放平台的到来，使开发者越越越多。

3.2 RISC-V GNU 工具链

RISC-V GNU 工具链包括 riscv gcc 编译器、riscv binutils 链接器汇编器、riscv gdb GDB 调试工具以及 OpenOCD 。OpenOCD(Open On-Chip Debugger，开源片上调试器)是一款开源的调试软件，它提供针对嵌入式设备的调试、系统编程和边界扫描功能。OpenOCD 需要硬件仿真器来配合完成调试，例如 J-Link 或者 CMSIS-DAP 等。OpenOCD 内置了 GDB server 模块，可以通过 GDB 命令来调试硬件。

目前，市场上支持 RISC-V 处理器开源的 GNU 工具软件有 SiFive Freedom Studio、AndesSight 和 Nuclei Studio IDE。这些软件针对自家企业 RISC-V 处理器内核开发和优化，集成开发环境基于开源的 Eclipse。

如果开发者有兴趣，完全可以自己下载以下几个开源软件搭建一个 RISC-V 开发环境。这些软件是 jdk-8u101-windows-x64. exe、Eclipse IDE for C/C++ developers、GNU MCU Eclipse Windows Build Tools、OpenOCD 以及 riscv32-unknown-elf-gcc，有关具体步骤读者可以参考 *Setting Up RISC-V Development Environment for RV32M1-VEGA*，该文章来自开源社区 https://open-isa. org/。

3.3 Nuclei Studio 开发环境

3.3.1 Nuclei Studio 简介

Nuclei Studio 是基于 MCU Eclipse IDE 开发的一款针对芯来 RISC-V 处理器内核产品的集成开发环境工具，它继承了 Eclipse IDE 平台的优点。Eclipse 平台采用开放式源代码模式运作，并提供公共许可证、免费源代码以及全球发布权利。Eclipse 本身只是一个框架平台，除了 Eclipse 平台的运行内核之外，其所有功能均位于不同的插件中。开发人员既可通过 Eclipse 项目的不同插件来扩展平台功能，也可利用其他开发人员提供的插件，从而实现最大程度的集成。

商业 IDE 软件比如 Keil 和 IAR 在国内非常深入人心，很多嵌入式软件工程师均对其非常熟悉。但是商业 IDE 软件需要授权并且要收费，在 ARM MCU 世界，各大 MCU 厂商也会推出自己的免费 IDE 供用户使用，譬如 NXP 的 LPCXpresso 和 STM32 Cube IDE 等。这些 IDE 均是基于开源的 Eclipse 框架，Eclipse 几乎成了开源免费 MCU IDE 的主流选择。

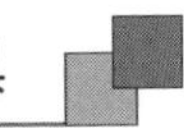

为了方便用户快速上手使用，芯来公司推荐使用预先整理好的 Nuclei Studio IDE 软件压缩包。芯来公司已将该软件的压缩包上传至公司网站，有 Windows 和 Linux 两个版本，其网址为 https://www.nucleisys.com/download.php。

3.3.2　Nuclei Studio 安装

芯来集成开发环境（IDE）Nuclei Studio 压缩包解压后包含若干个文件，下面分别进行介绍。

① Nuclei Studio 软件包：该软件包中包含了 Nuclei Studio IDE 的软件，具体版本以及文件名可能会不断更新。

② HBird_Driver.exe：此文件为芯来蜂鸟调试器的 USB 驱动安装文件，调试时需要安装此驱动使其 USB 能够被识别，如果要使用 J-Link 则需要另外安装驱动程序。

③ Java 安装文件：jdk-8u512-windows-x64.exe。

④ ToolChain：工具链配置工具。

⑤ UartAssist.exe：串口调试助手（当然也可以使用其他串口助手）。Eclipse 是基于 Java 平台运行的环境，为了能够使用 Nuclei Studio，必须安装 JDK。如果用户的 Windows 平台上尚未配置 Java 安装环境，则需要双击安装解压文件包中的 jdk-8u152-windows-x64.exe，根据安装向导的提示完成 JDK 安装过程。Nuclei Studio 软件本身无须安装，安装好 Java 平台运行环境后，直接单击 Nuclei Studio 文件夹中 eclipsec.exe 即可启动 Nuclei Studio。

3.3.3　启动 Nuclei Studio

第一次打开 Nuclei Studio，新建 Workspace，建议采用英文名称路径，设置好 Workspace 目录之后，单击 Launch 按钮，将会启动 Nuclei Studio，第一次启动后的 Nuclei Studio 界面如图 3.3 所示。

使用 Nuclei Studio 创建工程有两种常用的方法：①基于模板自动创建项目；②导入打包好的项目。对于第②种方法，可以参考“使用 NucleiStudio 导入 GD32VF103_Demo_Suites 的例程”（http://bbs.eeworld.com.cn/thread-1092840-1-1.html）。下面将以创建一个简单的项目为例，介绍如何使用模板自动创建项目，步骤如下：

① 选择 Create a new C project，也可以在界面的菜单栏中选择 File→New→C Project。

② 在 Project name 右侧的文本框中，填入工程名称 Running_LED。

③ Use default location：如果勾选了此选项，则会使用默认的 Workspace 文件夹存放此项目。

④ Project type：选择 GigaDevice RISC-V C Project。

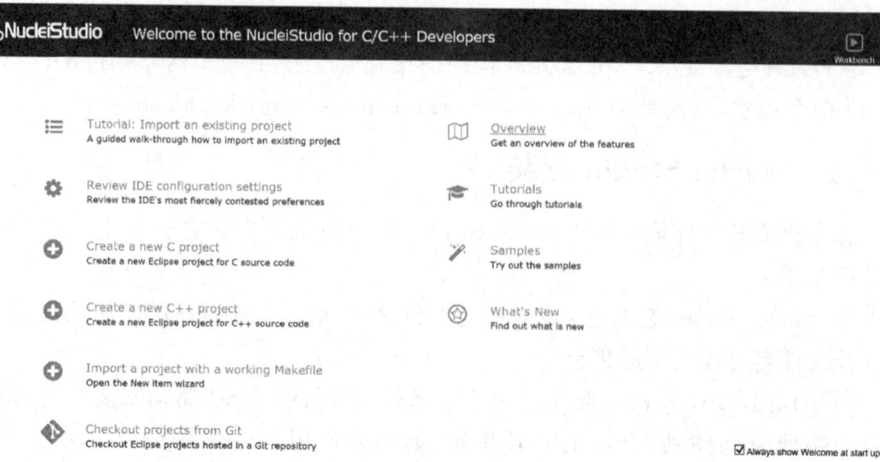

图 3.3　Nuclei Studio 启动后的界面

⑤ Toolchains:选择 RISC-V CROSS GCC。步骤②～⑤如图 3.4 所示。

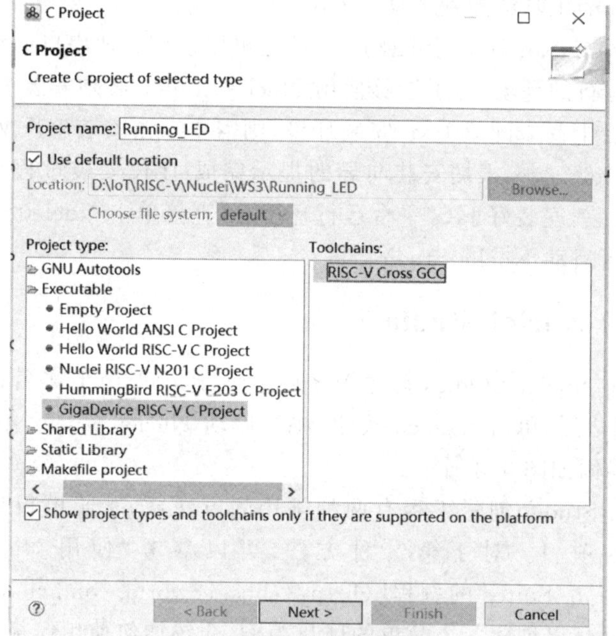

图 3.4　Nuclei Studio 创建工程

⑥ 单击 Next 按钮进入下一步,选择 MCU 型号:GD32VF103;然后再单击 Next 按钮进入下一步。

⑦ 选择 Content 中的 Running_LED 程序,然后单击 Next 按钮进入下一步。

⑧ 选择 GNU MCU RISC-V GCC (riscv-none-embed-gcc)工具链路径,用户需要指定路径如图 3.5 所示,安装盘符:\NucleiStudio_IDE\NucleiStudio\toolchain\RISC-V Embedded GCC\bin。

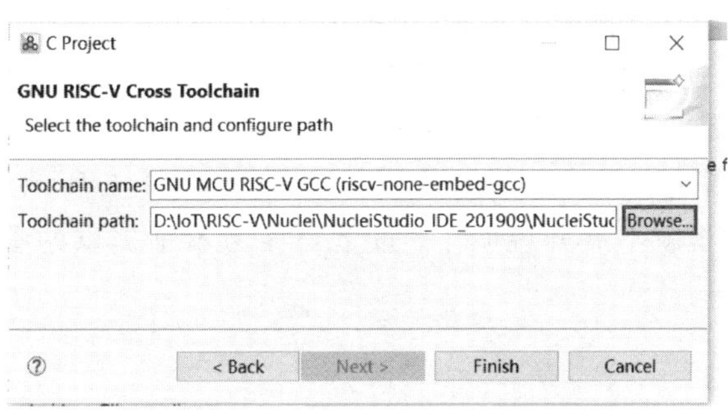

图 3.5　用户需要指定编译器路径

3.3.4　编译项目

在如图 3.6 所示工程项目建立完毕之后，选择 Project→Build All，自动进行编译链接过程，如果显示以下结果则表明编译成功。

```
21:08:07 Build Finished. 0 errors, 0 warnings. (took 17s.694ms)
```

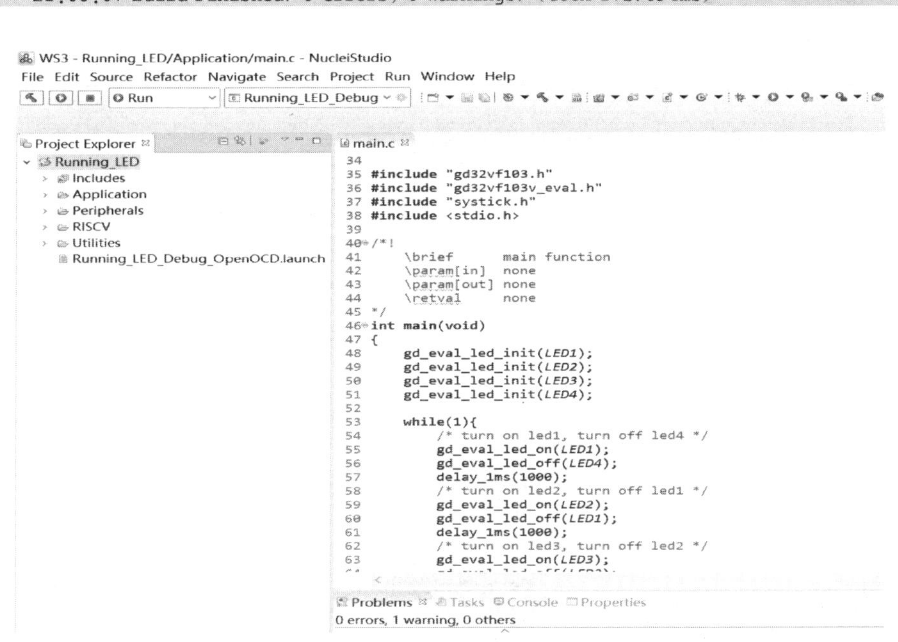

图 3.6　工程项目建立完毕

3.3.5　运行和调试项目

OpenOCD 是一个开源的插件，其作用为调试服务器，可提供通过 JTAG/SWD 接口进行在线编程和调试功能。在调试适配器(如 GD-LINK/J-LINK)的配合下，可以完成调试功能，而且支持闪存编程，包括内部闪存和外部闪存。开发板使用的是 GD32VF103V-EVAL 评估板，相关内容请参考本书的 2.1 节。

在 Run-debugger configuration 中选择 OpenOCD 调试模式（通过 GD-Link）在 Debugger 选项中指定 openocd.exe 的执行目录，如图 3.7 所示。GDB SEGGER J-Link 调试模式这里就不展开说明了，读者可参考本书提供的参考文献自己尝试配置。

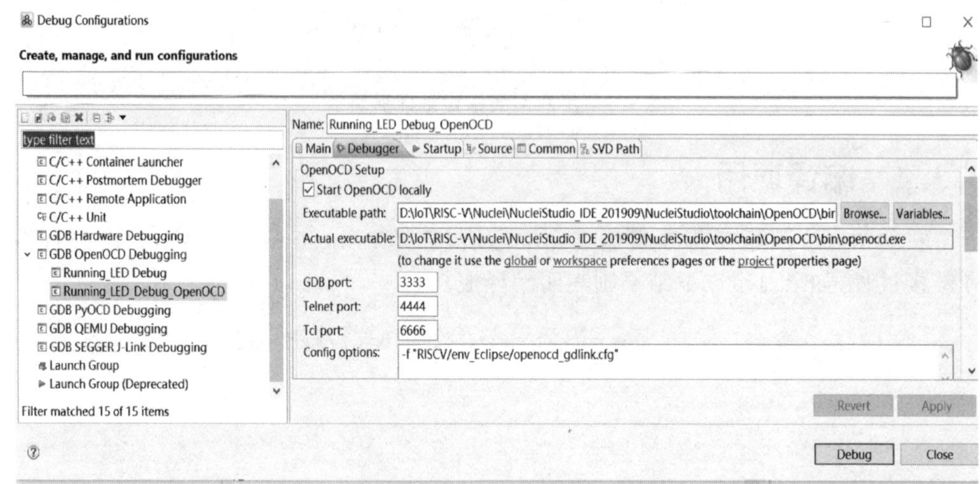

图 3.7　调试配置窗口

进入图 3.8 调试运行窗口后，可以使用熟悉的调试命令，对程序代码进行调试和运行，在 GD32VF103V-EVAL 评估板上，可观察 LED1～LED4 顺序亮灭。

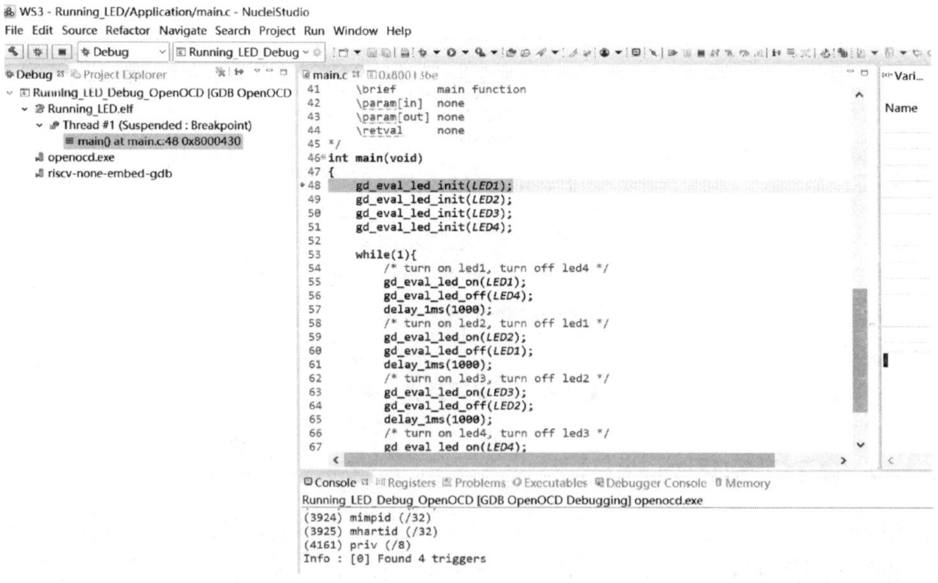

图 3.8　调试运行窗口

3.4 SEGGER Embedded Studio 开发环境

SEGGER Embedded Studio for RISC-V 是 SEGGER 公司推出的一款针对 RISC-V 架构处理器的嵌入式集成开发环境，具有开发与编译界面专业，调试功能强大，非商业使用免费，跨平台兼容，以及配置灵活等特点。本书 5.6 节以 GD32VF103V-EVAL 开发板＋J-Link 为例，详细说明如何使用 Embedded Studio 实现应用开发和调试。本节介绍 GD-Link 的设置（Embedded Studio 使用者注意：非商业产品开发该软件的使用是免费的）。

使用 GD-Link 进行调试

如果使用 GD32VF103C-START 开发板，板上没有 J-Link 接口，则需要按照下面的方法进行配置。

在 Embedded Studio 中选择要调试的工程名字，然后右击，选择 Options，从弹出的 Project Options 窗口的左侧栏中选择 Debugger，在右侧 Target Connection 项最右侧，选择 GDB Server，如图 3.9 所示。

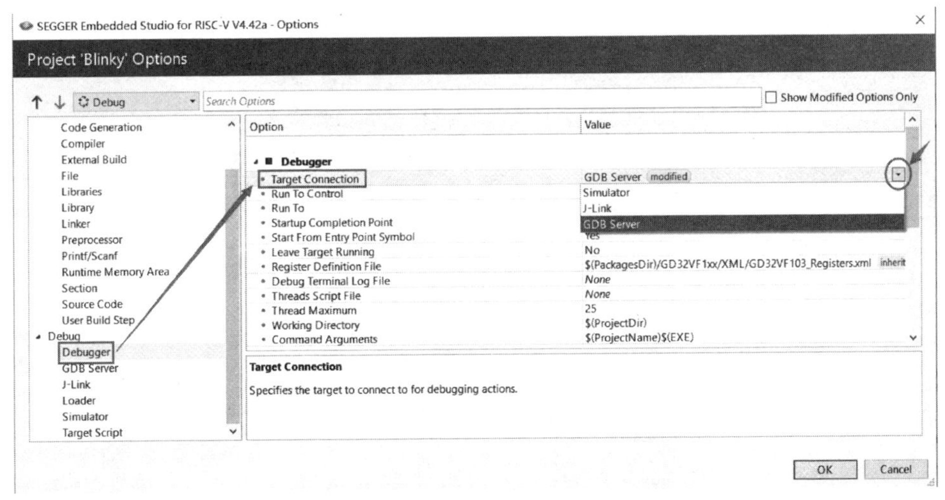

图 3.9 使用 GD-Link 进行调试的设置(1)

再选择左侧栏中的 GDB Server，在右侧 Type 项最右侧，选择 OpenOCD，如图 3.10 所示。

然后，选择 GDB Server Command Line 项，在最右侧单击，在弹出的窗口中，即在 GDB Server Command Line 项下面的框中输入 openocd_gdlink.cfg 文件的路径，单击 OK 按钮保存。

接着，选择 Auto Start GDB Server 项，在其最右侧单击 Yes 按钮，其他项目无须

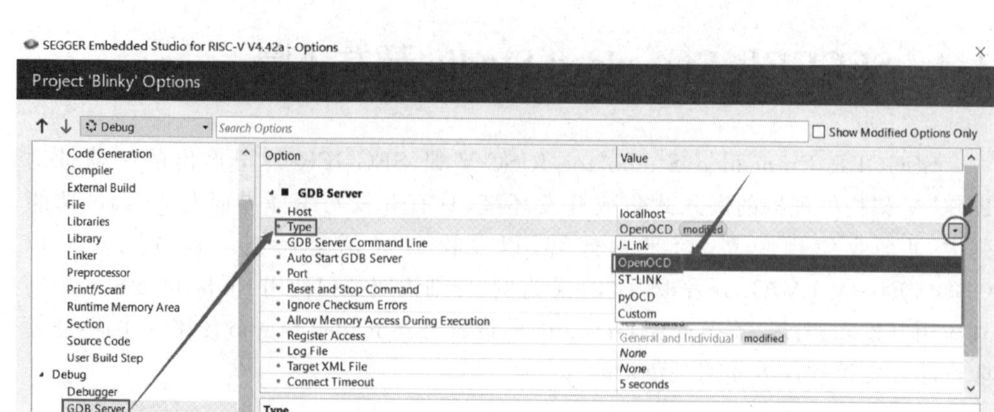

图 3.10　使用 GD-Link 进行调试的设置(2)

修改。

从主界面菜单上选择 Target→Connect GDB Server，系统自动链接 GDB Server，如图 3.11 所示。

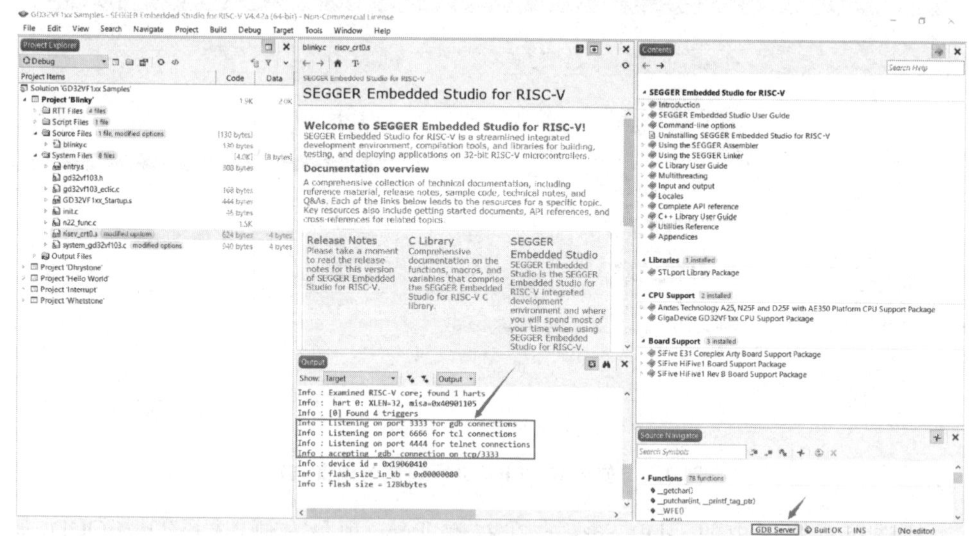

图 3.11　使用 GD-Link 进行调试的设置(3)

从主界面的菜单上选择 Debug→Go，进入正常的调试界面。目前针对 GD32VF103 芯片和开发板，GD-Link 的调试速度比较慢，兆易创新正在积极修改完善，联系兆易创新可获得最新的进展。

3.5　IAR Embedded Workbench 开发环境

3.5.1　IAR RISC-V 评估套件

RISC-V 技术和生态系统发展迅速，对专业开发工具的需求旺盛。IAR 和兆易创新(GigaDevice)合作，通过引入 IAR 专业工具满足这一需求，为基于 GigaDevice RISC-V 微控制器的用户提供领先的编译器和调试器技术，很好地平衡了低功耗下的高处理能力，并拥有丰富的外围设备支持。

该评估套件使用了 IAR Embedded Workbench for RISC-V，这也是一款 C/C++编译器和调试器工具链，提供了对 GigaDevice RISC-V 内核 MCU 的支持。工具链提供领先的代码性能，包括代码大小和执行速度，以及广泛的调试功能；具有模拟器，并支持全功能集成的调试器硬件调试。对于希望尝试 GD32 RISC-V MCU 的开发人员，IAR 针对有商业用途的公司可免费提供评估套件。

评估套件包括 IAR RISC-V GD32V 评估板，如图 3.12 所示。开发板包括：

① GD32VF103RBT6 RISC-V GigaDevice。

② 用户 LED。

③ 用户开关。

④ 三轴加速度计。

⑤ 电位器。

⑥ 温湿度传感器。

⑦ 光传感器。

⑧ 板载麦克风。

⑨ 3.5 mm 音频耳机接口。

⑩ SPI 闪存。

⑪ 复位按钮。

⑫ 20 针 JTAG 连接器(0.05 in，1 in=2.54 cm)。

⑬ USB 微型 B 连接器，用于 USB 串行转换器。

评估板还包括一个 I-JET LITE 调试器，其特点如下：

① JTAG/SWD/SWO 调试支持。

② 将代码下载到支持评估板的 Flash 中。

③ 最高 5 V 目标接口电压。

④ 随附 MIPI-20 电缆和 USB micro 电缆。

⑤ 与 IAR Embedded Workbench 完全集成。

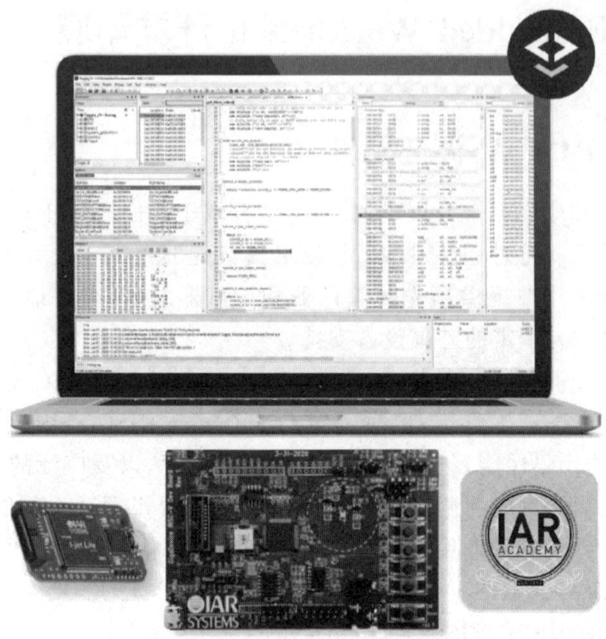

图 3.12　IAR RISC-V 评估套件

3.5.2　快速上手 IAR RISC-V 评估套件

拿到评估套件之后，首先安装 IAR Embedded Workbench for RISC-V，请按照收到邮件的指示下载并安装软件，然后注册申请临时许可，软件安装与授权许可申请过程与 IAR Embedded Workbench for ARM 评估版本一样。**注意**：目前还不能从 IAR 网站上下载到 IAR Embedded Workbench for RISC-V 评估版本，读者可以与 IAR 联系获得。

接下来，我们将进行 IAR RISC-V GD32V 评估板和 I-JET LITE 调试器的连接。首先使用 Micro-USB 线将 PC 和评估板连接在一起，评估板的 JTAG J11 接口与 I-JET LITE 调试器电缆连接，最后是 I-JET LITE 调试器 Micro-USB 与 PC 连接，评估板与调试器的安装如图 3.13 所示。

接下来就是运行应用案例，首先从 IAR Systems GitHub 仓库下载 IAR RISC-V 评估套件的软件包，网址是 https://github.com/IARSystems/iar-risc-v-gd32v-eval。

Git 仓库的软件目录结构如图 3.14 所示。

进入 examples 目录，双击 examples.eww 调入 IAR Embedded Workbench for RISC-V（目前是 1.4 版本），共有 13 个案例，我们先选择 Leds 工程案例。在 IAR Embedded Workbench 主页面中找到 Project-Rebuild All，编译工程文件，单击

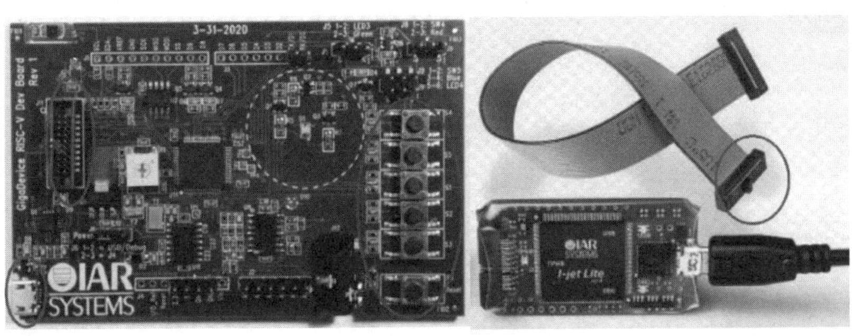

图 3.13　评估板与调试器的安装

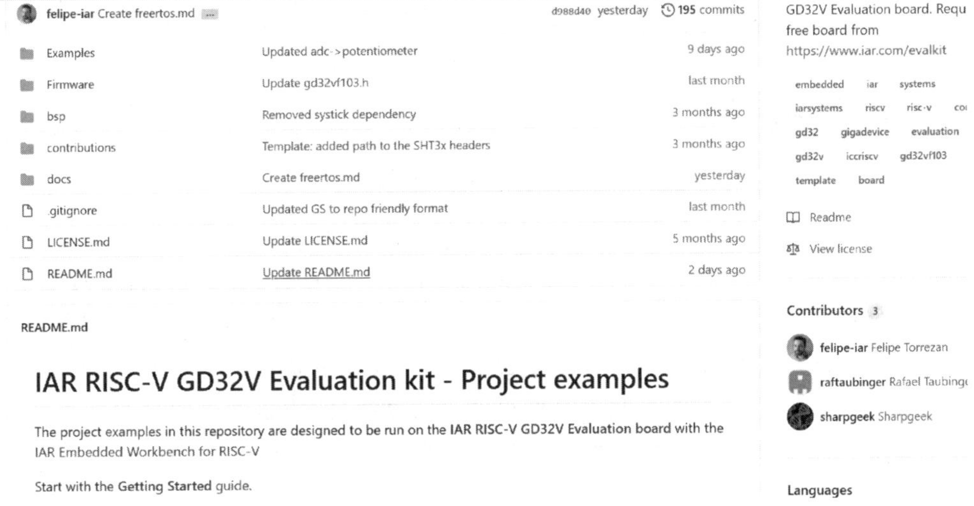

图 3.14　iar-risc-v-gd32v-eval 软件仓库

downloard and debugger 将代码通过 I-jet 下载到目标板的 Flash 中，如图 3.15 所示。

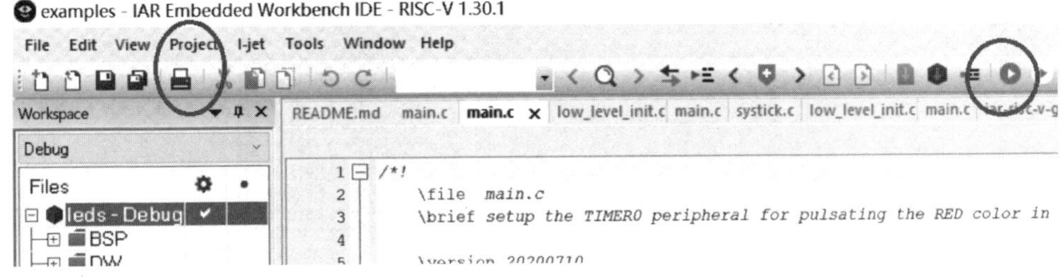

图 3.15　编译与下载界面

进入调试模式，可以选择单步、全速执行和停止等控制指令，比如全速执行代码，LDE1～LED5（见图 3.16 中①的位置）交替点亮和关闭，表明代码运行正确，如

图 3.16 所示。

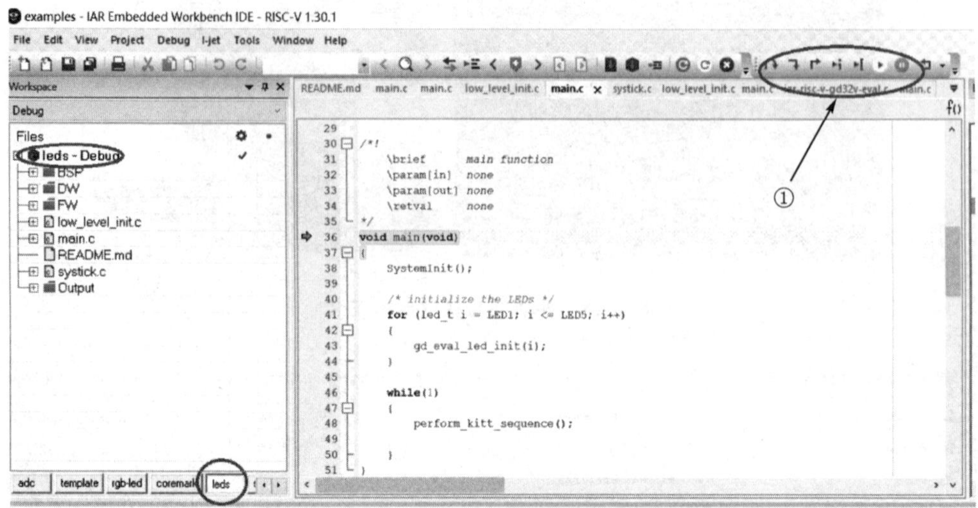

图 3.16　LED 工程项目

可以继续选择 Accelerometer 加速度计工程项目进行实验，复制上面的编译→下载→运行的过程，在 IAR Embedded Workbench IDE 中打开 Terminal I/O 窗口，用手摆动开发板，会看到加速度计的 $X-Y-Z$ 三轴数据实时变化。加速度计采用 NXP MMA8652FCR1 芯片，是一款 12 位加速度计，具有业界领先的性能，灵活的用户可编程选项与 2 个可配置中断引脚，可通过惯性唤醒中断源来实现节能，这些信号监视事件在非活动期间保持低功耗模式。加速度计工程项目运行结果如图 3.17 所示 。

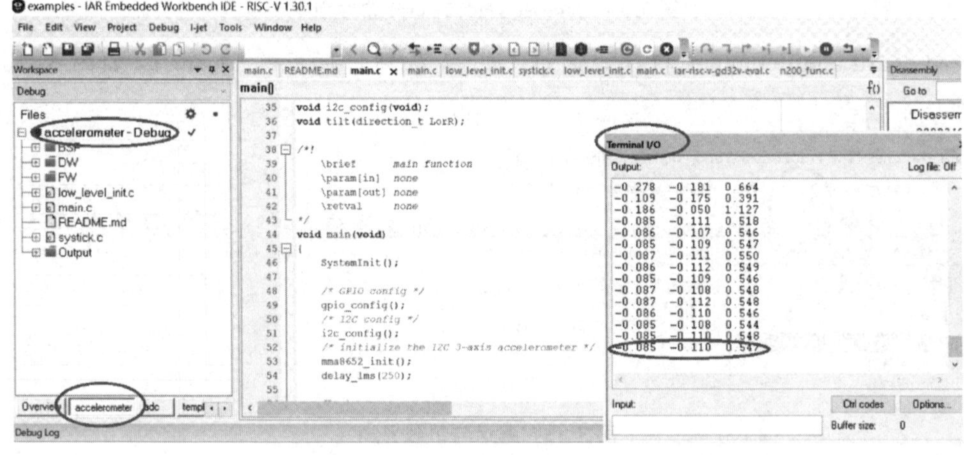

图 3.17　Accelerometer 加速度计工程项目

3.6　Freedom Studio 开发环境

用 Freedom Studio 开发环境是使用 SiFive 处理器进行编程的最佳方法之一。Freedom Studio 建立在流行的 Eclipse IDE 之上，并与 Freedom E SDK 中的预构建工具链和示例项目打包在一起，Freedom Studio 与所有 SiFive RISC-V 开发板兼容，软件可以在 https://www.sifive.com/software 链接中找到。

本节讲解使用 Freedom Studio 调试 HiFive 1 RevB 开发板，该开发板在第 2 章中已做了介绍。Freedom Studio 中已经包含 Eclipse IDE、Java 环境、Freedom E SDK、riscv64-gcc 编译器、J-Link 驱动，解压后无须安装即可打开使用。如使用外置 J-Link 时无法调试，请在 SEGGER 官网下载 J-Link 驱动并安装。J-Link 驱动下载地址为 https://www.SEGGER.com/downloads/jlink/。

3.6.1　使用 Freedom Studio 创建工程

下载 Freedom Studio IDE 软件包，解压后直接单击 FreedomStudio.exe 打开 IDE，在进入 IDE 前需要设置工作空间 Workspace 路径；设置好工作空间后进入 IDE；进入 IDE 后，选择 File →New→Freedom E SDK Project 开始创建调试例程，如图 3.18 所示。

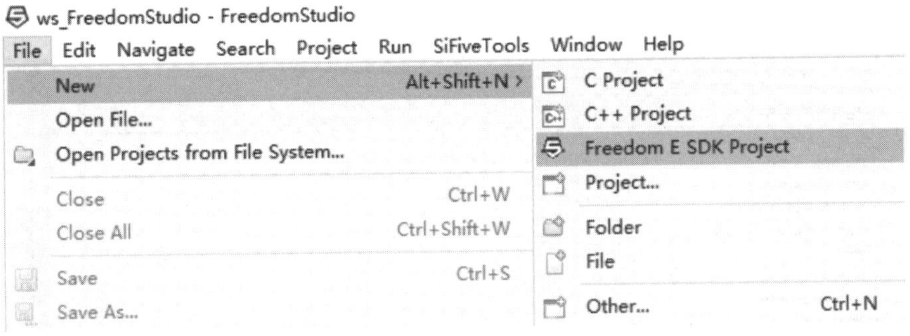

图 3.18　Freedom Studio 创建调试例程(1)

首先在 Select Target 下选择使用的开发板型号：sifive-hifive-revb，如图 3.19 所示。

选择好开发板后，就可以选择想要创建的例程了，在 Select Example Program 下选择希望的例程，示例工程列表中提供了很多，选择例程后会显示简单的例程介绍，方便大家学习，本书选择 sifive-welcome 例程，如图 3.20 所示。

例程选择好后，显示例程的功能如下：

- 打印 SiFive 小旗帜；

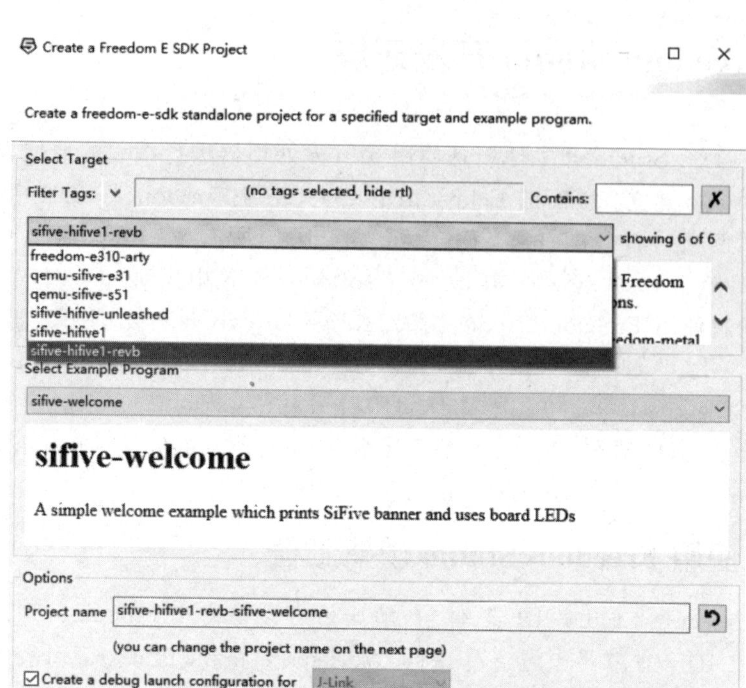

图 3.19　Freedom Studio 创建调试例程(2)

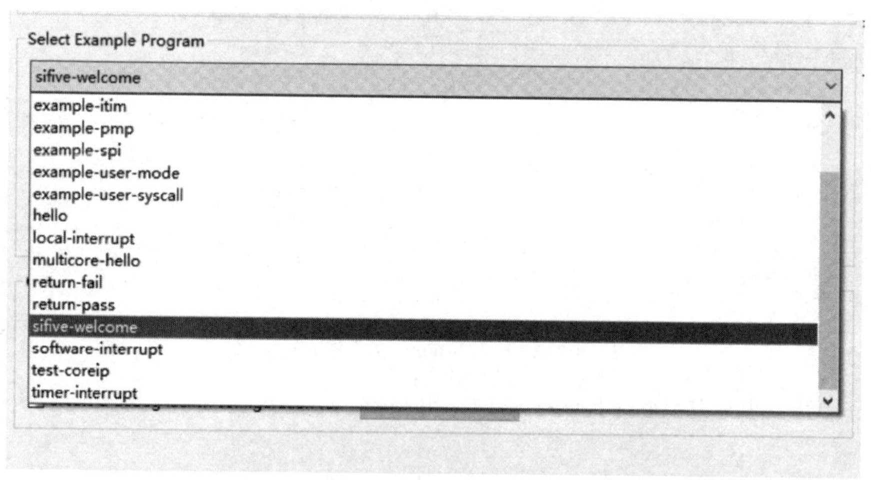

图 3.20　Freedom Studio 创建调试例程(3)

- LED 灯闪烁。

然后单击 Next 按钮，设置自定义的示例工程名和工程路径，或直接单击 Finish 按钮使用默认值路径，这样一个简单的示例工程就建立好了。

3.6.2　使用 Freedom Studio 编译和调试工程

创建好的工程会在左侧工程浏览器中显示。选中所创建的工程后，选择菜单栏 Project→Build Project 进行编译，或者单击工具栏的小锤子按键进行快速编译，如图 3.21 所示。

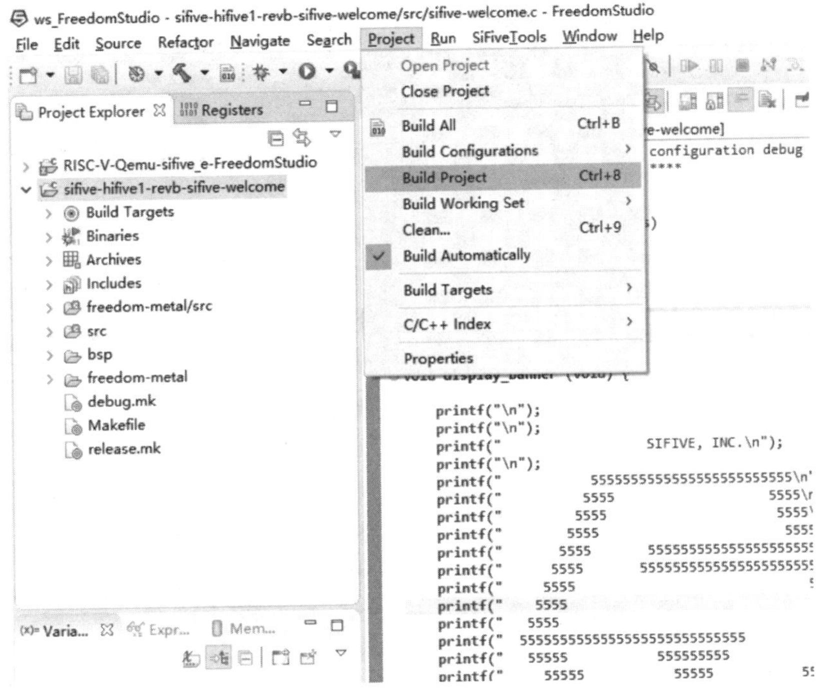

图 3.21　使用 Freedom Studio 编译和调试工程(1)

示例编译成功后就可以进行调试了，调试前先将 Sifive HiFive RevB 开发板通过 Micro USB 线与计算机连接，选中工程后，选择菜单栏的 Run→Debug Configurations 进入调试器设置。在调试器设置中，双击左侧的 Sifive GDB SEGGER J-Link Debugging 就可以新建一个 J-Link 调试配置，右侧的配置标签可以检查或修改配置，如图 3.22 所示。

需要检查的地方主要为 Main 标签下 C/C++ Application 的地址是否为工程中编译过的文件：src/debug/sifive-welcome. elf，Debugger 标签下 Actual executable 的目录是否为 Freedom Studio IDE 目录下的 Jlink 驱动目录中的 JLinkGDBServerCL. exe。

配置完成后，单击 Debug 按钮，即可进入调试界面。下次进入调试可直接选择 Run → Debug 进入，如图 3.23 所示。

开始调试前，为了更好地观察调试效果，需提前连接串口调试工具，笔者这里使

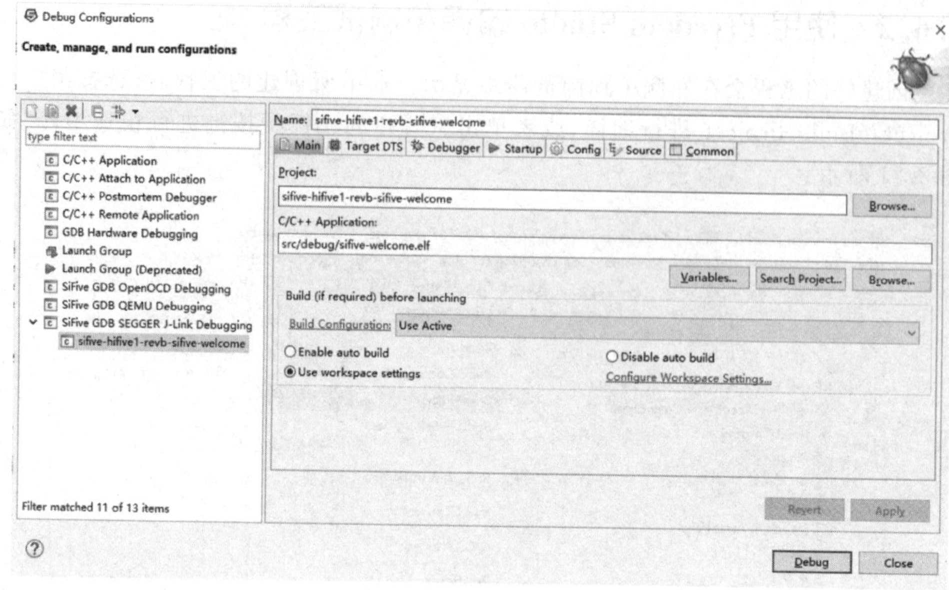

图 3.22　使用 Freedom Studio 编译和调试工程(2)

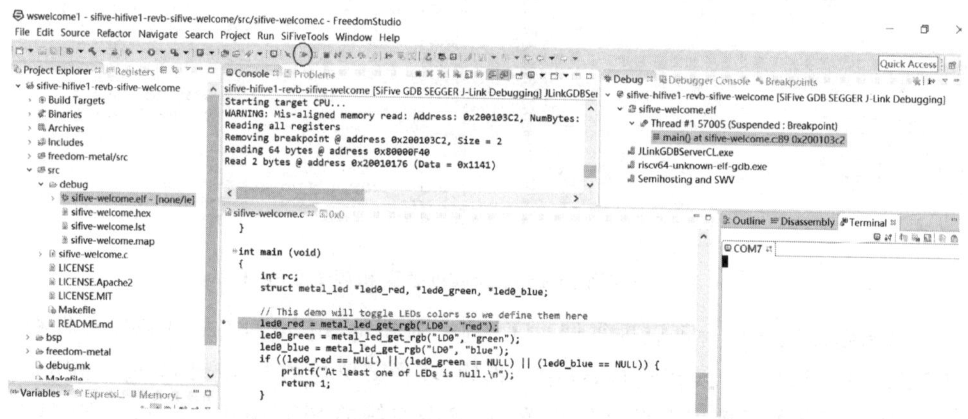

图 3.23　使用 Freedom Studio 编译和调试工程(3)

用的是 Tera Term，HiFive 连接 PC 后会显示两个连接 COM 口，配置 Tera Term 连接 COM 号较小的端口，笔者这里是 COM6，然后将波特率设置为 115 200，如图 3.24(a)所示。

现在单击调试界面的开始运行按钮，观察 HiFive Rev B 的 LED 灯闪烁，以及 Tera Term 串口显示窗口，如图 3.24(b)所示。

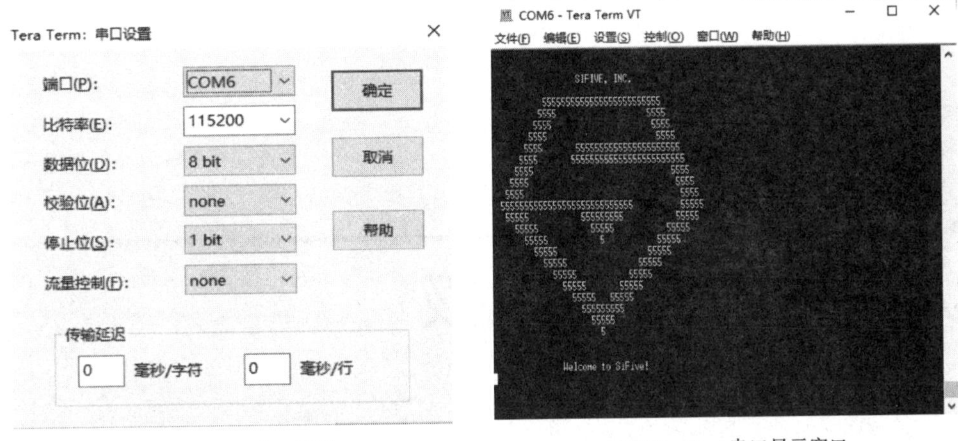

(a) Tera Term串口设置　　(b) Tera Term串口显示窗口

图 3.24　使用 Freedom Studio 编译和调试工程(4)

3.7　本章小结

本章介绍了 RISC-V GNU 工具链的组成和构建方式，开源的 Nuclei Studio 和 Freedom Studio，商业的 SEGGER Embedded Studio 和 IAR Embedded Workbench 开发环境，以及作为一个应用案例的 IAR RISC-V 评估套件的使用方法。

第 4 章

认识 RISC-V 内核

处理器架构包括指令集和处理器内部结构两部分，是处理器硬件设计和软件开发的基础。指令集是处理器硬件与软件之间的接口，是影响处理器功能和性能的关键因素。内部结构定义处理器所包含的功能单元，以及功能单元之间的连接方式。本章首先概述 RISC-V 处理器架构，然后重点介绍 RISC-V 处理器基础指令集 RV32I，最后讨论 RISC-V 内核 BumbleBee。

4.1 RISC-V 处理器架构

RISC-V 处理器具有结构简单、功耗低、模块化和可扩展等特点。RISC-V 指令集采用模块化结构，处理器设计者可以根据需求选择不同的模块组合，或者扩展自定义指令，构成特定的内核。RISC-V 处理器支持多达 32 个通用寄存器，以提高程序运行效率；支持多个特权模式，为上层软件平台提供支撑。

RISC-V 处理器存储空间按字节编址，即每一个地址单元存储 1 字节数据。处理器采用小端(Little Endian)存储格式，支持寄存器-存储器存储访问方式。

RISC-V 处理器架构为高效运行程序提供了保障。

4.1.1 指令执行过程

程序由一系列指令组成，处理器内核通过逐条执行程序中的指令，运行整个程序。

多核处理器包含多个能够独立执行指令的内核，通常把每个内核称为一个硬件线程(Hardware Thread，Hart)，只有单一 Hart 的处理器称为单核处理器，拥有多个 Hart 的处理器称为多核处理器。

图 4.1 是处理器内核执行指令过程的示意图。内核从内存中的程序段读取指令，译码器解码指令，运算单元从寄存器组或存储器获取数据并进行运算，最后将运

算结果存入寄存器或存储器(RISC-V 处理器的运算指令不支持存储器访问)。在执行当前指令过程中,内核自动改变程序计数器 PC 的数值,获取下一条指令,重复指令执行过程。

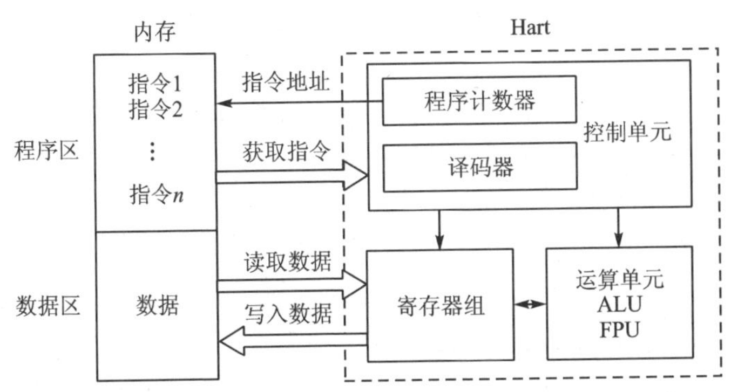

图 4.1　处理器内核执行指令过程示意图

从指令执行过程可见,处理器的指令集和结构中的控制单元、运算单元和寄存器组是处理器内核执行程序的核心。

指令集是处理器内核实现运算、数据访问和过程控制等功能的一系列指令的集合。

寄存器是处理器内核中特殊的存储资源,为运算指令提供操作数据和缓存运算结果。寄存器的数量和容量影响处理器内核的运算速度和数据处理能力。

控制单元控制处理器内核的工作过程,包括指令执行、总线访问和异常事件处理等。

运算单元实现指令中的计算操作。例如,算术逻辑单元(ALU)完成算术计算和逻辑计算,浮点处理单元(FPU)执行浮点数计算。

下面将从指令集、寄存器、控制单元和运算单元等方面分析 RISC-V 处理器架构。

4.1.2　RISC-V 概述

RISC-V 基金会发布了 RISC-V 架构,定义了指令集、寄存器组、特权模式和异常事件处理机制等。

1. 指令集

RISC-V 指令集采用模块化结构,由基本指令集和扩展指令集组成,用字母表示指令集模块。

整数指令集是 RISC-V 基本指令集模块,用字母“I”表示,是所有 RISC-V 处理器中唯一强制要求的指令集模块。RV32I、RV64I 和 RV128I 分别表示 32 位、64 位和 128 位 RISC-V 整数指令集。RV32E 是 RV32I 的简化指令集,为嵌入式系统而设计，以减少所使用的通用寄存器数量。

RISC-V 的主要扩展模块有乘法与除法指令(M)、原子操作指令(A)、单精度浮点指令(F)、双精度浮点指令(D)和压缩指令(C)等。表 4.1 列出了 RISC-V 基金会 2020 年 7 月 27 日发布(版本:20191214)的指令集手册中指令集主要模块的名称、当前状态和模块说明。

表 4.1 RISV-V 指令集模块描述

类 型	指令集	指令数	状 态	描 述
基 本	RV32I	47	批准	32 位地址与整数运算指令，支持 32 个 32 位通用寄存器
	RV32E	47	草稿	RV32I 的子集，支持 16 个通用寄存器
	RV64I	59	批准	64 位地址与整数运算指令及部分 32 位运算指令，支持 32 个 64 位通用寄存器
	RV128I	71	草稿	128 位地址与整数运算指令及部分 64 和 32 位运算指令，支持 32 个 128 位通用寄存器
扩 展	M	8	批准	乘法与除法指令
	A	11	批准	存储器原子操作指令
	F	26	批准	单精度(32 bit)浮点运算指令
	D	26	批准	双精度(64 bit)浮点运算指令
	Q	26	批准	四精度(128 bit)浮点运算指令
	C	46	批准	16 位长度压缩指令
	Zicsr	6	批准	控制和状态寄存器访问指令

通常把表 4.1 中模块“I”、“M”、“A”、“F”和“D”的特定组合“IMAFD”称为通用组合，用英文字母“G”表示。例如，RV32G 与 RV32IMAFD 相同，RV64G 与 RV64IMAFD 相同。

设计 RISC-V 处理器时，可以根据不同应用场景的需求，选择一个基础指令集模块和多个扩展指令集模块的组合。

除了上述模块外，十进制浮点(Decimal Float Point，L)、位操作(B)、封装的单指令多数据(Packaged-SIMD，P)、向量(V)和事务性内存(Transactional Memory，T)等指令集模块在完善中。

在表 4.1 中，基础指令集 RV32E 和 RV128I 还处于草稿阶段，没有正式批准。

2. 寄存器

RV32I 支持 32 个通用寄存器，每个寄存器均为 32 位，寄存器 x0 恒为 0，其他 31 个寄存器 x1～x31 是可以任意读/写的通用寄存器。

RV64I 同样支持 32 个通用寄存器，寄存器 x0 恒为 0，但每个通用寄存器 64 位。

为了使汇编程序更容易阅读，汇编程序中经常采用应用程序二进制接口协议（Application Binary Interface，ABI）所定义的寄存器名称。表 4.2 列出了 32 个通用寄存器及其在 ABI 协议中对应的名称。

表 4.2 通用寄存器名称

寄存器名称	ABI 名称	说明
x0	zero	恒定值 0
x1	ra	程序返回地址
x2	sp	栈空间指针
x3	gp	全局变量空间指针（基地址）
x4	tp	线程变量空间指针（基地址）
x5～x7	t0～t2	临时寄存器
x8，x9	s0，s1	保存寄存器（函数调用时保存数据）
x10～x17	a0～a7	函数参数寄存器（函数参数传递）
x18～x27	s2～s11	保存寄存器（函数调用时保存数据）
x28～x31	t3～t6	临时寄存器

编写汇编程序时，可以不受 ABI 协议名称的限制，根据需要使用通用寄存器。例如，可以使用函数参数寄存器 a0～a7 保存临时变量。

“F”、“D”和“Q”三个浮点指令集扩展模块支持 32 个通用浮点寄存器 f0～f31，所支持的通用浮点寄存器宽度分别为 32 位、64 位和 128 位。

RISC-V 处理器架构定义了一组控制和状态寄存器（Control and Status Register，CSR）用于记录处理器内核运行状态，以及管理处理器内核中的功能单元。CSR 是 Hart 内部寄存器，使用 12 位独立空间地址编码。CSR 空间独立于处理器存储空间，使用特定的 CSR 指令进行访问。RV32 内核中，CSR 寄存器的宽度是 32 位。

不同于 ARM 处理器，RISC-V 采用独立的程序指针寄存器 PC。在执行指令过程中 PC 自动变化，不能使用通用寄存器访问指令直接修改 PC 寄存器的值。

3. 特权模式

RISC-V 处理器架构定义了处理器的特权模式：特权模式（Privileged Mode）和非特权模式（Unprivileged Mode）。特权模式包括机器模式（Machine Mode，M）、管理员模式（Supervisor Mode，S）和超级管理员模式（Hypervisor Mode，H）。非特权模式指用户模式或应用模式（User/Application Mode，S）。表 4.3 列出了不同模式的特权等级（Privilege Level），其中，机器模式的特权等级是 3，最高；用户模式的特权等级是 0，最低。

表 4.3 RISC-V 架构特权模式及等级

等 级	编 码	名 称	缩 写
0	00	用户/应用模式(User/Application Mode)	U
1	01	管理员模式(Supervisor Mode)	S
2	10	超级管理员模式(Hypervisor Mode)	H
3	11	机器模式(Machine Mode)	M

RISC-V 架构不要求所有 RISC-V 处理器同时支持这 4 种特权模式。表 4.4 列出 RISC-V 处理器的可选特权模式组合。设计处理器时,可面向不同的应用,选择所支持的模式组合。简单微控制器可以仅支持机器模式(M)。如果需要支持虚拟机,则必须选择支持所有 4 种特权模式的组合。

表 4.4 RISC-V 处理器支持的模式

模式数量	支持模式	目标应用
1	M	简单嵌入式系统
2	M、U	安全嵌入式系统
3	M、S、U	支持 Unix、Linux、Windows 等操作系统
4	M、H、S、U	支持虚拟机系统

RISC-V 处理器内核(Hart)复位后自动进入机器模式(M)。异常事件以及改写特定的控制和状态寄存器(Control and Status Registers,CSR)可以改变处理器内核的特权模式。

程序可以在处理器内核的不同特权模式下运行。在不同特权模式下,运行程序访问处理器资源的权限不一样。

机器模式(M)是所有 RISC-V 处理器唯一必须实现的特权模式。在机器模式下所运行的程序权限最高,支持处理器的所有指令,可以访问处理器内全部资源。

用户模式(U)是可选模式,权限最低。在用户模式下运行的程序仅可以访问处理器内部限定的资源。

管理员模式(S)是可选模式,旨在支持类 Unix 操作系统,如 Linux、FreeBSD 和 Windows 等。管理员模式访问资源的权限比用户模式高,但比机器模式低。

超级管理员模式(H)是可选模式,具有仅次于机器模式的权限,支持虚拟机管理功能。

4. 异常与中断

在执行程序指令流时,处理器内核必须能够响应和处理异常事件(Exception Events)。处理器内核通过异常处理机制响应异常事件,并能够暂停和恢复被异常事件中断的程序。

广义地讲，将处理器运行时影响程序正常运行过程的所有事件都称为“异常”，而不管这些事件是来源于处理器的内部还是外部。

广义“异常(Exception)”常被分为狭义“异常”和“中断(Interrupt)”。

狭义“异常”通常指处理器内核的错误事件，或者由处理器的专有指令生成的事件。后者又称为“软中断”或“内陷(Trap)”。

“中断”通常指来自处理器内核外部的事件。中断由与处理器相连的特定物理信号的电平变化产生。

本书后面所提及的“异常”指狭义的 “异常”。

RISC-V 处理器架构定义了一套相对简单的中断和异常处理机制。通过 CSR 寄存器，处理器内核能够更加方便、灵活地管理异常和中断处理过程。RISC-V 处理器架构还允许处理器设计者根据应用需求定制和扩展中断和异常处理功能。本书将在4.3节中详细讨论 RISC-V 处理器的异常和中断处理机制。

4.2 RV32I 指令集

模块化是 RISC-V 指令集的最大特点之一。基本指令集 RV32I 充分体现了 RISC-V 指令集简单、精炼的风格。RV32I 指令集共有 47 条指令，包括算术和逻辑运算、存储器访问，以及分支与跳转等操作。与 RV32I 相比，RV64I、RV128I 仅扩展了 64 位、128 位数据访问指令，其他基本操作指令没有变化。

4.2.1 RV32I 指令

RV32I 指令是能够被处理器内核解码并执行的二进制数。在汇编语言中，用助记符表示指令，以便于编程和理解。下面首先介绍 RV32I 指令格式和助记符，然后详细讨论 RV32I 指令集中的指令。

1. 指令长度

RISC-V 架构支持固定长度指令。

一条指令通常包括两个部分：操作码和操作数。操作码标识该指令的操作类型，操作数则是该指令的操作对象。

RV32I 是 32 位 RISC-V 处理器架构的基础指令集。RV32I 指令集指令长度是 32 位，其中低 7 位是指令的操作码(Opcode)，高 25 位是指令的操作数(Operands)。RV32I 指令结构如图 4.2 所示。

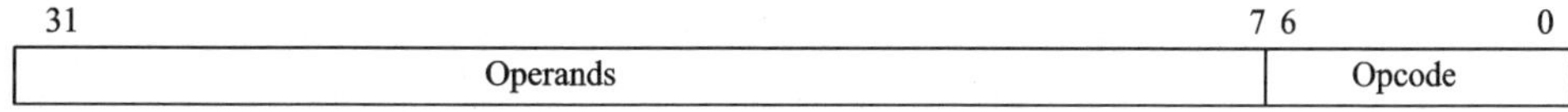

图 4.2 RV32I 指令结构

RV64I 和 RV128I 指令集中的指令长度也是 32 位，其结构与图 4.2 相同。扩展指令集"M""A""F""Q""D"，以及 CSR 寄存器访问指令的长度也是 32 位，扩展指令集"C"的指令长度是 16 位。

在内存中，32 位指令必须位于 4 字节对齐的边界，16 位指令必须是 2 字节边界对齐；否则，处理器内核运行程序时将无法正确取指令，出现异常错误。

2. 助记符

为了便于记忆和编程，编写汇编程序时用文本格式符号表示指令，即助记符。

RISC-V 汇编语言采用字母联想方式定义指令的助记符。通常，如果描述操作的短语只有一个单词，则取单词的前 3 个字母构成助记符。如果描述操作的短语多于一个单词，则取短语中所有单词的首字母，顺序构成助记符。

RV32I 指令集中包括算术、逻辑和移位 3 种整数运算指令。通常在运算助记符后增加"i"，构成新的助记符，表示源操作数是立即数。如果助记符后附加"u"，则表示操作数是无符号整数。表 4.5 列出了 RV32I 整数计算指令的助记符。其中，助记符后的"(i)"和"(u)"是可选项，分别说明操作数是立即数和无符号整数类型。

表 4.5　RV32I 整数计算指令助记符

功　能	操　作	助记符	解　释
整数计算 (Integer Computation)	addition (immediate)	add(i)	"加法"运算(i,立即数)
	subtract	sub	"减法"运算(i,立即数)
	and (immediate)	and(i)	"与"运算(i,立即数)
	or (immediate)	or(i)	"或"运算(i,立即数)
	xor (immediate)	xor(i)	"异或"运算(i,立即数)
	shift left logical (immediate)	sll(i)	逻辑左移(i,立即数)
	shift right arithmetic(immediate)	sra(i)	算术右移(i,立即数)
	shift right logical(immediate)	srl(i)	逻辑右移(i,立即数)
	load upper immediate	lui	装载立即数到寄存器的高 20 位
	add upper immediate to pc	auipc	把立即数加到程序指针的高 20 位
	set less than immediate unsigned	slt(i)(u)	根据比较结果设置寄存器值

在 RV32I 指令集中，内存访问指令装载(load)和存储(store)支持 32 位(word)、16 位(halfword)和 8 位(byte)三种数据格式。对于 halfword 和 byte 类型数据，load 指令还支持无符号(unsigned)形式，不需要扩展所装载数据的符号位。表 4.6 列出了 RV32I 的不同类型 load 和 store 指令助记符。load 和 store 指令要求指令中内存数据地址按所访问的数据类型对齐。例如，"lw"指令要求数据地址按 4 字节对齐。

表 4.6 RV32I load 和 store 指令助记符

功能	操作	助记符	解释
装载与存储(Load and Store)	load byte (unsigned)	lb(u)	读取 1 字节(8 位,u,无符号)
	load halfword (unsigned)	lh(u)	读取 2 字节(16 位,u,无符号)
	load word	lw	读取 4 字节(32 位)
	store byte	sb	保存 1 字节(8 位)
	store halfword	sh	保存 2 字节(16 位)
	store word	sw	保存 4 字节(32 位)

表 4.7 列出了 RV32I 跳转指令的助记符。

表 4.7 RV32I 跳转指令助记符

功能	操作	助记符	解释
跳转(Control Transfer)	branch equal	beq	如果相等则跳转
	branch not equal	bne	如果不等则跳转
	branch less than (unsigned)	blt(u)	如果小于则跳转(u,无符号数)
	branch greater and equal(unsigned)	bge(u)	如果不小于则跳转(u,无符号数)
	jump and link	jal	可返回跳转,PC=PC+立即数
	jump and link register	jalr	可返回跳转,PC=寄存器中的值

RV32I 指令集包括分支跳转(branch)和无条件跳转(jump)两种程序跳转指令。branch 指令支持相等(equal)、不等(not equal)、大于或等于(greater than or equal)和小于(less than)四种条件判断。branch 指令跳转时,将 12 位立即数以 2 字节的倍数(忽略立即数的最低位)与 PC 相加,作为分支跳转的目标地址。

执行 jump 指令时,将 jump 的下一条指令的地址(PC + 4,PC 是当前指令 jump 的指针)保存到返回地址寄存器 ra,然后跳转到目标地址。处理器从子程序返回到主程序时,从 ra 寄存器读取程序返回的指针。因为 x0 不能更改,如果使用 x0 作为目标寄存器,则实现无条件和无返回跳转。

在跳转指令中,获取目标指令地址的方式有立即数寻址和寄存器寻址两种。

RV32I 指令集中还包括一些其他(Miscellaneous)指令。如表 4.8 所列,其他指令包括控制状态寄存器访问、运行时环境调用以及同步访问指令。

3. 指令格式

RV32I 指令集包括算术运算、逻辑运算、移位操作、存储访问、跳转和其他指令,不同类型指令的格式有所差别。

表 4.8　RV32I 其他指令助记符

功　能	操　作	助记符	解　释
其他(Miscellaneous)	fence loads & stores	fence	同步内存访问
	fence. instruction & data	fence. i	同步指令流
	envirmonent break	ebreak	环境断点
	envirmonent call	ecall	环境调用
	control status register read & clear bit (immediate)	csrrc(i)	CSR 寄存器读并清除位(i,立即数)
	control status register read & set bit (immediate)	csrrs(i)	CSR 寄存器读并置位(i,立即数)
	control status register read & write (immediate)	csrrw(i)	CSR 寄存器读写(i,立即数)

(1) 运算指令

图 4.3 是运算指令汇编语句格式。算术运算、逻辑运算和移位操作指令都包含 3 个操作数,目标操作数(寄存器)rd、源操作数 1 和源操作数 2。源操作数 1 是寄存器 rs1,源操作数 2 是寄存器 rs2 或立即数 imm,目标操作数(寄存器)rd 保存运算结果。

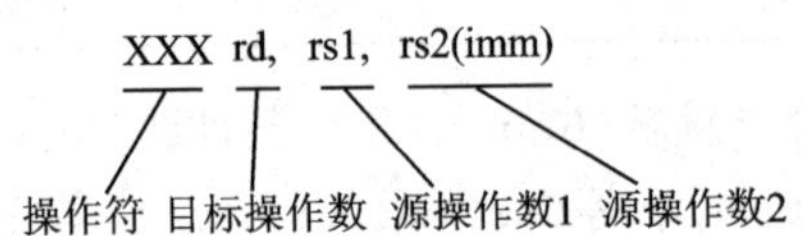

图 4.3　运算指令汇编格式

表 4.9～表 4.11 分别列出了 RV32I 指令集中算术运算、逻辑运算和移位操作的汇编语句示例,并解释了语句的执行结果。

表 4.9　算术运算汇编语句示例

指　令	示　例	操　作
加法	add t0,t1,t2	t0＝t1＋t2;
减法	sub t0,t1,t2	t0＝t1－t2;
立即数加法	addi t0,t1,200	t0＝t1＋200;

在 RV32I 算术运算指令中,立即数的数值范围是 imm[11:0],12 位。

表 4.10　逻辑运算汇编语句示例

指　令	示　例	操　作
与	and t0,t1,t2	t0=t1&t2;按位与
或	or t0,t1,t2	t0=t1|t2;按位或
异或	xor t0,t1,t2	t0=t1^t2;按位异或
立即数与	andi t0,t1,200	t0=t1&200;按位与
立即数或	ori t0,t1,200	t0=t1|200;按位或
立即数异或	xori t0,t1,200	t0=t1^200;按位异或

在 RV32I 逻辑运算指令中,立即数的数值范围是 imm[11:0],12 位。

表 4.11　移位操作汇编语句示例

指　令	示　例	操　作
逻辑左移	sll t0,t1,t2	t0=t1<<t2;低位补 0
逻辑右移	srl t0,t1,t2	t0=t1>>t2;高位补 0
算术右移	sar t0,t1,t2	t0=t1>>t2;负数高位补 1,正数高位补 0
立即数逻辑左移	slli t0,t1,10	t0=t1<<10;低位补 0
立即数逻辑右移	srli t0,t1,10	t0=t1>>10;高位补 0
立即数算术右移	srai t0,t1,10	t0=t1>>10;负数高位补 1,正数高位补 0

在 RV32I 移位操作指令中,立即数的数值范围是 imm[4:0],5 位。

(2) 数据装载和存储指令

装载(load)指令将内存中的数据读到寄存器,保存(store)指令将寄存器中的数据保存到内存中。如图 4.4 所示,一般情况下,装载和保存指令有 2 个操作数,数据寄存器(reg)和内存地址寄存器(reg2)。处理器内核从地址寄存器(reg2)获取内存基地址,加上偏移值(offset)后得到内存中的数据地址,然后从数据地址处读取数据,并写入数据寄存器中。

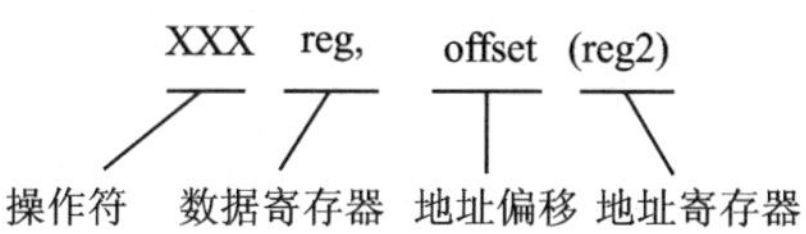

图 4.4　内存访问指令汇编格式

表 4.12 列出了 load 和 store 指令常用的汇编语句形式,并解释了语句的执行结果。

表 4.12 load 和 store 汇编语句示例

指令	示例	操作
装载字(32 位)	lw t0, 50(t1)	t0=memory[t1+50]; 将起始地址 t1+50 内存中 4 字节数读入 t0
装载半字(16 位)	lh t0, 50(t1)	t0=memory[t1+50]; 将起始地址 t1+50 内存中 2 字节数读入 t0 低 16 位;正数,高 16 位补 0;负数,高 16 位补 1
装载半字(无符号)	lhu t0, 50(t1)	t0=memory[t1+50]; 将起始地址 t1+50 内存中 2 字节数读入 t0 低 16 位;高 16 位补 0
装载字节(8 位)	lb t0, 50(t1)	t0=memory[t1+50]; 将地址 t1+50 内存中 1 字节数读入 t0;正数,高 24 位补 0;负数,高 24 位补 1
装载字节(无符号)	lbu t0, 50(t1)	t0=memory[t1+50]; 将地址 t1+50 内存中 1 字节数读入 t0;高 24 位补 0
写字	sw t0, 50(t1)	memory[t1+50]=t0; 将 t0 中数据写入起始地址 t1+50 的内存中
写半字	sh t0, 50(t1)	memory[t1+50]=t0; 将 t0 中数据的低 16 位写入起始地址 t1+50 的内存中
写字节	sb t0, 50(t1)	memory[t1+50]=t0; 将 t0 中数据的低 8 位写入地址 t1+50 的内存中

在 RV32I load 和 store 指令中,偏移量立即数的数值范围是 offset[11:0],12 位。

在 RV32I 指令集中,“lui”指令将立即数装载到目标寄存器的高 20 位,目标寄存器的低 12 位置 0。“auipc”指令将立即数加到 pc 的高 20 位。以下是指令的汇编语句示例。

```
lui t0, 0x12345             //执行后 t0 = 0x1235000
auipc t0, 0x12345           //执行后 t0 = 0x12345000 + pc
```

“lui”和“auipc”指令中立即数的范围是 imm[19:0],20 位。

(3) 跳转指令

跳转指令包括分支跳转和无条件跳转两类。

分支跳转指令包含 3 个操作数,其结构如图 4.5 所示。处理器比较数据寄存器 rs1 和 rs2 中的数值,如果满足操作符中的条件,则程序指针指向当前 PC 加上立即数 imm 后所得数值的位置。

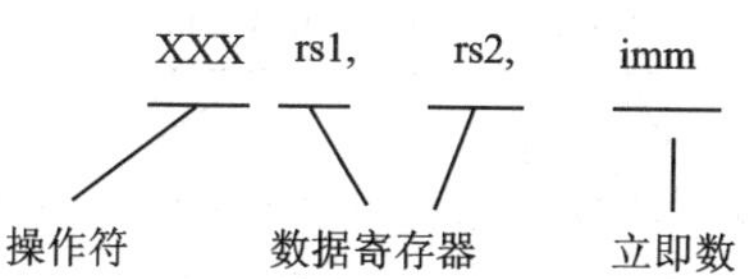

图 4.5 分支跳转指令结构

分支跳转指令汇编语句示例如表 4.13 所列。

表 4.13 分支跳转指令汇编语句示例

指 令	示 例	操 作
相等条件分支	beq t0,t1,200	if(t0==t1) pc=pc+200;跳转
不等条件分支	bne t0,t1,200	if(t0 !=t1) pc=pc+200;跳转
小于条件分支	blt t0,t1,200	if(t0<t1) pc=pc+200;跳转
大于或等于条件分支	bge t0,t1,200	if(t0>=t1) pc=pc+200;跳转
小于条件分支(无符号)	bltu t0,t1,200	if(t0<t1) pc=pc+200;无符号数比较
大于或等于分支(无符号)	bgeu t0,t1,200	if(t0>=t1) pc=pc+200;无符号数比较

如表 4.14 所列,无条件跳转指令包含两个操作数,返回指针寄存器(ra)和跳转目标地址。

对于指令 jal,跳转目标地址是语句中的立即数与当前 pc 值之和。立即数的范围是 imm[20:1],20 位。

对于指令 jalr,跳转的目标地址为地址寄存器(t0)中的值与偏移量之和。偏移量的数值范围是 offset[11:0],12 位。

表 4.14 无条件跳转指令汇编语句示例

指 令	示 例	操 作
带返回跳转	jal ra, 200	ra= pc+4;保存下一条指令指针。 pc=pc+200; pc 相对跳转
带返回跳转(寄存器)	jalr ra, 200(t0)	ra= pc+4;保存下一条指令指针。 pc=t0+200; 寄存器相对跳转

(4) CSR 操作指令

RV32I 用专属指令访问 CSR 寄存器。如图 4.6 所示,CSR 操作指令包含 3 个操作数,目标操作数(寄存器)rd、CSR 寄存器 csr 和源操作数(rs 或 imm)。CSR 立即数操作指令的源操作数是立即数 imm,CSR 寄存器操作指令的源操作数是寄存器 rs。表 4.15 列出了 CSR 操作指令汇编语句示例。

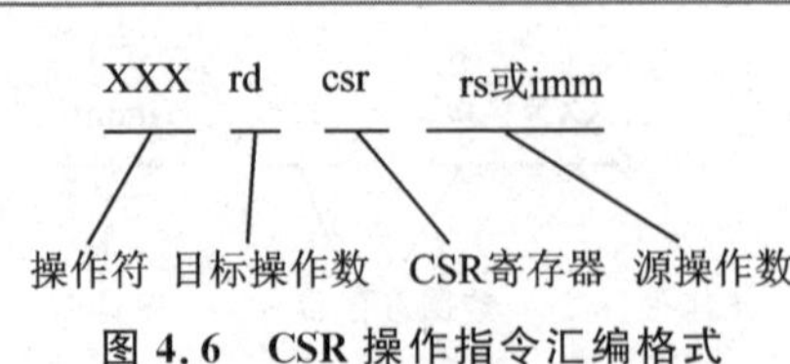

图 4.6 CSR 操作指令汇编格式

表 4.15 CSR 操作指令汇编语句示例

指 令	示 例	操 作
先读后清除 CSR	csrrc t0, 0x123,t1	t0=[0x123]; [0x123]=t0 & (~t1); 把 CSR 寄存器 0x123 中的值读入 t0,然后用计算结果更新 0x123 中的值
先读后置位 CSR	csrrs t0,0x123,t1	t0=[0x123];[0x123]=t0 | t1; 把 CSR 寄存器 0x123 中的值读入 t0,然后用计算结果更新 0x123 中的值
先读后写 CSR	csrrw t0,0x123,t1	t0=[0x123];[0x123]=t1; 把 CSR 寄存器 0x123 中的值读入 t0,然后将 t1 中的值写入 0x123 中
立即数先读后清除 CSR	csrrci t0,0x123,20	t0=[0x123]; [0x123]=t0 & (~20); 把 CSR 寄存器 0x123 中的值读入 t0,然后用计算结果更新 0x123 中的值
立即数先读后置位 CSR	csrrsi t0,0x123,20	t0=[0x123];[0x123]=t0 | 20; 把 CSR 寄存器 0x123 中的值读入 t0,然后用计算结果更新 0x123 中的值
立即数先读后写 CSR	csrrwi t0,0x123,20	t0=[0x123];[0x123]=20; 把 CSR 寄存器 0x123 中的值读入 t0,然后将立即数 20 写入 0x123 中

在 CSR 立即数操作指令中,立即数的取值范围是 imm[4:0],5 位。

4.2.2 寻址方式

寻址方式是处理器执行指令时获取数据地址,或者下一条指令地址的方式。RISC-V 处理器支持立即数寻址、寄存器寻址、寄存器间接寻址和程序计数(PC)相对寻址 4 种寻址方式。

1. 立即数寻址

立即数寻址是最简单直接的寻址方式,指令中直接以常数作为操作数。在 RISC-V 汇编语句中,通常将字母“i”置于操作符末,表示立即数操作指令。例如,加法运算“add”操作的两个源操作数都是寄存器,而“addi”操作的一个源操作数是寄存器,另一个操作数是立即数。

在 RV32I 不同类型指令中立即数的取值范围有所差别。例如，操作“lui”的立即数范围是 20 位，“addi”和“andi”运算的立即数范围是 12 位。

使用 RV32I 指令组合，可以把任意 32 位整数装载到寄存器中。

例如，通过下列两条指令，能够将 32 位数 0x12345678 装载到寄存器 t0 中。

```
1  lui t0, 0x12345          //t0 = 0x12345000
2  addi t0, t0, 0x678       //t0 = 0x12345678
```

第 1 行，“lui” 将一个 20 位常量加载到寄存器 t0 的第 12 位到第 31 位，即 t0[31:12]，最右边的 12 位 t0[11:0]填充 0。

第 2 行，“addi” 将 12 位立即数加到 t0 的第 0 位到第 11 位，即 t0[11:0]。

在装载和存储指令中，地址偏移量“offset”也是立即数，其取值范围是 12 位，即 offset[11:0]。

2. 寄存器寻址

寄存器寻址指令的源操作数是寄存器，从寄存器读取数据，并把结果保存到寄存器中。在 RV32I 指令集中，“add”、“sub”、“and”、“or”和“xor”等运算指令的所有操作数都是寄存器，是典型的寄存器寻址指令。表 4.9～表 4.11 中，末字母非“i”的指令是寄存器寻址指令。

3. 寄存器间接寻址

寄存器间接寻址指令以寄存器的数值作为内存地址（存储地址的寄存器又称为地址寄存器），从该内存地址所指向的存储单元读取数据，或者将数据写入到内存地址所指向的存储单元。如果指令中有偏移量“offset”，则存储单元的地址是地址寄存器的数值与“offset”之和。

下面通过示例说明间接寻址指令的操作。

表 4.16 列出了 0x800000 至 0x80001f 内存段中每个字节的数据。其中，第 1 列是 4 字节对齐地址，第 1 行是各字节的偏移地址，其他部分是相应内存单元中的数据。

表 4.16　内存数据

内存地址	0	1	2	3
0x800000～0x800003	0x00	0x10	0x20	0x30
0x800004～0x800007	0x04	0x14	0x24	0x34
0x800008～0x80000b	0x08	0x18	0x28	0x38
0x80000c～0x80000f	0x0c	0x1c	0x2c	0x3c
0x800010～0x800013	0x10	0x20	0x30	0x40
0x800014～0x800017	0x14	0x24	0x34	0x44
0x800018～0x80001b	0x18	0x28	0x38	0x48
0x80001c～0x80001f	0x1c	0x2c	0x3c	0x4c

RISC-V 仅支持小端(little-endian)存储格式。在字或半字数据中,数据中低位字节存放在内存的低地址。

如果 t1 寄存器中初始数值为 0x800000,则下列第 1 条、第 2 条和第 3 条语句执行后 t0 中的数值分别为 0x30201000、0x38281808 和 0x28。

```
1  lw t0, (t1)          //t0 = 0x30201000
2  lw t0, 8(t1)         //t0 = 0x38281808
3  lb t0, 10(t1)        //t0 = 0x28
```

4. PC 相对寻址

PC 相对寻址以当前 PC 值为基地址,以指令中操作数为偏移量,两者相加后得到新的内存地址。处理器从新的内存地址读取数据,或跳转到新的程序地址。

RISC-V 用 PC 相对寻址实现条件跳转和无条件跳转。在下列汇编程序中,第 4 行语句中的“end”汇编后转成立即数 12,第 6 行中的“start”汇编后转成立即数 −16,都是内存中当前指令到目标位置的距离,地址增大的方向为正,地址减小的方向为负。条件分支指令立即数范围是±4 KB。

```
1  start:
2    add t0, t0, t1
3    ld t2, 0(t0)
4    bne t2, t3, end          //if(t2 != t3) PC = PC + 12
5    addi t4, t4, 1
6    beq t0, t0, start        //PC = PC - 16
7  end:
```

下列两条是无条件跳转指令,语句 1 中“jal”跳转的范围是±1 MB,语句 2 中“jalr”跳转的范围是±2 GB。

```
1  jal ra, dst              //PC = PC + dst, ra = PC + 4
2  jalr ra, 0(t0)           //PC = t0, ra = PC + 4
```

4.3 RISC-V 异常和中断处理

异常和中断处理是处理器中不可缺少而又复杂的功能,使处理器在正常程序运行过程中能够响应和处理异常事件或中断请求。图 4.7 是处理器响应异常事件过程的示意图。当异常事件发生时,处理器暂停执行当前主程序,从暂停处跳转到异常事件处理程序入口,执行异常处理程序。异常处理程序结束后,返回主程序暂停处的下一条指令,然后继续执行主程序。

RISC-V 特权架构定义了 RISC-V 处理器异常处理机制。在 RISC-V 特权架构机器(M)模式和管理员(S)模式中,RISC-V 内核通过 CSR 寄存器管理异常和中断事

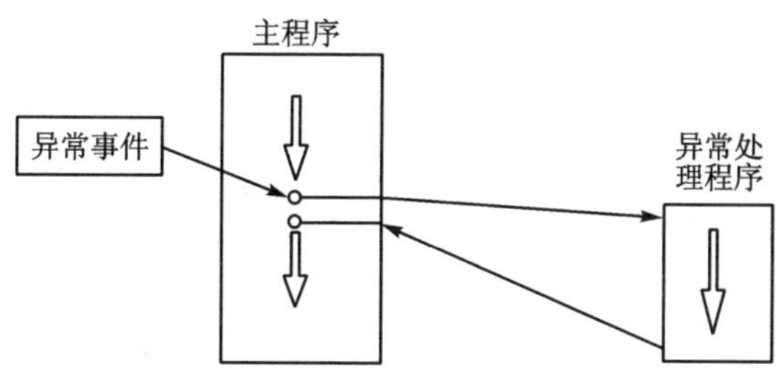

图 4.7　处理器异常事件响应过程示意图

件的响应和处理过程。

与 ARM 等其他处理器架构相比，RISC-V 内核使用更多的寄存器和更复杂的方式，可更加灵活地管理异常和中断。

4.3.1　RV32 特权模式与异常

缺省情况下，RISC-V 处理器在机器(M)模式中处理异常事件和中断请求，执行异常处理和中断服务程序。

为了提高系统性能，RISC-V 特权架构支持异常和中断委托机制，使处理器能够在低特权模式处理异常和中断，而不需要进入机器模式。通过设定 CSR 寄存器中机器模式的中断委托(Machine Interrupt Delegation，mideleg)和异常委托(Machine Exception Delegation，medeleg)寄存器，将一些中断和异常委托低特权模式处理。在被委托的低级模式中，可以通过软件屏蔽任何被委托给该特权模式的中断。

在机器(M)模式下发生的异常只能在机器模式中处理。在管理员(S)模式下发生的异常，根据中断委托设置，可在机器模式或管理员模式下处理。在用户模式下发生的异常，根据中断委托设置，可在机器模式、管理员模式或用户模式下处理。如果在高级特权模式下响应用户模式下发生的中断请求，则处理完成后通过指令返回到用户模式。

图 4.8 是 RISC-V 处理器中断处理过程中 RV32 特权模式转换示意图。其中，图 4.8(a)是只支持机器(M)和用户(U)两种模式，在未设置中断委托情况下，处理器响应中断时特权模式转换方式。在用户模式下发生中断请求，并且处理器开启中断使能的情况下，处理器进入机器模式，响应中断请求并执行中断处理程序。中断处理程序完成后，处理器通过指令 MRET 从机器模式返回到用户模式。

图 4.8(b)是支持 M、S 和 U 三种模式。如果不设置中断委托模式，则在用户模式发生中断后，处理器进入机器模式，响应并处理中断请求。中断处理完成后，使用指令 MRET 返回用户模式。如果设置了中断委托模式，并且委托管理员模式处理中断请求，则在用户模式下发生请求时，处理器进入管理员模式并处理中断，运行中断服务程序，最后通过指令 SRET 返回用户模式。在管理员模式中，可以通过程序中屏蔽任何委托给管理员模式的中断。

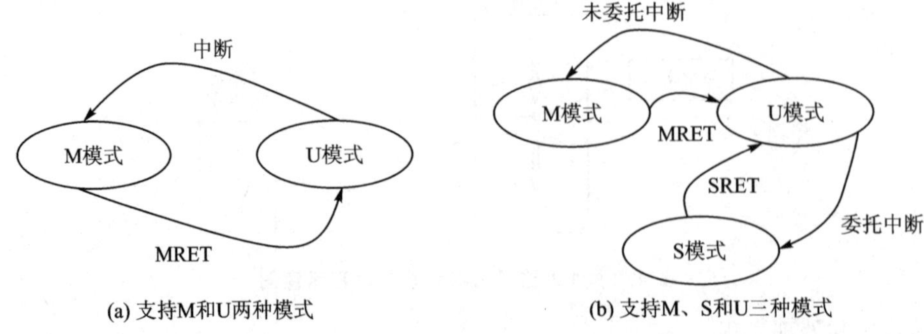

图 4.8　RISC-V 中断处理与特权模式转换

表 4.17 中列出了 RV32 特权架构指令，其中 mret 和 sret 用于异常或中断处理程序结束后返回，并在返回时改变处理器特权模式。

表 4.17　RV32 特权架构指令

操　作	助记符	解　释
machine-mode trap return	mret	机器模式异常返回
supervisor-mode trap return	sret	管理员模式异常返回
supervisor-mode fence. virtual memory address	sfence	管理员模式内存访问同步
wait for interrupt	wfi	等待中断
wait for exception	wfe	等待异常

4.3.2　机器模式异常管理寄存器

表 4.18 是 RISC-V 处理器内核中与机器模式异常相关的 CSR 寄存器列表。其中列出了处理器中与机器模式异常和中断管理相关的 10 个 CSR 寄存器。

表 4.18　RISC-V 与机器模式异常相关的 CSR 寄存器

符　号	名　称	功能描述	CSR 空间地址
mstatus	机器模式状态寄存器 Machine Status Register	寄存器中 MIE 和 MPIE 用于中断全局使能	0x300
medeleg	机器模式异常委托寄存器 Machine Exception Delegation Register	将异常委托给管理员模式	0x302
mideleg	机器模式中断委托寄存器 Machine Interrupt Delegation Register	将中断委托给管理员模式	0x303

续表 4.18

符 号	名 称	功能描述	CSR 空间地址
mie	机器模式中断使能寄存器 Machine Interrupt Enable Register	内核中断使能	0x304
mtvec	机器模式异常入口基地址寄存器 Machine Trap-Vector Based-Address Register	中断向量表基地址，进入异常的 PC 地址	0x305
mepc	机器模式异常 PC 寄存器 Machine Exception Program Counter	保存异常返回地址	0x341
mcause	机器模式异常原因寄存器 Machine Cause Register	保存异常类型和编码	0x342
mtval	机器模式异常值寄存器 Machine Trap Value Register	保存异常的附加信息	0x343
mip	机器模式中断状态寄存器 Machine Interrupt Pending Register	中断状态	0x344
mscratch	临时寄存器 Machine Scratch	暂时存放一个字大小的数据	0x340

1. 机器模式状态寄存器(mstatus)

mstatus 用于机器模式下控制和跟踪处理器内核(Hart)的运行状态，管理员模式下与之对应的寄存器是 sstatus，用户模式下与之对应的寄存器是 ustatus。mstatus、sstatus 和 ustatus 在 CSR 空间的地址不同。

图 4.9 给出了 RV32 架构 mstatus 寄存器中与中断处理相关的内容，包括 MIE、SIE、UIE、MPIE、SPIE、UPIE、SPP 位和 MPP[1:0]域。对于 RV64，mstatus 寄存器为 64 位。

图 4.9 mstatus 寄存器中断控制位

MIE、SIE 和 UIE 分别是机器模式、管理员模式和用户模式中断使能控制位。

MIE=1，打开机器模式全局中断使能，使处理器内核能够响应中断请求；MIE=0，关闭机器模式全局中断使能，处理器内核不响应任何中断请求。

SIE=1，打开管理员模式全局中断使能；SIE=0，关闭管理员模式全局中断使能。

UIE=1，打开用户模式全局中断使能；UIE=0，关闭用户模式全局中断使能。

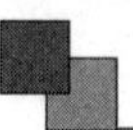

MPIE、SPIE、UPIE 分别是机器模式、管理员模式和用户模式下的中断状态位。

发生中断请求时，MPIE=MIE、SPIE=SIE。如果开启中断使能，即 MIE 和 SIE 为 1，则中断发生时 MPIE 和 SPIE 置 1。

发生中断请求时，MPP[1:0]和 SPP 自动保存中断发生前处理器内核的特权模式。在 MPP[1:0]中可以保存 M、S 和 U 三种模式码；SPP 中保存 S 和 U 两种模式码。

2. 机器模式异常和中断委托寄存器(medeleg 和 mideleg)

对于 RV32，medeleg 和 mideleg 是 32 位可读/写寄存器。在支持机器模式、管理员模式和用户模式 3 种模式的 RISC-V 处理器系统中，设置机器模式下 medeleg 或 mideleg 中某一个位，可将与该位对应的异常或中断委托给管理员模式或用户模式处理。设置管理员模式下 sedeleg 和 sideleg 寄存器中某一位，可将与该位对应的异常或中断委托给用户模式处理。在支持管理员模式的系统中，必须拥有 medeleg 和 mideleg 寄存器，而 sedeleg 和 sideleg 寄存器只存在于同时实现了用户模式中断和 N 扩展的系统中。

无论怎样设置中断和异常委托寄存器，发生异常时的控制权都不会移交给比当前级别更低的特权模式。在机器模式下发生的异常总是在机器模式下处理。在管理员模式下发生的异常，根据具体的委托设置，可能由机器模式或管理员模式处理，但永远不会由用户模式处理。

3. 机器模式中断使能寄存器(mie)

在 RV32 架构中，mie 是 32 位寄存器，设置不同模式和类型中断的使能状态。

图 4.10 是 mie 寄存器结构图。其中，USIE 是用户模式软件中断使能位，SSIE 是管理员模式软件中断使能位，MSIE 是机器模式软件中断使能位，UTIE 是用户模式定时器中断使能位，STIE 是管理员模式定时器中断使能位，MTIE 是机器模式定时器中断使能位，UEIE 是用户模式外中断使能位，SEIE 是管理员模式外中断使能位，MEIE 是机器模式外中断使能位。

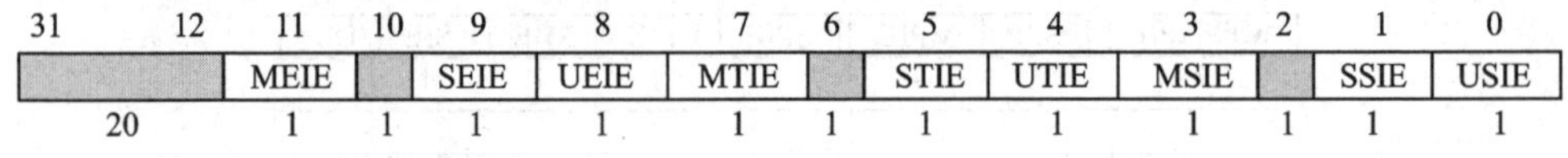

图 4.10 mie 寄存器结构

使能位置 1，使能与该位对应的中断类型；使能位清 0，关闭与该位对应的中断类型。

对于 RV64，mie 寄存器是 64 位。

管理员模式下对应的寄存器是管理员模式中断使能寄存器(sie)。与 mie 相比，sie 去除了 MEIE、MTIE 和 MSIE 位。

用户模式下对应的寄存器是用户模式中断使能寄存器(uie)。与 mie 和 sie 相比，uie 寄存器中只有 UEIE、UTIE 和 USIE 位。

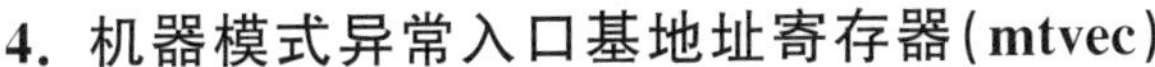

4. 机器模式异常入口基地址寄存器(mtvec)

mtvec 寄存器保存异常向量表基地址。如图 4.11 所示，mtvec 低 2 位选择中断处理程序入口模式(mode)，高 30 位是异常向量表基地址(base[31:2])的高 30 位，基地址 4 字节对齐。对于 RV64，mtvec 寄存器为 64 位。

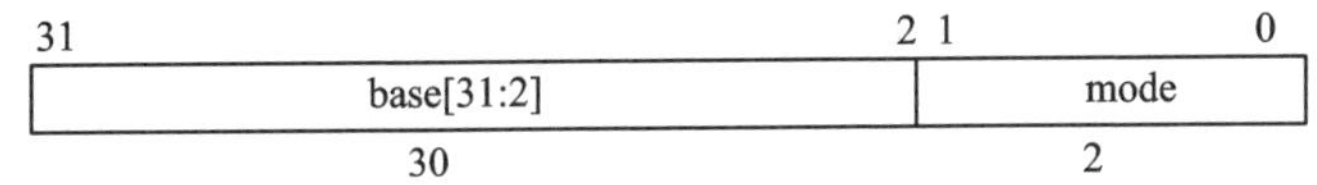

图 4.11　RV32 mtvec 寄存器

mode＝0，查询方式。所有中断响应后的入口地址相同，皆为基地址(base address)，进入中断处理程序后，查询具体中断源信息，然后根据中断源进行相应处理。

mode＝1，向量中断模式。直接跳到向量表中与中断源相对应的位置，获取与该中断源对应的中断服务程序入口地址，执行中断服务程序。在中断向量表中，与中断源对应的向量地址为 base address＋4×mcause[30:0]。

mode≥2，保留。

在管理员模式下，与 mtvec 对应的寄存器为管理员模式异常向量基地址寄存器(Supervisor Trap Vector Base Address Register，stvec)。

5. 机器模式异常 PC 寄存器(mepc)

在 RV32 架构中，mepc 是 32 位寄存器，用于保存发生异常时的 PC 值，可以是有效的物理地址或虚拟地址。

当发生异常，处理器进入机器模式时，mepc 寄存器自动保存发生中断或异常时指令的逻辑地址、物理地址或虚拟地址。

对于 RV64，mepc 寄存器是 64 位。

在管理员模式下，与 mepc 对应的寄存器是管理员模式异常 PC 寄存器(Supervisor Exception Program Counter，sepc)。

6. 机器模式异常原因寄存器(mcause)

mcause 保存产生异常的原因，异常发生时用当前异常码(Exception Code)自动更新该寄存器的值。图 4.12 是 RV32 架构中 mcause 寄存器结构图。其中，最高位 Interrupt 表示异常类型，低 31 位是异常编码。对于 RV64，mcause 寄存器为 64 位。

Interrupt＝1，表示内核中断；Interrupt＝0，表示异常。

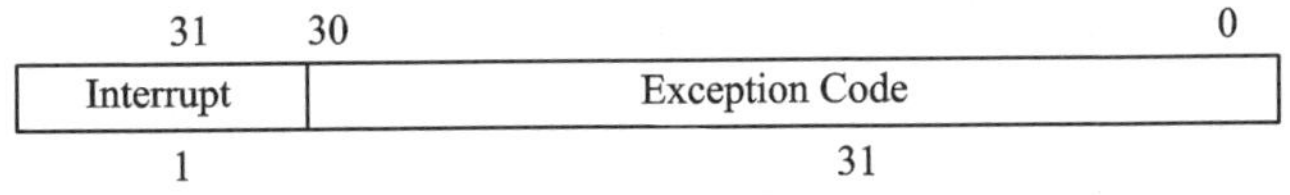

图 4.12　mcause 寄存器结构

表 4.19 列出了 RISC-V 中断相关的异常编码，中断类型包括软件中断、内核定时器中断和外部中断。

表 4.19　RISC-V 中断异常编码

中断(Interrupt)		异常编码(Exception Code)	异常描述
类　型	标　识		
软件中断	1	0	用户模式软件中断
	1	1	管理员模式软件中断
	1	2	保留
	1	3	机器模式软件中断
定时器中断	1	4	用户模式定时器中断
	1	5	管理员模式定时器中断
	1	6	保留
	1	7	机器模式定时器中断
外中断	1	8	用户模式外中断
	1	9	管理员模式外中断
	1	10	保留
	1	11	机器模式外中断
保留	1	12～15	保留
	1	≥16	保留

在管理员模式和用户模式下，与 mcause 对应的寄存器分别为管理员模式异常原因寄存器(Supervisor Cause Register，scause)，以及用户模式异常原因寄存器(User Cause Register，ucause)。

7. 机器模式异常值寄存器(mtval)

在 RV32 架构中，mtval 是 32 位寄存器。当发生异常进入机器模式时，mtval 置零，或者写入该异常的特定信息，以便协助软件处理异常事件。

在 RV64 架构中，mtval 寄存器是 64 位。

在管理员模式下，与 mtval 对应的寄存器为管理员模式异常值寄存器(Supervisor Trap Value，stval)。

8. 机器模式中断状态寄存器(mip)

在 RV32 架构中，mip 是 32 位寄存器，指示机器模式下的中断状态。

图 4.13 是 mip 寄存器结构。其中，USIP 是用户模式软件中断状态位，SSIP 是管理员模式软件中断状态位，MSIP 是机器模式软件中断状态位，UTIP 是用户模式

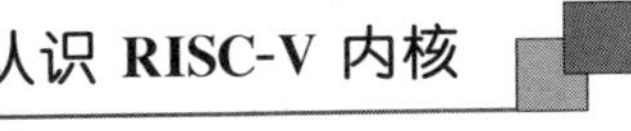

定时器中断状态位，STIP 是管理员模式定时器中断状态位，MTIP 是机器模式定时器中断状态位，UEIP 是用户模式外中断状态位，SEIP 是管理员模式外中断状态位，MEIP 是机器模式外中断状态位。

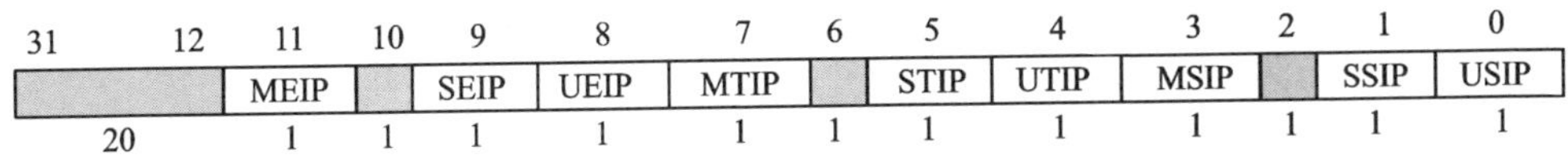

图 4.13　mip 寄存器结构

当中断请求发生时，如果 mie 寄存器中与该中断类型对应的使能位为 1，则 mip 相应的状态位置 1。例如，MEIE＝1，当出现外中断请求时 MEIP＝1。

对于 RV64，mip 寄存器是 64 位。

在管理员模式下，与 mip 对应的寄存器是管理员模式中断状态寄存器(sip)。与 mip 相比，sip 寄存器中去除了 MEIP、MTIP 和 MSIP 位。

在用户模式下，与 mip 对应的寄存器是用户模式中断状态寄存器(uip)，与 mip 和 sip 相比，uip 寄存器中只有 UEIP、UTIP 和 USIP 位。

4.3.3　异常和中断响应过程

对于 RISC-V 处理器内核，如果 mstatus. MIE＝1，且 mie. MSIE＝1、mie. MEIE＝1 和 mie. MTIE＝1，则发生中断请求后，内核在当前指令执行结束后响应中断请求，自动完成图 4.14 所示的操作过程。

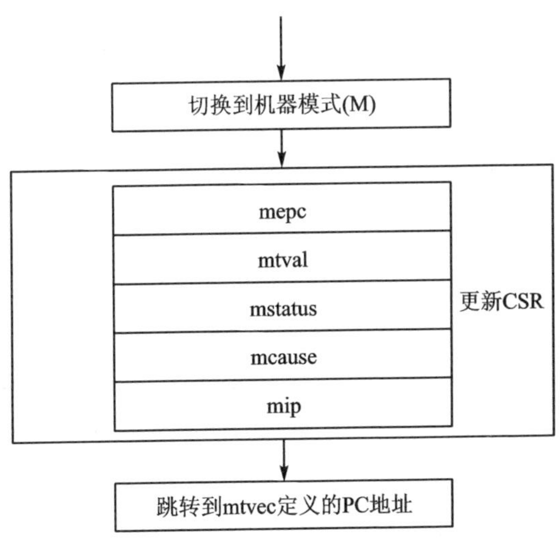

图 4.14　RISC-V 处理器内核中断响应过程

RISC-V 处理器内核首先进入机器模式，然后更新相关的 CSR 寄存器，从 mtvec 寄存器中获取中断向量表的基地址。如果是向量中断响应，则将 PC 指向中断向量表中对应的向量位置，获取相应的异常和中断服务程序入口地址，最后执行中断服务程序。如果是非向量中断响应,则将 PC 指向所有中断统一的服务程序入口地址。

如图 4.15 所示,如果发生中断,则 mepc 寄存器保存当前指令的下一条指令地址 NPC。如果发生异常,则在 mepc 寄存器中保存当前指令地址 PC。

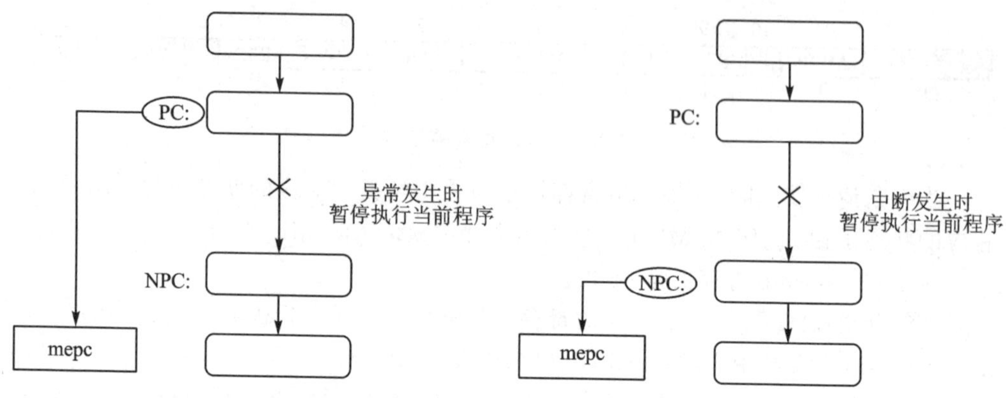

图 4.15 mepc 保存 PC 示意图

更新 mcause 寄存器,如果是中断,则 mcause[31]=1, mcause[30:0]=中断编码;如果是异常事件,则 mcause[31]=0, mcause[30:0]=异常编码。

更新 mstatus 寄存器,mstatus. MIP=mstatus. MIE。

将 mip 寄存器中与中断类型对应的位置 1。例如,对于外中断,mip. MEIP=1。

将处理器内核所定义的与该中断对应的信息值(如果已定义)写入 mtval 寄存器。

完成异常处理或中断服务后,处理器内核恢复异常或中断前的特权模式,并返回到主程序继续执行。

RISC-V 架构提供了不同模式退出异常服务程序的指令。MRET、SRET 和 URET 分别是机器、管理员和用户模式下退出异常处理程序的指令。所有 RISC-V 架构处理器必须支持 MRET 指令,SRET 和 URET 是可选指令。

处理器内核执行 MRET 指令后,自动完成图 4.16 中的步骤,然后继续执行主程序,具体操作包括:

① 更新 mie,重新打开中断使能位,mstatus. MIE=1;

② 更新 mip,清除 mip 状态位,mstatus. MIP=0;

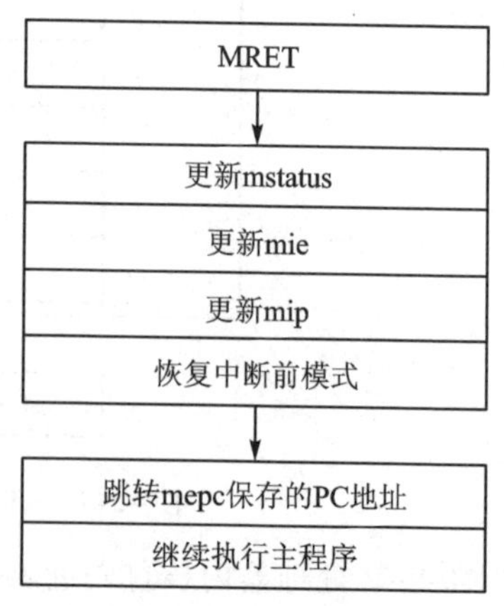

图 4.16 RISC-V 退出异常处理过程

③ 读取 mstatus. MPP，恢复到中断前的特权模式。

4.4　BumbleBee 内核

BumbleBee 处理器内核是芯来科技（Nuclei System Technology）公司联合兆易创新（Gigadevice）公司定制的 RISC-V 处理器内核。该内核是以芯来科技公司的 N205 内核为基础，面向超低功耗场景的通用 MCU 内核，为兆易创新公司的 GD32VF103 系列 MCU 产品而定制。

4.4.1　特　点

BumbleBee 内核的主要特点如下：

① CPU 内核采用 2 级变长流水线架构，具有动态分支预测和指令预取单元，支持机器模式和用户模式。

② 支持 RV32 RISC-V 指令集架构，支持 RV32IMAC 指令子集模块，支持非对齐存储访问操作。

③ 支持 wfi 和 wfe 两个进入休眠模式的指令，支持浅度与深度休眠两级休眠模式。

④ 内置 64 位定时器（Machine Timer，TIMER），支持 RISC-V 架构定义的定时器中断。

⑤ 2 个 64 位处理器性能计数器，即时钟周期计数器和完成指令计数器。前者计算处理器运行的时钟周期数，后者计算处理器成功执行的指令数。

⑥ 内置增强内核中断控制器（Enhanced Core Level Interrupt Controller，ECLIC），支持 RISC-V 架构定义的软件中断、定时器中断和外部中断，支持 16 个中断级，支持快速向量中断处理机制。

⑦ 所有内存地址访问操作都使用物理地址。

4.4.2　扩展指令集

BumbleBee 在 RV32I 指令集基础上扩展了 RV32M、RV32A 和 RV32C 指令集模块。

1. RV32M

在“M”指令模块中，包含数据乘法和除法操作指令。

RV32M 指令集支持“无符号数×无符号数”、“有符号数×有符号数”和“有符号数×无符号数”三类乘法运算。表 4.20 列出了 RV32M 乘法运算指令。

表 4.20 RV32M 乘法运算指令

指 令	示 例	操 作
两个 32 位整数相乘，保存积的低 32 位	mul rd，rs1，rs2	rd=rs1×rs2； 把 rs1×rs2 结果的低 32 位写入 rd
两个 32 位有符号整数相乘，保存积的高 32 位	mulh rd，rs1，rs2	rd=(rs1×rs2)>>32； 把 rs1×rs2 结果的高 32 位写入 rd
两个 32 位无符号整数相乘，保存积的高 32 位	mulhu rd，rs1，rs2	rd=(rs1×rs2)>>32； 把 rs1×rs2 结果的高 32 位写入 rd
32 位无符号整数与 32 位有符号整数相乘，保存积的高 32 位	mulhsu rd，rs1，rs2	rd=(rs1×rs2)>>32； 把 rs1×rs2 结果的高 32 位写入 rd

如果需要得到两个无符号 32 位数的 64 位乘积，可先写汇编语句 “mulhu rdh，rs1，rs2”，紧接着写汇编语句“mul rdl，rs1，rs2”。处理器内核将自动融合这两条指令，“rdh”和“rdl”分别保存积的高 32 位和低 32 位。这里，寄存器 rdh 不能与寄存器 rs1 和寄存器 rs2 相同。

RV32M 指令集包含“有符号数/有符号数”和“无符号数/无符号数”两条除法运算指令。表 4.21 列出了 RV32M 除法运算指令。

表 4.21 RV32M 除法运算指令

指 令	示 例	操 作
两个有符号 32 位整数相除，保存商	div rd，rs1，rs2	rd=rs1/rs2； 把 rs1/rs2 的商写入 rd
两个无符号 32 位整数相除，保存商	divu rd，rs1，rs2	rd=rs1/rs2； 把 rs1/rs2 的商写入 rd
两个有符号 32 位整数相除，保存余数	rem rd，rs1，rs2	rd=rs1%rs2； 把 rs1/rs2 的余数写入 rd
两个无符号 32 位整数相除，保存余数	remu rd，rs1，rs2	rd=rs1%rs2； 把 rs1/rs2 的余数写入 rd；

如果需要同时得到两个无符号 32 位数相除的商和余数，可先写汇编语句 “div rdq，rs1，rs2”，紧接着写汇编语句“rem rdr，rs1，rs2”。处理器内核将自动融合这两条指令，“rdq”和“rdr”分别保存商和余数，但寄存器 rdq 不能与寄存器 rs1 和寄存器 rs2 相同。

2. RV32A

RISC-V 扩展指令模块“A”中包含以原子方式读—修改—写内存的指令，以支持多个 RISC-V Hart 访问同一内存空间时的同步处理。RV32A 指令集提供两种形式的原子指令：保留装载(Load-Reserved，LR)/条件存储(Store-Conditional，SC)和原子内存操作(Atomic Memory Operations，AMO)指令。表 4.22 列出了 RV32A 指

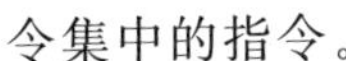

令集中的指令。

表 4.22 RV32A 指令列表说明

指 令	示 例	操 作
装载保留字	lr. w rd,(rs1)	rd=mem[rs1]; 读取内存[rs1]中 4 字节数据;保留读取数据的地址
条件存储	sc. w rd, rs1,(rs2)	mem[rs2]=rs1; 保存 rs1 到内存[rs2]中。 如果成功,rd=0;否则,rd=错误码

数据交换	amoswap. w rd,rs1,(rs2)	rd=mem[rs2];
		读取内存[rs2]数据。
		mem[rs2]=rs1;
		将 rs1 中的数据写入内存[rs2]

加法	amoadd. w rd, rs1,(rs2)	rd=rs1+mem[rs2];
与	amoand. w rd, rs1,(rs2)	rd=rs1 &mem[rs2];
异或	amoxor. w rd, rs1,(rs2)	rd=rs1^mem[rs2];
或	amoor. w rd, rs1,(rs2)	rd=rs1|mem[rs2];

最小值	amomin. w rd, rs1,(rs2)	if(rs1<=mem[rs2])
		rd=rs1
		else
		rd=mem[rs2]

最大值	amomax. w rd, rs1,(rs2)	if(rs1>=mem[rs2])
		rd=rs1
		else
		rd=mem[rs2]

无符号最小值	amominu. w rd, rs1,(rs2)	if(rs1<=mem[rs2])
		rd=rs1
		else
		rd=mem[rs2]

无符号最大值	amomaxu. w rd, rs1,(rs2)	if(rs1>=mem[rs2])
		rd=rs1
		else
		rd=mem[rs2]

表 4.22 指令操作符中“. w”表示单字,32 位。在 RV64A 指令集中用“. D”表示双字,64 位。“[rsx]”表示以寄存器 rsx 中的数值作为内存地址。

3. RV32C

为了缩短静态程序的长度,RISC-V 架构支持压缩指令扩展“C”。“C”扩展与所有其他标准和扩展指令集兼容，允许 16 位指令与 32 位指令自由混合。加入"C"扩展后，32 位指令在 16 位对齐位置时，不会引发指令地址不对齐异常。

"C"扩展可以加入 RV32、RV64 和 RV128 指令架构。用 RV32C、RV64C 和 RV128C 表示 RISC-V 处理器的"C"扩展指令集。表 4.23 列出部分与 RV32I 相对应的"C"扩展指令。

表 4.23 RV32I C 扩展指令

类 型	名 称	RV32C	RV32I
整数计算	加法	c. add rd, rs1	add rd, rd,rs1
	立即数加	c. addi rd,imm	addi rd, rd,imm
	栈指针增加 * 16	c. addi16sp sp,imm	addi sp,sp,imm * 16
	减法	c. sub rd,rs1	sub rd,rd,rs1
逻辑运算	与	c. and rd,rs1	and rd,rd,rs1
	立即数与	c. andi rd,imm	andi rd,rd,imm
	或	c. or rd, rs1	or rd,rd,rs1
	异或	c. xor rd,rs1	xor rd,rd,rs1
逻辑移位	立即数逻辑左移	c. slli rd,imm	slli rd,rd,imm
	立即数算术右移	c. srai rd,imm	srai rd,rd,imm
	立即数逻辑右移	c. srli rd,imm	srli rd,rd,imm
数据移动	数据移动	c. mv rd,rs1	add rd,x0,rs1
	装载立即数	c. li rd,imm	addi rd,x0,imm
	装载立即数到高位	c. lui rd,imm	lui rd,imm
	读取字	c. lw rd,imm(rs1)	lw rd, imm(rs1)
	从栈中读取字	c. lwsp rd,imm(sp)	lw rd,imm(sp)
	写入字	c. sw rs1,imm(rs2)	sw rs1,imm(rs2)
	将字写入栈	c. swsp rs1,imm(sp)	sw rs1,imm(sp)
跳转	条件分支(=0)	c. beqz rs1,imm	beq rs1,x0,imm
	条件分支(!=0)	c. bnez rs1,imm	bne rs1,x0,imm
	跳转(立即数)	c. j imm	jal x0,imm
	跳转(寄存器)	c. jr rd,rs1	jalr x0,rs1,0
	可返回跳转	c. jal imm	jal ra,imm
	可返回跳转(寄存器)	c. jalr rs1	jalr ra,rs1,0
其他	系统环境中断	c. ebreak	ebreak

虽然 RV32C 指令长度为 16 位，但所执行的操作与对应的 RV32I 指令一致，仍然是 32 位操作。

4.4.3 CSR 寄存器

除了 RISC-V 架构定义的标准 CSR 寄存器外，BumbleBee 还为自定义的功能扩展了私有 CSR 寄存器。表 4.24 列出了 BumbleBee 内核支持的 RV32IMAC 与机器模式和用户模式相关的 RISC-V 标准 CSR 寄存器，以及 BumbleBee 内核自定义的 CSR 寄存器。

表 4.24 BumbleBee 内核 CSR 寄存器列表

类 型	CSR 地址	读/写	符 号	说 明
RISC-V 标准 CSR Machine Mode	0xf11	MRO	mvendorid	供应商编号(Machine Vendor ID)
	0xf12	MRO	marched	架构编号(Machine Architecture ID)
	0xf13	MRO	mimpid	硬件实现编号(Machine Implementation ID)
	0xf14	MRO	mhartid	Hart 编号(Hart ID)
	0x300	MRW	mstatus	异常处理状态寄存器
	0x301	MRO	misa	指令集架构(Machine ISA)
	0x304	MRW	mie	内核中断使能控制(Machine Interrupt Enable)
	0x305	MRW	mtvec	异常入口基地址寄存器
	0x307	MRW	mtvt	ECLIC 中断向量表的基地址
	0x340	MRW	mscratch	暂存(Machine Scratch)
	0x341	MRW	mepc	异常 PC(Machine Exception Program Counter)
	0x342	MRW	mcause	异常原因(Machine Cause)
	0x343	MRW	mtval	异常信息(Machine Trap Value)
	0x344	MRW	mip	中断状态(Machine Interrupt Pending)
	Ox345	MRW	mnxti	处理下一个中断并返回下一个中断的 handler 入口地址
	0x346	MRO	mintstatus	保存当前中断 Level
	0x348	MRW	mscratchcsw	在特权模式变化时交换 mscratch 与目的寄存器的值

续表 4.24

类　型	CSR 地址	读/写	符　号	说　明
RISC-V 标准 CSR Machine Mode	0x349	MRW	mscratchcswl	在中断 Level 变化时交换 mscratch 与目的寄存器的值
	0xb00	MRW	mcycle	周期计数器的低 32 位(Lower 32 bits of Cycle counter)
	0xb80	MRW	mcycleh	周期计数器的高 32 位(Upper 32 bits of Cycle counter)
	0xb02	MRW	minstret	指令计数器的低 32 位(Lower 32 bits of Instructions-retired counter)
	0xb82	MRW	minstreth	指令计数器的高 32 位(Upper 32 bits of Instructions-retired counter)
RISC-V 标准 CSR (User Mode)	0xc00	URO	cycle	mcycle 寄存器的只读副本
	0xc01	URO	time	mtime 寄存器的只读副本
	0xc02	URO	instret	minstret 寄存器的只读副本
	0xc80	URO	cycleh	mcycleh 寄存器的只读副本
	0xc81	URO	timeh	mtimeh 寄存器的只读副本
	0xc82	URO	instreth	minstreth 寄存器的只读副本
BumbleBee 内核自定义 CSR	0x320	MRW	mcountinhibit	控制计数器的开启和关闭
	0x7c3	MRO	mnvec	NMI 处理入口基地址寄存器
	0x7c4	MRW	msubm	保存 Core 当前的 Trap 类型,以及进入 Trap 前的 Trap 类型
	0x7d0	MRW	mmisc_ctl	控制 NMI 的处理程序入口地址
	0x7d6	MRW	msavestatus	保存 mstatus 值
	0x7d7	MRW	msaveepc1	保存第一级嵌套 NMI 或异常的 mepc
	0x7d8	MRW	msavecause1	保存第一级嵌套 NMI 或异常的 mcause
	0x7d9	MRW	msaveepc2	保存第二级嵌套 NMI 或异常的 mepc
	0x7da	MRW	msavecause2	保存第二级嵌套 NMI 或异常的 mcause
	0x7eb	MRW	pushmsubm	将 msubm 的值存入堆栈地址空间
	0x7ec	MRW	mtvt2	设定非向量中断处理模式的中断入口地址
	0x7ed	MRW	jalmnxti	使能 ECLIC 中断,该寄存器的读操作处理下一个中断,同时返回下一个中断 handler 的入口地址,并跳转至此地址
	0x7ee	MRW	pushmcause	将 mcause 的值存入堆栈地址空间
	0x7ef	MRW	pushmepc	将 mepc 的值存入堆栈地址空间

表 4.24 中,“MRW”表示机器模式可读/写,“MRO”表示机器模式只读,“URW”表示用户模式可读/写,“URO”表示用户模式只读。

在不同特权模式下,处理器内核访问 CRS 寄存器的权限不同。

在机器模式下,可以访问属性为“MRW”、“MRO”、“URW”和“URO”的 CSR 寄存器。

在用户模式下,只能访问属性为“URW”和“URO”的 CSR 寄存器。

4.4.4 特权模式

BumbleBee 内核支持机器模式和用户模式两种特权模式。

1. 机器模式子模式

处理器内核复位后,默认处于机器模式。在机器模式下,程序能够访问所有的 CSR 寄存器。在用户模式下,只能够访问用户模式限定的 CSR 寄存器。

BumbleBee 内核将机器模式进一步分为 4 种子模式:正常机器模式、异常模式、不可屏蔽(NMI)中断模式和中断模式。

内核复位后进入正常机器模式,响应异常后进入异常模式,响应 NMI 后进入 NMI 模式,响应中断后进入中断模式。

机器模式子模式(msubm)寄存器,是 BumbleBee 内核自定义 CSR 寄存器。图 4.17 是 msubm 寄存器结构,其中 msubm[7:6]域表示内核当前处于机器模式子模式 TYP,msubm[9:8]域保存内核进入当前异常处理模式之前的子模式 PTYP。

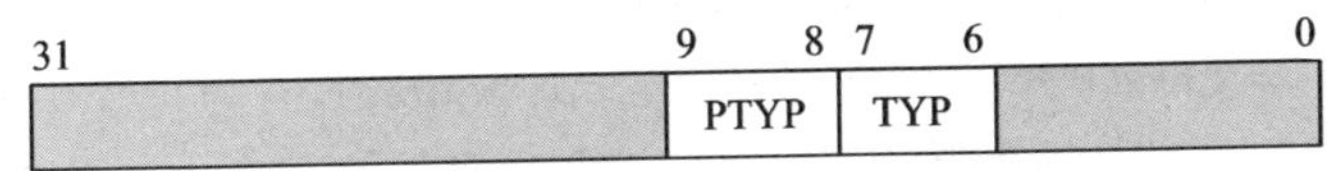

图 4.17 msubm 寄存器结构

其中,PTYP[1:0],TYP[1:0]的值表示如下机器子模式:

- 00 正常机器模式;
- 01 中断子模式;
- 10 异常模式;
- 11 非屏蔽中断(NMI)。

内核响应异常事件和中断请求后,修改 msubm,更新 TYP 和 PTYP 域的值。

2. 特权模式转换

在机器模式下,处理器执行 mret 指令后返回发生异常或中断之前的模式。执行 mret 指令后,硬件将处理器特权模式恢复为状态寄存器 mcause. MPP 的值所对应的特权模式。

在用户模式下,发生异常事件或中断请求后,处理器硬件将用户模式码写入

mcause.MPP，进入机器模式，并更新 msubm 寄存器。

在正常机器模式下，执行 mret 指令的硬件行为与异常处理模式下执行 mret 指令的行为相同。如果需要将正常机器模式切换到用户模式，则用程序先修改 mstatus 的 MPP 域的值，将其改成用户模式码，然后执行 mret 指令实现模式切换。示例代码如下：

```
/* 从正常机器模式切换到用户模式 */
li t0,MSTATUS_MPP              //设置初始值 MSTATUS.MPP(0x00001800)
csrc mstatus,t0                //将 mstatus 寄存器的 MPP 值置 0
la t0,abc                      //读取返回位置的标签地址
csrw mepc,t0                   //将返回地址写入 mepc，供返回用
mret                           //切换到用户模式，并从 abc 处继续执行程序
```

如果在用户模式下直接执行 mret 指令，会产生非法指令(Illegal Instruction)异常。

BumbleBee 内核只能通过异常、中断请求或者 NMI 请求的方式，实现从用户模式到机器模式的切换。

4.4.5 中断控制器

BumbleBee 内核内置改进型内核中断控制器(Enhanced Core Local Interrupt Controller，ECLIC)，对多个中断源进行管理。

图 4.18 是 BumbleBee 处理器中 ECLIC 控制器与 RISC-V 内核的关系图。ECLIC 最多可以支持 4 096 个中断源(Interrupt Source)，并为每个中断分配唯一编号(ID)。ECLIC 通过中断使能(IE)寄存器控制处理器对各个中断请求的响应，通过中断状态(IP)寄存器指示各个中断请求的状态。另外，ECLIC 还通过寄存器设置每个中断源的属性，如电平触发或边沿触发(Level or Edge-Triggered)、中断级和优先级(Level and Priority)以及向量或非向量中断(Vector or Non-Vector Mode)。

ECLIC 为每个中断分配唯一的编号(ID)。例如，GD32VF103 中 ECLIC 支持 256 个中断源，ID 为 0～255。其中，编号 0～18 中断预留为内核的内部中断，为外部中断源分配的 ID 编号从 19 开始。

ECLIC 使用内核中断控制器(Core Local Interrupt Controller，CLIC)的一组寄存器设置中断属性，管理中断响应。CLIC 寄存器映射在处理器内存地址空间，在程序中以访内存的方式进行读/写。

BumbleBee 中，CLIC 寄存器空间的映射基地址与处理器的实现相关，但 CLIC 寄存器之间的偏移关系不变。表 4.25 列出了 CLIC 各寄存器的偏移地址。

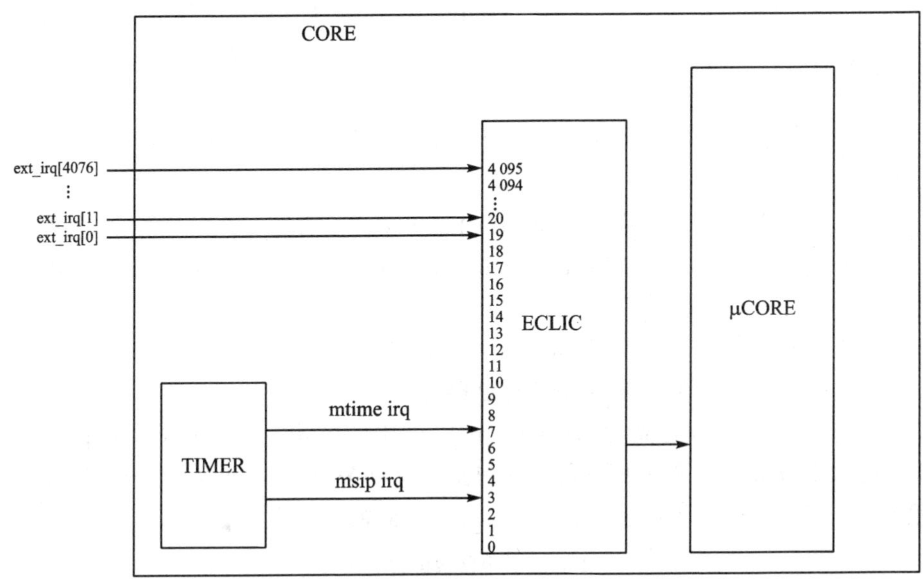

图 4.18　ECLIC 与 RISC-V 内核关系图

表 4.25　CLIC 寄存器地址偏移

偏移量	属　性	名　称	宽　度
0x0000	可读/写	中断设置(cliccfg)	8 位
0x0004	只读	中断信息(clicinfo)	32 位
0x000b	可读/写	阈值等级寄存器(mth)	8 位
0x1000+4*i	可读/写	中断标志寄存器(clicintip[i])	8 位
0x1001+4*i	可读/写	中断使能寄存器(clicintie[i])	8 位
0x1002+4*i	可读/写	中断属性寄存器(clicintattr[i])	8 位
0x1003+4*i	可读/写	中断控制寄存器(clicintctl[i])	8 位

cliccfg 寄存器是全局配置寄存器，通过改写该寄存器的 nlbits 域，即 cliccfg[4:1]，指定 clicintctl[i]寄存器中 Level 域的比特数。

clicinfo 寄存器是全局信息寄存器，通过读该寄存器 CLICINTCTLBITS 域，即 clicinfo[24:21]，获取 clicintctl[i]寄存器中有效位的比特数；读该寄存器的 VERSION 域，即 clicinfo[20:13]，获取硬件实现的版本信息；读该寄存器的 NUM_INTERRUPT 域，即 clicinfo[12:0]，获取该硬件实现所支持的中断数。

mth 寄存器是 8 位寄存器，所有位均可读可写，通过写此寄存器设置中断目标的阈值级别。ECLIC 只将等级（Level）高于 mth 所设定值的中断请求发送处理器内核。

表 4.25 中，i 表示中断的 ID 编号，带有[i]后缀的寄存器表示与第 i 号中断源相对应的寄存器。

ECLIC 在中断使能寄存器（clicintie[i]）中为中断源 i 分配一个使能位 clicintie[i].IE。clicintie[i].IE=0，屏蔽中断源；clicintie[i].IE=1，打开中断源，处理器内核能够接收，并响应该中断请求。

ECLIC 在中断状态寄存器（clicintip[i]）中为中断源 i 分配一个状态位 clicintip[i].IP。clicintip[i].IP=1，则表示该中断源已触发，等待处理。

ECLIC 通过中断属性寄存器（clicintattr[i]）中的区域 clicintattr[i].trig，设置中断源 i 的触发方式。可选择的触发方式包括电平触发或边沿触发，上升沿触发或下降沿触发。表 4.26 列出了与 trig 域值对应的中断源触发属性。

表 4.26　中断源触发属性

trig[0]	trig[1]	边沿/电平	上升/下降
0	X	电平	X
1	0	边沿	上升
1	1	边沿	下降

如果将中断源设为电平触发，则 clicintip[i].IP 指示中断源的电平状态，高电平或低电平。在此情况下，无法通过写寄存器直接清除 IP 位，只能通过改变中断源信号的电平状态的方式清除 IP 位。

如果将中断源配置为上升沿触发，则当 ECLIC 检测到该中断源的上升沿时，触发该中断，clicintip[i].IP=1。在此情况下，可以通过写寄存器设置或者清除 IP 位。

如果将中断源配置为下降沿触发，则当 ECLIC 检测到该中断源的下降沿时，触发该中断，clicintip[i].IP=1。在此情况下，可以通过写寄存器设置或者清除 IP 位。

为了提高中断处理的效率，对于边沿触发，处理器内核响应中断，进入中断服务程序（Interrupt Service Routines，ISR）后，ECLIC 的硬件会自动清除与该中断对应的 IP 位。

ECLIC 通过中断控制寄存器（clicintctl[i]）设置中断源的等级（Level）和优先级（Priority）。当多个等级高于 mth 寄存器所设置的阈值中断请求同时发生时，ECLIC 先将优先级高的请求发送到处理器内核。

中断源 i 的中断信息寄存器（clicinfo[i]）的 CLICINTCTLBITS 域指定该中断源对应的控制寄存器 clicintctl[i]中的有效位数（2～8 位）。有效位区域分为中断源的等级和优先级两部分。等级域的宽度由中断设置寄存器（cliccfg）的 nlbits 域指定。

如图 4.19 所示，假设 clicinfo. CLICINTCTLBITS 域的值为 6，cliccfg. nlbits 域的值为 4，则表示 clicintctl 寄存器中有 6 位有效，并且有效位的高 4 位描述等级(Level)，低两位表示优先级(Priority)。

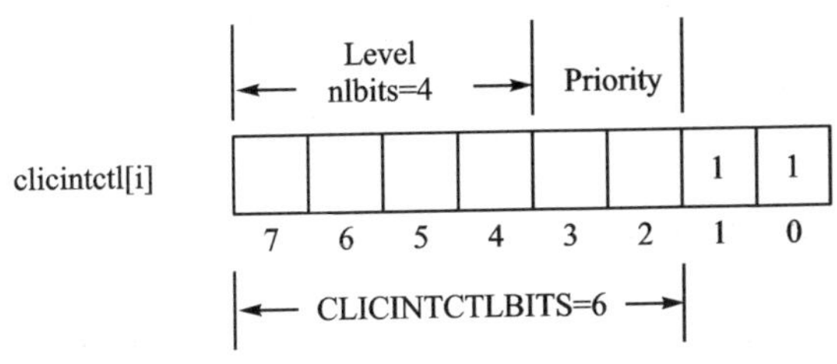

图 4.19　clicintctl 寄存器数据格式

4.4.6　定时器

BumbleBee 内核集成了一个 64 位定时器(TIMER)，用于产生定时器中断(Timer Interrupt)和软件中断(Software Interrupt)。

TIMER 寄存器组映射到处理器内核的内存空间，以访问存储器的方式进行访问。寄存器映射到内存空间的基地址与处理器的实现相关，但 TIMER 寄存器之间地址的偏移关系不变。表 4.27 列出了 TIMER 寄存器的偏移地址。

表 4.27　TIMER 寄存器地址偏移

偏移量	属　性	名　称	功能描述
0x0	可读/写	计数器寄存器低位(mtime_lo)	计数器 mtime 的低 32 位值
0x4	可读/写	计数器寄存器高位(mtime_hi)	计数器 mtime 的高 32 位值
0x8	可读/写	比较寄存器低位(mtimecmp_lo)	定时器比较值 mtimecmp 低 32 位
0xC	可读/写	比较寄存器高位(mtimecmp_hi)	定时器比较值 mtimecmp 高 32 位
0xFF8	可读/写	暂停寄存器(mstop)	定时器的暂停控制
0xFFC	可读/写	生成软中断(msip)	产生软件中断

TIMER 采用自动增加计数模式，其计数寄存器(mtime)由两个 32 位寄存器{mtime_hi，mtime_lo}拼接而成，分别保存计数的高 32 位和低 32 位。

为了能够关闭计数器，TIMER 引入 mstop 寄存器，用最低位 mstop[0]作为定时器的暂停控制信号。当 mstop[0]=1 时，暂停计数器。

TIMER 根据 mtime 和 mtimecmp 寄存器值的比较结果生成定时器中断。64 位的 mtimecmp 寄存器，由两个 32 位寄存器{mtimecmp_hi，mtimecmp_lo}拼接而成。当定时器的值 mtime 大于或等于 mtimecmp 的值时，产生定时器中断。当 mtimecmp 值大于 mtime 值时，清除定时器中断。

TIMER 引入 msip 寄存器，该寄存器只有最低位有效。msip＝1，产生软件中断；misp＝0，清除软件中断。

4.4.7 内核低功耗机制

BumbleBee 内核支持处理器休眠模式，以降低处理器的静态功耗。

内核通过“WFI”指令进入休眠状态。处理器内核执行“WFI”指令之后，立即停止执行当前的指令流，等待处理器内核完成所有总线操作，最后进入“休眠”状态。

进入休眠状态后，处理器内核关闭内部主要功能单元的时钟，以降低静态功耗。处理器将内核输出信号 core_wfi_mode 置为 1，表示当前处理器内核处于执行“WFI”指令之后的休眠状态。

非屏蔽中断(No Masked Interrupt，NMI)、中断、事件(event)或调试(debug)请求可以唤醒处理器，使其进入工作状态。

NMI 总能唤醒处理器内核。当输入信号出现从低电平到高电平的上升沿时，唤醒处理器内核，进入并执行 NMI 服务程序。

中断可以唤醒处理器内核。在开启中断使能后，一部分中断能够唤醒处理器内核。

如果 CSR 寄存器 wfe. WFE＝0，则

① 如果 mstatus. MIE＝1，则 ECLIC 向处理器内核发送中断请求，唤醒处理器内核，内核执行中断服务程序；

② 如果 mstatus. MIE＝0，则 ECLIC 向处理器内核发送中断，唤醒处理器内核，内核继续顺序执行因“WFI”指令停止的指令流。

如果 CSR 寄存器 wfe. WFE＝1，则等待异常事件唤醒。当处理器内核检测到输入信号 rx_evt 为高电平时，唤醒处理器内核，继续执行之前停止的指令流。

debug 请求总能够唤醒处理器内核，如果调试器(Debugger)接入，则会唤醒处理器内核，进入调试模式。

4.5 本章小结

本章以 32 位 RISC-V MCU 处理器为目标，重点讨论 RV32I 指令集，分析指令集中主要指令的功能和使用方法。本章进一步分析了 RISC-V 特权架构以及异常和中断处理机制，讨论了机器模式异常 CSR 寄存器的功能。本章最后介绍了 RISC-V 内核 BumbleBee，说明了 BumbleBee 内核的特点，分析了 BumbleBee 的扩展指令集、中断控制器 ECLIC、定时器 TIMER 和内核的低功耗模式。

第 5 章 RISC-V 程序开发

在现有开源和商业嵌入式软件开发框架下，使用支持 RISC-V 架构处理器的编译器、汇编器以及函数库等组件，可实现 RISC-V 处理器应用程序的开发。重新编写或者修改程序中与处理器架构相关的汇编语句、异常处理和 I/O 访问等内容，可以将现有软件移植到 RISC-V 处理器平台。本章将介绍 RISC-V 处理器程序开发的方法，讨论用于 RISC-V 处理器程序开发的 GCC 工具链，并通过示例程序说明使用 SEGGER Embedded Studio 开发 RISC-V 处理器应用程序的过程。

5.1 RISC-V 软件环境

面向不同的应用场景，可将不同模块和功能单元组合，构成功能相异的 RISC-V 处理器，以支持不同的软件运行环境。

如图 5.1 所示，RISC-V 处理器可以支持 3 种典型的软件环境：实模式、虚拟内存模式和虚拟机（Hypervisor）模式。实模式下，应用程序（Application Program，APP）直接在处理器上运行；虚拟内存模式下，多个 APP 运行在操作系统（Operation System，OS）上，处理器直接支持 OS；虚拟机模式下，虚拟机支持多个操作系统，处理器直接支持虚拟机。

如果仅支持机器模式，或者支持机器和用户两种特权模式，则 RISC-V 处理器支持实模式软件环境，能直接运行应用程序或一些实时操作系统，常作为微控制器（Micro Control Unit，MCU），应用于控制和数据采集等终端产品。在实模式环境中，程序中的逻辑地址与物理地址一致。如图 5.1(a) 所示，利用应用程序接口（Application Binary Interface，ABI），在 RISC-V 处理器上运行应用程序。在实模式软件环境模式下，ABI 是处理器的指令，也可以是由指令组成的 ABI 函数。

如果支持机器、管理员和用户 3 种特权模式，则 RISC-V 处理器通常支持虚拟内存管理，能够支撑复杂多任务操作系统，常应用于系统管理、数据处理和智能分析等

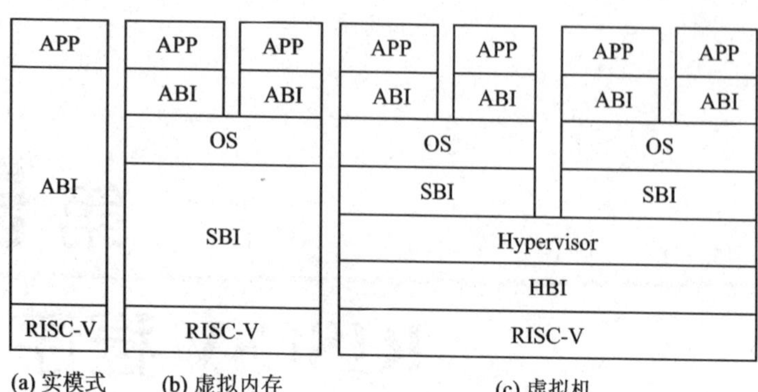

图 5.1 RISC-V 支持的软件环境

边缘设备。在如图 5.1(b)所示的软件环境中,通过操作系统提供的 ABI,在操作系统平台上执行应用程序。操作系统通过管理员二进制接口(Supervisor Binary Interface,SBI)运行在 RISC-V 处理器上。在虚拟内存软件环境模式下,ABI 包括操作系统提供的函数和其他用户函数,SBI 则包括处理器指令集和由指令模块构成的 SBI 函数。

如果支持机器、超级管理员、管理员和用户 4 种特权模式,则 RISC-V 处理器支持虚拟机,能够支撑虚拟机运行,可以应用于大数据管理与分析等云端设备。如图 5.1(c)所示,虚拟机提供操作系统运行环境,支持多个多任务操作系统,每个操作系统通过 SBI 与虚拟机通信。虚拟机使用虚拟机二进制接口(Hypervisor Binary Interface,HBI)运行在 RISC-V 处理器上。在虚拟机软件环境模式下,HBI 包括处理器指令集和由指令模块构成的 HBI 函数。

BumbleBee 内核没有内存管理单元,只支持实模式环境,不能支撑复杂多任务操作系统。本书主要讨论 RISC-V 处理器实模式环境下的软件开发。

5.2 RISC-V 程序开发工具链

C/C++、Python 和 Java 等高级语言以及汇编语言是开发嵌入式系统应用程序常用的编程语言。其中,使用最多的是 C 语言。C 语言历史悠久,应用领域广,访问内存方便,生成的可执行程序性能高。另外,由于与处理器架构紧密关联,一些关键程序的开发仍然离不开汇编语言,例如,用汇编语言编写系统引导程序和优化计算复杂度高的程序段。

图 5.2 是 RISC-V C 语言应用程序的开发过程。应用程序开发过程可分为编辑(Editing)、生成(Building)和调试(Debugging)三个阶段。编辑阶段编写 C 语言源程序;生成阶段将源程序转换成可执行的二进制可执行程序;调试阶段通过运行二进制程序,发现并改正程序设计和编写中的错误,最后得到能够稳定运行的可执行程序。

图 5.2　RISC-V C 语言应用程序开发过程

生成和调试阶段需要使用面向特定处理器的工具链。

5.2.1　生成可执行程序

将生成可执行程序过程进一步分为编译、汇编和链接 3 个步骤，如图 5.3 所示为从 C 语言源程序到生成二进制可执行程序的详细过程。

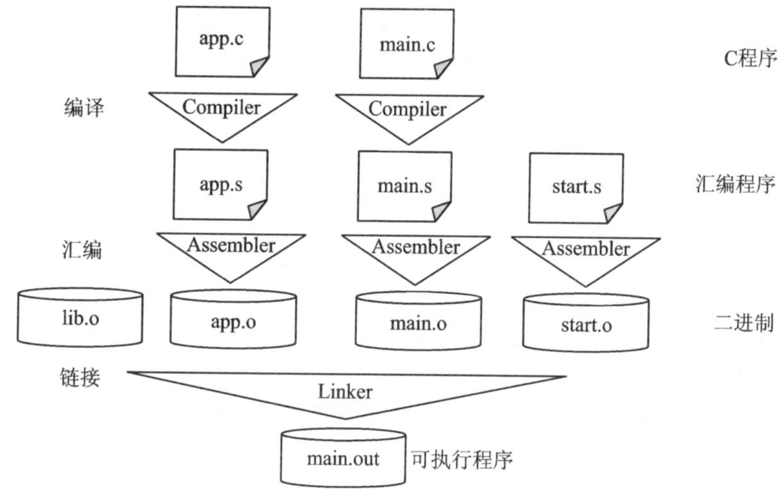

图 5.3　可执行程序生成过程

在图 5.3 中，项目包括 main. c 和 app. c 两个 C 语言文件，以及一个 start. s 汇编语言程序文件，共 3 个输入源程序文件。

编译器(Compiler)编译 C 语言源程序 main. c 和 app. c，转换成汇编语言程序 main. s 和 app. s。汇编器(Assembler)将汇编语言程序 main. s、app. s 和 start. s 转换成二进制程序模块文件(目标文件)main. o、app. o 和 start. o。

链接器(Linker)将 main. o、app. o 和 start. o 以及二进制库 lib. o 文件中定义和引用的符号相关联，并为文件中的指令、变量和数据分配存储空间，生成处理器可以执行的二进制程序 main. out。

GCC(GNU Complier Collection)是常用的 RISC-V 程序开发工具链，包括 gcc (GNU C Complier)、C 运行库、二进制程序管理工具(Binutils)和调试工具 gbd 等。可执行程序生成工具 gcc 的核心是编译器(Complier)、汇编器(Assembler)和链接器(Linker)。

5.2.2 编译器

GNU C 编译器将 C 语言源文件转换成汇编语言文件。编译器首先对源程序文件进行预处理，转换成标准 C 语言格式，然后再将标准 C 语句翻译成特定处理器的汇编语句。

处理器架构“-march”是编译器的重要选项。RISC-V C 编译器不仅需要选择指令集架构 RV32 或者 RV64，而且要选择指令集模块及其组合，例如“RV32I”、“RV32IMAC”或者“RV32IMAFDC”等。所选择的架构和指令集组合必须与目标处理器相符。

RISC-V gcc 通过“-mabi”选项指定数据模型和浮点参数传递规则。有效的选项包括 ilp32、ilp32f、ilp32d、lp64、lp64f 和 lp64d。前半部分“ilp32”或“lp64”，指定数据模型；后半部分“f”或“d”，指定浮点参数传递规则。其中，“i”指 int、“l”指 long、“p”指 pointer 即指针，32/64 说明数据模型中数据类型的宽度。例如，“ilp32”表示整数、长整数和指针的宽度都是 32 位，“lp64”表示长整数和指针的宽度是 64 位。“f”表示 float，float 型浮点数参数通过浮点数寄存器传递。“d”指 double，double 型浮点数参数也通过浮点数寄存器传递。

RV32 和 RV64 架构支持的数据类型如表 5.1 所列，不同选项所对应的浮点数参数传递规则如表 5.2 所列。

编译在 BumbleBee 内核运行的程序时，这两个选项分别为：-march = rv32imac，-mabi＝ilp32。

表 5.1　RV32 和 RV64 架构数据类型表

C 数据类型	描　述	字节数(RV32)	字节数(RV64)
char	字符/字节	1	1
short	短整数	2	2
int	整数	4	4
long	长整数	4	8
long long	长长整数	8	8
void *	指针	4	8
float	单精度浮点数	4	4
double	双精度浮点数	8	8
long double	扩展精度浮点数	16	16

表 5.2 浮点数参数传递规则

选项参数	是否需要浮点扩展指令	float 参数	double 参数
ilp32/lp64	不需要	整数寄存器(a0～a1)	整数寄存器(a0～a3)
ilp32f/lp64f	需要 F 扩展	浮点寄存器(fa0～fa1)	整数寄存器(a0～a3)
ilp32d/lp64d	需要 F 扩展和 D 扩展	浮点寄存器(fa0～fa1)	浮点寄存器(fa0～fa3)

gcc 编译器提供了多种优化选项，用来对编译时间、目标文件长度和执行效率进行不同的取舍和平衡。gcc 提供了-O0、-O1、-O2 和-O3 四个优化等级。-O0 不做任何优化，是默认的编译选项；-O1 对程序做部分编译优化，编译器尝试用较短的优化时间减小生成代码的尺寸，以及缩短执行时间；-O2 增加优化时间，执行几乎所有的时间或空间优化手段。-O3 在包含-O2 所有优化的基础上增加更多优化方法。

另外，RISC-V 选项(-mcmodel)设置内存寻址范围，有低地址(medlow)和任意位置(medany)两种模式。低地址模式寻址范围只能在－2 GB～＋2 GB 的空间内。其中，－2 GB 是指整个 64 位地址空间中最高 2 GB 地址区间。任意位置模式指示该程序的寻址范围在任意的一个 4 GB 空间内。

5.2.3 汇编器

汇编器将汇编语句翻译成二进制格式的指令，把汇编语言文件(＊.s 或＊.asm)转变成二进制目标文件(＊.o 或＊.obj)。

GNU RISC-V 汇编器 gas 定义了汇编命令，声明符号属性、数据格式和对齐方式等。

表 5.3 列出了 gas 中说明符号作用范围属性的常用汇编命令，定义符号在程序文件中的作用范围。

表 5.3 gas 符号属性命令

类 型	符 号	解 释
符号属性	.global <name>	声明“name”是全局符号，作用范围是工程中的所有文件
	.local <name>	声明“name”是局部符号，作用范围是当前文件
	.ref <name>	引用“name”外部符号，作用范围是工程中的所有文件
	.weak <name>	如果工程中“name”不存在，则创建该符号
	.type<name>，description	定义符号“name”的类型

在表 5.3 中，符号名称“name”的类型“description”有两种：函数符号(funtion)和程序对象符号(object)。汇编语言支持 5 种类型描述语法，以便兼容其他汇编程序。5 种类型描述语法如下：

```
.type <name>, #function
.type <name>, #object

.type <name>, @function
.type <name>, @object

.type <name>, %function
.type <name>, %object

.type <name>, "function"
.type <name>, "object"

.type <name> STT_FUNCTION
.type <name> STT_OBJECT
```

在 gas 汇编语言中可以定义不同的段(.section)。链接时把每一个段映射到处理器存储空间的特定地址区间。通常将存放指令、变量或其他数据的不同段定义为不同的存储属性,分别映射到只读、可读/写等不同的存储区域。表 5.4 列出了 gcc 和 gas 中常用的段。

表 5.4　gas 段属性命令

类　型	符　号	解　释
段属性	.section name	将该命令下的内容汇编到“name”段
	.text	指令段,程序代码空间
	.data	数据段,可读/写数据空间
	.rodata	只读数据段,只读数据空间
	.bss	全局变量段,全局数据空间

如表 5.5 所列,gas 汇编语言定义了分配存储空间时的两个对齐格式命令“.align n”和“.balign n”。

表 5.5　gas 存储对齐命令

类　型	符　号	解　释
对　齐	.align n	将当前地址上移(地址增加)到以 2^n 字节对齐的位置
	.balign n	将当前地址上移(地址增加)到以 n 字节对齐的位置

gas 汇编语言有两类分配存储空间的命令:

① “.zero n”,不确定数据类型,分配 n 字节连续的储存空间,并初始化为 0;

② “.Xbyte　expr”,分配宽度“Xbyte”类型的数据空间,并写入初始值“expr”。

表 5.6 列出了 gas 汇编语言中常用分配数据空间的汇编命令。

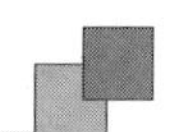

表 5.6　gas 数据空间分配命令

类　型	符　号	解　释
分配空间	. zero n	从当前地址处开始分配 n 个字节空间，并且所有字节的初始值是 0
	. byte expr. [,expr.],…	从当前地址处开始，为符号后的每一个数分配 1 字节空间，并将初始值置为 expr.
	. 2byte expr. [,expr.],…	从当前地址处开始，为符号后的每一个数分配 2 字节空间，并将初始值置为 expr. 。地址无需对齐
	. 4byte expr. [,expr.],…	从当前地址开始，为符号后的每一个数分配 4 字节空间，并将初始值置为 expr. 。地址无需对齐
	. 8byte expr. [,expr.],…	从当前地址开始，为符号后的每一个数分配 8 字节空间，并将初始值置为 expr. 。地址无需对齐
	. half expr. [,expr.],…	从当前地址开始，为符号后的每一个数分配半字空间，并将初始值置为 expr. 。地址必须以半字对齐
	. word expr. [,expr.],…	从当前地址开始，为符号后的每一个数分配 1 字空间，并将初始值置为 expr. 。地址必须以字对齐
	. dword expr. [,expr.],…	从当前地址开始，为符号后的每一个数分配双字空间，并将初始值置为 expr. 。地址必须以双字对齐
	. float expr. [,expr.],…	从当前地址开始，为符号后的每一个数分配 1 字空间，并将初始值置为 expr. 。地址必须以字对齐
	. double expr. [,expr.],…	从当前地址开始，为符号后的每一个数分配双字空间，并将初始值置为 expr. 。地址必须以双字对齐
	. string “mystring”	从当前地址开始，为引号中的每一个字符分配 1 字节空间，并将初始值置为字符。存放“mystring”字符串。字节的个数取决于字符串的长度

gas 还包括许多其他汇编命令，在 5.3 节中将解释新出现的命令。

5.2.4　链接器

链接器把工程源程序中生成的二进制目标代码和已经存在的二进制函数库等机器语言模块“拼接”起来，形成可执行程序。

gcc 链接器 ld 输入二进制文件“. o”，输出可执行与可链接格式(Executable and Linkable Format，ELF)的可执行文件“ * . out”。

链接过程的工作可分为两部分，根据目标文件中的全局标签衔接不同二进制文件中的指令块，将程序中的指令和数据段映射到存储空间，即分配内存地址及其范围。

在实模式下，指令和数据所映射的存储空间必须与目标嵌入式系统中实际物理存储资源一致。

在嵌入式系统中，通常将存储器分为主存储器（Main Memory）和辅助存储器（Auxiliary Memory）两种类型。主存储器具有完整的总线接口，例如 RAM、ROM 或 Nor Flash 等，连接在处理器的存储总线上，所有存储单元直接映射到处理器的内存空间。处理器能够随机读取 RAM、ROM 和 Nor Flash 的存储单元，能够随机写入 RAM 的存储单元。运行程序时，主存储器保存指令和数据。辅助存储器通过 I/O 接口或串行通信接口与处理器相连，例如 Nand Flash、I^2C 接口 EEPROM 和 SPI 接口 EEPROM 等，处理器不能直接随机访问其中的存储单元。辅助存储器常用于保存系统镜像文件、备份数据和设置系统参数。

在链接过程中，所映射的存储空间是系统中的主存储器空间，与辅助存储器无关。

在 gcc 链接器 ld 命令脚本文件中（或设置选项），使用内存（MEMORY）命令描述目标系统中内存块的位置和大小，告诉链接器使用哪些存储地址区域，以及必须避免使用哪些存储地址段。脚本文件最多包含一个内存描述段，其中可以定义多个内存块。声明内存描述段的语法格式如下：

```
MEMORY
{
    name(attr):ORIGION = origion_addr,LENGTH = len
    ……
}
```

其中，

name，链接器内部用于引用区域的名称，可以使用任何符号名称。

(attr)，属性可选列表，指定是否使用特定内存放置链接器脚本文件中未列出的段，所支持的常用属性包括：

① 'Letter'，段属性(section attribute)；

② 'R'，只读部分；

③ 'W'，读/写部分；

④ 'X'，包含可执行代码；

⑤ 'A'，可分配的部分；

⑥ 'I'，需要初始化的段；

⑦ '!'，反转随后属性的意义。

origion_addr，物理内存块的起始地址。关键字 ORIGIN 可以缩写为 org 或 o。

len，物理内存块长度。关键字 LENGTH 可以缩写为 len 或 l。

下面是内存描述段的示例。示例中，系统内存有 ROM 和 RAM 两个可供分配

的区域。ROM 区域，只读，可执行程序，起始地址 0，大小 256 KB。RAM 区域，可读/写，可执行程序，起始地址 0x20000000，大小 4 MB。

```
MEMORY
{
    ROM (rx) : ORIGIN = 0, LENGTH = 256K
    SRAM (wx) : org = 0x20000000, l = 4M
}
```

所有链接器脚本文件都必须包含内存描述段，但不同链接器所用的命令格式有所差异。

链接器将程序中的指令和只读数据映射到只读存储 ROM 中，将变量和可读/写数据映射到可读/写内存 SRAM 中。

链接器将数据空间 SRAM 分为静态数据和动态数据空间。链接时将静态变量、全局变量和其他静态数据映射到静态数据空间，空间大小由变量和数据大小决定。动态数据空间分为栈(stack)和堆(heap)。栈空间保存程序中的局部变量和临时数据，堆空间为程序中动态申请内存的函数提供存储资源。链接时通常将栈和堆空间映射到 SRAM 的地址范围顶端(地址值大的区域)。

在图 5.4 中，ROM 内 0x00000000～0x0000FFFF 是保留区域，0x00010000～0x0003FFFF 存放指令和只读数据。SRAM 区的起始地址是 0x20000000，静态数据区映射到 SRAM 的低地址段，堆和栈映射到高地址段。

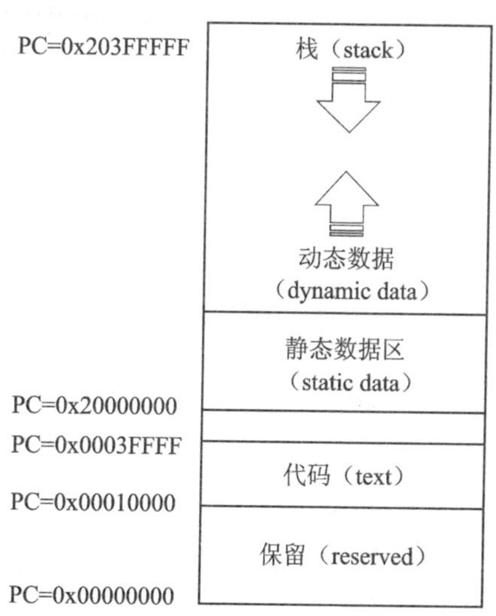

图 5.4 链接内存分配示例图

链接时将目标文件中的数据和指令标签(地址符号)映射到内存中的地址位置。如果没有在脚本文件中指定映射地址，则按照链接顺序分配目标文件中的标签地址。

链接器为文件中先链接的代码和标签分配低地址，为后连接的代码和标签分配高地址。

RV32I 采用相对分支跳转(PC-relative branch)，更容易生成与程序地址位置无关(Position Independent Code，PIC)的二进制 RISC-V 程序。

5.2.5 代码生成示例

下面通过简单程序“Hello World”，说明从输入 C 语言源程序到生成可执行程序的过程。

首先输入 C 语言源程序 main.c，代码如下：

```
void main(void)
{
  printf("Hello World! \n");
}
```

编译后生成汇编语言程序 main.asm。

```
    .section.text.main,"ax",@progbits          //可分配,可执行,包含数据
    .globl   main                              //全局标签声明
    .type    main, @function                   //函数类型声明
main:                                          //标签
    addi     sp,sp,-16                         //分配栈空间
    sw       ra,12(sp)                         //保存函数返回地址到栈中
    lui      a0,%hi(.LC0)                      //获取 printf 参数
    addi     a0,a0,%lo(.LC0)
    call     printf
```

汇编和链接后，生成程序中 main 部分的可执行代码。

```
内存地址           二进制指令          汇编语句
0x200001ec        FF010113           //addi sp, sp, -16
0x200001f0        00112623           //sw ra, 12(sp)
0x200001f4        200017B7           //lui a5, 0x20001
0x200001f8        33078513           //addi a0, a5, 816
0x200001fc        514000EF           //jal 0x20000710 <printf>
```

其中，内存地址栏是指令映射到内存空间的地址，汇编语句栏是指令对应的汇编语句。

5.3 链接脚本

链接器把一个或多个输入文件合成一个输出文件。输入文件包括二进制目标文件、二进制库文件和链接脚本文件，输出文件是二进制目标文件、二进制库文件或可执行文件。

每个目标文件中都包含符号表(SYMBOL TABLE)。表中含有全局(global)变量、静态(static)变量和函数名等已定义的符号,以及未定义符号信息。每个符号映射到一个内存地址，即符号值。

链接器在链接过程中读取链接脚本文件(*.lds)中的命令和信息,并根据从脚本文件中所读取的内容,确定输入文件内的段(section)合并到输出文件的方式,并控制输出文件内各部分在虚拟(逻辑)内存空间内的分布,完成链接过程。

5.3.1 脚本格式

链接脚本由一系列命令组成,每个命令都由一个关键字或一条符号的赋值语句组成,命令之间用分号";"隔开。

1. 常用链接命令

(1) ENTRY(SYMBOL)

将符号 SYMBOL 设置为程序的入口地址。

入口地址是进程执行的第一条指令在程序空间的地址。链接器 ld 中其他设置程序入口地址的方式包括：

① 采用 ld 命令行的参数-e;

② 如果定义了 start 符号,则使用 start 符号值;

③ 如果存在.text section,则使用.text section 的第一字节的位置值。

(2) INCLUDE filename

包含名称为 filename 的其他链接脚本文件。

(3) INPUT(file,file,…)

将括号内的文件作为链接过程的输入文件。

(4) GROUP(file,file,…)

指定需要重复搜索符号的多个输入文件。file 必须是库文件，且 file 文件被 ld 重复扫描,直到不再有新的未定义的引用出现。

(5) OUTPUT(filename)

定义输出文件的名字,等同于 ld 命令行参数"-o filename"。如果同时使用脚本文件和命令行参数,则命令行参数的优先级更高。

(6) STARTUP(filename)

指定 filename 为第一个输入文件。

(7) OUTPUT_ARCH(BFDARCH)

设置输出文件对应的处理器架构。

(8) OUTPUT_FORMAT(BFDNAME)

设置输出文件使用的 BFD 格式,等同于 ld 命令行参数"-o format BFDNAME"。如果同时使用脚本文件和命令行参数,则命令行参数的优先级更高。

2. SECTIONS 命令

SECTIONS 命令告诉链接器输入和输入文件中段的处理方式，包括，如何把输入文件的段映射到输出文件的各个段，如何将输入段合并为输出段，以及如何把输出段放入虚拟内存地址空间(Virtual Memory Address，VMA)和加载地址空间(Load Memory Address，LMA)。LMA 是程序代码和数据装载到内存空间的物理地址。VMA 是程序运行时代码和数据的虚拟地址。对于实模式，VMA 与内存的物理地址一致。如果 SECTIONS 中 VMA 与 LMA 不相同，则运行程序前需要将程序指令和数据从 LMA 位置复制到 VMA 位置。

图 5.5 是输入文件与输出文件中段的链接示例图。其中，in1.o 和 in2.o 两个输入文件中的.text、.data 和.bss 段分别合并到输出文件 a.out 中对应的段。

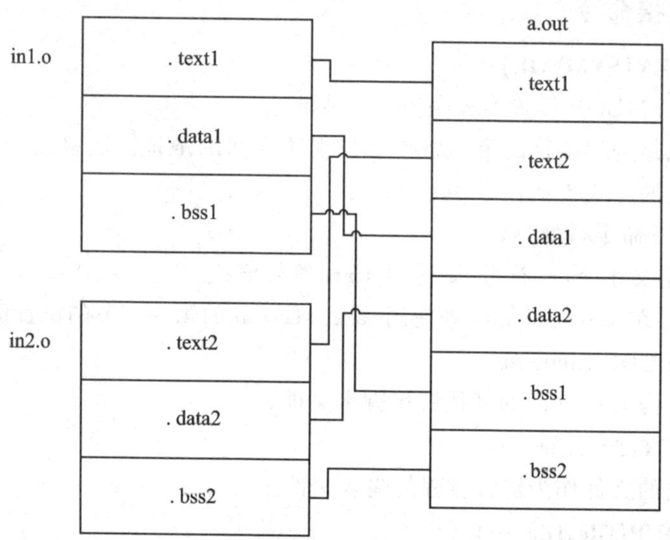

图 5.5 输入和输出文件段链接示例

(1) SECTONS 格式

SECTIONS 命令给出输入文件的 section 映射到输出文件中的各种 section 方式。包括，将输入 section 合并为输出 section，以及把输出 section 映射到 VMA 和 LMA 中。命令格式如下：

```
SECTIONS
{
    SECTIONS - COMMAND
    SECTIONS - COMMAND
    ...
}
```

在 SECTIONS 命令格式中，包括以下 SECTIONS-COMMAND 命令：

① ENTRY 命令；

② 符号赋值语句；

③ 输出段描述(output section description)；

④ 段叠加描述(overlay description)。

如果链接脚本内没有 SECTIONS 命令，那么 ld 将所有同名输入段合成为一个输出段，各段的输入顺序为它们被链接器发现的顺序。如果某输入段没有出现在 SECTIONS 命令中，则将该段直接复制到输出段。

(2) 输出段描述

输出段是目标文件中的块。多个块组成可执行目标程序文件。输出段描述格式如下：

```
SECTION_NAME [ADDRESS] [(TYPE)] : [AT(LMA)]
{
    OUTPUT - SECTION - COMMAND
    OUTPUT - SECTION - COMMAND
    …
} [>REGION] [AT>LMA_REGION] [:PHDR :PHDR …] [ = FILLEXP]
```

在段描述中，[ ]中的内容为可选项。大多数情况下，不需要使用可选属性。

SECTION_NAME 是输出段的名称，必须符合输出文件格式要求。在仅支持有限段数的格式中，段名称必须是该格式支持的名称之一(例如，a. out 中仅有“. text”、“. data”或“. bss”段)。段名称可以由任何字符序列组成，但包含任何不寻常字符(如逗号)的名称必须加引号。

[ADDRESS] 用于设置输出段的 VMA 地址。如果没有该选项，且有 REGION 选项，那么链接器将根据 REGION 设置 VMA。如果也没有 REGION 选项，那么链接器将根据定位符号“. ”的位置设置该段的 VMA。ld 将调整定位符号的值，以满足输出段对齐的要求。

[(TYPE)] 设置输出段的类型，常用的选项是 NOLOAD，表示在程序运行时不将该段载入内存。

[AT(LMA)]和[AT> LMA_REGION] 指定该段在 LMA 地址的范围中，主要用于构建 ROM 镜像。

[>REGION] 指定 VMA 分配范围。

[:PHDR :PHDR …] 将输出段放入预先定义的程序段(program segment)内。

[= FILLEXP]设置填充值。

OUTPUT-SECTION-COMMAND 为下列 4 种之一：

① 符号赋值语句；

② 输入段描述；

③ 直接包含的数据值；

④ 特殊关键字。

(3) 输入段描述

输入段描述表示输入文件中的段,其语法格式如下:

```
filename([EXCLUDE_FILE (filename1 filename2 ...) SECTION1 SECTION2 ...)
```

其中:

filename,文件名,是一个特定的文件名称,也可以是一个字符串模式。

EXCLUDE_FILE,排除在外的文件。

SECTION 名字,可以是特定的段名字,也可以是一个字符串模式。

例如,"*(.text)"表示所有输入文件的.text 段,"data.o(.data)"表示 data.o 文件中的.data 段,"data.o"表示 data.o 文件中的所有段。

"*(.text .data)"表示所有文件的.text 段和.data 段,排列顺序为:第一个文件的.text 段,第一个文件的.data 段,第二个文件的.text 段,第二个文件的.data 段…。

"*(.text) *(.data)"表示所有文件的.text 段和.data 段。排列顺序为:第一文件的.text 段,第二个文件的.text 段,…,最后一个文件的.text 段;第一个文件的.data 段,第二个文件的.data 段,…,最后一个文件的.data 段。

字符串模式常用两种通配符,"*"表示任意多个字符,"?"表示任意一个字符。

下面是一个简单输出段描述的示例:

```
SECTIONS
{
    . = 0x10000;
    .text : { *(.text) }
    . = 0x8000000;
    .data : { *(.data) }
    .bss : { *(.bss) }
}
```

在输出段描述示例中:

每一行起始位置的"."是定位符号,确定本行的起始地址;

". = 0x10000;"把定位符号的地址置为 0x10000(若不指定,则该符号的初始值为 0);

".text : { *(.text) }"将所有输入文件的.text 段合并成一个.text 段,该段的地址由定位符号的值指定,即 0x10000;

". = 0x8000000;"把定位符号的地址置为 0x8000000;

".data : { *(.data) }"将所有输入文件的.data 段合并成一个.data 段,将该段的起始地址置为 0x8000000;

".bss : { *(.bss) }"将所有输入文件的.bss 段合并成一个.bss 段,将该段的

起始地址置为 0x8000000＋SIZEOF(.data)。

5.3.2 脚本示例

在芯来科技公司发布的 RISC-V 处理器开发平台 HBird-E-SDK 中，提供了一个链接脚本文件 link_flashxip.lds。使用该文件，链接生成映射到 Flash 空间并在 Flash 中直接运行的程序。链接脚本文件包含程序入口、目标板内存资源以及段描述。段描述中包含.init、.text 和.data 等输出段描述。

1. 程序入口和存储资源描述

```
ENTRY(_start)                                                   //程序入口为_start 标签
MEMORY
{
    flash_rom(rxai !w):ORIGIN = 0x20000000,LENGTH = 4M          //声明 Flash ROM 区域
    ram(wxa !ri):ORIGION = 0x90000000,LENGTH = 64K              //声明 RAM 区域
}
```

将目标系统中 Flash 区域命名为 flash_rom，该区域起始地址为 0x20000000，长度 4 MB，只读(r,! w)、可分配(a)、需初始化(i)和可执行(x)。

将目标系统中 RAM 区域命名为 ram，该区域起始地址是 0x90000000，长度 64 KB，可分配(a)、无须初始化(! i)、可执行(x)和可读/写(! r,w)。

2. 段描述

SECTIONS 中有两个程序指令输出段.init 和.text。装载和运行时，程序指令都在 Flash 中。而 SECTIONS 中的程序数据输出段.data，装载时在 Flash 中，运行时在 RAM 中。

link_flashxip.lds 文件内容：

```
SECTIONS
{/ * 定义栈和堆的大小 * /
    __stack_size = DEFINED(__stack_size) ? __stack_size:2K;
    __heap_size = DEFINED(__heap_size) ? __heap_size:2K;
    / * 代码输出段 * /
    .init:
    {
        KEEP ( * (SORT_NONE(.init)))
    }>flash_rom AT>flash_rom                          //装载和运行都在 flash_rom 中
    //创建标签
    .ilalign :
    {
```

```
        . = ALIGN(4);                                    //4 字节对齐
        PROVIDE(_itcm_lma = .);                          //创建标签 _itcm_lma
    }>flash_rom AT>flash_rom                             //装载和运行都在 flash_rom 中
    /* 代码输出段 */
    .text:
    {
        *(.text.startup .text.startup.*)                 //所有输入文件的段及其子段
        *(.text .text.*)                                 //所有输入文件的.text 段及其子段
    }>flash_rom AT>flash_rom                             //装载和运行都在 flash_rom 中
    /* 数据输出段 */
    .data :
    {
        *(.rdata)                                        //所有输入文件的.rdata 段
        *(.rodata .rodata.*)                             //所有输入文件的.rodata 段及其子段
        . = ALIGN(8);
        PROVIDE(__global_pointer$ = . + 0x800);  //创建标签__global_pointer
        *(.sdata .sdata.*)                               //所有输入文件的.sdata 段
        *(.srodata .srodata.*)                           //所有输入文件的.srodata 段及其子段
    }>ram AT>flash_rom                                   //装载时在 flash_rom 中,运行时在 ram 中
}
```

5.4 汇编语言

汇编语言(Assemble Language)是能够翻译成二进制机器码的符号语言。

现今,很少有人使用汇编语言开发应用程序。但是,在开发一些特殊的程序(如设备驱动、系统引导程序等)时,汇编语言仍然是不可或缺的角色。汇编语言可以直接访问处理器的寄存器、存储器和 I/O 等,提高程序运行效率。

RISC-V 版本的 GNU gas 是最常用的 RISC-V 汇编器之一,其汇编语言的语法格式和命令字与 ARM 版本的 GNU gas 相同。

5.4.1 汇编程序格式

汇编语言程序由汇编命令(Assemble Directives)和指令语句组成。汇编命令通常在汇编语言源程序的起始部分,声明汇编源程序中标签和段的属性。

指令语句是汇编语言程序的基本单元。如图 5.6 所示,RISC-V 汇编语言的指令语句由标签、操作码、操作数和注释 4 个部分组成。

标签是当前指令的位置标识符号,常作为汇编语言程序中的函数入口或跳转的目标。标签是可选项。

操作符是 RISC-V 指令符号、汇编语言伪指令或者是用户自定义的宏。

操作数是指令执行时所需的参数，与操作符之间用空格分开，可以是符号、常量或者是由符号和常量组成的表达式。

注释是为了解释语句或程序功能而添加的信息，对程序没有影响，仅仅起到注解作用，是可选项，以“;”和“#”作为分隔号，与指令隔开。或者使用类似 C 语言的注释语法，用“//”和“/＊　＊/”对单行或者大段程序进行注释。所添加注释的格式与汇编器相关。在 SEGGER Embedded Stiduo 中，gas 采用类似于 C 语言的注释语法。

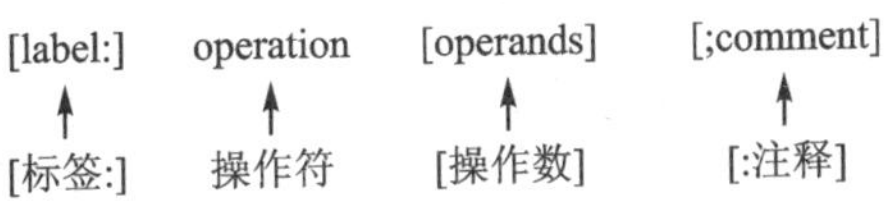

图 5.6　RISC-V 汇编语言指令语句格式

示例 5.1 是 gas 汇编语言程序。其中，在程序起始部分，用汇编命令声明段的属性。程序的主体部分是实现程序功能的指令语句。

示例 5.1： 指令段声明示例。

```
/* 属性区 */
      .section .text, "ax"          //声明.text 段及其属性
      .global _start                //声明全局标签 _start，指定程序入口
/* 指令区 */
  _start:                           //定义标签
      lui  a1, 0x80                 //装载立即数
      addi a1, a1, 0x100            //立即数加
      la   a3, _mydata              //装载标签地址
      lw   a2,(a3)                  //从内存装载数据
  loop:
      nop                           //空操作
      j loop                        //跳转到 loop
      .end                          //当前文件中汇编程序结束
```

在示例 5.1 中，用“. section . text” 指定本段是程序的指令区。“ax”是该段的属性标识(flag)，字符“a”和“x” 分别表示该段可分配和可执行。

命令. global 声明_start 是全局标签。代码部分由标签和指令语句组成。示例中的“_start”和“loop”是标签，“lui”、“addi”、“nop” 和“j” 是指令。

RISC-V 汇编语言还包括数据段。示例 5.2 是声明数据段的汇编语句。其中，“. section . rodata”声明本段为只读数据段，“. word” 声明每个数据分配 4 字节空间，并初始化数据。

示例 5.2： 数据段属性声明。

```
/* 属性声明区 */
        .section   .rodata                     //声明为只读数据段
        .global   _mydata                      //声明全局标签
/* 数据区域 */
    _mydata:                                   //定义标签,数据区起始地址
        .word 0x12345678, 0x23456789           //分配内存,并设定初始值
        .end
```

5.4.2 伪指令

为了增强汇编程序的可读性和编程的方便性,在汇编语言中常定义一些特殊的符号,通常称为伪指令,表示一些处理器指令的特殊应用或者功能组合。表 5.7 列出了 RISC-V gas 中部分常用的 RV32I 伪指令。

表 5.7 gas 中部分常用 RV32I 伪指令

功 能	伪指令	RV32I 指令
装载任意立即数 Load Immediate	li t0,0x12345678	lui t0,0x12345 addi t0,t0,0x678
装载内存地址 Load Address	la t0,_func	auipc t0,(_func−pc)>>12 addi t0,t0,(_func−pc)&0xfff
函数调用 call	call main	jal ra,main
返回 RETurn	ret	jalr x0,0,ra
寄存器间移动数据 Move	mv rd,rs	addi rd,rs,0
等于零时跳 Branch=0	beqz rs,imm	beq rs,x0,imm
跳转 Jump	j imm	jal x0,imm

5.4.3 汇编程序示例

【例 1】 计算 A=1+2+3+…+99+100。

分析:实现 1~100 的循环加法,并将结果保存到内存中。

在汇编语言程序中,声明循环次数和变量 A 的存储地址两个常数。使用 t0 和 t1 寄存器分别保存循环次数和变量 A 的临时值。

在 gas 汇编语言中,用符号"NAME"代替特定值 VALUE 的声明方式如下:

```
    .equ   NAME,VALUE                //NAME = VALUE
```

示例 5.3：实现累加和的汇编程序。

```
/* 1+2+...+99+100 */
1       .section .text, "ax"          //声明.text 段及其属性
2       .global _start                //声明全局标签 _start，指定程序入口
3       .equ NUMBER,100               //设定循环次数
4       .equ MEMADD,0x400000          //设定存储变量 A 的地址
5   _start:
6       li t0,NUMBER                  //计数寄存器 t0 循环初始值 100
7       li t1,0                       //累加结果寄存器 t1 清 0
8   addloop:                          //行标签
9       add t1,t1,t0                  //t1 = t1 + 10,累加计算
10      addi t0,t0,-1                 //循环计数器 -1
11      bltu x0,t0,addloop            //if t0>0，循环计算
12      li t5,MEMADD                  //装载存储地址到 t5
13      sw t1,(t5)                    //保存数据到内存
14      nop                           //空操作
15      .end
```

在示例 5.3 中：

第 1、2 行，分别声明段属性和全局标签；

第 3、4 行，常数声明；

第 6、7 行，装载立即数，用伪指令 li 装载任意 32 位数；

第 9、10 行，循环主体部分，第 9 行累加计算，第 10 行循环变量减 1，使用变量递减方式进行循环；

第 13 行，保存数据，将累加结果从 t1 寄存器写入内存 MEMADD 地址处。

【例 2】　矩阵 $A=\begin{bmatrix} \mathrm{0x11} & \mathrm{0x12} & \mathrm{0x13} & \mathrm{0x14} \\ \mathrm{0x21} & \mathrm{0x22} & \mathrm{0x23} & \mathrm{0x24} \\ \mathrm{0x31} & \mathrm{0x32} & \mathrm{0x33} & \mathrm{0x34} \end{bmatrix}$**，计算** $A[3][0]=A[2][0]+A[1][0]$。

分析：从保存矩阵数据 内存中的两个不同地址读取数据，并将这两个数据的和写入矩阵数据内存中其他地址。

程序的主要关注点：

① 如何在程序中声明数据段？

② 如何在内存中分配空间并初始化数据？

③ 如何获取所分配数据空间的地址？

示例 5.4：矩阵计算程序。

```
        /* Array */
1       .section .text, "ax"                //声明.text 段及其属性
2       .global _start                      //声明全局标签 _start，指定程序入口
3   _start:
4       la a0, array                        //装载矩阵数组起始地址
5       lw a1,4 * 4(a0)                     //读取 A[1][0]
6       lw a4,8 * 4(a0)                     //读取 A[2][0]
7       add a1,a1,a4                        //相加
8       sw a1,12 * 4(a0)                    //写入 A[3][0]
9       nop                                 //空操作
10      .section .data_run,"w"              //声明可读写数据段
11      .global array                       //声明全局标签
12  array:                                  //矩阵标签
13      .word 0x11,0x12,0x13,0x14           //分配内存,并初始化数组
14      .word 0x21,0x22,0x23,0x24           //分配内存,并初始化数组
15      .word 0x31,0x32,0x33,0x34           //分配内存,并初始化数组
16      .end                                //结束符
```

在示例 5.4 中：

第 4 行,使用伪指令 la 装载数组在内存中的基地址 array；

第 5、6 行,从内存中读取 4 字节数据；

第 8 行,把数据写入内存中；

第 10 行,声明运行时数据段及其属性,可写、可分配并初始化；

第 11 行,声明数据段地址标签 array 为全局标签；

第 13、14、15 行分配内存空间并设置初始数据。

【例 3】 定义宏,实现任意两个内存块之间,任意长度的数据移动。使用所定义的宏,实现内存中长度 1K 数据的复制。

分析：定义宏的名称和输入参数。输入参数包括源地址、目标地址和数据长度。

将宏名称定义为 MEMCPY,声明 3 个参数分别是源地址寄存器 “src”、目标寄存器“dst”和数据长度寄存器 “length”。

在 gas 汇编语言中,宏定义的命令格式如下：

```
.macro name arg.[,arg.]        //声明名称是 name 的指令宏块,arg 为形式参数。
```

在 gas 汇编语言中,“\”是宏块中的输入参数符。

程序的主要关注点：

① 声明宏的方式；

② 宏定义中参数的表示形式；

③ 引用宏的方式。

示例 5.5：宏定义声明。

```
        /* .macro definition */
1       .macro MEMCPY src,dst,length        //宏名和参数定义
2       mv t0,\length                       //复制长度寄存器
3       mv t1,\src                          //复制源地址寄存器
4       mv t2,\dst                          //复制目标地址寄存器
5   1:                                      //局部标签
6       lb t3,(t1)                          //读 1 字节
7       sb t3,(t2)                          //写 1 字节
8       addi t1,t1,1                        //源地址 + 1
9       addi t2,t2,1                        //目标地址 + 1
10      addi t0,t0,-1                       //长度计数器 - 1
11      bltu x0,t0,1b                       //跳转 1
12      .endm                               //宏结束
```

示例 5.5 中：

第 1、12 行，名字为 MEMCPY 宏的声明和结束命令；

第 2～4 行，把参数寄存器的值复制到临时寄存器；

第 6～10 行，循环主体，从源地址读取（lb）一字节数据，写入（sb）到目标地址。总循环次数是需要移动的数据长度。

第 5 行，局部标签（local label）“1”，第 11 行是跳转到局部标签的语句，“1b”中的“b”表示“back”往回跳（地址减小的方向）。如果跳向地址增加的方向（“forward”），则将“b”换成“f”。在同一个程序中可能多次引用宏，如果在宏中使用普通标签，则可能出现程序中不同地址使用同一标签的情形。因此，在宏块中，使用局部标签。

示例 5.6：主程序中引用宏。

```
    /* .macro reference in program */
    .equ DSADD,0x20008000                      //目标地址
    .equ NUMBER,32                             //数据长度
    .section .text, "ax"                       //声明.text 域和属性
    .global _start                             //声明全局标签 _start，指定程序入口
_start:
    la a0,memdata                              //装载源地址
    li a1,DSADD                                //装载目标地址
    li a3,NUMBER                               //装载数据长度
    MEMCPY a0,a1,a3                            //引用宏
    nop                                        //空操作
    .section .data_run,"wa",%progbits          //数据区定义
    .global memdata                            //数据标签
memdata:                                       //数据标签
    .word 0x11223344,0x22334455,0x33445566,0x44556677     //数据
    .word 0x55667788,0x66778899,0x77889900,0x88990011     //数据
    .word 0x99001122,0x88990011,0x99112233,0x88990011     //数据
    .end
```

在示例 5.6 中，使用宏 MEMCPY 将数据从初始数据区 memdata 复制到目标地址 0x20008000。

第 1、2 行，声明目标地址和数据长度；

第 6～8 行，参数赋值；

第 9 行，引用宏 MEMCPY，引用方式与指令格式相似，宏名称后跟随实际参数。引用时，实际参数的类型和数量必须与宏定义中形式参数的类型和数量一致。

5.5 函数调用规范

嵌入式软件工程(project)中可以包括多个源文件和二进制库文件。函数调用规范保证不同文件之间函数的正确调用。

常用的函数调用规范有 stdcall、cdecl、fastcall 和 thiscall 等。stdcall 函数调用方式又称为 Pascal 调用，应用于 Microsoft 的 C/C++编译器。cdecl 调用方式又称为 C 调用方式，是 C 语言缺省的函数调用方式。fastcall 是一种快速调用方式，在 x86 平台上利用 ecx 和 edx 寄存器传递函数的第 1 个和第 2 个 32 位参数。thiscall 是 C++ 类成员函数缺省的调用方式。

ARM 处理器过程调用规范(ARM Procedure Call Standard，APCS)定义了 ARM 处理器应用程序中的函数调用规则。使用多个通用寄存器传递参数，返回函数结果，提高函数调用过程的速度。

RISC-V gcc 编译工具使用 RISC-V 应用程序二进制接口(Application Binary Interface，ABI)调用规范。与其他调用规范相比，RISC-V ABI 规范使用更多寄存器传递参数，调用过程更加快捷。

采用 ABI 规范可以实现汇编语言程序与 C 语言程序之间、汇编语言程序与 C++程序之间、源程序与二进制库文件之间函数的相互调用。

5.5.1 函数调用过程

示例 5.7 中包括函数 int max(int a，int b)和主程序 int main()。主程序 main 中调用函数 max 和 printf，main 是调用者，函数 max 和 printf 是被调用者。

示例 5.7：函数调用。

```
#include <stdio.h>
int max(int a, int b);
int main()                                   //主程序
        { int maxvalue = 0;
        int a = 50, b = 150;
        maxvalue = max(a,b);                 //调用源文件中的函数
        printf("max = %d",maxvalue);         //调用二进制库中的函数
```

```
        return 1;
}
int max(int a, int b)                       //函数,返回最大值
{
    if (a> = b)
        return a;
    else
        return b;
}
```

如图 5.7 所示为函数调用过程，整个过程可分为 7 个阶段：

① 将参数存储到函数能够访问到的数据栈，数据栈是内存或者寄存器；

② 在 RISC-V RV32I 指令集中，用 jal 或 jalr 指令跳转到函数开始位置；

③ 函数获取局部资源，从数据栈中提取参数，并备份函数中需要使用的寄存器；

④ 执行函数中的指令；

⑤ 将返回值存储到调用者能够访问到的数据栈，恢复寄存器，释放局部存储资源；

⑥ 从函数中返回，用 ret 指令回到主程序；

⑦ 主程序从数据栈中读取返回数据。

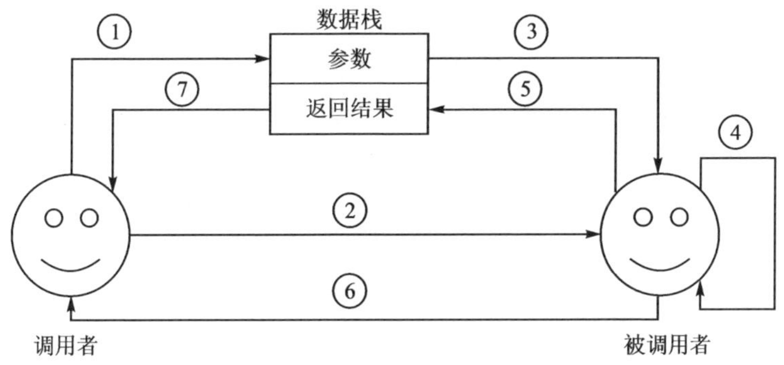

图 5.7　函数调用过程

函数声明和实现时必须符合调用约定，以保证函数之间的正确调用。

5.5.2　函数声明

函数定义包括名称、形式参数列表、函数主体和返回类型 4 个部分。

名称：每个函数都必须拥有的名字。

形式参数列表：保存传递给函数值的变量列表。如果不需要传输参数，则形式参数列表为空。

主体：函数中运算或处理事务的一组语句。

返回类型：函数返回值的数据类型。

链接过程中，如果链接器扫描到新的函数名称，则在同一个目标文件中、同一个工程中的其他目标文件中，或者在与当前工程中相关的二进制库文件中寻找同名称的函数实体，然后链接起来。

1. 文件内调用

示例 5.7 中，调用者 main 和被调用函数 max 在同一文件中。源程序中第 3～9 行是 main 函数体，第 10～16 行是 max 函数体，源程序第 2 行定义 max 函数原型。链接时，链接器在当前文件中直接查找函数体。

对于 C/C++语言程序，如果调用者和被调用者（函数）在同一源程序文件中，则只需要在调用语句之前声明函数原型，调用者就可以直接调用该函数了。

对于 RISC-V 汇编语言程序，同一源文件内的函数调用更加简单，不需要声明函数原型，甚至不需遵守调用规范，编译器可以直接查找函数的名称（标签）。在下列程序中，主程序直接调用函数_fini。

```
    la t1, _fini              //获取函数标签地址
    jalr t1                   //调用函数
_fini:                        //函数体
    ret                       //返回
```

2. 文件之间的函数调用

如果调用者和被调用者不在同一个文件中，则需要在源程序中对函数进行声明，告诉链接器，文件中哪些函数的函数体在文件外部，以及文件内哪些函数体可以被外部调用。

在 RISC-V gas 汇编语言中，用命令“.global”声明全局函数或全局符号。汇编语言文件中，先声明文件中的外部函数和可以被外部调用的函数。在示例 5.8 中，__muldf3 是外部函数，delay_1ms 是可以被外部调用的函数体。

示例 5.8： 声明全局函数和符号。

```
    .text
    .global    __muldf3                //声明外部函数全局标签
    .global    delay_1ms               //声明为全局标签
    .type      delay_1ms, @function    //声明函数类型
delay_1ms:                             //函数标签
    …….
    call       __muldf3                //调用外部函数
    ……
    .end
```

在 C 语言中，如果需要调用外部文件中的函数，则必须在 C 语言程序的开始部分进行声明。

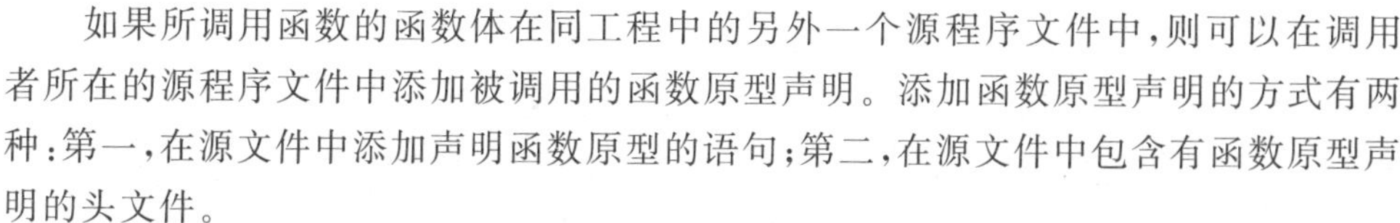

如果所调用函数的函数体在同工程中的另外一个源程序文件中，则可以在调用者所在的源程序文件中添加被调用的函数原型声明。添加函数原型声明的方式有两种：第一，在源文件中添加声明函数原型的语句；第二，在源文件中包含有函数原型声明的头文件。

例如，在源文件 source1.c 中调用源文件 source2.c 中的函数 delay_1ms，则可以在 source1.c 文件中添加函数原型语句：

```
void delay_1ms(int mstimes);
```

或者，把声明函数原型的语句写到 source2.h 文件中，然后在 source1.c 文件前添加语句：

```
#include"source2.h"
```

如果被调用的函数体在汇编语言程序中，或者在二进制目标文件中，则在调用函数的 C 源程序中添加函数原型声明语句，且在函数原型前添加关键字“extern”，说明是外部函数。例如，示例 5.9 的第 1 行中，delay_1ms 是在汇编语言中定义的函数。

示例 5.9：C 语言外部函数声明。

```
1  extern void delay_1ms(uint32_t count);        //外部函数原型
2  int main(void)
3  {
4      ……
5      delay_1ms(50);                            //调用外部函数
6      ……
7  }
```

5.5.3 调用约定

调用约定规范函数时参数传递和函数返回结果的方式和数据类型。

RISC-V gcc 编译器支持 ABI 调用约定。根据 ABI 约定，RV32I 函数调用时使用 a0～a7，共 8 个通用寄存器传递参数，使用 a0 和 a1 两个通用寄存器返回函数结果。如果超过 8 个参数，则超出部分的参数通过栈传递。

在示例 5.7 中，当函数调用“maxvalue=max(a, b);”时，a=50 传入寄存器 a0，b=150 传入寄存器 a1。函数的结果通过寄存器 a0 返回。

示例 5.7 中的函数 max 编译后生成的汇编程序如示例 5.10 所示。在第 6、7 行中将传入的参数通过 a0 和 a1 赋给变量，在第 16 行中将函数结果存入寄存器 a0。

示例 5.10：max 汇编程序。

```
        .section            .text.max,"ax",@progbits
        .global             max
        .type               max, @function
    max：
        addisp,sp,-16                     //在栈分配 4 个整数空间
        sw  a0,12(sp)                     //第一个变量,int a
        sw  a1,8(sp)                      //第二个变量,int b
        lw  a4,12(sp)                     //a4 = int a
        lw  a5,8(sp)                      //a5 = int b
        lt  a4,a5,.L2                     //if(a4<a5) goto L2
        lw  a5,12(sp)                     //a5  = int a
        j   L3                            //goto L3
    L2：
        lw  a5,8(sp)                      //a5 = int b
    L3：
        mv  a0,a5                         //a0 = a5, 设置返回值
        addisp,sp,16                      //释放变量空间,恢复栈指针
        jr  ra                            //返回主程序
```

RISC-V ABI 进一步规范了参数传递的一些细节：

① 寄存器所传递的标量参数的最大字宽为处理器字宽(XLEN)。例如,RV32I 寄存器传递的最大参数为 32 位,RV64I 寄存器传递的最大参数为 64 位。如果参数是比 XLEN 窄的整数,则在写入寄存器或栈时,先根据其符号类型扩展到 32 位,然后符号扩展到 XLEN 位。

② 宽度是 2×XLEN 位的标量参数通过一对寄存器传递,低 XLEN 位在低位寄存器中,高 XLEN 位在高位寄存器中。如果没有可用的参数寄存器,则通过栈传递标量。如果只剩一个寄存器可用,则用寄存器传递低 XLEN 位,用栈传递高 XLEN 位。

③ 宽度大于 2×XLEN 的标量,通过引用(指针)传递,并在参数列表加入地址。

在示例 5.7 中,当函数调用“printf(“max=%d”,maxvalue)”时,第一个参数的长度不确定,通过引用(指针)传递。

④ 如果通过引用传递参数,调用者为返回数据分配内存,并将引用地址(指针)作为调用函数时的第一个参数传递给被调用者。

运行程序时,为了获得良好的性能,尽量将变量存放在寄存器而不是在内存中,但同时也要避免频繁地保存和恢复寄存器。

RISC-V 处理器的通用寄存器多,能够存放更多临时数据,减少保存和恢复寄存器的次数,提高程序运行性能。用 t0～t6 表示在函数调用过程中部分不需要备份的寄存器,称为临时寄存器。用 s0～s11 表示在函数调用时需要备份的寄存器,称为保存寄存器。表 4.2 列出了与 a0～a7、t0～t6、s0～s11 对应的通用寄存器序号。

在函数调用过程中，如果实参类型与形参类型，或者实际返回值与声明的类型不一致，则需要对实参或返回值进行处理。

参数的传递方式可分为宽参数传递和窄参数传递。宽参数传递，被调用者把实参缩小到形参的范围；窄参数传递，调用者把实参缩小到形参的范围。

结果返回方式也分为宽返回和窄返回。宽返回，调用者把返回值缩小到函数原型所声明的类型；窄返回，被调用者把返回值缩小到函数原型声明的类型。

gcc 编译器采用宽参数传递和宽返回方式。

5.6　SEGGER Embedded Studio for RISC-V 示例

目前，SEGGER Embedded Studio for RISC-V 支持 RV32I、RV32G 和 RV32E 三种架构处理器。本节通过“Hello RISC-V!”程序，介绍在 SEGGER Embedded Studio 中开发嵌入式系统应用程序的过程。

5.6.1　建立环境

软件开发和调试环境包括 SEGGER Embedded Studio for RISC-V、仿真器 J-LINK EDU mini 和评估板 GD32VF103V-EVAL。

1. 软件环境

SEGGER Embedded Studio for RISC-V（以下简称为 Embedded Studio）版本已经更新到 V5.32，支持 Windows、MacOS 和 Linux 三种操作系统。

下载地址：https://www.segger.com/downloads/embedded-studio/。下载页面如图 5.8 所示。

选择与开发软件平台所使用的操作系统一致的版本，单击右侧 DOWNLOAD，下载软件。

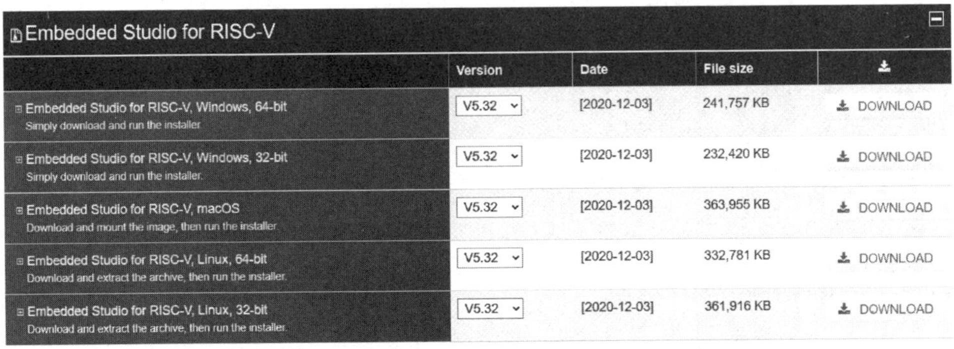

Embedded Studio for RISC-V

	Version	Date	File size	
Embedded Studio for RISC-V, Windows, 64-bit Simply download and run the installer	V5.32	[2020-12-03]	241,757 KB	DOWNLOAD
Embedded Studio for RISC-V, Windows, 32-bit Simply download and run the installer.	V5.32	[2020-12-03]	232,420 KB	DOWNLOAD
Embedded Studio for RISC-V, macOS Download and mount the image, then run the installer	V5.32	[2020-12-03]	363,955 KB	DOWNLOAD
Embedded Studio for RISC-V, Linux, 64-bit Download and extract the archive, then run the installer.	V5.32	[2020-12-03]	332,781 KB	DOWNLOAD
Embedded Studio for RISC-V, Linux, 32-bit Download and extract the archive, then run the installer.	V5.32	[2020-12-03]	361,916 KB	DOWNLOAD

图 5.8　SEGGER Embedded Studio for RISC-V 下载页面

下载完成后，直接运行所下载的安装程序，进行安装。安装过程比较简单，在出现的所有对话框中，直接单击 Next 按钮即可完成。

Embedded Studio 安装完成后，需要安装所选用的 RISC-V 处理器插件。

启动 Embedded Studio，第一次启动时默认建立一个新的工程 Hello。如图 5.9 所示，在菜单栏中选择 Tools→Package Manager，然后进入插件 Package 选择界面。

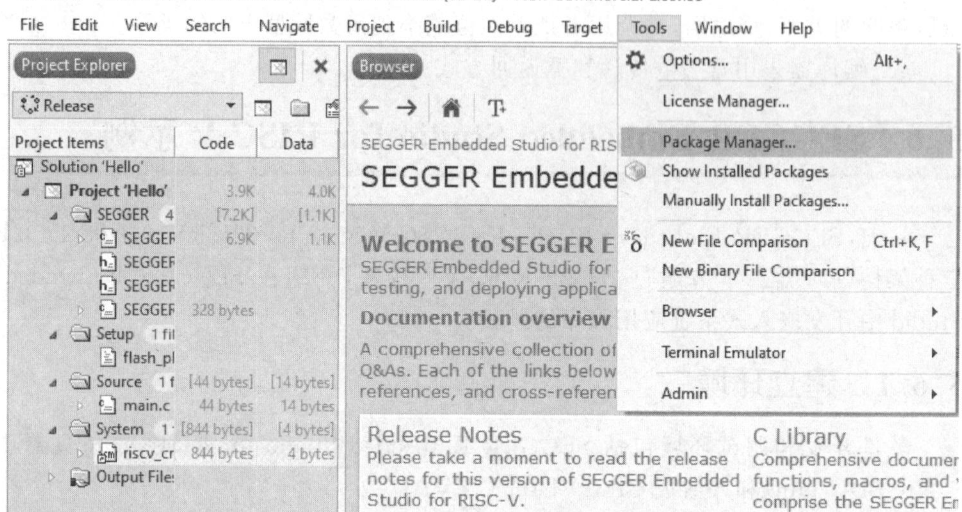

图 5.9　选择 Package Manager

在图 5.10 的插件 Package 选择窗口中，列出了 Embedded Studio 已经支持的 RISC-V 处理器。选中所要安装处理器的插件 Package，双击，然后单击 Next 按钮，

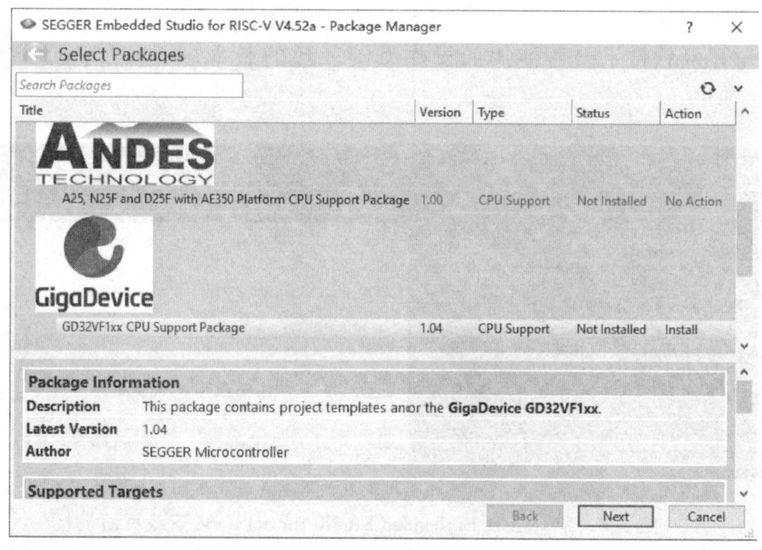

图 5.10　处理器插件 Package 选择和安装窗口

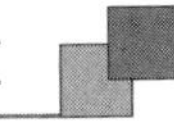

进一步按照提示操作，完成处理器插件的下载和安装。本书选用 GD32VF1xx CPU 插件包。

至此，已经成功安装了 GD32VF1xx 处理器应用程序开发软件环境。

2. 硬件环境

如图 5.11 所示，GD32VF103V-EVAL 评估板采用 GD32VF103BT6 作为主控制器。评估板从 mini USB 接口或电源适配器接口输入 5 V 电源。评估板提供了 JTAG 和 GD-Link 两种调试接口，以及 LCD、LED、按键和串口等输入/输出设备。

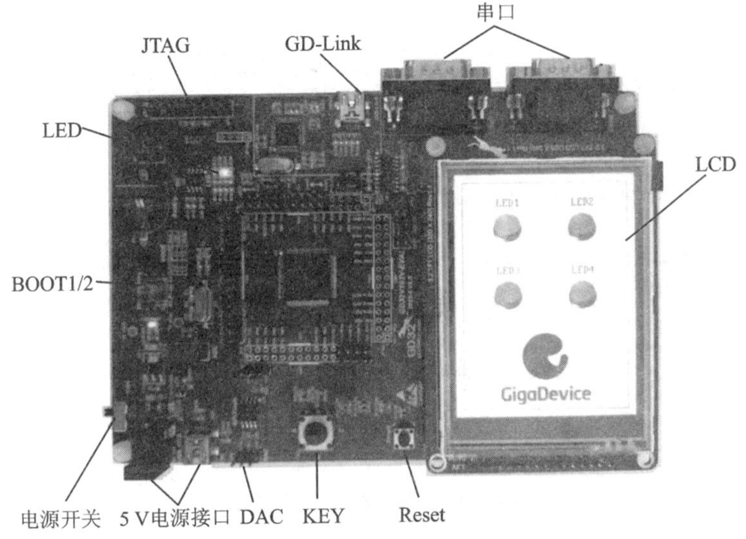

图 5.11　GD32VF103V-EVAL 评估板

J-Link EDU mini 是 SEGGER 公司为学校教育开发的一款小巧仿真器。如图 5.12 所示，右侧是 MicroUSB 接口，与运行 Embedded Studio 的 PC 相连；左侧是 10 pin JTAG 接口，使用转接电缆连接到评估板的 20 pin JTAG 端。

图 5.12　J-Link EDU mini

Embedded Studio 自带 J-Link 驱动。将仿真器的 JTAG 端连接到评估板，MicroUSB 端口连接到 PC 的 USB 接口。连接评估板电源并打开电源开关，Embedded Studio 就能将程序下载到评估板，在评估板上运行和调试程序。

接下来，通过打印“Hello RISC-V!”简单程序，说明 Embedded Studio RISC-V 应用程序开发过程。过程可分为创建工程、设置工程属性、添加文件和编辑源程序、生成可执行程序，以及调试等步骤。

5.6.2 创建工程

创建工程是应用程序开发过程的第一步，需要明确输出程序格式、目标处理器，以及其他一些程序属性。

在 Embedded Studio 菜单中选择 File→New Project，弹出如图 5.13 所示的创建新工程对话框。

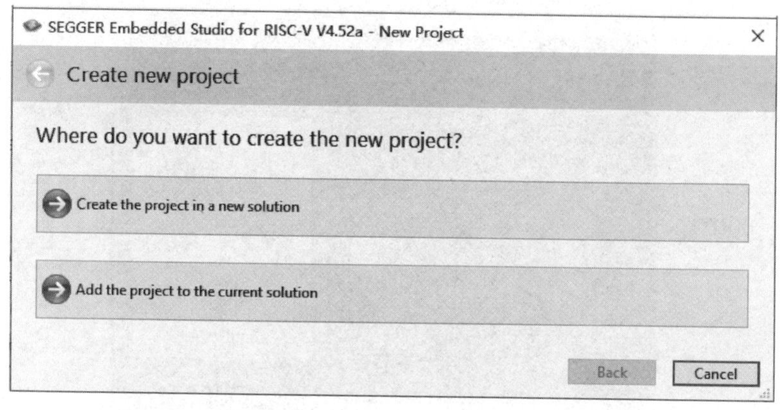

图 5.13 创建新工程对话框

在图 5.13 所示的对话框中有两个选项，在新方案中创建工程(Create the Project in a new solution)和将工程添加到当前方案(Add the project to the current solution)中。选择前一个选项，并单击进入下一个对话框，选择工程模板。通常，一个方案(solution)中可以包括多个工程。

图 5.14 是选择工程模板对话框。对话框中有 5 个可执行程序、1 个空方案、1 个库、1 个目标文件，以及 2 个其他选项。选择第一选项，从 FLASH Memory 中执行程序，输入工程路径和工程名称，然后单击 Next 按钮，进入选择处理器对话框。

在图 5.15 所示的处理器选择对话框(Select Target Device)中，选择处理器 GD32VF103VBT6，然后单击 Next 按钮，进入下一个对话框，选择需要添加的文件。

在图 5.16 文件选择对话框中，在所有文件目录前打勾，选择将所有文件添加到当前工程中，然后单击 Next 按钮，进入创建工程的最后对话框。

不同工程文件夹中存放功能相异的文件。在 SEGGER 中，是实时传输(Real-Time Transfer，RTT)文件，实现目标 CPU 运行时与调试器之间实时通信；在 Setup 中，是存储设置文件；在 System 中，是启动文件或其他系统文件；在 Source 中，是应用程序源文件。

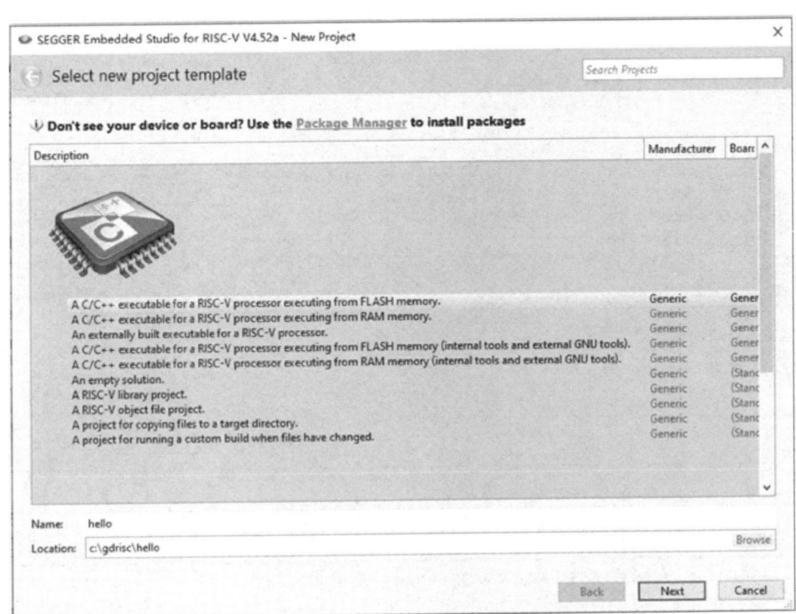

图 5.14　工程模板选择对话框

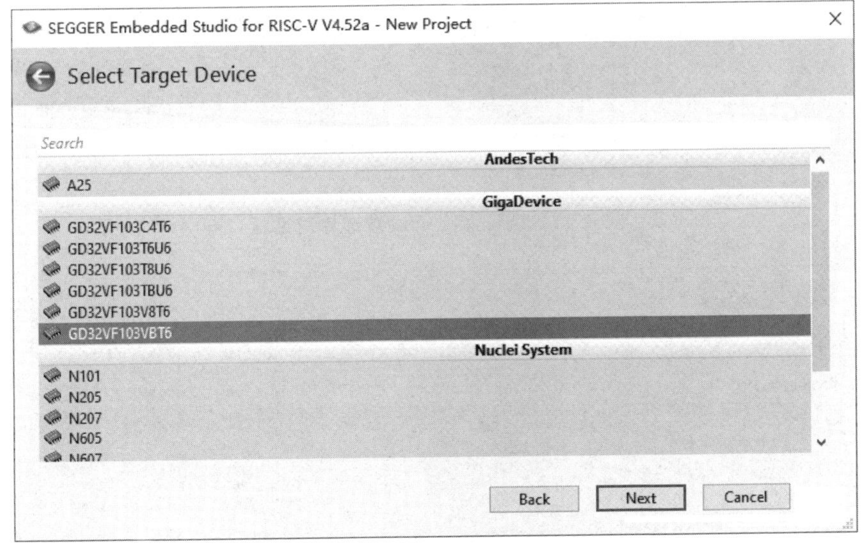

图 5.15　处理器选择对话框

在图 5.17 所示的对话框中，选择调试(Debug)和发行(Release)版本，然后单击 Finish 按钮，完成工程创建。

创建工程后，生成工程文件路径，并添加相关的文件。如图 5.18 所示为创建工程的文件目录。

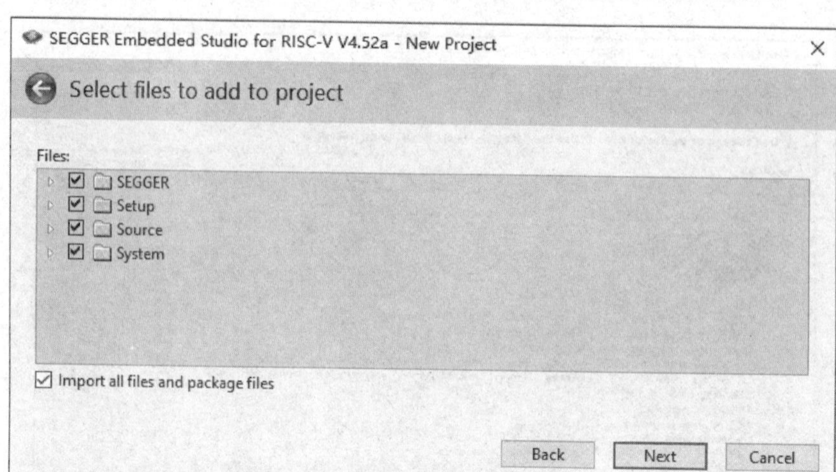

图 5.16　文件选择对话框

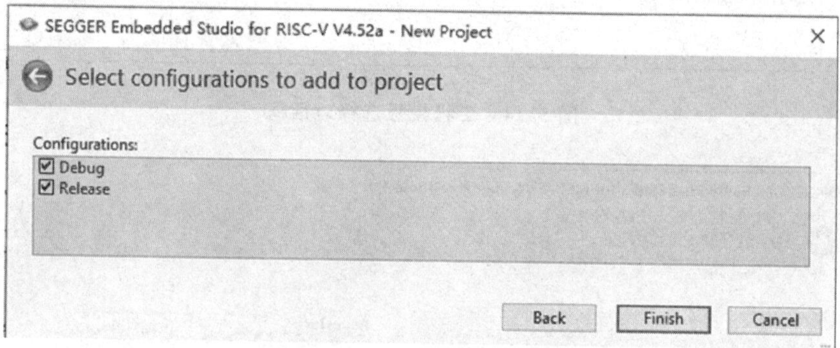

图 5.17　调试和发行设置选择对话框

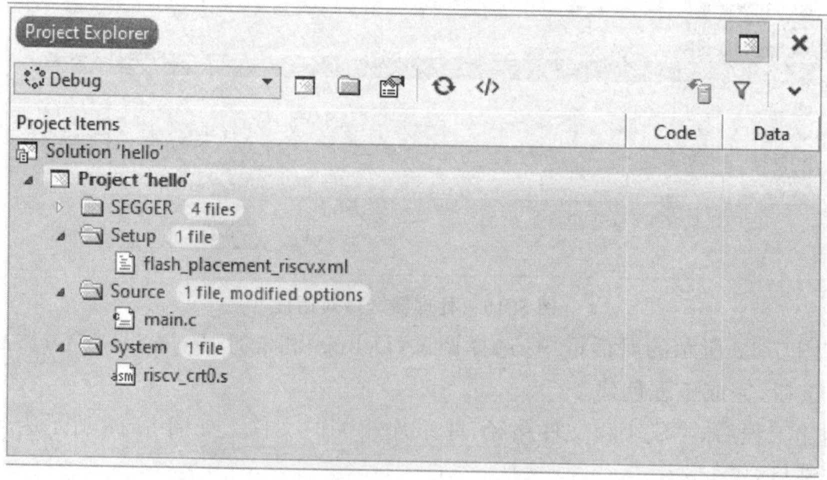

图 5.18　创建工程的文件目录

5.6.3　工程设置

工程创建后，需要在 Embedded Studio 中设置程序生成工具和调试工具、工程中的文件路径、目标系统存储资源、程序优化等选项。

在 Embedded Studio 中，如果解决方案中含有多个工程，则既可以设置方案中所有工程的选项，也可以独立设置所选工程的选项。

如图 5.19 所示，在工程导航栏选中“Solution ‘hello’”，设置当前解决方案中所有工程的选择。在菜单栏中选择 Project→Options，进入选择设置(Option)对话框。

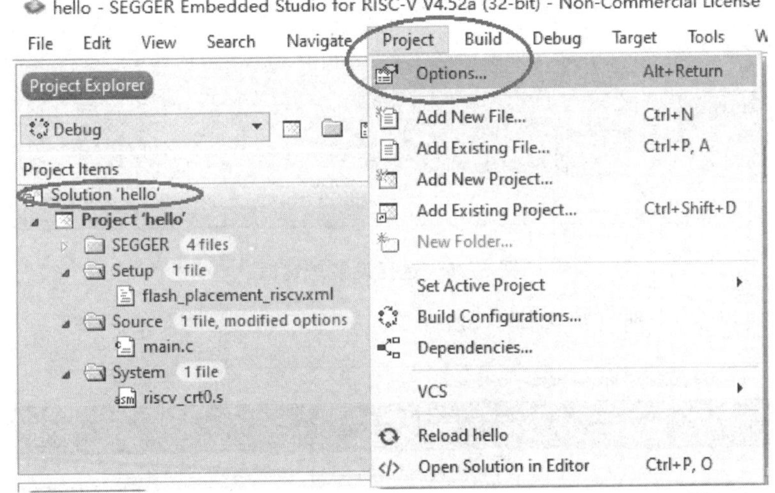

图 5.19　选项设置菜单

如果在图 5.19 的工程导航栏中选择“Project ‘hello’ ”，则进入选项设置对话框后，只设置所选工程的选项。

1. 代码选项

如图 5.20 所示为选择设置对话框，其中 1 是 Debug 或 Release 选项，选择目标程序是调试还是发行版本。两种版本工程的属性选项相同，但选项的值可以不同。选项包括两个部分：2 是代码(Code)，4 是调试(Debug)选项。代码(Code)部分设置程序运行环境属性和程序生成工具；调试(Debug)部分设置选择调试工具，并设置属性。

如图 5.20 所示，3 是汇编器(Assemble)选项，选择第 1 项，采用 gcc 汇编器。

代码生成(Code Generation)有多个条目，图 5.21 中列出了 3 个非常重要的条目。7 个程序优化(Optimization Level)选项，对应于 C 编译器不同的优化等级，缺省值为 None。5 个应用程序接口(RISC-V ABI)选项，选择不同数据类型和参数传递规则，当前工程中选择 ilp32。10 个处理器指令架构(RISC-V ISA)选项，选择不同

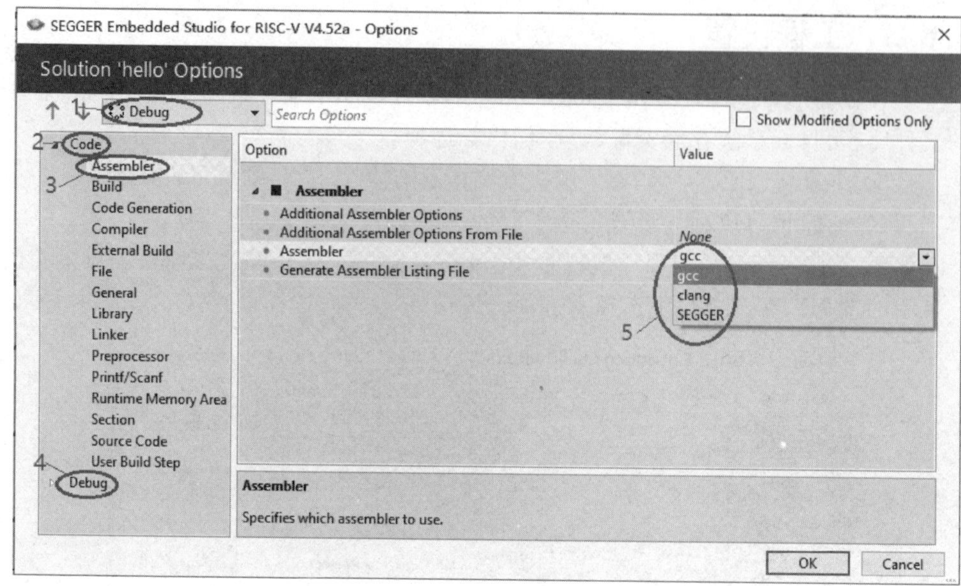

图 5.20　选择设置对话框

指令集模块组合，当前工程选择 rv32ima。

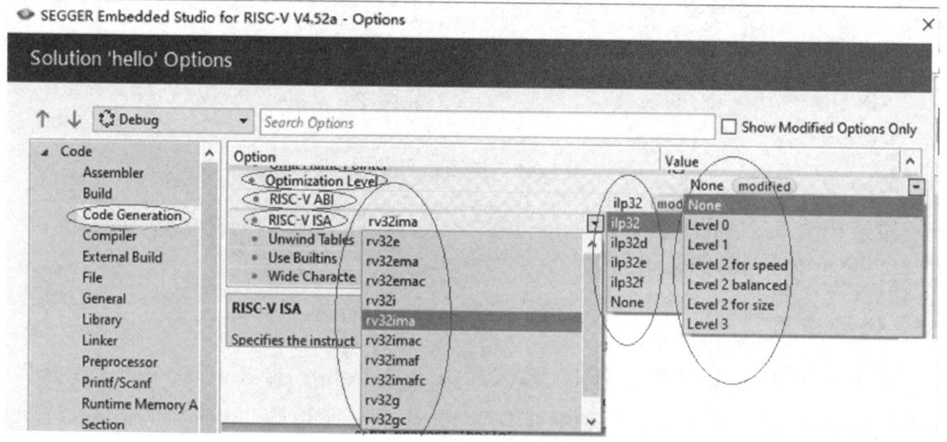

图 5.21　Code Generation 选项

在图 5.22 中，有 3 个编译器(Compiler)选项，我们选择 gcc 编译器。

图 5.23 是链接器(Linker)的设置内容，可以添加用户定义的链接脚本文件(Use Manual Linker Script)和段放置文件(Section Placement File)等。链接器必须指定程序入口(Entry Point)。

在图 5.24 中，设置程序运行时变量和动态存储空间、栈(stack)和堆(heap)的大小。

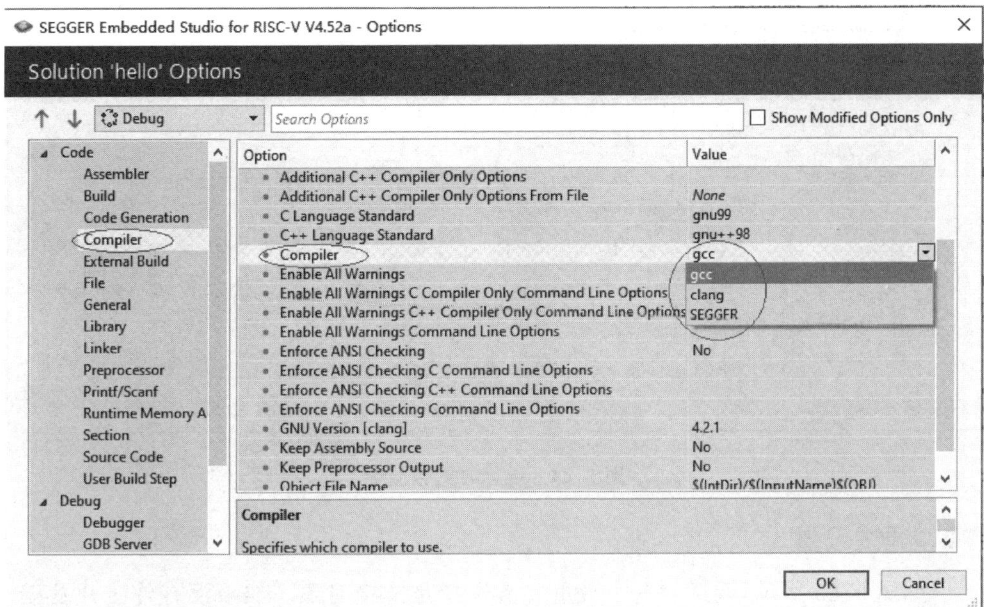

图 5.22　编译器选项

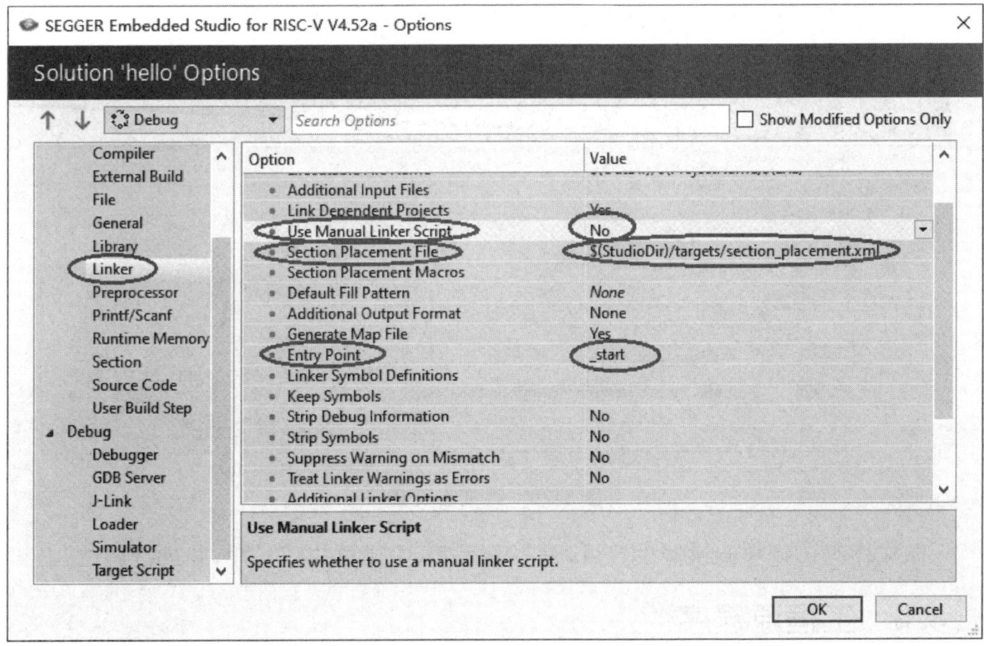

图 5.23　链接器选项设置

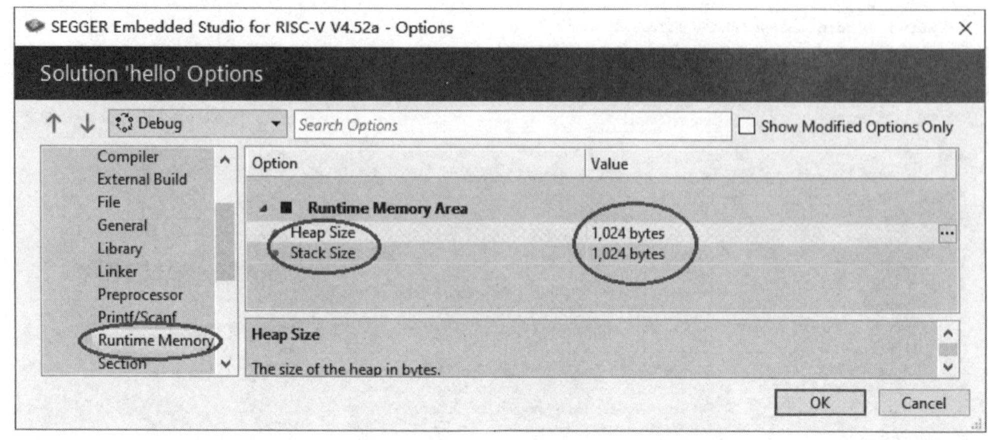

图 5.24　运行时内存分配

2. 调试设置

如图 5.25 所示，调试设置中最重要的选择是链接对象。如果没有外接开发板，则选择 Simulator，用模拟器调试程序。如果需要连接开发板，在目标板上运行和调试程序，则选择 J-Link 或 GDB Server。

如果选择 GDB Server，则按照 3.4 节中的步骤进行设置。

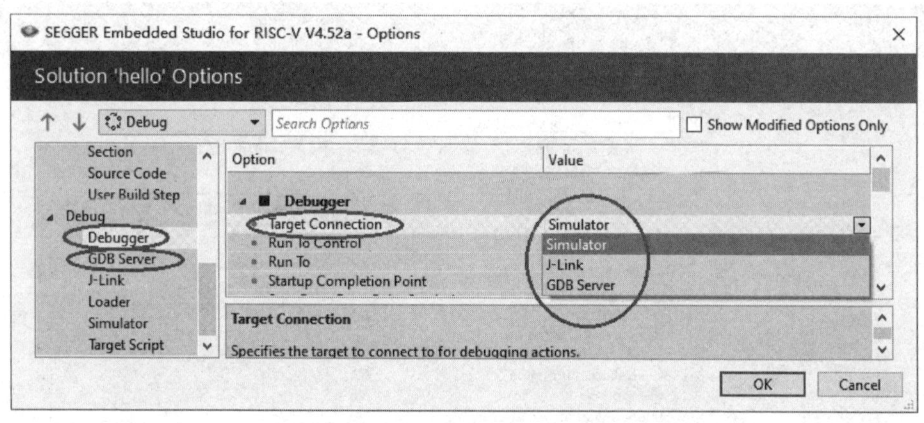

图 5.25　调试器设置

完成代码选择和调试器设置后，编写源程序，生成可执行程序，并进行调试。

5.6.4　工程源程序

在 Embedded Studio 创建的示例工程 hello 中，Setup 目录下 flash_placement_riscv.xml 是链接器为程序分配内存的脚本文件。在下列脚本文件中，第 3～7 行为程序中的指令和数据在 Flash 中分配存储空间，第 9～15 行为程序运行时变量、数据

存放在 SRAM 中的地址区域。第 14 和 15 行分别为堆和栈在 SRAM 中的地址区域。

```
1  <!DOCTYPE Linker_Placement_File>                                   //文件类型,地址分配
2  <Root name = "Flash Section Placement">                            //名称
3  <MemorySegment name = "FLASH;FLASH1">                              //ROM 存储资源名称
4  <ProgramSection load = "Yes" name = ".vectors" start = "" />        //向量表
5  <ProgramSection alignment = "4" load = "Yes" name = ".init" />      //初始化代码
6  <ProgramSection alignment = "4" load = "Yes" name = ".init_rodata" />
                                                                        //初始只读数据
7  <ProgramSection alignment = "4" load = "Yes" name = ".text" />      //程序代码
8  ……
9  </MemorySegment>
10 <MemorySegment name = "SRAM;RAM1">                                  //RAM 存储资源名称
11 <ProgramSection alignment = "4" load = "No" name = ".bss" />        //全局变量空间
12 <ProgramSection alignment = "4" load = "No" name = ".non_init" />   //非初始化段
13 ……
14 <ProgramSection alignment = "4" size = "__HEAPSIZE__" load = "No" name = ".heap" />
                                                                        //堆空间
15 <ProgramSection alignment = "4" size = "__STACKSIZE__" load = "No"
     place_from_segment_end = "Yes" name = ".stack" />                 //栈空间
16 </Root>
```

在 Source 目录下存放工程中应用程序的源文件。工程 hello 中只有一个源文件 main.c。main.c 源文件内容如下：

```
#include <stdio.h>
#include <stdlib.h>
int main(void)
    {
        int i;
        for (i = 0; i < 100; i++) {
            printf("Hello RISC-V %d! \n", i);
        }
        do {
            i++;
            } while (1);
}
```

开发应用程序时，通常将用户编写的源程序添加到 Source 目录中。

System 目录下是工程中的系统文件，通常包括引导程序、库文件等由处理器和评估板厂商提供的源程序文件。

riscv-crt0.s 是 RISC-V 内核引导程序。上电复位后，处理器首先执行引导程

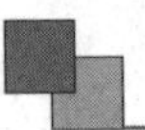

序，初始化处理器和 C 语言运行环境，然后跳到用户应用程序主函数 main()。以下是 riscv-crt0.s 程序入口和出口部分的语句，第一行是引导程序入口标签_start，第 6 行语句“jalr t1”跳转到应用程序主函数 main()。

```
1  _start:
2      csrw mtvec, a0                //将 a0 寄存器值写到 mtvec 寄存器
3      csrw mcause, x0               //将 0 写入 mcause 寄存器
4      ……
5      la t1, main                   //装载 main 函数地址
6      jalr t1                       //跳转到目标函数
```

5.6.5 程序生成与调试

完成工程设置和源程序编写后，最后生成可执行程序，并进行调试。

1. 程序生成(Build)

如图 5.26 所示，在菜单中选择 Build→Build hello，Embedded Studio 自动执行编译、汇编和链接过程，生成可执行的程序 hello. elf。

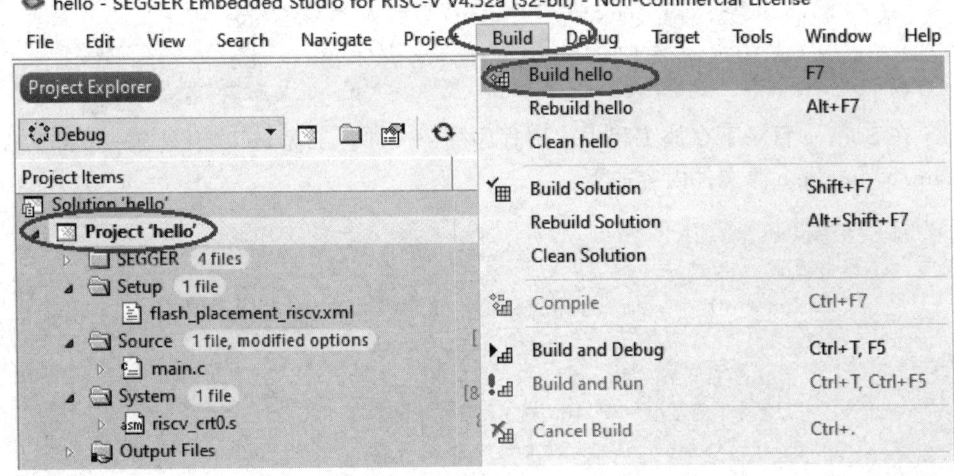

图 5.26 **Build 菜单**

2. 程序调试(Debug)

在菜单中，选择 Debug→Go，调试器将可执行程序下载到目标板。处理器执行引导程序，然后进入应用程序主函数入口，并暂停在入口处。如图 5.27 所示，进入调试界面后，在源程序窗口中可以看到程序指针当前指向的程序语句，在 Memory Usage 窗口中可看到 Flash 和 RAM 的占有情况。

程序暂停后，如果选择 Step Over 或按 F10 键，则执行一条源程序语句后继续暂

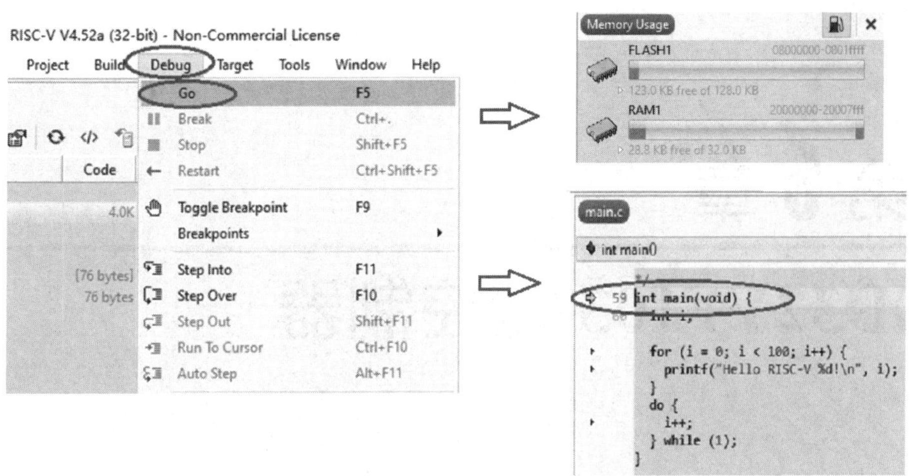

图 5.27　调试界面

停。如果选择 Go 或按 F5 键，则运行程序直到结束或暂停在设置的断点。

图 5.28 是选择 Go 后，在调试窗口 Debug Terminal 中输出结果。

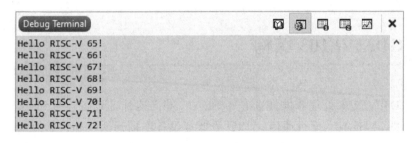

图 5.28　程序运行结果

至此，完成了 hello 工程创建、属性设置、程序生成和程序调试的全部过程。

5.7　本章小结

本章介绍了 RISC-V C 语言应用程序开发过程和方法，分析了 gcc 工具链中的编译器、汇编器和链接器的特点，详细讨论了 RISC-V 汇编语言程序的语法格式和编程方法，最后利用示例工程 hello 展示了 Embedded Studio RISC-V 应用程序开发过程。

第 6 章

GD32VF103 微控制器

GD32VF103 是采用 32 位 RISC-V 内核 BumbleBee 的通用微控制器。本章首先介绍 GD32VF103 微控制器的特点和结构，然后详细说明访问微控制器外设的方式，最后重点分析 GD32VF103 中典型外设的特点和应用方法，并给出示例程序。

6.1 GD32VF103 结构

在 GD32VF103 处理器内，Flash 和 SRAM 等高速外部设备连接到处理器内核的高速总线（AHB）上，串行通信、GPIO 等低速设备连接到低速外设总线（Advanced Peripherial Bus，APB）上，APB 连接到 AHB 上。外设控制和数据寄存器映射到 RISC-V 处理器的内存空间。

6.1.1 内核与总线结构

如图 6.1 所示为 GD32VF103 内核和总线结构。处理器核心采用 RISC-V 核，主频为 108 MHz，内置中断控制器 ECLIC、JTAG 接口、指令总线（IBUS）、数据总线（DBUS）和系统总线（SBUS）。

IBUS 和 DBUS 总线连接闪存控制器（Flash Memory Controller，FMC），并通过 FMC 访问 Flash Memory。

System 总线通过 AHB 互联矩阵连接 SRAM、USB、外部存储控制器（EXMC）、复位和控制单元（RCU）以及校验（CRC）等高速外设。

2 个通用 DMA 控制器（GP DMA0 和 GP DMA1）利用 AHB 矩阵实现不同设备之间、存储器之间，以及存储器与外部设备之间的直接数据传输。

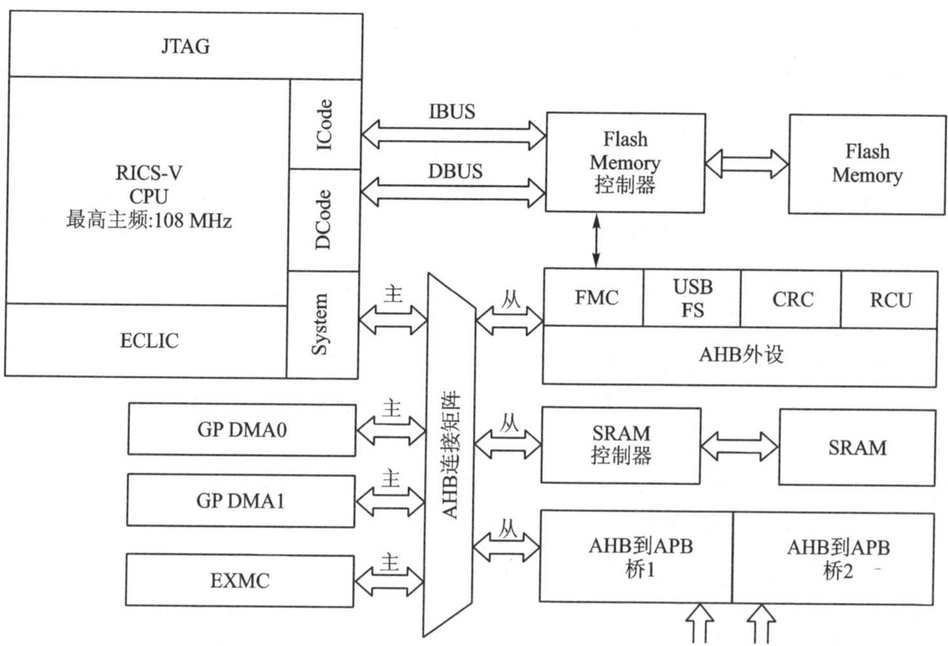

图 6.1　GD32VF103 内核和总线结构

6.1.2　外设总线设备

如图 6.2 所示为 GD32VF103 外设总线设备示意图。总线 APB1 的最高主频为 54 MHz，APB2 的最高主频为 108 MHz。

连接在 APB1 总线的外设包括 CAN0 和 CAN1 两个 CAN 总线接口，TIMER1～

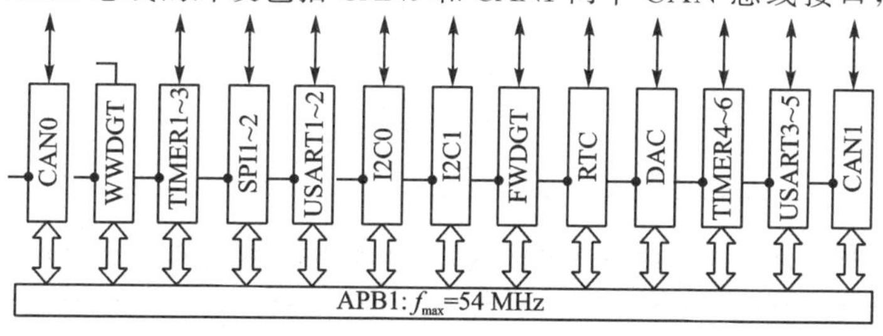

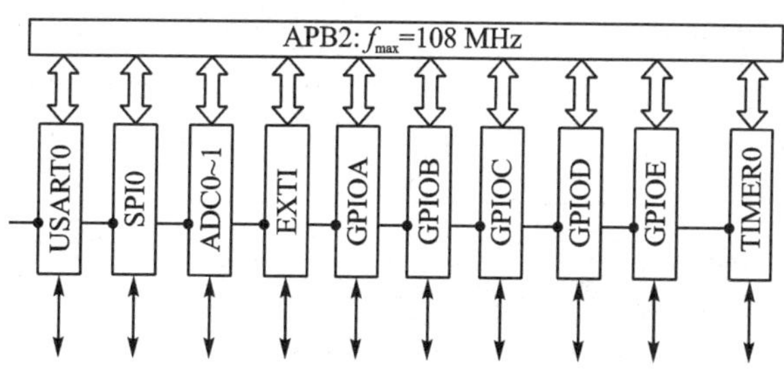

图 6.2　GD32VF103 外设总线设备

TIMER6 六个定时器，WWDGT 和 FWDGT 两个看门狗定时器，USART1～USART5 五个串行通信口，SPI1 和 SPI2 两个 SPI 接口，I2C0 和 I2C1 两个 I^2C 接口，1 个实时时钟 RTC，1 个数/模转换器 DAC。

连接在 APB2 总线的外设包括 1 个串口 USART0，1 个 SPI 接口 SPI0，ADC0～ADC1 两个模/数转换器，1 个定时器 TIMER0，1 个外部中断输入控制 EXTI 和 GPIOA～GPIOE 五组通用 I/O 接口。

6.1.3 外设内存映射

RISC-V 处理器将程序存储器、数据存储器和外部设备寄存器映射到处理器的 4 GB 内存地址空间。表 6.1 列出了 GD32VF103 处理器 AHB 总线上外设在内存空间的映射地址。表 6.2 列出了 GD32VF103 处理器 SRAM 和 Flash 在内存空间的映射地址。表 6.3 列出了 GD32VF103 处理器 APB1 外设寄存器在内存空间的映射地址。表 6.4 列出了 GD32VF103 处理器 APB2 外设寄存器在内存空间的映射地址。

表 6.1 GD32VF103 处理器 AHB 外设在内存空间的映射地址

定义区域	总　线	地　址	设　备
外部设备	AHB	0xA000 0000～0xA000 0FFF	EXMC～SWREG
外部 RAM		0x6000 0000～0x6FFF FFFF	EXMC～NOR/PSRAM/SRAM
集成外设	AHB	0x5000 0000～0x5003 FFFF	USBFS
		0x4002 3000～0x4002 33FF	CRC
		0x4002 2000～0x4002 23FF	FMC
		0x4002 1000～0x4002 13FF	RCU
		0x4002 0400～0x4002 07FF	DMA1
		0x4002 0000～0x4002 03FF	DMA0

表 6.2 GD32VF103 处理器 SRAM 和 Flash 在内存空间的映射地址

定义区域	总　线	地　址	功　能
数据区域	AHB	0x2000 5000～0x2001 7FFF	SRAM
		0x2000 0000～0x2000 4FFF	
只读区域	AHB	0x1FFF F800～0x1FFF F80F	选项字节
		0x1FFF B000～0x1FFF F7FF	引导加载程序
		0x0800 0000～0x0801 FFFF	主 Flash
		0x0010 0000～0x002F FFFF	预留主 Flash 和引导加载程序
		0x0002 0000～0x000F FFFF	
		0x0000 0000～0x0001 FFFF	

表 6.3　GD32VF103 处理器 APB1 外设寄存器在内存空间的映射地址

定义区域	总　线	地　址	设　备
外设	APB1	0x4000 7400～0x4000 77FF	DAC
		0x4000 7000～0x4000 73FF	PMU
		0x4000 6C00～0x4000 6FFF	BKP
		0x4000 6800～0x4000 6BFF	CAN1
		0x4000 6400～0x4000 67FF	DAN0
		0x4000 6000～0x4000 63FF	USB/CAN 共享 SRAM
		0x4000 5C00～0x4000 5FFF	USB 寄存器
		0x4000 5800～0x4000 5BFF	I2C1
		0x4000 5400～0x4000 57FF	I2C0
		0x4000 5000～0x4000 53FF	USART4
		0x4000 4C00～0x4000 4FFF	USART3
		0x4000 4800～0x4000 4BFF	USART2
		0x4000 4400～0x4000 47FF	USART1
		0x4000 3C00～0x4000 3FFF	SPI2/I2S2
		0x4000 3800～0x4000 3BFF	SPI1/I2S1
		0x4000 3000～0x4000 33FF	FWDGT
		0x4000 2C00～0x4000 2FFF	WWDGT
		0x4000 2800～0x4000 2BFF	RTC
		0x4000 1400～0x4000 17FF	TIMER6
		0x4000 1000～0x4000 13FF	TIMER5
		0x4000 0C00～0x4000 0FFF	TIMER4
		0x4000 0800～0x4000 0BFF	TIMER3
		0x4000 0400～0x4000 07FF	TIMER2
		0x4000 0000～0x4000 03FF	TIMER1

表 6.4　GD32VF103 处理器 APB2 外设寄存器在内存空间的映射地址

定义区域	总　线	地　址	设　备
外设	APB2	0x4001 3800～0x4001 3BFF	USART0
		0x4001 3000～0x4001 33FF	SPI0
		0x4001 2C00～0x4001 2FFF	TIMER0
		0x4001 2800～0x4001 2BFF	ADC1
		0x4001 2400～0x4001 27FF	ADC0

续表 6.4

定义区域	总　线	地　址	设　备
外设	APB2	0x4001 1800～0x4001 1BFF	GPIOE
		0x4001 1400～0x4001 17FF	GPIOD
		0x4001 1000～0x4001 13FF	GPIOC
		0x4001 0C00～0x4001 0FFF	GPIOB
		0x4001 0800～0x4001 0BFF	GPIOA
		0x4001 0400～0x4001 07FF	EXTI
		0x4001 0000～0x4001 03FF	AFIO

6.1.4　外设访问

GD32VF103 内部集成了实时时钟(Real Time Clock,RTC)、串行通信(Universal Asynchronous Receiver Transmitter,UART)、定时器(TIMER)、数/模转换(ADC)等常用接口和设备。处理器内核通过读/写外设寄存器访问和控制处理器内部集成外设。

一般情况下,外设寄存器可分为 3 类:控制寄存器、状态寄存器和数据寄存器。处理器内核利用控制寄存器设置外设的工作模式、控制外设的工作过程,通过状态寄存器获取外设的工作状态,通过数据寄存器从外设读取数据,或者将数据发送到外设。

在程序中应用外设的过程通常可分为 3 步:设置并启动外设、查询外设状态或等待外设事件以及读取或写入数据。

外设寄存器映射到处理器内核的 I/O 空间或内存空间,内核通过 I/O 或内存方式访问外设寄存器。如果外设包含多个寄存器,则同一外设的寄存器通常映射到处理器内核 I/O 或内存空间的连续地址段。

GD32VF103 内部外设寄存器映射到处理器内核的内存空间。在 C 语言中,可以用指针操作直接访问外设寄存器。

例如,GD32VF103 实时时钟 RTC 的控制寄存器映射到存储空间的地址为 0x40002804,在 C 语言程序中用指针操作访问该寄存器。

(1) 宏定义声明寄存器地址指针

```
#define pRTC_CON    (volatile unsigned *)0x40002804          //RTC 控制寄存器指针
```

(2) 读取和写入寄存器的方式

```
unsigned value;
value = *pRTC_CON;                                          //读寄存器
*pRTC_CON = value&0xff;                                     //写寄存器
```

如果改变宏定义方式，则可以使访问外设寄存器的语句更简洁。

(1) 宏定义声明寄存器中的数据

```
#define rRTC_CON(*(volatile unsigned *)0x40002804)      //RTC 控制寄存器数据
```

(2) 读取和写入寄存器形式

```
unsigned value;
value = rRTC_CON;                                         //读寄存器
rRTC_CON = value&0xff;                                    //写寄存器
```

(3) 寄存器中位操作形式

```
rRTC_CON |= (0x1 <<n);                                    //将第 n 位置 1
rRTC_CON &= ~(0x1 << n);                                  //清除第 n 位(置 0)
(rRTC_CON & (0x1<<n)) == (0x1<<n));                       //判断第 n 位状态
```

在宏定义中，“unsigned”与“unsigned int”相同，“unsigned *”表示无符号整数型指针。

处理器中不同外设有其各自的特点，下面将详细介绍 GD32VF103 典型外设的应用程序开发方法。

6.2 GD32VF103 时钟系统

GD32VF103 处理器内置时钟产生和控制单元，为处理器内核和外设提供不同频率的时钟。处理器有内部 8 MHz 阻容(RC)振荡器、外部高速晶体振荡器(HXTAL)、内部低速 40 kHz RC 振荡器和低速晶体振荡器(LXTAL)4 个可选时钟源。通过设置锁相环(PLL)、HXTAL 时钟监视器、时钟预分频器、时钟多路复用器和时钟门控电路，设定处理器各部分工作时钟的频率，管理外设时钟。

6.2.1 时钟管理

时钟(clock)驱动处理器中各功能单元工作。时钟频率影响处理器的运行速度，也影响处理器运行时的功率。处理器中不同单元工作时需要的时钟频率有所差别。例如，某处理器内核时钟频率为 200 MHz，其串行接口的驱动时钟频率是 100 kHz，而 USB 接口电路的驱动时钟频率是 48 MHz。处理器时钟管理单元为处理器内部提供工作时钟，并通过时钟管理外设的工作状态和功耗状态。例如，根据任务的负载程度调整时钟频率，或关断不需要工作外设的时钟，降低芯片功耗。

图 6.3 所示为典型处理器内部时钟系统结构，图中处理器有 3 个时钟源，外部晶体振荡器(X)、外部输入时钟信号 EXTCLK 以及内部振荡电路产生的时钟 ICLK。时钟源经过锁相电路 MPLL 倍频，生成高频信号，再经过分频电路 DIVN 为处理器的不同部分提供不同频率的时钟 CLKnn。

从图 6.3 可以看出,为了使时钟系统正常工作,需要选择时钟源,设置锁相环(MPLLn)的倍频率和分频器(DIVNnn)的分频率,以及使能时钟。

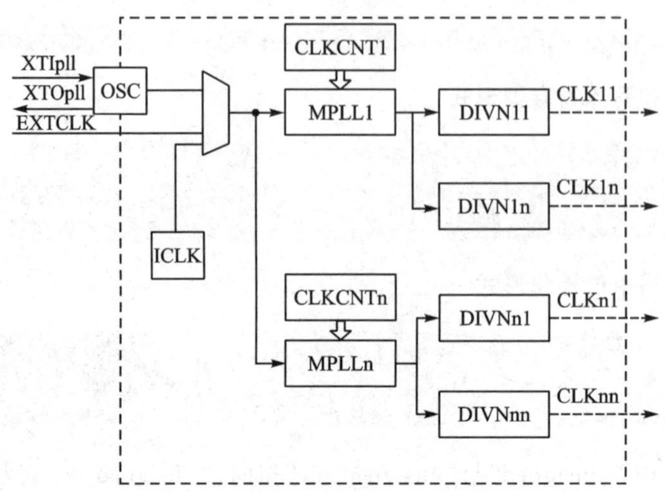

图 6.3　处理器内部时钟系统结构

6.2.2　GD32VF103 复位和时钟单元

GD32VF103 时钟控制单元的寄存器映射到内存空间的基地址为 0x40021000。表 6.5 列出了相关寄存器的地址偏移量和功能说明。各寄存器中数据的详细定义请读者参照 GD32VF103 用户手册。

表 6.5　GD32VF103 时钟控制寄存器

名　称	地址偏移	初始值	功　能
时钟控制(RCU_CTL)	0x00	0x0000 xx83	bit[29:24],PLL 使能; bit [19:0],时钟源管理
时钟设置(RCU_CFG0)	0x04	0x0000 0000	锁相环倍频率和时钟分频率,选择输出时钟
时钟中断(RCU_INT)	0x08	0x0000 0000	时钟控制器中断标志和使能控制
APB2 复位(RCU_APB2RST)	0x0c	0x0000 0000	外设复位控制
APB1 复位(RCU_APB1RST)	0x10	0x0000 0000	外设复位控制
AHB 使能(RCU_AHBEN)	0x14	0x0000 0014	高速总线使能控制
APB2 使能(RCU_APB2EN)	0x18	0x0000 0000	外设时钟使能控制
APB1 使能(RCU_APB1EN)	0x1c	0x0000 0000	外设时钟使能控制
备份控制(RCU_BDCTL)	0x20	0x0000 0018	选择备份域的状态
复位和时钟(RCU_RSTSCK)	0x24	0x0C00 0000	低功耗,看门狗,复位
AHB 复位(RCU_AHBRST)	0x28	0x0000 0000	bit[12],USBFS 设备复位
时钟设置(RCU_CFG1)	0x2c	0x0000 0000	I^2C 时钟选择,外设锁相设置
睡眠模式(RCU_DSV)	0x34	0x0000 0000	bit[1:0],电压选择

6.2.3　GD32VF103 时钟控制

设置处理器系统工作时钟，并打开 GPIOA 时钟使能。

通过设置寄存器 RCU_CFG0、RCU_APB2EN 和 RCU_CTL，设定时钟频率，启动时钟，使能 GPIOA 的时钟。

1. 宏定义

为了提高程序的可读性和编程效率，在嵌入式系统应用程序开发过程中，常使用宏声明一些常用操作。示例 6.1 是部分寄存器数据和位的宏定义。

示例 6.1： 寄存器数据和位的宏定义。

```
/* 寄存器数据宏,addr 寄存器映射地址 */
#define REG32(addr)     (*(volatile uint32_t *)(uint32_t)(addr))    //32 位数据
#define REG16(addr)     (*(volatile uint16_t *)(uint32_t)(addr)     //16 位数据
#define REG8(addr)      (*(volatile uint8_t *)(uint32_t)(addr))     //8 位数据
/* 寄存器位操作宏 */
#define BIT(x)          ((uint32_t)((uint32_t)0x01U<<(x)))          //指向第 x 位
#define BITS(start, end) ((0xFFFFFFFFUL << (start)) & (0xFFFFFFFFUL >>
  (31U - (uint32_t)(end))))                                         //指向位区间
#define RCU_REG_VAL(periph)   (REG32(RCU + ((uint32_t)(periph) >> 6)))
                                                                    //periph 寄存器
#define RCU_BIT_POS(val)     ((uint32_t)(val) & 0x1FU)              //取低 5 位
```

2. 函　数

GD32VF103 通过 RCU 的控制寄存器(RCU_CTL)、设置寄存器(RCU_CFG0)和中断管理寄存器(RCU_INT)，管理处理器的时钟工作状态。RCU_CTL 用于控制时钟使能、设置内部时钟源以及查询内部时钟状态。RCU_CFG0 用于选择时钟源、设置倍频率和分频率。RCU_INT 用于设置内部时钟中断使能、查询中断状态。

① 选择 RCU 系统时钟源，设置寄存器 RCU_CFG0[1:0](SCS[1:0])段，选择输入时钟源 ck_sys。

```
void rcu_system_clock_source_config(uint32_t ck_sys)
{
    uint32_t reg;
    reg = RCU_CFG0;                          //读寄存器
    reg &= ~RCU_CFG0_SCS;                    //屏蔽无关位
    RCU_CFG0 = (reg | ck_sys);               //写回寄存器
}
```

② 设定锁相环 PLL，设置寄存器 RCU_CFG0[16](PLLSEL)选择 PLL 时钟源 pll_src，设置 RCU_CFG[29,21:18] (PLLMF[4:0])，设定倍频值 pll_mul。

```
void rcu_pll_config(uint32_t pll_src, uint32_t pll_mul)
{
    uint32_t reg = 0U;
    reg = RCU_CFG0;                                    //读寄存器
    reg &= ~(RCU_CFG0_PLLSEL | RCU_CFG0_PLLMF | RCU_CFG0_PLLMF_4);  //屏蔽无关位
    reg |= (pll_src | pll_mul);
    RCU_CFG0 = reg;                                    //写回寄存器
}
```

③ 设定外设总线 APB2 时钟频率，设置寄存器 RCU_CFG0[13:11](APB2PSC[2:0])，分频率为 ck_apb2。

```
void rcu_apb2_clock_config(uint32_t ck_apb2)
{
    uint32_t reg;
    reg = RCU_CFG0;                          //读寄存器
    reg &= ~RCU_CFG0_APB2PSC;                //屏蔽无关位
    RCU_CFG0 = (reg | ck_apb2);              //写入寄存器
}
```

④ 设定外设总线 AHB 时钟频率，设置寄存器 RCU_CFG0[7:4](AHBPSC[3:0])，分频率为 ck_ahb。

```
void rcu_ahb_clock_config(uint32_t ck_ahb)
{
    uint32_t reg;
    reg = RCU_CFG0;                          //读寄存器
    reg &= ~RCU_CFG0_AHBPSC;                 //屏蔽无关位
    RCU_CFG0 = (reg | ck_ahb);               //写入寄存器
}
```

⑤ 使能外设时钟，设置外设使能寄存器 RCU_APB2EN、RCU_APB1EN 和 RCU_AHB 中与所选外设 periph 相应的位。

```
void rcu_periph_clock_enable(rcu_periph_enum periph)
{
    RCU_REG_VAL(periph) |= BIT(RCU_BIT_POS(periph));          //写寄存器
}
```

⑥ 获取系统时钟源信息，读取寄存器 RCU_CFG0[3:2](SCSS[1:0])，返回当前时钟源。

```
uint32_t rcu_system_clock_source_get(void)
{
    return (RCU_CFG0 & RCU_CFG0_SCSS);          //寄存器,取 SCSS
}
```

⑦ 启动时钟,设置寄存器 RCU_CTL,启动 osci 类型时钟。

```
void rcu_osci_on(rcu_osci_type_enum osci)
{
    RCU_REG_VAL(osci) |= BIT(RCU_BIT_POS(osci));//写寄存器
}
```

3. GPIOA 时钟设置

如图 6.4 所示,GPIOA 是外设总线 APB2 上的外设。GPIOA 使用 APB2 总线时钟 CK_APB2,可通过使能位打开或关闭。高速总线时钟 CK_AHB 通过分频器 APB2 Prescaler 产生 APB2 总线时钟 CK_APB2。系统时钟 CK_SYS 经过分频器 AHB Prescaler 产生高速总线时钟 CK_AHB。

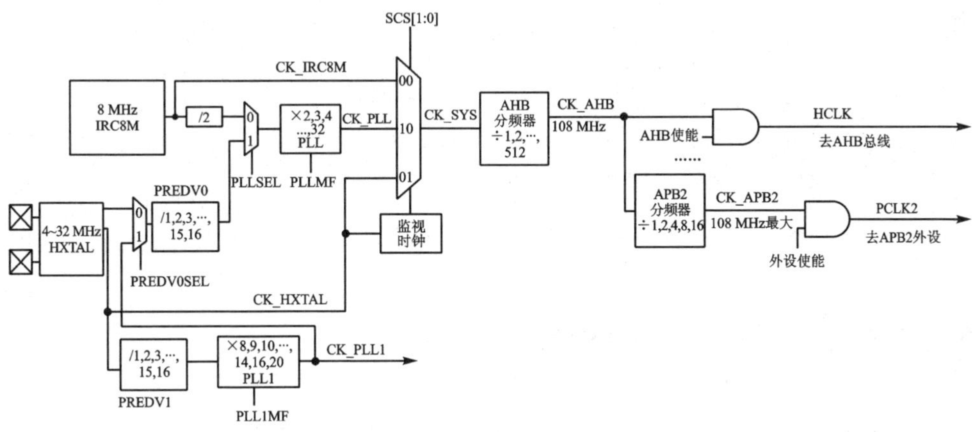

图 6.4　GD32VF103 APB2 总线时钟结构

CK_SYS 可选择内部 IRC8M 输出 CK_IRC8M、锁相环 PLL 输出 CK_PLL 和晶振 HXTAL 输出 CK_HXTAL 三个时钟信号,由 SCS[1:0]域控制。

如果选择 CK_PLL,则还需要进一步设置 PLL 的倍频器 PLLMF,并通过 PLLSEL 选择 PLL 的输入源、CK_IRC8M 的 2 分频或者前置分频器 PREDV0 的输出。

通过 PREDV0SEL,选择 PREDV0 的输入是 CK_HXTAL 或 CK_PLL1。如果选择 CK_PLL1,则需要进一步设置锁相环 PLL1 的倍频器 PLL1MF 和前置分频器 PREDV1。

在最复杂的情况下,设置 GPIOA 时钟包括 PLL1 输入选择和倍频率、PREDV0

的分频率、PLL 的倍频率和输入选择、CK_SYS 输入选择、AHB Prescaler 分频率、APB2 Prescaler 分频率和 GPIOA 时钟使能等多个步骤。

示例 6.2 是设置 GPIOA 时钟的主程序，其中，CK_SYS 输入源选择 CK_ICR8M，因此只需要设置 SCS[1:0]、AHB Prescaler、APB2 Prescaler，以及使能 GPIOA 时钟。

示例 6.2：GPIOA 设置。

```
#define CFG0_SCS(regval)            (BITS(0,1) & ((uint32_t)(regval) << 0))
#define RCU_CKSYSSRC_IRC8M          CFG0_SCS(0)
#define CFG0_AHBPSC(regval)         (BITS(4,7) & ((uint32_t)(regval) << 4))
#define RCU_AHB_CKSYS_DIV1          CFG0_AHBPSC(0)
#define CFG0_APB2PSC(regval)        (BITS(11,13) & ((uint32_t)(regval) << 11))
#define RCU_APB2_CKAHB_DIV1         CFG0_APB2PSC(0)
void main(void)
{
    rcu_system_clock_source_config(RCU_CKSYSSRC_IRC8M);      //选择时钟源 0
    rcu_ahb_clock_config(RCU_AHB_CKSYS_DIV1);                //AHB 分频值 0
    rcu_apb2_clock_config(RCU_APB2_CKAHB_DIV1);              //APB2 分频 0
    rcu_periph_clock_enable(RCU_GPIOA);                      //使能 GPIOA 时钟
    rcu_osci_on(RCU_IRC8M);                                  //启动 IRC8M
    if(ERROR == rcu_osci_stab_wait(RCU_IRC8M))               //IRC8M 是否稳定?
        printf("RCU_IRC8M rcu_osci_stab_wait timeout! \r\n");
    return;
}
```

6.3 GD32VF103 定时器

定时器(TIMER)是集成在处理器内部的计数器，为处理器产生定时事件，或周期性地输出信号。

在 RISC-V 内核定时器基础上，GD32VF103 还扩展了外设定时器。GD32VF103 集成了 7 个外设定时器 TIMER0～TIMER6。依据功能上的差异，将 TIMER0 称为高级定时器，TIMER1/2/3/4 称为通用定时器，TIMER5/6 称为基础定时器。

6.3.1 定时器原理

可编程时钟驱动计数器工作，当计数器溢出或者达到预先设定的值时，定时器输出电平发生变化或输出脉冲信号。

通常，定时器属性包括时钟源、计数方式、工作模式、时钟频率、计数周期以及输出格式等。时钟源可选内部时钟或外部时钟，计数方式分为上计数(增加)、下计数

(减少)和中间对齐,工作模式分为重复计数或单次计数。

图6.5所示为一个典型定时器的示意图。其中,设置CLKSEL,选择时钟源。设置DIV,确定Prescaler分频率,输入时钟经过分频器Prescaler分频后,作为计数器Counter的输入时钟。设置PRD寄存器,确定Counter输出信号周期,当计数器Counter的值等于或超过PRD中预设的值后,计数器输出信号的电平翻转,或者产生中断请求信号TINT。通过设置CTL寄存器,控制Counter计数模式和工作过程。

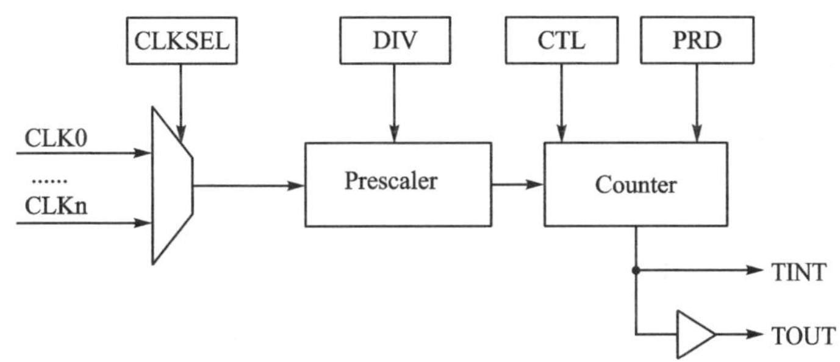

图6.5 处理器内部外设定时器示意图

在程序中应用计数器时,先选择时钟源,设置时钟频率,设置Counter输出格式、计数器初始值、计数模式和周期,然后启动计数器Counter。

6.3.2 GD32VF103定时器简介

GD32VF103内部有7个定时器TIMER0~TIMER6,本小节以TIMER0为例,说明定时器的使用方法。TIMER0是4通道16位定时器,支持递增、递减和中间对齐计数模式,具有输入捕捉和输出比较功能,能够重复计数,可以产生PWM信号,控制电机或用于电源管理。应用TIMER0时需要选择时钟源、计数模式、输出模式和中断以及DMA控制方式等。

GD32VF103定时器TIMER0寄存器组基地址为0x4001 2C00,其中寄存器偏移地址及功能如表6.6所列。

表6.6 GD32VF103 TIMER0寄存器列表

名　称	地址偏移	初始值	功　能
控制寄存器0 TIMERx_CTL0	0x00	0x0000	定时器全局控制
控制寄存器1 TIMERx_CTL1	0x04	0x0000	通道设置,触发设置
从模式控制设置 TIMERx_SMCFG	0x08	0x0000	时钟控制器中断标志和使能控制

续表 6.6

名　称	地址偏移	初始值	功　能
DMA 和中断控制 TIMERx_DMAINTEN	0x0c	0x0000	中断使能设置
中断标志 TIMERx_INTF	0x10	0x0000	中断状态指示
软件事件生成 TIMERx_SWEVG	0x14	0x0000	软件事件控制
定时器计数器 TIMERx_CNT	0x24	0x0000	bit[15:0]计数器
时钟分频 TIMERx_PSC	0x28	0x0000	bit[15:0]分频（PSC＋1）
计数器自动装载 TIMERx_CAR	0x2c	0x0000	bit[15:0]
重复次数寄存器 TIMERx_CREP	0x30	0x0000	bit[7:0]

TIMER0_CTL0 是 TIMER0 的全局控制寄存器，是定时器重要的寄存器之一。如图 6.6 所示为该寄存器各位的定义。

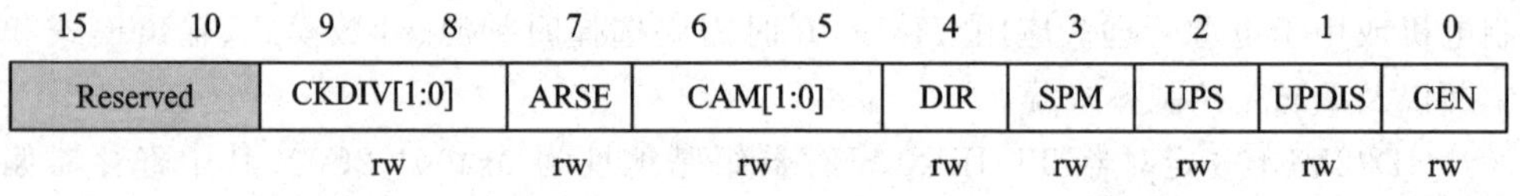

图 6.6　TIMER0_CTL0 位定义

图 6.6 中，CKDIV[1:0]是计数器时钟分频率，ARSE 是自动装载寄存器使能，CAM[1:0]是计数器对齐模式，DIR 是计数方向，SPM 是单脉冲模式，UPS 是计数器更新事件源，UPDIS 是更新使能，CEN 是计数器使能。

如图 6.7 所示为定时器时序信号示意图。其中，TIMER_CK 是定时器输入时钟信号，计数时钟 CNT_CLK 由 TIMER_CK 信号 2 分频而生成，CNT_REG 为定时器计数寄存器。CEN 置 1(使能计数器)后，计数器开始减计数。当计数器值为 0 时，触发事件脉冲。

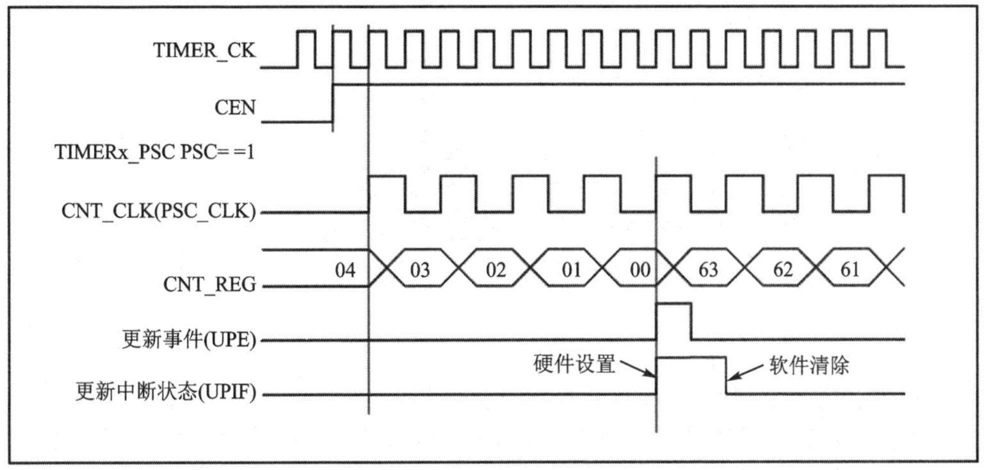

图 6.7　定时器工作时序示例图

6.3.3　定时器 PWM 输出

用定时器产生周期性输出波形。

选择 TIMER0 定时器及其通道 0(CH0)，输出脉宽调制(Pulse Width Modulate，PWM)波形。

设置定时器 TIMER0 和通道 0(CH0)的属性，以及输出 I/O 引脚的属性。

1. 数据结构

① 定时器属性数据结构，包括定时器的分频率、对齐模式、计数方向、重复模式和周期 5 个成员。

```
typedef struct
{   uint16_t   prescaler;                    //时钟预分频值
    uint16_t   alignedmode;                  //对齐模式
    uint16_t   counterdirection;             //计数方向
    uint32_t   period;                       //周期
    uint16_t   clockdivision;                //分频
    uint8_t    repetitioncounter;            //重复计数
}timer_parameter_struct;
```

② 输出通道属性数据结构，包括通道以及其互补通道的输出状态、输出极性和空闲时输出等 5 个成员。

```
typedef struct
{
    uint16_t outputstate;          //通道输出状态
    uint16_t outputnstate;         //互补通道输出状态
    uint16_t ocpolarity;           //通道输出极性
    uint16_t ocnpolarity;          //互补通道输出极性
    uint16_t ocidlestate;          //空闲状态输出
    uint16_t ocnidlestate;         //互补空闲状态输出
}timer_oc_par;
```

2. 函　数

① 设置定时器属性，选择定时器 timer_periph，并进行初始化。通过 TIMERX_PSC 寄存器设置定时器输入时钟预分频 prescaler，通过 TIMERX_CTL0 寄存器控制计数器计数方向 counterdirection、对齐格式 alignedmode 和分频率 clockdivision，通过 TIMER_CAR 寄存器设置周期 period，通过 TIMER_CREP 寄存器设置计数器重复计数次数 repetitioncounter。

```
void timer_init(uint32_t timer_periph, timer_parameter_struct * initpara)
{
    TIMER_PSC(timer_periph) = (uint16_t)initpara->prescaler;  //设置预分频
    TIMER_CTL0(timer_periph) &= (uint32_t)(~ TIMER_CTL0_DIR); //设置计数方向
    TIMER_CTL0(timer_periph)|= (uint32_t)(initpara->counterdirection &
    COUNTERDIRECTION_MASK);
    if(TIMER0 == timer_periph)                                 //TIMER0 专有特性
    {
        TIMER_CTL0(timer_periph) &= (~(uint32_t)(TIMER_CTL0_CAM));
        /* 设置对齐格式 */
    TIMER_CTL0(timer_periph)|= (uint32_t)(initpara->alignedmode&
    ALIGNEDMODE_MASK);
    TIMER_CREP(timer_periph) = (uint32_t)initpara->repetitioncounter;
                                                               //设置重复计数值
    TIMER_CAR(timer_periph) = (uint32_t)initpara->period;      //设置计数器周期
    TIMER_CTL0(timer_periph) &= (~(uint32_t)TIMER_CTL0_CKDIV);
        /* 设置计数器分频 */
    TIMER_CTL0(timer_periph) |= (uint32_t)(initpara->clockdivision &
    CLOCKDIVISION_MASK);
}
```

② 初始化输出通道 channel0，通过 TIMERX_CTL1 寄存器设置空闲状态 ocidlestate 和 ocnidlestate，通过 TIMERX_CHCTL0 寄存器清除输出比较使能，通过 TIMERX_CHCTL2 寄存器设置输出状态和极性。

```
void timer_channel0_output_config(uint32_t timer_periph,
timer_oc_parameter_struct * ocpara)
{ TIMER_CHCTL2(timer_periph) &= (~(uint32_t)TIMER_CHCTL2_CH0EN); //清除使能位
    TIMER_CHCTL2(timer_periph) |= (uint32_t)ocpara->outputstate;   //设置输出状态
    TIMER_CHCTL2(timer_periph) &= (~(uint32_t)TIMER_CHCTL2_CH0P); //清除极性位
    TIMER_CHCTL2(timer_periph) |= (uint32_t)ocpara->ocpolarity;   //设置输出极性
    if (TIMER0 == timer_periph) {
    TIMER_CTL1(timer_periph) &= (~(uint32_t)TIMER_CTL1_ISO0);
    TIMER_CTL1(timer_periph) |= (uint32_t)ocpara->ocidlestate;    //设置空闲状态
    TIMER_CTL1(timer_periph) &= (~(uint32_t)TIMER_CTL1_ISO0N);
    TIMER_CTL1(timer_periph) |= (uint32_t)ocpara->ocnidlestate;   //设置空闲状态
    }
    TIMER_CHCTL0(timer_periph) &= ~(uint32_t)TIMER_CHCTL0_CH0MS; //清除输出比较
}
```

③ 设置定时器触发事件，通过 TIMERX_SWEVG 设置定时器 timer_periph 的触发事件 event。

```
void timer_event_software_generate(uint32_t timer_periph, uint16_t event)
{
    TIMER_SWEVG(timer_periph) |= (uint32_t)event;                 //设置触发事件
}
```

④ 定时器使能，通过 TIMERX_CTL0 启动或关闭定时器 timer_periph。

```
void timer_enable(uint32_t timer_periph)
{
    TIMER_CTL0(timer_periph)|= (uint32_t)TIMER_CTL0_CEN;          //打开定时器
}
void timer_disable(uint32_t timer_periph)
{
    TIMER_CTL0(timer_periph) &= ~(uint32_t)TIMER_CTL0_CEN;        //关闭定时器
}
```

3. 定时器输出

设置定时器 TIMER0 和通道 CH0，设置 PWM 波形并使能定时器时钟，定时器开始工作，通道 CH0 产生 PWM 信号。但只有在设置 I/O 引脚后，才能输出 PMW 波形。

```
void main(void)
{
    timer_oc_parameter_struct timer_ocintpara;     //定时器输出属性结构
    timer_parameter_struct timer_initpara;         //定时器参数结构
```

```
    rcu_periph_clock_enable(RCU_TIMER0);   //使能定时器 TIMER0 时钟
    timer_initpara.prescaler               = 119;
    timer_initpara.alignedmode             = TIMER_COUNTER_EDGE;
    timer_initpara.counterdirection        = TIMER_COUNTER_UP;
    timer_initpara.period                  = 500;
    timer_initpara.clockdivision           = TIMER_CKDIV_DIV1;
    timer_initpara.repetitioncounter       = 0;
    timer_init(TIMER0,&timer_initpara);    //设置定时器 TIMER0
    timer_ocintpara.outputstate            = TIMER_CCX_ENABLE;
    timer_ocintpara.outputnstate           = TIMER_CCXN_DISABLE;
    timer_ocintpara.ocpolarity             = TIMER_OC_POLARITY_HIGH;
    timer_ocintpara.ocnpolarity            = TIMER_OCN_POLARITY_HIGH;
    timer_ocintpara.ocidlestate            = TIMER_OC_IDLE_STATE_LOW;
    timer_ocintpara.ocnidlestate           = TIMER_OCN_IDLE_STATE_LOW;
    timer_channel_output_config(TIMER0, TIMER_CH_0, &timer_ocintpara);
                                                             //设置 CH0 输出格式
    timer_channel_output_pulse_value_config(TIMER0, TIMER_CH_0, 250);
                                                             //设置输出波形
    timer_channel_output_mode_config(TIMER0, TIMER_CH_0, TIMER_OC_MODE_PWM0);
    timer_channel_output_shadow_config(TIMER0, TIMER_CH_0, TIMER_OC_SHADOW_DISABLE);
    timer_primary_output_config(TIMER0, ENABLE);             //使能定时器输出
    timer_event_software_generate(TIMER0, TIMER_SWEVG_UPG);
    timer_auto_reload_shadow_enable(TIMER0);                 //使能自动装载
    timer_enable(TIMER0);                                    //使能时钟,输出
}
```

6.4 GD32VF103 GPIO

通用 I/O 接口(General Purpose Input Output,GPIO)是嵌入式微处理器非常重要的功能,常用于获取外部状态和控制外部设备。GD32VF103 有 5 个 GPIO 控制器,管理 GPIOA、GPIOB、GPIOC、GPIOD 和 GPIOE 五组 I/O 引脚,每组 16 个,共有 80 个引脚。

6.4.1 GPIO 原理

GPIO 是处理器外设总线扩展接口,实现逻辑信号的输入和输出功能。控制寄存器和数据寄存器是 GPIO 控制器常用的两类寄存器。

通过 GPIO 控制寄存器设置 I/O 引脚的属性,输入(input)、输出(output)或高阻。一些处理器还可以设置 I/O 引脚的上拉电阻。对于多种功能复用的 I/O 引脚,需要通过控制寄存器选择引脚的功能。

通过 GPIO 数据寄存器控制 I/O 引脚电平状态，或者从 I/O 引脚读取输入状态。通常情况下，GPIO 控制寄存器和数据寄存器中的位域与处理器的 I/O 引脚相对应。在通过数据寄存器访问 I/O 引脚之前，必须设置引脚的属性。

6.4.2　GD32VF103 GPIO 简介

为了提高芯片封装的灵活性，GD32VF103 GPIO 端口与其他功能共享引脚。通过控制寄存器选择引脚的功能，I/O 引脚或者外设功能引脚。如果是 I/O 引脚，则可进一步配置引脚的 I/O 属性。

对于 GD32VF103 处理器，除了可以设置 I/O 引脚的一般属性外，还可以设置输入信号时的触发方式。

GD32VF103 GPIO 控制器寄存器的映射到内存空间的地址分别为：

① AFIO：0x4001 0000；

② GPIOA：0x4001 0800；

③ GPIOB：0x4001 0C00；

④ GPIOC：0x4001 1000；

⑤ GPIOD：0x4001 1400；

⑥ GPIOE：0x4001 1800。

AFIO 是复用功能 I/O（Alternate Function I/O ）控制寄存器。GPIOx（x＝A，B，C，D，E）相关控制寄存器的偏移地址和功能描述如表 6.7 所列。

表 6.7　GPIOx 控制寄存器列表

名　称	地址偏移	初始值	功　能
控制寄存器 GPIOx_CTL0	0x00	0x4444 4444	设置 IO[7:0]。MD[1:0]，输入与输出方向；CTL[1:0]，引脚属性
控制寄存器 GPIOx_CTL1	0x04	0x4444 4444	设置 IO[15:8]。MD[1:0]，输入与输出方向；CTL[1:0]，引脚属性
输入状态 GPIOx_ISTAT	0x08	0xXXXX 0000	输入状态 ISTAT[15:0]，0：低电平；1：高电平
输出控制 GPIOx_OCTL	0x0c	0xXXXX 0000	输出 OUT[15:0]，0：低电平；1：高电平
位操作 GPIOx_BOP	0x10	0x0000 0000	将输出位置高，如果 BOP[x]＝1，则 OUT[x]＝1。x＝0～15
位清除 GPIOx_BC	0x14	0x0000 0000	将输出位清 0，如果 BC[x]＝1，则 OUT[x]＝0。x＝0～15
端口锁定 GPIOx_LOCK	0x18	0x0000 0000	LOCK[16]＝1，锁定本寄存器；LOCK[x]＝1. 锁定 IO[x]

6.4.3 GPIO 控制 LED

用处理器 I/O 端口 PC0 和 PC2 分别控制 LED1 和 LED2。

LED1 和 LED2 与 GPIOC 的 PC0 和 PC2 相连。将 PC0 和 PC2 端口设置成输出模式，控制 LED1 和 LED2 的显示。

1. 宏定义

定义 GPIO 控制器的寄存器操作。

```
#define GPIO_CTL0(gpiox)        REG32((gpiox) + 0x00U)       //引脚设置
#define GPIO_CTL1(gpiox)        REG32((gpiox) + 0x04U)       //引脚设置
#define GPIO_ISTAT(gpiox)       REG32((gpiox) + 0x08U)       //端口状态
#define GPIO_OCTL(gpiox)        REG32((gpiox) + 0x0CU)       //端口输出
#define GPIO_BOP(gpiox)         REG32((gpiox) + 0x10U)       //端口置高
#define GPIO_BC(gpiox)          REG32((gpiox) + 0x14U)       //端口置低
#define GPIO_MODE_SET(n, mode)   ((uint32_t)((uint32_t)(mode) << (4U * (n))))
#define GPIO_MODE_MASK(n)        (0xFU << (4U * (n)))
```

2. 函　数

① 将 I/O 引脚置高和置低，设置 GPIOX_BOP 和 GPIO_BC 寄存器。

```
void gpio_bit_set(uint32_t gpio_periph, uint32_t pin)
{ GPIO_BOP(gpio_periph) = (uint32_t) pin;}                    //置高
void gpio_bit_reset(uint32_t gpio_periph, uint32_t pin)
{ GPIO_BC(gpio_periph) = (uint32_t) pin;}                     //清除,置低
```

② 初始化 gpio_periph 的引脚 pin，设置模式 mode 和时钟频率 speed。

```
void gpio_init(uint32_t gpio_periph, uint32_t mode, uint32_t speed,uint32_t pin)
{
    uint16_t i;
    uint32_t temp_mode = (uint32_t) (mode & ((uint32_t) 0x0FU));
    uint32_t reg = 0U;
    if (((uint32_t) 0x00U) != ((uint32_t) mode & ((uint32_t) 0x10U)))
        temp_mode |= (uint32_t) speed;                        //设置 I/O 最大时钟
    for (i = 0U; i <8U; i++)                                  //设置 PORT 0～7
    { if ((1U << i) & pin) {
            reg = GPIO_CTL0(gpio_periph);                     //读取 GPIO_CTL0
            reg &= ~GPIO_MODE_MASK(i);                        //清除模式域
            reg |= GPIO_MODE_SET(i, temp_mode);               //设置模式
            GPIO_CTL0(gpio_periph) = reg;                     //写入 GPIO_CTL0
```

```
        }
    }
    for (i = 8U; i <16U; i++)                         //设置 PORT 8~15
    { if ((1U << i) & pin) {
                reg = GPIO_CTL1(gpio_periph);          //读取 GPIO_CTL1
                reg &= ~GPIO_MODE_MASK(i - 8U);        //清除模式位
                reg |= GPIO_MODE_SET(i - 8U, temp_mode);    //设置模式位
                GPIO_CTL1(gpio_periph) = reg;          //写入 GPIO_CTL1
        }
      }
    }
```

③ 控制 LED 例程。

首先使能 GPIOC 的时钟，然后将控制 LED1 和 LED2 的 GPIOC 端口 PC0 和 PC2 设置成输出模式，最后将 PC0 和 PC2 置为高，点亮 LED1 和 LED2。

```
void led_On(void)
{
    rcu_periph_clock_enable(RCU_GPIOC);                //使能 GPIOC 时钟
    gpio_init(GPIOC,GPIO_MODE_OUT_PP,GPIO_OSPEED_50MHZ,GPIO_PIN_0 | GPIO_PIN_2);
                                                       //设置输出引脚
    gpio_bit_set(GPIOC, GPIO_PIN_0 | GPIO_PIN_2);      //打开 LED1 和 LED2
}
```

6.5 GD32VF103 串口

通用异步收发传输器（Universal Asynchronous Receiver/Transmitter，UART），通常称为串口，用于异步串行通信，支持全双工数据传输。在嵌入式系统中，UART 常用于主机系统与外部设备之间的通信。GD32VF103 集成了 5 个通用同步/异步收发器（Universal Synchronous/Asynchronous Receiver/Transmitter，USART）USART0～USART4，可以将 USART 设置成 UART，兼容标准的串口通信协议。

6.5.1 UART 原理

UART 实现 1 位接 1 位的串行数据传输。为了保证数据正确传输，数据发送和接收双方需要约定数据格式和传输速率（波特率）。UART 数据帧的格式包括起始位、数据位、校验位和停止位。如图 6.8 所示为一个典型的 UART 数据帧，包括 1 位起始位、8 位数据位 bit0～bit7、1 位校验位和 1 位停止位，可设置数据位数和停止位的宽度，选择校验位。在 UART 传输数据帧的过程中，先传输最低位 LSB，由低位到

高位,最后是高位 MSB。

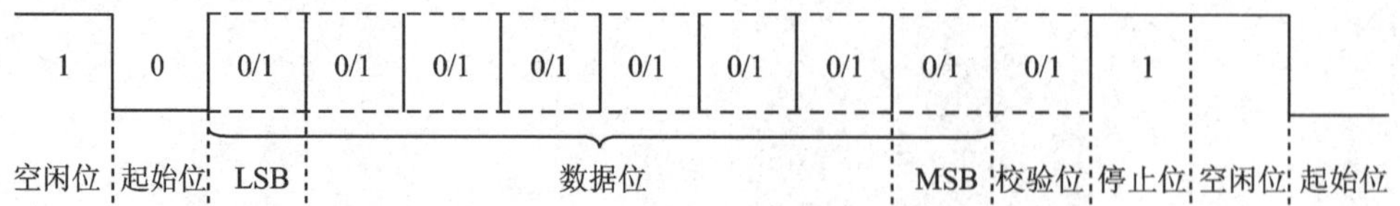

图 6.8 UART 数据帧结构

UART 控制器通常包括控制寄存器、状态寄存器、输出缓冲寄存器、输出移位寄存器、输入移位寄存器和输入缓冲寄存器等。

在程序中,通过控制寄存器设置传输方式和数据格式,通过状态寄存器获取数据传输和接收的状态。例如,输入缓冲区是否有数据,输出传输是否结束等。

CPU 将需要传输的并行数据写入输出缓冲寄存器,等待输出移位寄存器发送。

输出移位寄存器读取输出缓冲寄存器中的并行数据,将并行数据转换为串行数据,发送到 UART 的传输线上。

输入移位寄存器接收串口输入线上的串行数据,将串行数据转换成并行数据,并写入输入缓冲寄存器。

CPU 读取输入缓冲寄存器,获取 UART 接收的数据。

为了减轻处理器的负担,常使用 DMA 控制器直接访问串口的缓冲寄存器或 FIFO,以 DMA 方式实现串口与内存之间的数据交换。

6.5.2 GD32VF103 USART

GD32VF103 USART 支持异步、全双工通信和半双工通信,波特率可编程,支持偶数、奇数校验位或无校验位,支持 8 位和 9 位数据字长度,支持 0.5 位、1 位和 1.5 位 3 种宽度停止位,支持硬件流控制协议(CTS/RTS),支持 DMA 数据传输。

GD32VF103 的 5 个 USART 控制器的寄存器组映射到内存的基地址如下:

① USART0:0x4001 3800;

② USART1:0x4000 4400;

③ USART2:0x4000 4800;

④ USART3:0x4000 4C00;

⑤ USART4:0x4000 5000。

USART 控制器的主要寄存器偏移地址如表 6.8 所列。

表 6.8 USART 控制器主要寄存器列表

名 称	地址偏移	初始值	功 能
状态寄存器 USART_STAT	0x00	0x0000 00C0	bit[9:0]状态位

续表 6.8

名　称	地址偏移	初始值	功　能
数据寄存器 USART_DATA	0x04	0xXXXX XXXX	bit[8:0]发送和接收数据
波特率设置 USART_BAUD	0x08	0x0000 0000	bit[15:0]分频参数
控制寄存器 USART_CTL0	0x0c	0xXXXX 0000	bit[13:0],bit[13] USART 使能
控制寄存器 1 USART_CTL1	0x10	0x0000 0000	bit[14:0],bit[13:12]停止位设置
控制寄存器 2 USART_CTL2	0x14	0x0000 0000	位清 0 寄存器 CR[15:0]

6.5.3　USART 数据通信

利用 GD32VF103 USART 发送和接收数据。

设置 USART0 串口属性,利用 USART0 发送和接收数据。

1. 数据结构

串口数据属性 uart_param,包括波特率 baudrate、数据长度 bytesize、校验位 parity 和停止位 stopbit。

```
typedef struct {
    uint32_t baudrate;                  //波特率
    uint32_t bytesize;                  //字长:8 或 9 位
    uint32_t parity;                    //校验位, 0:无;1:奇(odd);2:偶(even)
    uint32_t stopbit;                   //停止位,0:1 bit;1:0.5 bit;2:2 bit;3:1.5 bit
}uart_param;
```

2. 函　数

① 设置串口, 设置 usart_periph 的传输数据属性 com。

```
void usart_config(uint32_t usart_periph,usart_para * com)
{   //设置波特率
    uint32_t uclk = 0U, intdiv = 0U, fradiv = 0U, udiv = 0U;
    if(usart_periph == USART0)
        uclk = rcu_clock_freq_get(CK_APB2);             //读取 APB2 总线时钟频率
    else
        uclk = rcu_clock_freq_get(CK_APB1);             //读取 APB1 总线时钟频率
```

```
    /* 设置波特率 */
    udiv = (uclk + com->baudrate/2U)/com->baudrate;
    intdiv = udiv & (0x0000fff0U);
    fradiv = udiv & (0x0000000fU);
    USART_BAUD(usart_periph) = ((USART_BAUD_FRADIV | USART_BAUD_INTDIV) &
    (intdiv | fradiv));
    USART_CTL0(usart_periph) &= ~(USART_CTL0_PM | USART_CTL0_PCEN);
    USART_CTL0(usart_periph) |= com->parity ;          //设置校验位
    USART_CTL0(usart_periph) &= ~USART_CTL0_WL;
    USART_CTL0(usart_periph) |= com->bytesize;          //设置传输字长
    USART_CTL1(usart_periph) &= ~USART_CTL1_STB;
    USART_CTL1(usart_periph) |= com->stopbit;           //设置停止位
}
```

② 发送数据，将待发送的数据 data 写入 usart_periph 数据寄存器 USART_DATA。

```
void usart_data_transmit(uint32_t usart_periph, uint32_t data)
{
    USART_DATA(usart_periph) = USART_DATA_DATA & data;  //写 USART_DATA 寄存器
}
```

③ 接收数据，从 usart_periph 的数据寄存器 USART_DATA 读取收到的数据。

```
uint16_t usart_data_receive(uint32_t usart_periph)
{
    return (uint16_t)(GET_BITS(USART_DATA(usart_periph), 0U, 8U));
                                                //读取数据寄存器的低 8 位
}
```

④ 发送控制，设置 usart_periph USART_CTL0 寄存器中的 TEN 位，启动或关闭数据发送。

```
void usart_transmit_ctl(uint32_t usart_periph, uint32_t ten)
{
    uint32_t ctl = 0U;
    ctl = USART_CTL0(usart_periph);
    ctl &= ~USART_CTL0_TEN;
    ctl |= ten;
    USART_CTL0(usart_periph) = ctl;     //更新 TEN 位，1：使能；0：关闭
}
```

⑤ 接收控制,设置 usart_periph USART_CTL0 寄存器中的 REN 位,启动或关闭数据接收。

```
void usart_receive_ctl(uint32_t usart_periph, uint32_t ren)
{
    uint32_t ctl = 0U;
    ctl = USART_CTL0(usart_periph);
    ctl &= ~USART_CTL0_REN;
    ctl |= ren;
    USART_CTL0(usart_periph) = ctl;     //更新 REN 位,1:使能;0:关闭
}
```

⑥ 打开/关闭串口,设置 usart_periph USART_CTL0 寄存器中的 UEN 位,打开或关闭串口。

```
void usart_enable(uint32_t usart_periph)
{
    USART_CTL0(usart_periph) |= USART_CTL0_UEN;        //UEN = 1
}
void usart_disable(uint32_t usart_periph)
{
    USART_CTL0(usart_periph) &= ~(USART_CTL0_UEN);  //UEN = 0
}
```

⑦ 获取串口状态,读取 usart_periph 的选定状态位的值,判断串口的状态。例如,判断是否接收到数据,或者发送过程是否完成。

```
FlagStatus usart_flag_get(uint32_t usart_periph, usart_flag_enum flag)
{
    if(RESET != (USART_REG_VAL(usart_periph, flag) & BIT(USART_BIT_POS(flag)))){
        return SET;
    }else{
        return RESET;
    }
}
```

3. 发送和接收

(1) 发送数据步骤

① 使能串口时钟,设置串口引脚;

② 选择串口通信接口,设置传输数据格式;

③ 设置 USART_CTL0 的 TEN 位,打开数据传输功能;

④ 设置 USART_ CTL0 中的 UEN 位,启动 USART;

⑤ 等待 TBE 状态,检查发送缓冲寄存器是否为空;

⑥ 将数据写入 USAR_DATA 数据寄存器,写入数据自动清除 TBE 位;

⑦ 等待 TC=1 完成。

(2) 接收数据步骤

① 使能串口时钟,设置串口引脚;

② 选择串口通信接口,设置传输数据格式;

③ 设置 USART_CTL0 中的 REN 位,打开接收传输功能;

④ 设置 USART_ CTL0 中的 UEN 位,启动 USART;

⑤ 等待 RBE 状态,检查接收缓冲寄存器是否有数据;

⑥ 读取数据。

```
void main(void)
{
    usart_param  com;
    char outdata[] = {1,2,3,4,5,6};
    uint32_t i;
    com.baudrate = 115200;                                    //波特率
    com.bytesize = USART_WL_8BIT;                             //8 位数据
    com.stopbit = USART_STB_1BIT;                             //1 位停止
    com.parity = USART_PM_NONE;                               //无校验
    rcu_periph_clock_enable(COM_GPIO_CLK[USART0]);            //打开 USART0 时钟
    /*设置串口引脚*/
    gpio_init(COM_GPIO_PORT[USART0], GPIO_MODE_AF_PP, GPIO_OSPEED_50MHZ,
    COM_TX_PIN[USART0]);
    gpio_init(COM_GPIO_PORT[USART0], GPIO_MODE_AF_PP, GPIO_OSPEED_50MHZ,
    COM_RX_PIN[USART0]);
    usart_config(USART0,&com);                                //数据格式
    usart_transmit_ctl(USART0, USART_TRANSMIT_ENABLE);        //打开传输
    usart_receive_ctl(USART0, USART_RECEIVE_ENABLE);          //打开接收
    usart_enable(USART0);                                     //使能串口
    /*连续发送数据*/
    While(RESET != usart_flag_get(USART0, USART_INT_FLAG_TC)); //当前传输是否完成
    for(i = 0;i<6;i++)
    {
        usart_data_transmit(USART0, data[i]);                 //发送一个字节
        while(RESET != usart_flag_get(USART0, USART_INT_FLAG_TBE));
                                                               //发送缓冲是否为空
    }
    While(RESET != usart_flag_get(USART0, USART_INT_FLAG_TC));
```

```
    /*连续接收数据*/
    for(i=0;i<6;i++)
    {
        while(RESET != usart_flag_get(USART0, USART_INT_FLAG_TBNE));
                                                        //接收缓冲是否有数据
        usart_data_receive(USART0, &data[i]);           //读取收到的数据
    }
}
```

6.6　GD32VF103 I²C 总线

I²C 是一种双线串行通信协议，用于微控制器与外部 I²C 接口设备之间的数据传输。GD32VF103 集成 I²C 主控制器，能够访问外部 EEPROM 等 I²C 接口设备。

6.6.1　I²C 总线协议

I²C 总线包括数据线 SDA 和时钟线 SCL 两根连线。SDA 和 SCL 连接在主设备与从设备之间，实现双向数据传输。

器件 SDA 端是 OC 或 OD 门，与其他任意数量的 OD 或 OC 门连接形成"与"关系，SDA 和 SCL 通过上拉电阻连接到电源的正端。

连接在 I²C 总线上的设备分为主设备和从设备。主设备驱动时钟线 SCL，并发起访问从设备的过程。I²C 总线上同一时刻只能有一个主控设备，但可以有多个从设备。从设备用独立的 ID 码标识。

I²C 协议的主要内容如下：

1. 数据有效

如图 6.9 所示，SDA 线上的数据必须在时钟 SCL 为高的期间保持稳定。数据线的状态只能在 SCL 线上的时钟信号为低时改变。在图 6.9 中，灰色区域 SCL 为低，SDA 数据无效。

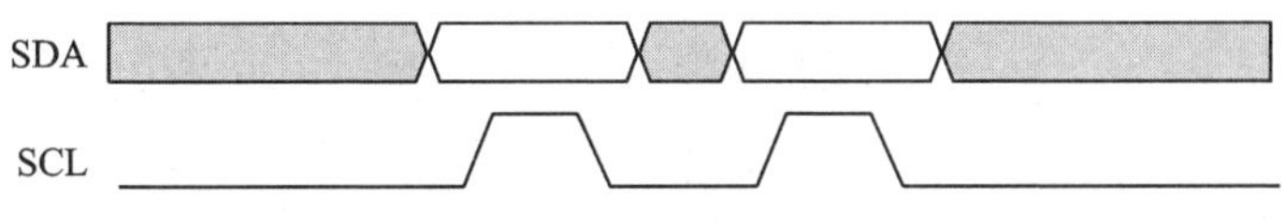

图 6.9　数据有效说明

2. 启动 START 和停止 STOP 状态

I²C 总线的 SDA 和 SCL 两条信号线同时处于高电平时，称为总线的空闲状态。

I²C 所有的传输过程都以 START 开始，以 STOP 结束。如图 6.10 所示为 I²C

传输过程启动和停止条件。当 SCL 为高时，SDA 从高到低转换，启动传输。当 SCL 为高时，SDA 从低到高转换，停止传输过程。

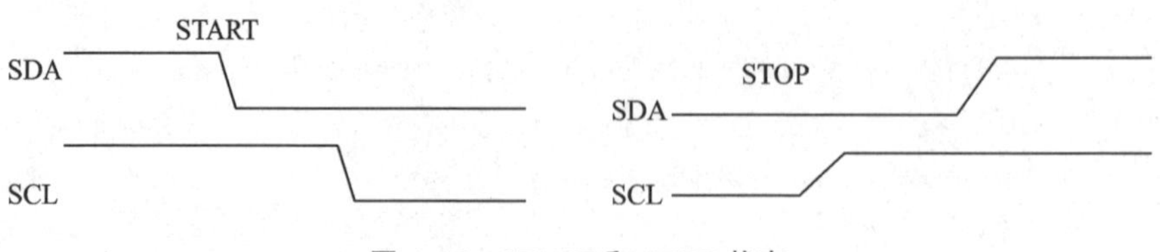

图 6.10 START 和 STOP 状态

3. 应答 ACK

发送器每发送一个字节，在第 9 个时钟脉冲释放数据线，接收器反馈一个应答信号。低电平为有效应答位(ACK)，表示接收器已经成功接收了该字节。高电平为非应答位(NACK)，一般表示接收器接收该字节失败。如图 6.11 所示，有效应答 ACK 是接收器在第 9 个时钟脉冲之前的低电平期间将 SDA 线拉低，并且确保在该时钟的高电平期间为稳定的低电平。

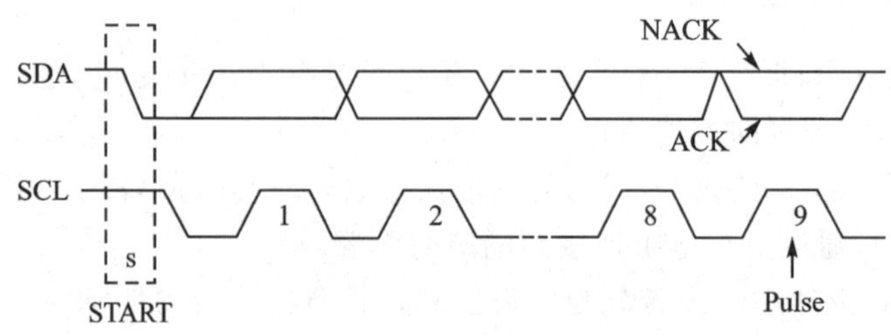

图 6.11 ACK 和 NACK 信号

4. 数据传输

主设备发起数据传输过程，I^2C 主控器发送从设备 ID 和读/写控制位，从设备读取 I^2C 总线上的数据。从设备接收成功后，将字节数据中的 ID 与其自身 ID 进行比较。两个 ID 成功匹配后，从设备向 I^2C 总线发送 ACK，并根据收到的命令位，发送或接收数据。在图 6.12 中，主设备与 7 位 ID 的从设备之间成功传输 $N+1$ 个字节的数据。

当读/写控制位为“1”时，主控制器读操作，从设备向主设备发送数据，主设备应答。当读/写控制位为“0”时，主控制器向从设备写入数据，从设备应答。数据传输完成后，主设备发出停止条件。

为了便于区分，图 6.12 用深灰色背景表示主设备的操作，用浅灰色背景表示从设备的操作。

在 SDA 总线上传输一个字节数据时，先传输高位 MSB，由高到低，最后是 LSB。

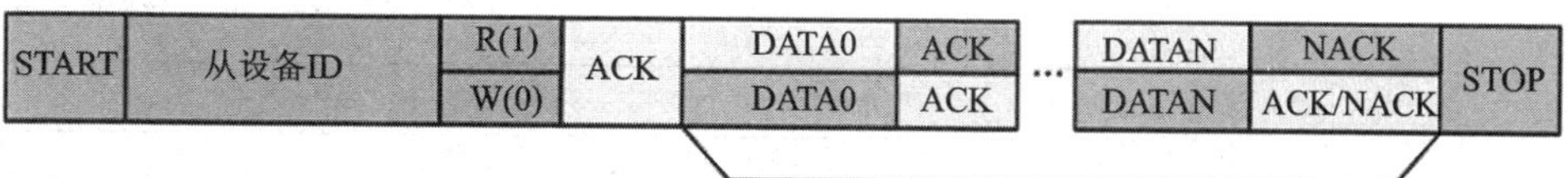

图 6.12　数据传输过程

6.6.2　GD32VF103 I²C 接口

GD32VF103 集成两个 I²C 接口，I2C0 和 I2C1。每个 I²C 接口都支持主设备和从设备之间的双向数据传输，支持 7 位和 10 位从设备寻址，支持标准模式(100 kHz)、快速模式(400 kHz)和增强快速模式(1 MHz)数据传输，支持 DMA 传输和中断。

GD32VF103 通过映射到内存地址空间的寄存器设置 I²C 属性，传输和接收数据。GD32VF103 I²C 控制器的寄存器组映射基地址如下：

① I2C0：0x4000 5400；

② I2C1：0x4000 5800。

1. 寄存器

I²C 控制器寄存器偏移地址列表如表 6.9 所列。

表 6.9　I²C 控制器寄存器偏移地址列表

名　称	地址偏移	初始值	说　明
控制寄存器 0 I2C_CTL0	0x00	0x0000	bit[15]：复位状态； bit[11]：ACK 位置； bit[10]：ACK 使能； bit[9]：START； bit[8]：STOP； bit[1]：模式； bit[0]：I²C 使能
控制寄存器 1 I2C_CTL1	0x04	0x0000	bit[5：0]：I²C 时钟
从设备 ID0 I2C_SADDR0	0x08	0x0000	bit[15]：ID 模式，其中， 0：7 位； 1：10 位。 bit[9：0]：10 位 ID。其中，bit[7：1]是 7 位 ID
从设备 ID1 I2C_SADDR1	0x0c	0x0000	bit[7：1]：第二 ID； bit[0]：双 ID 模式使能

续表 6.9

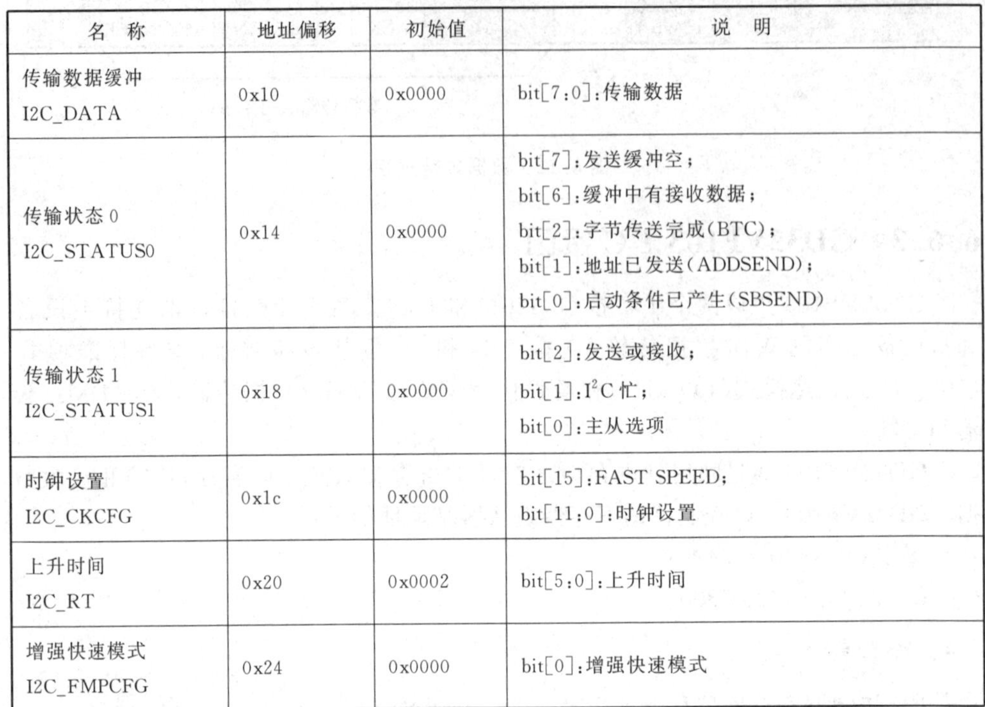

名　称	地址偏移	初始值	说　明
传输数据缓冲 I2C_DATA	0x10	0x0000	bit[7:0]:传输数据
传输状态 0 I2C_STATUS0	0x14	0x0000	bit[7]:发送缓冲空; bit[6]:缓冲中有接收数据; bit[2]:字节传送完成(BTC); bit[1]:地址已发送(ADDSEND); bit[0]:启动条件已产生(SBSEND)
传输状态 1 I2C_STATUS1	0x18	0x0000	bit[2]:发送或接收; bit[1]:I^2C 忙; bit[0]:主从选项
时钟设置 I2C_CKCFG	0x1c	0x0000	bit[15]:FAST SPEED; bit[11:0]:时钟设置
上升时间 I2C_RT	0x20	0x0002	bit[5:0]:上升时间
增强快速模式 I2C_FMPCFG	0x24	0x0000	bit[0]:增强快速模式

2. 发送和接收数据

GD32VF103 I^2C 控制器支持主设备发送(Master Transmitter)、主设备接收(Master Receiver)、从设备发送(Slave Transmitter)和从设备接收(Slave Receiver)4 种模式。主设备发送和接收是最常用的 2 种模式。

(1) 主设备发送数据

主设备发送数据的过程可分为以下 6 个阶段:

① 设置时钟并使能 I^2C 时钟,将从设备 ID 写入 I2C_ADDRESS0;

② 将 I2C_CTL0 中 START 位置"1",发起 I^2C 总线 START 状态,I^2C 控制器进入主设备模式。完成 START 后,硬件将 I2C_STATUS0 中 SBSEND 置"1"。

③ 读取 I2C_STATUS0,清零 SBSEND。一旦清除 SBSEND 位,I^2C 主设备就开始向 I^2C 总线发送地址和写命令。硬件将 I2C_STATUS0 中 ADDSEND 位置"1"。

④ 先读取 I2C_STATUS0,再读取 I2C_STATUS1,清除 ADDSEND 位。

⑤ 将第一个字节数据写入 I2C_DATA,一旦移位寄存器中有数据,I^2C 主设备就开始向 I^2C 总线传输数据。在当前字节传输过程中,将下一个需要发送的字节写入 I2C_DATA。当 I2C_DATA 和移位寄存器中都有数据时,TBE=0,主设备进入等待状态。当 TBE=1 时,可以向 I2C_DATA 写入数据。

⑥ 发送最后一个字节后，将 I2C_CTL0 中 STOP 置“1”，产生停止状态。I^2C 主控制器在发送停止条件后清除 TBE 和 BTC 标志。

如图 6.13(a)所示为 I^2C 主设备发送数据的程序流程。

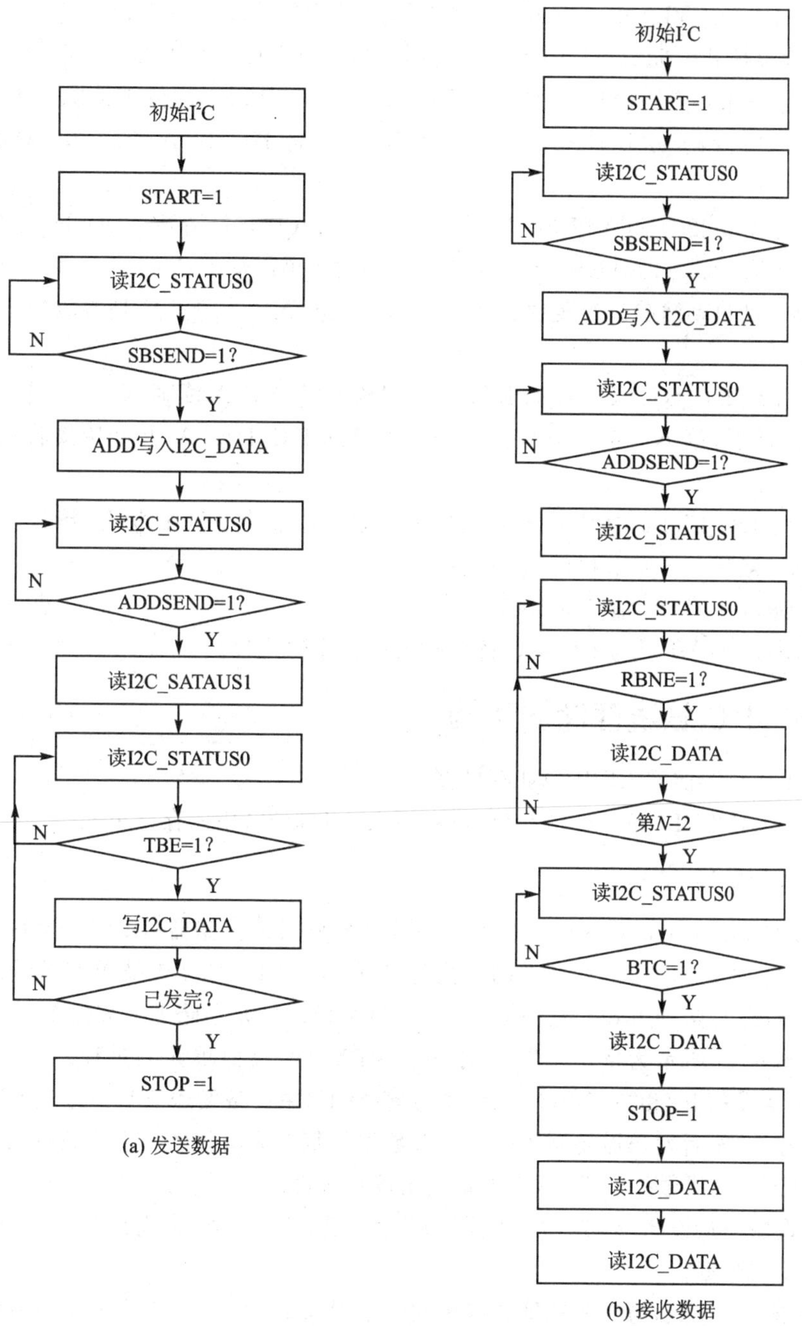

图 6.13　主控制器数据传输过程

(2) 主设备接收数据

主设备接收数据过程可分为以下 8 个阶段：

① 设置时钟寄存器，使能 I^2C 外设时钟，将从设备 ID 写入 I2C_ADDRESS0。

② 将 I2C_CTL0 中 START 位置"1"，发起 I^2C 总线 START 状态，I^2C 控制器进入主控器模式。完成 START 后，硬件将 I2C_STATUS0 中 SBSEND 置"1"。

③ 读取 I2C_STATUS0，清零 SBSEND。一旦 SBSEND 位被清除，I^2C 主控制器就向 I^2C 总线发送地址和写命令。然后，硬件将 I2C_STATUS0 中 ADDSEND 置"1"。

④ 先读取 I2C_STATUS0，然后读取 I2C_STATUS1，清除 ADDSEND 位。

⑤ 如果 I2C_STATUS0 中 RBNE=1，则程序可以从 I2C_DATA 读取第一个字节，RBNE 被自动清除。重复执行第 4 步和第 5 步 $N-3$ 次。N 是接收数据的总字节数。

⑥ 如果 I2C_STATUS0 的 BTC=1，则从 I2C_DATA 读第 $N-2$ 字节，BTC 自动清零。此后，第 $N-1$ 字节从移位寄存器移到 I2C_DATA，并开始接收最后一个字节。

⑦ 将 I2C_CTL0 中 STOP 位置"1"，发起 I^2C 总线 STOP 状态，读第 $N-1$ 字节。此后，最后一个字节移到 I2C_DATA。

⑧ 读第 N 字节，清除 RBNE。

如图 6.3(b)所示为 I^2C 主设备接收数据程序的流程。

6.6.3 I^2C 总线存储器访问

用 I^2C 总线访问 EEPROM 存储器。

使用 GD32VF103 I2C0 接口读取和写入 AT24C02 中的存储单元。

1. AT24C02 介绍

AT24C02 是 I^2C 总线接口的电可擦除可编程只读存储器(EEPROM)。主设备通过 I^2C 总线访问 AT24C02 中的数据存储单元。AT24C02 支持单字节读/写和连续多字节读/写两种方式。在 AT24C02 中每个地址单元存储 1 字节数据。

如图 6.14 所示为将 1 字节数据写入 AT24C02 存储单元的过程。主设备启动后，发送从设备 ID 和"写"命令，从设备应答 ACK，主设备发送 AT24C02 内部存储字节单元地址，然后发送需要写入的 1 字节数据。每次成功收到 1 字节数据后，从设备应答 ACK。完成数据发送后，主设备发出停止条件。

主设备向从设备 AT24C02 发送"读"命令后，AT24C02 向总线发送当前地址单元的 1 字节数据。

如图 6.15 所示为当前地址读取模式。主设备启动后，先发送从设备 ID 和"读"命令，从设备应答 ACK，向主设备发送从当前地址单元的数据，当前地址值自动增

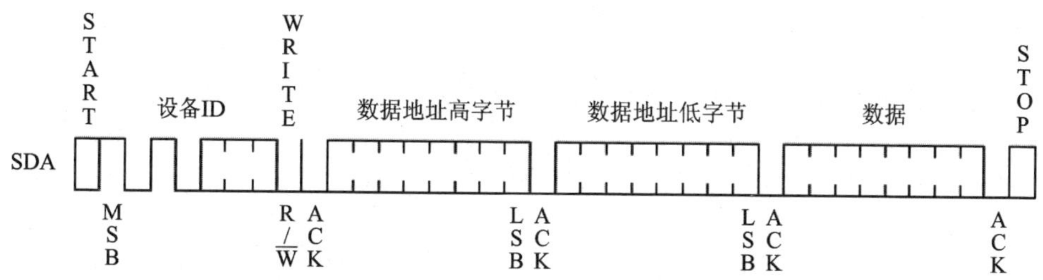

图 6.14　向 AT24C02 写入 1 字节数据的过程

1。主设备收到数据后，如果发出 ACK 应答，则从设备接着发送新地址中的 1 字节数据，当前地址值再次自动增 1；如果主设备发出 NACK 和停止条件，则数据读取过程结束。

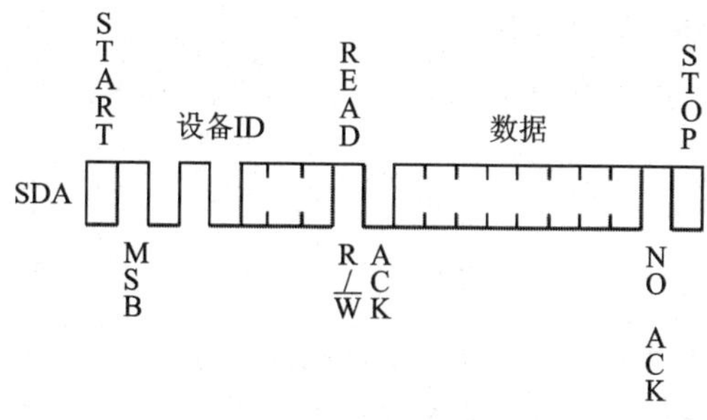

图 6.15　当前地址读取模式

当前地址指上次读/写后 AT24C02 内部保存的存储单元地址。

如果需要将数据写入 AT24C02 中连续的存储单元，则主设备只需要写入从设备中存储单元的首地址，然后连续写入数据，AT24C02 自动增加片内地址。

如果需要读取 AT24C02 任意存储单元的数据，则主设备先执行写操作，写入存储单元地址，然后向从设备发送停止条件，最后从 AT24C02 的当前地址读取数据。

2. 函　数

① 开启 I^2C，设置 I^2C 控制器 i2c_periph 的寄存器 I2C_CTL0 的 I2CEN 位，使能 I^2C 控制器。

```
void i2c_enable(uint32_t i2c_periph)
{
    I2C_CTL0(i2c_periph) |= I2C_CTL0_I2CEN;          //使能 I²C
}
```

② START 和 STOP，设置 i2c_periph 寄存器 I2C_CTL0 的 START 和 STOP 位，I^2C 控制器向总线发送 START 和 STOP 状态。

```
void i2c_start_on_bus(uint32_t i2c_periph)
{
    I2C_CTL0(i2c_periph) |= I2C_CTL0_START;          //START 状态
}
void i2c_stop_on_bus(uint32_t i2c_periph)
{
    I2C_CTL0(i2c_periph) |= I2C_CTL0_STOP;           //STOP 状态
}
```

③ 使能 ACK 应答，设置 I^2C 控制器 i2c_periph 的寄存器 I2C_CTL0 的 ACKEN 位，I^2C 控制器能够产生 ACK。

```
void i2c_ack_config(uint32_t i2c_periph, uint32_t ack)
{
    if (I2C_ACK_ENABLE == ack) {
        I2C_CTL0(i2c_periph) |= I2C_CTL0_ACKEN;          //使能
    } else {
        I2C_CTL0(i2c_periph) &= ~(I2C_CTL0_ACKEN);       //关闭使能
    }
}
```

④ 写入从设备 ID，将从设备 ID addr 和读/写方向 trandirection 位构成的 1 字节数据写入 I^2C 控制器 i2c_periph 的寄存器 I2C_DATA，发送到 I^2C 总线上。

```
void i2c_master_addressing(uint32_t i2c_periph, uint32_t addr,uint32_t trandirection)
{
    if (I2C_TRANSMITTER == trandirection) {           //发送?
        addr = addr & I2C_TRANSMITTER;                 //写模式,bit0 = 0
    } else {
        addr = addr | I2C_RECEIVER;                    //读模式,bit0 = 1
    }
    I2C_DATA(i2c_periph) = addr;                       //写入地址和方向
}
```

⑤ 读取 I^2C 状态，读取 I^2C 控制器 i2c_periph 的寄存器 I2C_CTL0 或 I2C_CTL1 中选择状态位 flag，并返回。

```
FlagStatus i2c_flag_get(uint32_t i2c_periph, i2c_flag_enum flag)
{if (RESET != (I2C_REG_VAL(i2c_periph, flag) & BIT(I2C_BIT_POS(flag)))) {
                                 //读寄存器
        return SET;              //返回 1
    } else {
        return RESET;            //返回 0
    }
}
```

⑥ 发送和接收数据，写入或读取 I^2C 控制器 i2c_periph 的数据寄存器 I2C_DATA，向 I^2C 总线发送或获取 I^2C 总线数据。

```
void i2c_data_transmit(uint32_t i2c_periph, uint8_t data)
{
    I2C_DATA(i2c_periph) = DATA_TRANS(data);          //写入数据，低 8 位
}
uint8_t i2c_data_receive(uint32_t i2c_periph)
{
    return (uint8_t) DATA_RECV(I2C_DATA(i2c_periph)); //读取数据，低 8 位
}
```

3. 读/写 AT24C02

GD32VF103 的 I^2C 控制器是主设备，AT24C02 是从设备。I^2C 控制器发起访问 AT24C02 的操作请求 。在读/写 AT24C02 之前，需要设置 I2C0 的功能引脚，并初始化 I2C0 控制器。

① 初始化 I2C0 控制器，将 I/O 引脚设置为 I^2C 功能，使能 I/O 和 I2C0 时钟，使能 I2C0 应答 ACK。

```
void I2C_init(void)
{/* 初始化 I2C0 引脚 */
    rcu_periph_clock_enable(RCU_GPIOB);                     //使能 GPIOB 时钟
    gpio_init(GPIOB, GPIO_MODE_AF_OD, GPIO_OSPEED_50MHZ, GPIO_PIN_6 | GPIO_PIN_7);
                                                            //设置引脚
/* 初始化 I2C0 控制器 */
    rcu_periph_clock_enable(RCU_I2C0);                      //使能 I2C0 时钟
    i2c_clock_config(I2C0,I2C0_SPEED,I2C_DTCY_2);           //设置 I2C0 时钟频率
    i2c_ack_config(I2C0,I2C_ACK_ENABLE);                    //使能 I2C ACK 应答
}
```

② 写数据，将 1 字节数据 * p_buffer 写入 AT24C02 地址为 write_address 的存储单元。

```
uint_16 eeprom_address = 0xA0;                              //AT24C02 设备 ID
void eeprom_byte_write(uint8_t * p_buffer, uint8_t write_address)
{
        while(i2c_flag_get(I2C0, I2C_FLAG_I2CBSY));         //等待总线空闲
        i2c_start_on_bus(I2C0);                             //START = 1
    while(! i2c_flag_get(I2C0, I2C_FLAG_SBSEND));           //等待 START 发送完成
    i2c_master_addressing(I2C0, eeprom_address, I2C_TRANSMITTER);
                                                            //发送 AT24C02 ID 和写命令
    while(! i2c_flag_get(I2C0, I2C_FLAG_ADDSEND));          //等待 ID 发送完成
```

```
        i2c_flag_clear(I2C0,I2C_FLAG_ADDSEND);              //清除 ADDSEND
        while(SET != i2c_flag_get(I2C0, I2C_FLAG_TBE));     //等待发送缓冲空
        i2c_data_transmit(I2C0, write_address);            //发送 AT24C02 存储单元地址
        while(!i2c_flag_get(I2C0, I2C_FLAG_BTC));           //等待传输完成
    i2c_data_transmit(I2C0, *p_buffer);                     //发送待写入数据
        while(!i2c_flag_get(I2C0, I2C_FLAG_BTC));           //等待传输完成
    i2c_stop_on_bus(I2C0);                                  //STOP = 1
    while(I2C_CTL0(I2C0)&0x0200);                           //等待 STOP 发送完成
}
```

③ 读数据，从 AT24C02 中地址为 write_address 的存储单元读取 1 字节，存入内存 p_buffer 中。如果读取地址连续的多字节数据，则只需写入第一个字节地址，然后连续读取。

```
void eeprom_byte_read(uint8_t * p_buffer, uint8_t write_address)
{
    while(i2c_flag_get(I2C0, I2C_FLAG_I2CBSY));             //等待 I2C0 总线空闲
        i2c_start_on_bus(I2C0);                             //START = 1
    while(!i2c_flag_get(I2C0, I2C_FLAG_SBSEND));            //等待 START 发送完成
        i2c_master_addressing(I2C0, eeprom_address, I2C_TRANSMITTER);
                                                            //发送从设备 ID 和写命令
        while(!i2c_flag_get(I2C0, I2C_FLAG_ADDSEND));       //等待发送完成
        i2c_flag_clear(I2C0,I2C_FLAG_ADDSEND);              //清零 ADDSEND
        while(SET != i2c_flag_get( I2C0, I2C_FLAG_TBE));    //等待发送缓存空
        i2c_data_transmit(I2C0, read_address);              //发送 AT24C02 存储地址
        while(!i2c_flag_get(I2C0, I2C_FLAG_BTC));           //等待发送完成
        i2c_start_on_bus(I2C0);                             //START = 1
        while(!i2c_flag_get(I2C0, I2C_FLAG_SBSEND));        //等待 SATRT 发送完成
        i2c_master_addressing(I2C0, eeprom_address, I2C_RECEIVER);
                                                            //发送 ID 和读命令
        i2c_ack_config(I2C0,I2C_ACK_DISABLE);               //发送 NACK
        while(!i2c_flag_get(I2C0, I2C_FLAG_ADDSEND));       //等待发送完成
        i2c_flag_clear(I2C0,I2C_FLAG_ADDSEND);              //清零 ADDSEND
        i2c_stop_on_bus(I2C0);                              //STOP = 1
        if(i2c_flag_get(I2C0, I2C_FLAG_RBNE))               //缓冲内有数据?
            *p_buffer = i2c_data_receive(I2C0);             //读取数据
        while(I2C_CTL0(I2C0)&0x0200);                       //等待 STOP 发送完成
        i2c_ack_config(I2C0,I2C_ACK_ENABLE);                //使能 I2C0 ACK
}
```

6.7　本章小结

本章介绍了 GD32VF103 的结构和特点，详细列出了 GD23VF103 各功能单元在内存空间的映射地址，分析了处理器集成外设的应用特点。最后，详细讨论了 GD23VF103 内部定时器、GPIO、USART 和 I^2C 的原理和应用程序开发方法，并给出示例程序。

第7章

GD32VF103 中断系统及应用

使用中断能够提高CPU的工作效率，保证系统的实时响应能力。在程序中应用中断是嵌入式系统软件开发的重点和难点。本章将介绍GD32VF103V-EVAL开发板上典型的中断应用案例，详细分析中断应用程序和中断服务程序的开发过程和方法。

7.1 GD32VF103V-EVAL

GD32VF103V-EVAL评估板使用GD32VF103VBT6作为主控制器，支持常用的外围设备，提供了一个RISC-V处理器多功能应用程序开发平台。

如图7.1所示，GD32VF103V-EVAL通过处理器引脚，在板上扩展了LCD和LED显示、触摸屏TP、按键Key、EEPROM芯片AT24C02、Flash ROM芯片GD25Q16、音频接口芯片CS4344、RS-232接口芯片MAX232C和CAN接口芯片SN65HVD230等。处理器的BOOT引脚连接到跳线，通过设置可选择处理器的启动模式。Reset引脚连接复位键RST。另外，处理器的USB、JTAG、SWD、ADC和DAC等功能引脚直接连到板上的插接端口，能够连接评估板外部的设备。

在评估板内，MAX232C将USART逻辑信号转换成RS-232物理信号；SN65HVD230将CAN0逻辑信号转换成CAN总线物理信号；CS4344连接到处理器I^2S引脚，将处理器发送的数字信号转换成模拟音频信号；GD25Q16和TP连接到处理器SPI总线；AT24C02连接到处理器的I^2C总线；LCD控制器连接到处理器外存储控制器EXMC接口。

GD32VF103支持并响应外部引脚和内部外设的中断请求。

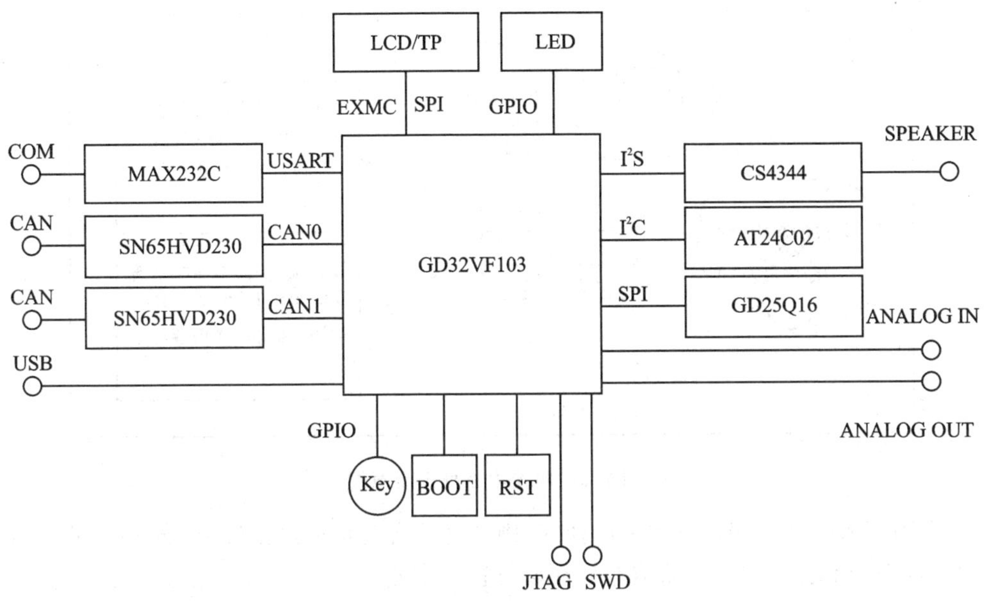

图 7.1　GD32VF103V-EVAL 结构图

7.2　中断处理

本节首先介绍中断的基本概念、微处理器中断处理的过程和方法以及中断服务程序的特点，然后讨论 GD32VF103 处理器的中断处理系统。

7.2.1　中断原理

中断是处理器内核正常执行程序期间，因所收到的来自内部和外部的请求信号和事件而暂停所执行的程序。中断导致处理器暂停当前执行的程序，转而执行中断服务程序(Interrupt Service Routine，ISR)。处理器执行服务程序后，继续运行被中断暂停的程序。通常，微处理器支持多个中断源，每个中断源用唯一的数字标识。

编写中断服务程序，将中断服务程序与中断源关联是开发中断应用程序的关键任务。

中断源与服务程序的关联方式有两种：向量中断处理模式和非向量中断处理模式。

如图 7.2 所示为处理器向量中断处理示意图。其中，中断向量表存放在程序段的起始位置(或其他特定位置)，表中每一个向量存放中断服务程序的入口地址，即中断服务程序第一条指令的指针。中断向量表中每一条向量的宽度与处理器指令长度相同。对于 RISC-V RV32I 处理器，中断向量表中每一条向量的宽度是 4 字节。

中断向量表中每一条向量的偏移地址与特定 ID 的中断源相对应。当中断源 ID

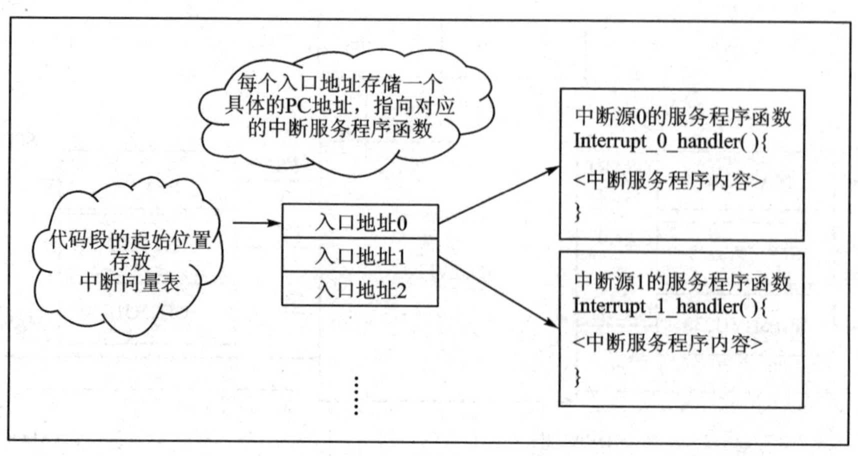
每个入口地址存储一个具体的PC地址，指向对应的中断服务程序函数
代码段的起始位置存放中断向量表
入口地址0
入口地址1
入口地址2
中断源0的服务程序函数
Interrupt_0_handler( ){
<中断服务程序内容>
}
中断源1的服务程序函数
Interrupt_1_handler( ){
<中断服务程序内容>
}

图 7.2　向量中断处理示意图

发起中断请求后，如果已开启中断使能，则处理器自动将程序指针 PC 指向中断向量表中与 ID 相对应的位置，获取存放在该位置的中断服务程序入口地址，进入并执行中断服务程序。

在图 7.3 中，当处理器运行主程序时，ID = 30 的中断源发出中断请求，处理器在完成当前指令执行后，将 PC 直接指向中断向量表中与 ID = 30 中断所对应的位置，获取中断服务程序的入口地址，执行该中断服务程序。

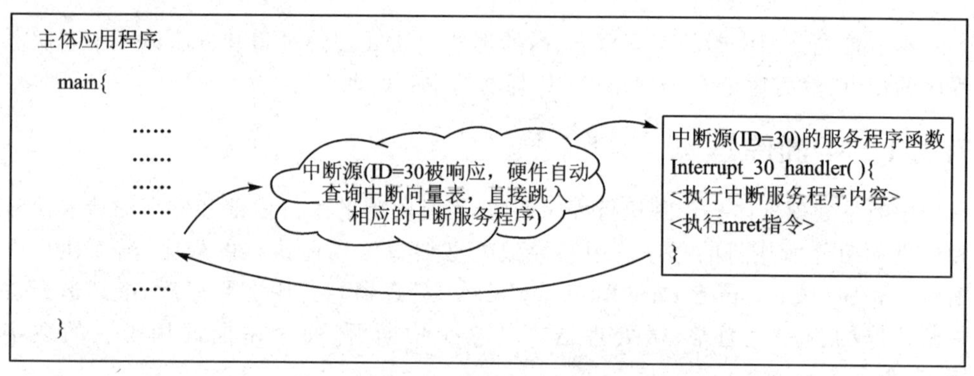
主体应用程序
main{
……
……
……
……
……
}
中断源(ID=30被响应，硬件自动查询中断向量表，直接跳入相应的中断服务程序)
中断源(ID=30)的服务程序函数
Interrupt_30_handler( ){
<执行中断服务程序内容>
<执行mret指令>
}

图 7.3　处理器向量中断响应过程

RISC-V 处理器支持非向量中断处理方式。所有中断发生后，处理器跳到统一的中断服务程序入口(common_entry)。处理器在统一的中断服务程序中检测中断源的 ID，然后根据中断源的 ID 执行相应的操作。如图 7.4 所示，处理器响应中断(ID=30)后进入所有中断统一的服务程序入口。在中断服务程序中，保存上下文，获取中断源的 ID，然后跳转到 ID 对应的中断服务，或者通过特殊指令跳转到中断向量表中保存的中断服务程序的入口地址 Interrupt_30_handler()。

在处理器中，中断控制器管理多个中断源，并为不同中断源设定优先级。处理器

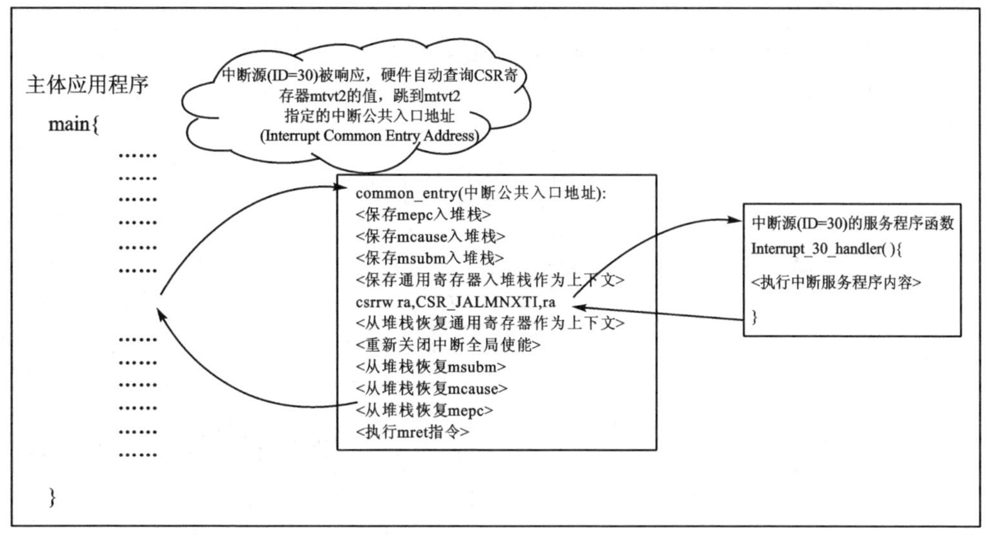
主体应用程序
main{
}
中断源(ID=30)被响应，硬件自动查询CSR寄
存器mtvt2的值，跳到mtvt2
指定的中断公共入口地址
(Interrupt Common Entry Address)
common_entry(中断公共入口地址):
<保存mepc入堆栈>
<保存mcause入堆栈>
<保存msubm入堆栈>
<保存通用寄存器入堆栈作为上下文>
csrrw ra,CSR_JALMNXTI,ra
<从堆栈恢复通用寄存器作为上下文>
<重新关闭中断全局使能>
<从堆栈恢复msubm>
<从堆栈恢复mcause>
<从堆栈恢复mepc>
<执行mret指令>
中断源(ID=30)的服务程序函数
Interrupt_30_handler( ){
<执行中断服务程序内容>
}

图 7.4　非向量中断响应过程

通过使能寄存器打开或屏蔽可屏蔽中断源，通过中断状态寄存器获取中断的请求状态。

中断服务程序与普通函数相似，但有其自身的特点。中断服务程序不需要输入参数和返回值，皆为 void。中断服务程序通过全局变量或其他共享存储方式与主程序交换数据。

通常情况下，中断服务程序包括 3 个部分：保存主程序运行现场、处理中断事务和恢复主程序运行。

7.2.2　GD32VF103 中断系统

GD32VF103 处理器中断和异常处理系统包括 3 个层次：RISC-V 架构异常处理、BumbleBee 内核中断控制模块 ECLIC（或 CLIC），以及 GD32VF103 的外部中断和事件控制器（External Interrupt and Event Interface，EXTI）。

1. EXTI 中断控制器

如图 7.5 所示为 GD32VF103 处理器中断和事件控制器结构，19 个外部中断线 Line0～Line18 和软件触发经过中断屏蔽控制器（Interrupt Mask Control）连接到 BumbleBee 内核的中断控制模块（ECLIC）。

另外，外中断通过事件生成（Event Generate）和事件屏蔽控制（Event Mask Control）连接到处理器的唤醒单元（Wakeup Unit）。

EXTI 可以支持上升沿、下降沿和边缘 3 种触发方式。通过中断和事件屏蔽控制器，可以屏蔽任一外中断和软件中断。

在 19 条外中断源中，16 个来自 GPIO 引脚的外部线路，3 个来自内部模块（包括

LVD 低电压指示、RTC 报警、USB 唤醒)。由于 GD32VF103 处理器的 GPIO 引脚复用,在使用外部中断触发源时,必须首先配置 AFIO_EXTISSx 寄存器,将引脚设置成中断输入引脚。

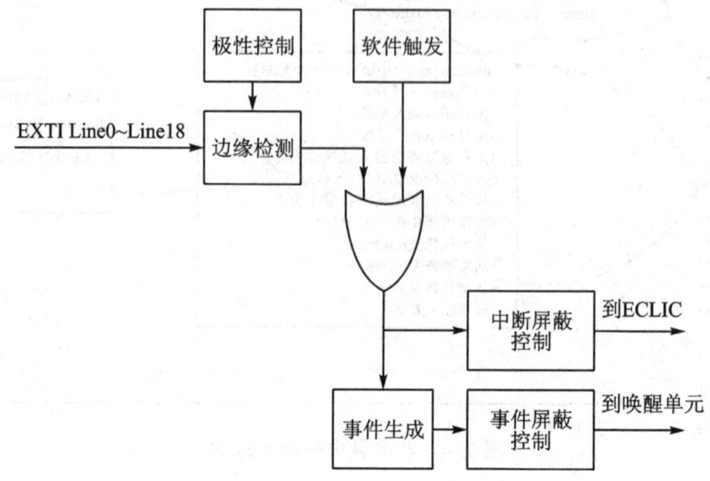

图 7.5　GD32VF103 处理器中断和事件控制器结构

处理器支持中断等待(WFI)、事件等待(WFE)和发送事件(SEV)指令,通过外部中断唤醒处理器和整个系统。

EXTI 寄存器组映射在处理器的内存空间,基地址是 0x4001 0400,寄存器的偏移地址如表 7.1 所列。

表 7.1　GD32VF103 EXTI 寄存器

名　称	地址偏移	初始值	功　能
中断使能 EXTI_INTEN	0x00	0x0000 0000	bit [18:0], INT18:0 使能。 0:关闭;1:使能
事件使能 EXTI_EVEN	0x04	0x0000 0000	bit[18:0], EV18:0 使能。 0:关闭;1:使能
上升沿触发 EXTI_RTEN	0x08	0x0000 0000	bit[18:0], RT18:0 使能。 0:关闭;1:使能
下降沿触发 EXTI_FTEN	0x0c	0x0000 0000	bit[18:0], FT18:0 使能。 0:关闭;1:使能
软中断事件 EXTI_SWIEV	0x10	0x0000 0000	bit[18:0], SWI18:0 使能。 0:关闭;1:使能
中断状态 EXTI_PD	0x14	0x0000 0014	bit[18:0], PD18:0 使能。 0:无触发;1:触发

2. GD32VF103 非向量中断

BumbleBee 内核使用增强内核中断控制器(Enhanced Core Local Interrupt Controller, ECLIC)管理处理器的异常和中断。通过 ECLIC 第 i 个中断的属性寄存器 clicintattr[i]中 shv 域(第 0 位)设置中断响应方式。将 shv 置“1”,选择向量中断响应;将 shv 置“0”,选择非向量中断响应。

RISC-V 内核使用 CSR 寄存器管理异常和中断。

机器模式异常向量寄存器 mtvec 设置中断或异常发生时处理器的入口地址。当 mtvec. MODE = 6’b000011 时,处理器使用“ECLIC 中断模式”;否则使用“默认中断模式”。

mtvt 寄存器用于保存 ECLIC 中断向量表的基地址,此基地址至少为 64 字节对齐。

机器模式寄存器 mtvt2,保存 ECLIC 非向量中断统一服务程序的入口地址。如果 mtvt2 的最低位为 0,则所有非向量中断所共享的服务程序入口地址是 CSR 寄存器 mtvec 的值(忽略最低 2 位的值)。如果 mtvt2 的最低位为 1,则所有非向量中断共享的入口地址是 CSR 寄存器 mtvt2 的值(忽略最低 2 位的值)。为了提高中断请求的响应速度,建议将 mtvt2 的最低位设置为 1,即由 mtvt2 指定统一中断服务程序的入口地址,供所有非向量中断使用。

在进入非向量中断共享的服务程序后,处理器将执行一段共有的指令。

首先,保存主程序现场,将 CSR 寄存器 mepc、mcause、msubm 和需要保存的 RISC-V 通用寄存器存入堆栈,防止新的中断响应覆盖 mepc、mcause 和 msubm 中已保存的值,保证后续中断嵌套能够被正确处理。

然后,执行指令“csrrw ra,CSR_MINTSEL_JAL,ra”,读/写 CSR_MINTSEL_JAL(0x7ed)寄存器,直接跳到中断向量表中该中断服务程序的入口地址,执行与该中断源对应的服务程序。

进入中断服务程序之前,硬件将主程序中当前指令的 PC 值保存到通用寄存器 ra 中,作为函数调用的返回地址。

最后,在中断服务程序中将保存到堆栈中的 CSR 寄存器 mepc、mcause、msubm 和通用寄存器的数值恢复到相应的寄存器中。在恢复寄存器之前,需要关闭全局中断使能,以保证 mepc、mcause、msubm 恢复操作的原子性。

由于处理器内核在响应中断后,硬件自动将 mstatus 寄存器中的 MIE 位清 0,从而无法响应新的中断。因此,如果需要支持中断嵌套,则应在中断服务程序中将 mstatus 寄存器的 MIE 位置为 1,打开中断全局使能。

3. GD32VF103 中断向量

如表 7.2 所列为 GD32VF103 中断向量表。其中,向量 0～2、4～6、8～16 保留。GD32VF103 支持内核定时器中断,支持 USART、I^2C、ADC、DAC、FMC、SPI 和

RTC 等芯片中集成的外设中断，以及 EXIT[0:4]和 EXTI[10:15]共 11 个外中断线。

表 7.2 GD32VF103 中断向量表

向量号	描　述	向量地址
3	CLIC_INT_SFT	0x0000_000C
7	CLIC_INT_TMR	0x0000_001C
17	CLIC_INT_BWEI	0x0000_0044
18	CLIC_INT_PMOVI	0x0000_0048
19	WWDGT interrupt	0x0000_004C
20	LVD from EXTI interrupt	0x0000_0050
21	Tamper interrupt	0x0000_0054
22	RTC global interrupt	0x0000_0058
23	FMC global interrupt	0x0000_005C
24	RCU global interrupt	0x0000_0060
25	EXTI Line0 interrupt	0x0000_0064
30	DMA0 channel0 global interrupt	0x0000_0078
37	ADC0 and ADC1 global interrupt	0x0000_0094
38	CAN0 TX interrupt	0x0000_0098
43	TIMER0 break interrupt	0x0000_00AC
50	I2C0 event interrupt	0x0000_00C8
54	SPI0 global interrupt	0x0000_00D8
56	USART0 global interrupt	0x0000_00E0
86	USBFS global interrupt	0x0000_0158

7.3 按键中断

每次按下键 KEY_B 后，LED 闪烁一次。

在图 7.6(a)中，当按下键 KEY_B 后，点亮 LED1～LED4。获取按键 KEY_B 状态的方式有轮询和中断。轮询方式需要处理器循环读取键的状态，从而增加了处理器的负担。中断方式能够及时响应键盘状态变化，实时控制 LED 的显示。

本例中，使用中断方式实现按键对 LED 的控制。

7.3.1 电路原理

如图 7.6 所示为按键和 LED 连接电路原理图。

按键 KEY_B 连接到处理器的 GPIO 引脚 PC13，并通过上拉电阻 R18 连接到电

源端＋3.3 V。按键未被按下时处于悬空状态，按下后则接地。因此，如果将 GPIO 引脚设置成输入状态，则按下按键 KEY_B 时，引脚 PC13 从高电平变成低电平。

LED1、LED2 的正端通过限流电阻 R13、R14 连接到处理器 GPIO 端口 PC0 和 PC1，LED3、LED4 的正端通过限流电阻 R15、R16 连接到处理器 GPIO 端口 PE0 和 PE1。LED1～LED4 的负端接地。因此，当 PC0、PC1、PE0 和 PE1 输出高电平且具有电流驱动能力时，LED1～LED4 发光。

GPIO 端口引脚 PC13，也是处理器的外中断 EXTI_13 的输入线。设置 GPIO 控制器的寄存器，将 PC13 引脚配置成外中断输入线。

键盘采用中断方式控制 LED，通过 KEY_B 触发外中断 EXTI_13，处理器执行中断服务程序，实现 LED 闪烁。

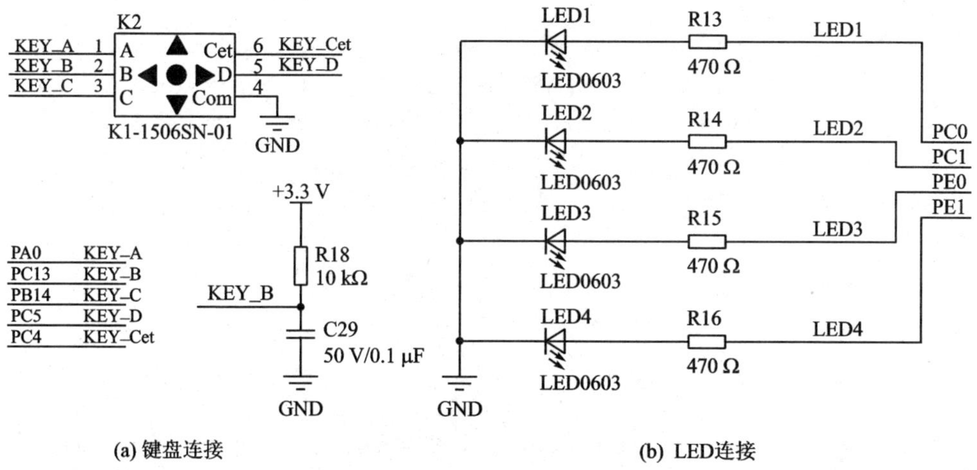

图 7.6　按键和 LED 连接电路原理图

7.3.2　中断设置

为了使处理器能够响应并处理中断请求，需要设置处理器中与中断相关的寄存器，构建中断向量表，编写中断服务程序并初始化处理器的 I/O 引脚。

1. 建立中断向量表

示例 7.1 是 GD32VF103 应用程序中断向量表文件的结构。

声明当前文件中的代码和数据在程序空间中的段名称为“vectors”，属性是“ax”，“a”表示可分配，“x”表示可执行。

声明中断服务程序，例如：“.weak EXTI5_9_IRQHandler”。“.weak”声明全局函数，并优先引用已经声明的相同名称的函数，“EXTI5_9_IRQHandler”是中断服务程序的名称。

文件的主体是中段向量表，“vector_base”标签表示中断向量表的起始位置。

“.word”在程序空间分配 4 字节，并初始化数据。例如：“.word EXTI5_9_IRQHandler”表示在程序空间的当前位置分配 4 字节，并写入中断服务程序 EXTI5_9_IRQHandler 的入口地址。

中断向量表的第一个 32 位字存放跳转指令“j Reset_Handler”，使处理器复位后能够直接跳转到复位处理程序 Reset_Hadndler 入口，执行系统初始化任务。

在缺省情况下，中断向量表存放在程序空间的起始位置(0x00000000)。如果中断向量表的位置发生变化，则需要将新的中断向量表基地址 vector_base 写入处理器 CSR 寄存器 mtvec 中。

示例 7.1：GD32VF103 中断向量文件结构。

```
    .section .vectors, "ax"              //向量段
    ……
    .weak  EXTI5_9_IRQHandler            //声明中断 ID5～ID9 处理程序
    ……
    .weak  EXTI10_15_IRQHandler          //声明中断 ID10～ID15 处理程序
    ……
.globl vector_base                       //声明全局标签
vector_base:                             //中断向量表基地址
    j Reset_Handler                      //跳转到复位处理程序
    .align    2                          //4 字节对齐
    ……
    .word     EXTI5_9_IRQHandler         //中断 ID5～ID9 处理程序入口地址
    ……
    .word     EXTI10_15_IRQHandler       //中断 ID10～ID15 处理程序入口地址,Int59
    ……
```

2. 设置中断控制器

① 设置中断响应方式，将 KEY_B 按键设置为向量中断响应方式。

在 GD32VF103 中断向量表中，外中断线 EXTI_10～EXTI_15 对应的中断向量号 ID=59，宏定义标识为 EXTI10_15。将中断控制器 ECLIC 中断属性寄存器 clicintattr[59]的第 0 位置 1，选择向量中断模式。

```
#define ECLIC_ADDR_BASE              0xd2000000          //ECLIC 映射基地址
#define ECLIC_INT_ATTR_OFFSET        _AC(0x1002,UL)      //中断属性寄存器偏移
/*函数原型*/
void eclic_set_shv(uint32_t source, uint8_t shv) {
    uint8_t attr =                                       //读取中断属性寄存器
        *(volatile uint8_t *) (ECLIC_ADDR_BASE + ECLIC_INT_ATTR_OFFSET + source * 4);
    if (shv) {
```

```
        attr |= 0x01;
        *(volatile uint8_t *)(ECLIC_ADDR_BASE + ECLIC_INT_ATTR_OFFSET +
        source * 4) = attr;              //写入属性寄存器
}
/* 函数调用 */
eclic_set_shv(EXTI10_15, 1);            //设为向量中断型
EXTI10_15 = 59
```

② 中断使能,打开全局和 EXTI10_15 中断使能。

```
/* 使能全局中断 */
void global_interrupt_enable()
{
    set_csr(mstatus, MSTATUS_MIE);           //设置 CSR 寄存器 mstatus 的 MIE 位
    return;
}
/* 使能选定的中断 */
void eclic_enable_interrupt(uint32_t source)
{
    *(volatile uint8_t *)(ECLIC_ADDR_BASE + ECLIC_INT_IE_OFFSET + source * 4) = 1;
}
/* 函数调用 */
eclic_enable_interrupt(eclic_set_shv(EXTI10_15, 1);
```

③ 设置中断向量表基地址。

通常,中断向量表用汇编语言编写。在系统启动文件中,用汇编语句设置中断向量表的基地址。

```
/* 将向量表基地址写入寄存器 t0 */
la t0, vector_base
/* 写入 CSR 寄存器 */
csrw CSR_MTVT, t0
```

7.3.3　中断服务程序

对于向量中断处理方式,处理器响应中断请求后,从向量表中获取中断服务程序入口地址,运行中断服务程序。由于在向量中断处理模式下处理器直接运行特定中断的服务程序,因此,需要在中断服务程序中添加保存和恢复程序上下文的语句。

如示例 7.2 所示,RISC-V C 编译器 gcc 使用“__attribute__((interrupt))”修饰中断服务程序函数。编译器遇到中断服务程序修饰符后,将自动在中断服务程序的入口和出口处添加保存和恢复上下文代码。

处理器内核在响应中断请求后，硬件将 mstatus 寄存器中的 MIE 位清 0，关闭全局中断。因此，在退出中断服务程序前需要重新打开全局中断使能，以便处理器能够响应后续中断请求。

示例 7.2： 中断服务程序。

```
__attribute__((interrupt)) void EXTI10_15_IRQHandler()
{
    if(RESET != exti_interrupt_flag_get(EXTI_13)){    //是否为 EXTI_13
        exti_interrupt_flag_clear(EXTI_13);           //清除中断状态
        led_flash(2);                                 //执行中断任务,LED 闪烁
        }
    eclic_global_interrupt_enable();                  //打开全局中断使能
    return;
}
```

7.3.4 主程序

如示例 7.3 所示，主程序首先初始化处理器的时钟、相关外设和引脚，然后进入低功耗循环等待状态。

初始化任务将处理器连接 LED 的引脚设置成 GPIO 的输出，初始化中断控制器，设置向量中断响应模式，设置中断线 EXTI10_15 属性，打开中断使能。

示例 7.3： 按键控制 LED 显示主程序。

```
int main(void)
{
    /* 初始化连接 LED 的 GPIO 引脚 */
    led_init();                                            //初始化 LED
    /* 使能引脚时钟 */
    rcu_periph_clock_enable(RCU_GPIOC);                    //打开 GPIO 时钟
    rcu_periph_clock_enable(RCU_AF);                       //打开功能引脚时钟
    eclic_set_shv(EXTI10_15, 1);              //设为向量中断型, EXTI10_15 = 59
    global_interrupt_enable();                             //使能全局中断
    eclic_priority_group_set(ECLIC_PRIGROUP_LEVEL3_PRIO1); //设优先级
    gpio_init(GPIOC, GPIO_MODE_IN_FLOATING, GPIO_OSPEED_50MHZ, GPIO_PIN_13);
                                                           //PC13 属性
    gpio_exti_source_select(GPIO_PORT_SOURCE_GPIOC, GPIO_PIN_SOURCE_13);
                                                           //将 PC13 设为中断
    eclic_irq_enable(EXTI10_15_IRQn, 1, 1);            //使能中断 EXTI10～EXTI15
    exti_init(EXTI_13, EXTI_INTERRUPT, EXTI_TRIG_FALLING); //设置触发方式
        exti_interrupt_flag_clear(EXTI_13);                //清除中断状态位
    while(1){__asm("wfi");}                                //等待
}
```

7.4　DMA 中断

使用 DMA 传输和中断方式，将 ADC 转换数据存入内存中。

在图 7.7 中，模拟信号输入到处理器的 I/O 引脚 PC3，即 A/D 转换器 ADC1 的输入通道 ADC01_IN13。将 A/D 转换的结果数据通过 DMA0 控制器的第 0 通道 CH0 直接写入内存中。

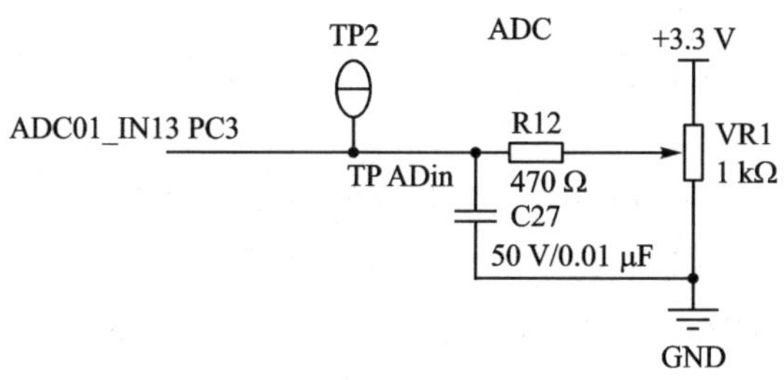

图 7.7　ADC1 输入端原理图

7.4.1　DMA 原理

直接存储器访问（Direct Memory Access，DMA），是一种利用硬件传输数据的方法。DMA 控制器在无需 CPU 干预的情况下，实现设备之间、设备与内存之间以及内存与内存之间数据的直接传输。

1. DMA 传输过程

DMA 传输将数据从处理器存储空间的一个区域复制到另一个区域。通常情况下，可将 DMA 数据传输的过程分为请求、响应、传输和结束 4 个阶段。

请求阶段，CPU 初始化 DMA 控制器，启动接口设备工作。需要传输数据时，接口设备发出 DMA 传输请求。

响应阶段，DMA 控制器判别 DMA 请求是否被屏蔽，如果未被屏蔽，则向总线仲裁逻辑提出总线请求。CPU 完成当前总线任务后释放总线控制权，总线仲裁逻辑应答 DMA 控制器，表示 DMA 请求已经响应，然后 DMA 控制器通知接口设备开始 DMA 传输。DMA 控制器获得总线控制权后，CPU 立即从总线上挂起，此时 CPU 只能执行内部操作。

传输阶段，DMA 控制器从源地址读取数据并写入目标地址，直接控制数据在源地址和目标地址之间进行 DMA 传输。

结束阶段，当所设定长度的数据传输完成后，DMA 控制器释放总线控制权，设置传输状态标志，向 CPU 发出中断请求。

2. DMA 控制器

一般情况下，一个处理器可以包含多个 DMA 控制器，每个 DMA 控制器支持多个传输通道。每个 DMA 控制器包括一套地址总线、数据总线和控制总线。

为了提高数据传输效率，DMA 控制器通常支持 FIFO，用于 DMA 在系统和外设或存储器传输过程中的数据缓冲。

DMA 控制器支持自动循环模式和单次模式数据传输。

在自动循环传输过程中，完成数据块传输后，DMA 控制器将自动重新载入相关寄存器的设定值，自动重新启动同 DMA 进程。自动循环模式特别适合于对性能敏感以及持续数据流的应用。

单次模式传输过程中，数据块传输结束后，DMA 控制器不会自动重新开始，只发生一次传输过程。单次模式适用于一次性输入数据的场景。

CPU 通过写入 DMA 控制器的寄存器设置 DMA 传输的参数和属性。DMA 参数包括数据传输方向、源地址、目标地址、传输总线宽度、DMA 传输数据计数和工作模式等。常见的 DMA 控制器寄存器包括控制寄存器、源设备地址寄存器、源设备控制寄存器、目标设备地址寄存器、目标设备控制寄存器、DMA 状态寄存器和 DMA 触发及中断屏蔽寄存器。

7.4.2 GD32VF103 DMA 控制器

GD32VF103 包含 DMA0 和 DMA1 两个 DMA 控制器，共有 12 个通道。每个通道管理来自一个或多个外围设备的访问请求。DMA 控制器和 RISC-V 内核共享系统总线，由内部仲裁逻辑进行仲裁协同。

1. DMA 控制器的特点

DMA 控制器支持 8、16 或 32 位宽度，最大数据传输的长度是 65 536 字节；源设备和目标设备的数据宽度可以不相同；可以编程设置传输数据的长度。

DMA 控制器支持外设到内存、内存到外设和内存到内存之间的数据传输，处理器 AHB 总线和 APB 总线上的外设、Flash、SRAM 都可以作为 DMA 的源和目标。

DMA 控制器支持循环和单次传输模式，每个通道有独立的中断请求。

2. DMA 传输

(1) 握手与仲裁

为了保证数据传输的有序和高效，在 DMA 和外围设备之间引入了握手机制。如图 7.8 所示，握手机制包括请求和应答两部分。

① 外围设备向 DMA 控制器发出请求信号，表明外围设备准备发送或接收数据；

② DMA 向外围设备发送应答信号，表明 DMA 控制器已启动访问外设的命令。

当同时接收到两个或多个请求时，仲裁逻辑根据通道的优先级选择服务请求。

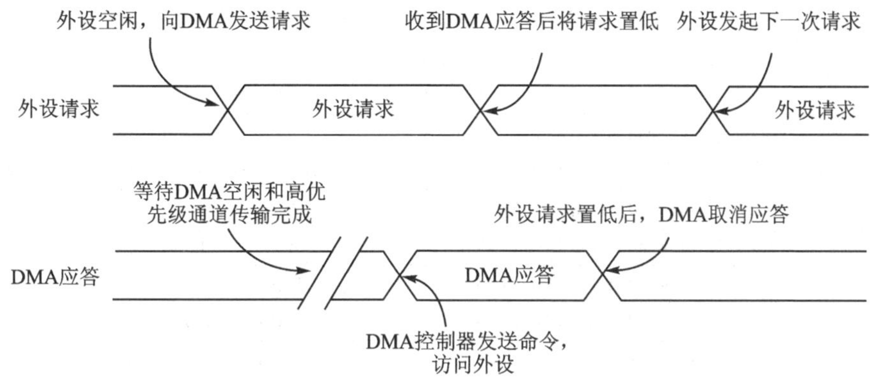

图 7.8 DMA 控制器与外设握手机制

(2) 地址生成模式

DMA 控制器实现了固定模式和递增模式两种地址生成方法。通过 DMA_CHxCTL 寄存器中的 PNAGA 和 MNAGA 位，设置外设和存储器的下一个地址生成方法。

在固定模式下，下一个地址总等于源基址寄存器 DMA_CHxPADDR 和目标基地址寄存器 DMA_ CHxMADDR 中设置的基址值。

在递增模式下，下一个地址值等于当前地址值加传输数据的宽度。如果数据宽度是 8 位，则地址值加 1；如果数据宽度是 16 位，则地址值加 2。如果数据宽度是 32 位，则地址值加 4。

通常，将外设地址设为固定模式，将存储器的地址设置为递增模式。

(3) 数据传输

每一次 DMA 传输包含读和写两个操作，从源地址读取数据和将数据写到目标地址。DMA 控制器根据 DMA_CHxPADDR、DMA_CHxMADDR 和 DMA_CHxCTL 寄存器中的值生成源地址和目标地址。DMA_ CHxCNT 寄存器控制 DMA 通道上传输的数据计数，其中 PWIDTH 和 MWIDTH 分别表示源设备数据和目标设备数据的宽度。假设 DMA_CHxCNT 的值是 4，并且 PNAGA 和 MNAGA 都是 1，在不同的 PWIDTH 和 MWIDTHD 情况下，DMA 传输过程中源和目标数据格式如表 7.3 所列。在表 7.3 中，DMA 控制器支持 8、16 和 32 位三种源数据和目标数据宽度，并支持其中任意两种宽度源和目标之间的数据传输。

表 7.3　DMA 数据传输

数据宽度		数据传输格式	
源	目　标	源	目　标
32	32	1：Read B3B2B1B0[31:0] @0x0 2：Read B7B6B5B4[31:0] @0x4	1：Write B3B2B1B0[31:0] @0x0 2：Write B7B6B5B4[31:0] @0x4
	16	1：Read B3B2B1B0[31:0] @0x0 2：Read B7B6B5B4[31:0] @0x4	1：Write B1B0[15:0] @0x0 2：Write B5B4[15:0] @0x2
	8	1：Read B3B2B1B0[31:0] @0x0 2：Read B7B6B5B4[31:0] @0x4	1：Write B0[7:0] @0x0 2：Write B4[7:0] @0x1
16	32	1：Read B1B0[15:0] @0x0 2：Read B3B2[15:0] @0x2	1：Write 0000B1B0[31:0] @0x0 2：Write 0000B3B2[31:0] @0x4
	16	1：Read B1B0[15:0] @0x0 2：Read B3B2[15:0] @0x2	1：Write B1B0[15:0] @0x0 2：Write B3B2[15:0] @0x2
	8	1：Read B1B0[15:0] @0x0 2：Read B3B2[15:0] @0x2	1：Write B0[7:0] @0x0 2：Write B2[7:0] @0x1
8	32	1：Read B0[7:0] @0x0 2：Read B1[7:0] @0x1	1：Write 000000B0[31:0] @0x0 2：Write 000000B1[31:0] @0x4
	16	1：Read B0[7:0] @0x0 2：Read B1[7:0] @0x1	1：Write 00B0[15:0] @0x0 2：Write 00B1[15:0] @0x2
	8	1：Read B0[7:0] @0x0 2：Read B1[7:0] @0x1	1：Write B0[7:0] @0x0 2：Write B1[7:0] @0x1

在表 7.3 中，“Bx”表示第“x”字节，“@xx”表示数据的偏移地址。每传输一个数据，源和目标根据各自的数据宽度增加数据存储单元的地址值。

在表 7.3 中，如果源与目标数据宽度相同，则每次传输时写入目标的数据与读取的源数据相同。

如果源数据宽度大于目标数据宽度，则每次传输时，只将源数据中与目标宽度相同的低位数据写入目标。例如，如果源数据宽度是 32 位，则当目标数据宽度是 16 位时，所读取的源数据“B3B2B1B0[31:0]”，写入目标的数据是低 16 位“B1B0[15:0]”；当目标数据宽度是 8 位时，写入目标的数据是低 8 位“B0[7:0]”。

如果源数据宽度小于目标数据宽度，则每次传输时，在读取的源数据基础上，以高位补 0 的方式扩展到目标数据宽度，写入目标。例如，如果源数据宽度是 8 位，则当目标数据宽度是 16 位时，读取源数据 “B0[7:0]”，写入目标的数据是 16 位“00B0[15:0]”；当目标数据宽度是 32 位时，写入目标的数据是 32 位“000000B0[31:0]”。

DMA_CHxCNT 寄存器中的 CNT 控制需要在信道上传输的数据量，因此，在启动 DMA 传输之前必须设置 CNT 值。在 DMA 传输期间，CNT 指示要传输数据的剩余数目。将 DMA_ CHxCTL 寄存器中的 CHEN 位置 1，启动 DMA 传输；清除

DMA_ CHxCTL 寄存器中的 CHEN 位，则停止 DMA 传输。

如果在清除 CHEN 位时 DMA 传输未完成，则在重新启动 DMA 通道时可能出现两种情况：

① 如果在启动 DMA 通道之前没有重新设置 DMA 通道寄存器，则 DMA 将继续完成剩余的传输。

② 如果在启动 DMA 之前重新设置 DMA 通道寄存器，则 DMA 将启动新的传输。

如果清除 CHEN 位时 DMA 传输已完成，则需要重新设置 DMA 通道寄存器，使能 DMA 通道，启动 DMA 传输。

(4) DMA 中断

每个 DMA 通道都有一个专用中断。完成全部数据传输、完成一半数据传输和传输错误这三类事件将触发中断请求。

在 DMA 控制器中，用中断状态寄存器 DMA_INTF 和中断状态清除寄存器 DMA_INTC 管理 DMA 通道中断的状态。当 DMA 通道传输过程中上述三类事件触发中断请求时，DMA_INTF 中相应的位指示中断状态。向 DMA_INTC 寄存器中对应的位写 1，清除该中断请求状态。DMA 通道控制寄存器 DMA_CHxCTL 控制中断的使能。中断事件与 DMA 寄存器中的控制和状态位的对应关系如表 7.4 所列。

表 7.4　DMA 事件中断状态管理

中断事件	状态位	清除位	使能位
	DMA_INTF	DMA_INTC	DMA_CHxCTL
传输完成	FTFIF	FTFIFC	FTFIE
传输完成一半	HTFIF	HTFIFC	HTFIE
传输错误	ERRIF	ERRIFC	ERRIE

3. DMA 通道请求映射

DMA 控制器共有 12 个通道，但 DMA 通道和外设不能任意映射。每个 DMA 通道可以支持多个外设的 DMA 请求，但每个外设传输的 DMA 请求只能映射到特定的 DMA 通道。通过外设控制寄存器，可以独立地启用或禁用每个外设的 DMA 请求。在为外设分配 DMA 通道时，必须确保在一个通道上同时只能启用一个 DMA 传输请求。

表 7.5 列出了 DMA0 中每个通道所支持的外设请求。在应用 DMA 通道为特定外设传输数据时，必须选择能够支持该外设请求的 DMA 通道。

表 7.5　DMA0 通道外设请求映射表

外　设	通道 0	通道 1	通道 2	通道 3	通道 4	通道 5	通道 6
TIMER0	•	TIMER0_CH0	TIMER0_CH1	TIMER0_CH3、TIMER0_TG、TIMER0_CMT	TIMER0_UP	TIMER0_CH2	•
TIMER1	TIMER1_CH2	TIMER1_UP	•	•	TIMER1_CH0	•	TIMER1_CH1、TIMER1_CH3
TIMER2	•	TIMER2_CH2	TIMER2_CH3、TIMER2_UP	•	•	TIMER2_CH0、TIMER2_TG	•
TIMER3	TIMER3_CH0	•	•	TIMER3_CH1	TIMER3_CH2	•	TIMER3_UP
ADC0	ADC0	•	•	•	•	•	•
SPI/I2S	•	SPI0_RX	SPI0_TX	SPI1/I2S1_RX	SPI1/I2S1_TX	•	•
USART	•	USART2_TX	USART2_RX	USART0_TX	USART0_RX	USART1_RX	USART1_TX
I2C	•	•	•	I2C1_TX	I2C1_RX	I2C0_TX	I2C0_RX

4. DMA 通道设置

如图 7.9 所示为 GD32VF103 DMA 控制器设置流程图。启动新的 DMA 传输前,需要按照下列步骤设置 DMA 控制器:

① 读取控制寄存器 DMA_CHxCTL 的 CHEN 位,判断通道是否开启。如果通道已启用,则清除 CHEN 位,关闭当前 DMA 传输通道。当 CHEN 位为"0"时,允许配置和启动新的 DMA 传输。

② 设置 DMA_CHxCTL 寄存器,设置内存之间的传输模式 M2M 和传输方向 DIR,设置循环模式 CMEN,设置通道的软件优先级 PRIO,设置内存数据宽度 MWIDTH 和外设数据宽度 PWIDTH,设置内存地址生成方式 MNAGA 和外设地

址生成方式 PNAGA，以及设置所选类型中断的使能。

③ 设置源和目标地址，设置 DMA 通道外设地址寄存器 DMA_CHxPADDR，设定外设基址；配置 DMA 通道内存地址寄存器 DMA_CHxMADDR，设定内存基址。

④ 配置 DMA_CHxCNT 寄存器，设置总传输数据计数。

⑤ 在 DMA_CHxCTL 寄存器中将 CHEN 位配置为"1"，启动通道传输。

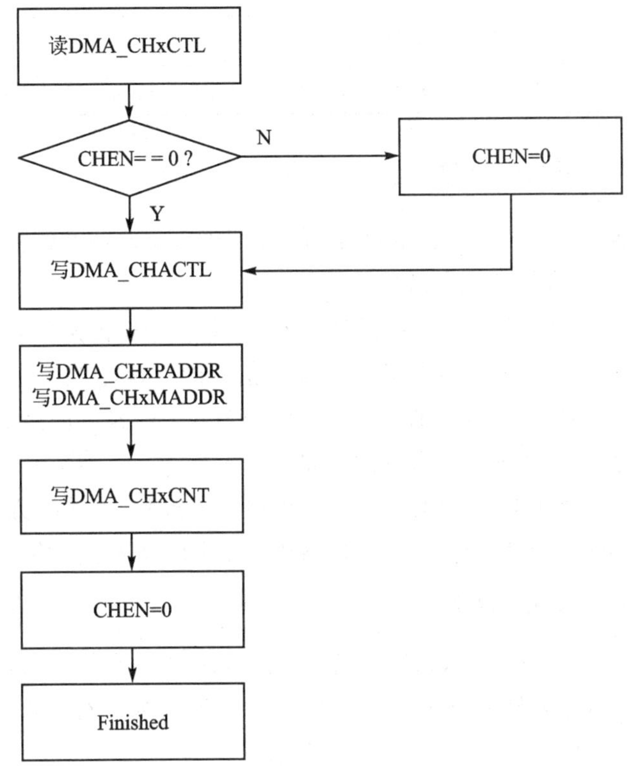

图 7.9　GD32VF103 DMA 控制器设置流程图

5. DMA 控制器的寄存器映射

GD32VF103 控制器 DMA0 和 DMA1 的寄存器组映射到存储空间的地址如下：

① DMA0：0x4002 0000；

② DMA1：0x4002 0400。

DMA 控制器中寄存器的偏移地址如表 7.6 所列。

表 7.6　GD32VF103 DMA 控制器的相关寄存器

名　称	地址偏移	初始值	功　能
中断状态 DMA_INTF	0x00	0x0000 0000	各通道中断状态

续表 7.6

名　称	地址偏移	初始值	功　能
中断状态清除 DMA_INTC	0x04	0x0000 0000	清除中断状态
通道 X 控制 DMA_CHxCTL	0x08+0x14 * X	0x0000	DMA 通道控制
通道 X 计数 DMA_CHxCNT	0x0c+ 0x14 * X	0x0000	DMA 通道计数
通道 X 外设基址 DMA_CHxPADDR	0x10+0x14 * X	0x0000	外设基地址
通道 X 内存基址 DMA_CHxMADDR	0x14+ 0x14 * X	0x0000	内存基地址

7.4.3　GD32VF103 ADC

模/数转换器(Analog to Digital Converter，ADC)，将时间和幅值连续的模拟信号转换为时间和幅值离散的数字信号。

常用的表示 ADC 性能的参数包括分辨率、转换误差和转换时间。分辨率以输出信号二进制数的位数表示，说明 ADC 对输入信号的分辨能力。转换误差是 ADC 实际输出的数字量和理论上输出的数字量之间的差别。转换时间是 ADC 从启动转换到输出稳定的数字信号的整个过程的时间。

GD32VF103 集成了 2 个 12 位 ADC，采用逐次逼近数/模转换方法，有 18 个复用模拟信号输入通道，转换来自 16 个外部通道和 2 个内部通道的模拟信号。

1. GD32VF103 ADC 的特点

ADC 支持 12、10、8 和 6 位四种可设置分辨率，在 12 位分辨率时，最高采样率为 2MPS；支持过采样，过采样倍率在 2～255X 之间可调；过采样自动累加采集数据，并通过移位计算平均值。

ADC 支持软件和硬件触发两种启动方式，支持单个通道输入和多个通道逐一扫描输入与转换，支持转换结束时触发中断，支持模拟看门狗。

ADC 支持单次、连续、不连续和同步触发转换模式。对于单次模式，每次触发后，ADC 转换一次，转换结束后等待下一次触发；对于连续模式，一次触发后，ADC 连续转换；不连续模式由外部事件触发 ADC 转换过程；同步模式支持多个 ADC 同时转换。

2. ADC 设置

在 GD32VF103 ADC 工作前，需要校准 ADC，并设置数据格式和采样率等属性。

(1) 校准(Calibration)

ADC 具有自校准功能，计算校准系数，该系数在 ADC 内部应用。ADC 在开始

转换前应进行校准，将 ADC_CTL1 寄存器的 CLB 位置 1，自动启动校准过程。在整个校准过程中，CLB 位保持为 1。校准完成后，硬件立即清除 CLB 位。

当 ADC 的电源电压 VDDA、正参考电压 VREF＋、温度等工作条件发生变化时，需要重新进行校准。

在程序中启动 ADC 自校准的步骤如图 7.10 所示。

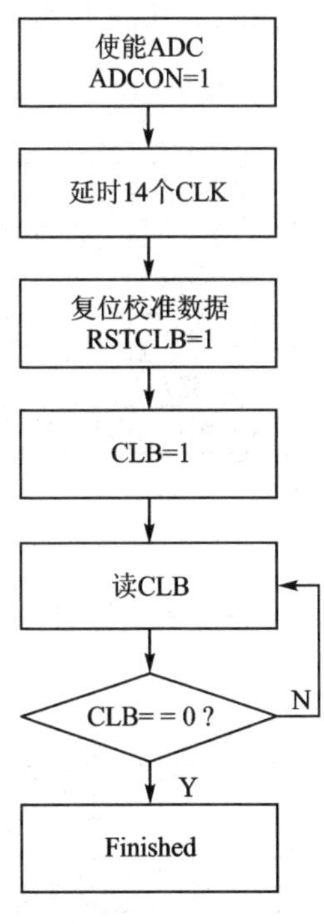

图 7.10　ADC 校准流程图

(2) 采样时间(Sample Time)

用 ADC_SAMPT0 和 ADC_SAMPT1 寄存器中的 SPTn[2:0] 位，设定 ADC 采样过程占用的时钟 ADCCLK 数量，不同通道可以设定不同的采样时间。对于 12 位分辨率，总转换时间为“SPTn 时间＋12.5”个 ADCCLK 周期。

例如，ADCCLK＝10 MHz，采样时间为 1.5 个周期，总转换时间为“1.5＋12.5”个 ADCCLK 周期，即 1.4 μs。

(3) 规则组和注入组

可以把 18 个 ADC 输入通道构成两个组，规则组(Regular Group)通道和注入组(Insert Group)通道。

规则组，按照特定的序列组成多达 16 个转换通道的序列。设置 ADC_RSQ0～ADC_RSQ2 寄存器，选择规则组的通道。ADC_RSQ0 寄存器的 RL[3:0]位设定整个规则组的转换通道数量。

注入组，按照特定的序列组成多达 4 个转换通道的序列。设置 ADC_ISQ 寄存器，选择注入组通道。ADC_ISQ 寄存器的 IL[1:0]位设定整个注入组的转换通道数量。

(4) DMA 请求

将 ADC_CTL1 寄存器的 DMA 位置 1，启用 DMA 请求，用于传输规则组的数据。ADC 在规则通道转换结束时生成 DMA 请求。接收到这个请求后，DMA 控制器把转换后的数据从 ADC 数据寄存器 ADC_RDATA 传输到用户指定的目标存储位置。

(5) ADC 中断

在规则组和注入组数据转换结束或者模拟看门狗事件时，产生 ADC 中断。ADC0、ADC1 中断映射到同一中断向量 ISR[18]。

(6) 数据对齐

转换数据对齐格式由 ADC_ CTL1 寄存器中的 DAL 位指定。如图 7.11 所示为 ADC 输出 12/10/8 位宽度数据的对齐形式。

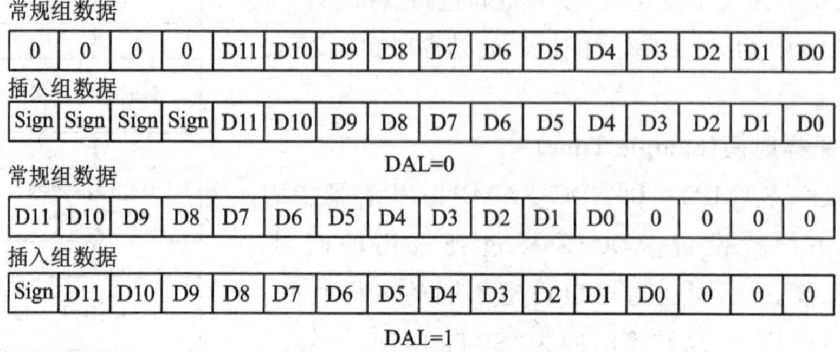

图 7.11　12/10/8 位宽度的对齐格式

6 位分辨率数据对齐格式不同于 12/10/8 位分辨率数据,其对齐格式如图 7.12 所示。

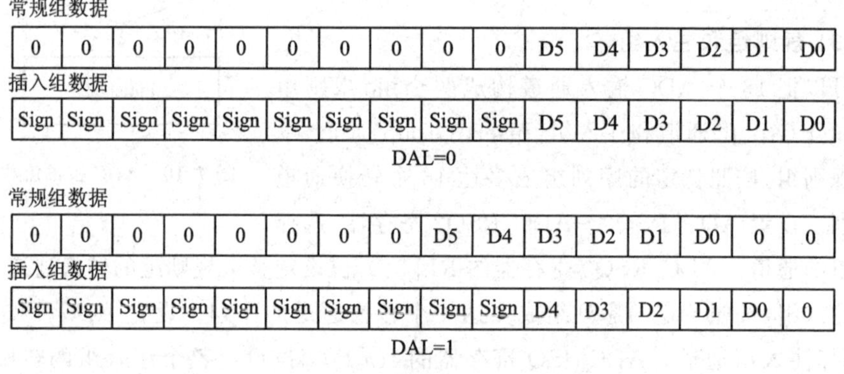

图 7.12　6 位宽度的对齐形式

(7) 外触发

外部输入信号可以触发规则组或注入组的 ADC 转换过程。ADC_CTL1 寄存器中的 ETSRC[2:0]选择规则通道组的外部触发源。ADC_CTL1 寄存器中的 ETSIC[2:0]选择注入通道组的外部触发源。ETSRC[2:0]和 ETSIC[2:0]设定触发 ADC 转换的事件。可以触发 ADC 转换的事件或中断包括芯片内部定时器 TIMER0～TIMER3,外部中断输入 EXTI11 和 EXTI15,以及软件触发 SWRCST 和 SWICST。

3. 转换模式

(1) 单次模式

触发后,ADC 启动转换过程。如图 7.13 所示,当 ADCON 设置为高电平时,一

且相应的触发激活，ADC将对单个通道进行采样和转换。ADC转换结束后等待下一次触发。

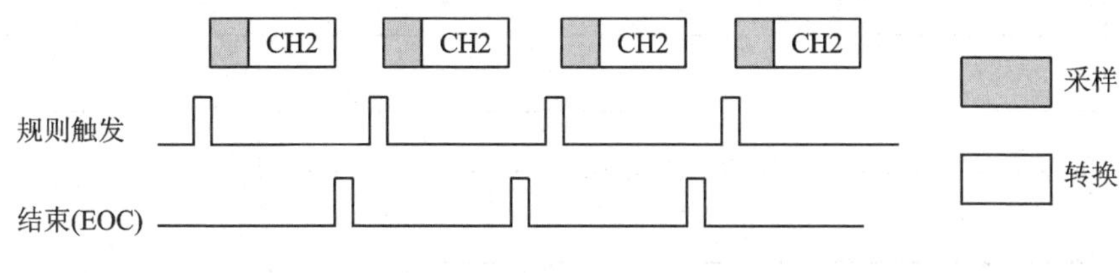

图7.13 单次转换示意图

单个规则通道转换完成后，转换数据将存储在ADC_RDATA寄存器中，EOC置1。如果EOCIE位为1，则生成ADC中断请求。

单个注入通道转换完成后，转换数据将存储在ADC_IDATA0寄存器中，EOC和EOIC置1。如果EOCIE或EOICIE位为1，则生成中断请求。

(2) 连续模式

规则通道组支持连续转换模式。当ADC_ CTL1寄存器中的CTN位置1时，启用连续转换模式。如图7.14所示，当ADCON为1时，一旦触发，ADC将重复对指定的通道采样并转换，将转换数据存储在ADC_RDATA寄存器中，直到ADCON位为0。

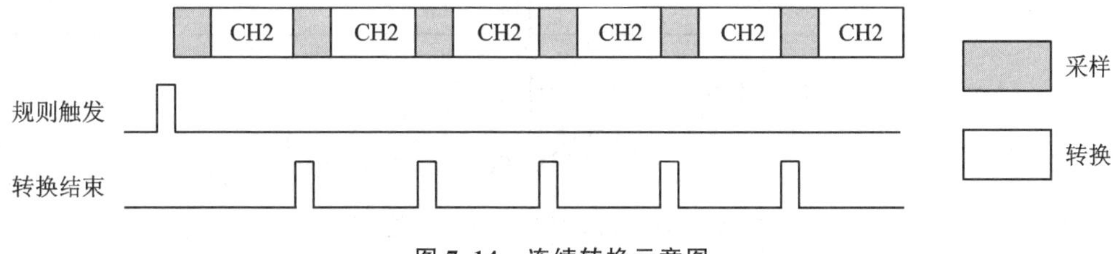

图7.14 连续转换示意图

(3) 扫描模式

将ADC_CTL0寄存器中的SM位置1，启用扫描转换模式。如图7.15所示，当ADCON为1时，一旦触发，ADC将在规则组或注入组中对逐个通道采样和转换，直到所有通道转换结束。转换数据将存储在ADC_RDATA 或ADC_IDATAx寄存器中。规则或注入的通道组转换完成后，将EOC或EOIC置1。如果EOCIE或EOICIE位为1，则将生成中断请求。规则通道组在扫描模式下工作时，必须将ADC_ CTL1寄存器中的DMA位置1，启动DMA传输。

规则通道组转换完成后，如果ADC_ CTL1寄存器中的CTN位为1，则自动重新启动扫描转换。

(4) 不连续模式

对于规则通道组，将ADC_ CTL0寄存器中DISRC位置1，启用不连续转换模式。在此模式下执行一次n ($n \leqslant 8$)个通道的短序列ADC转换。该短序列是ADC_

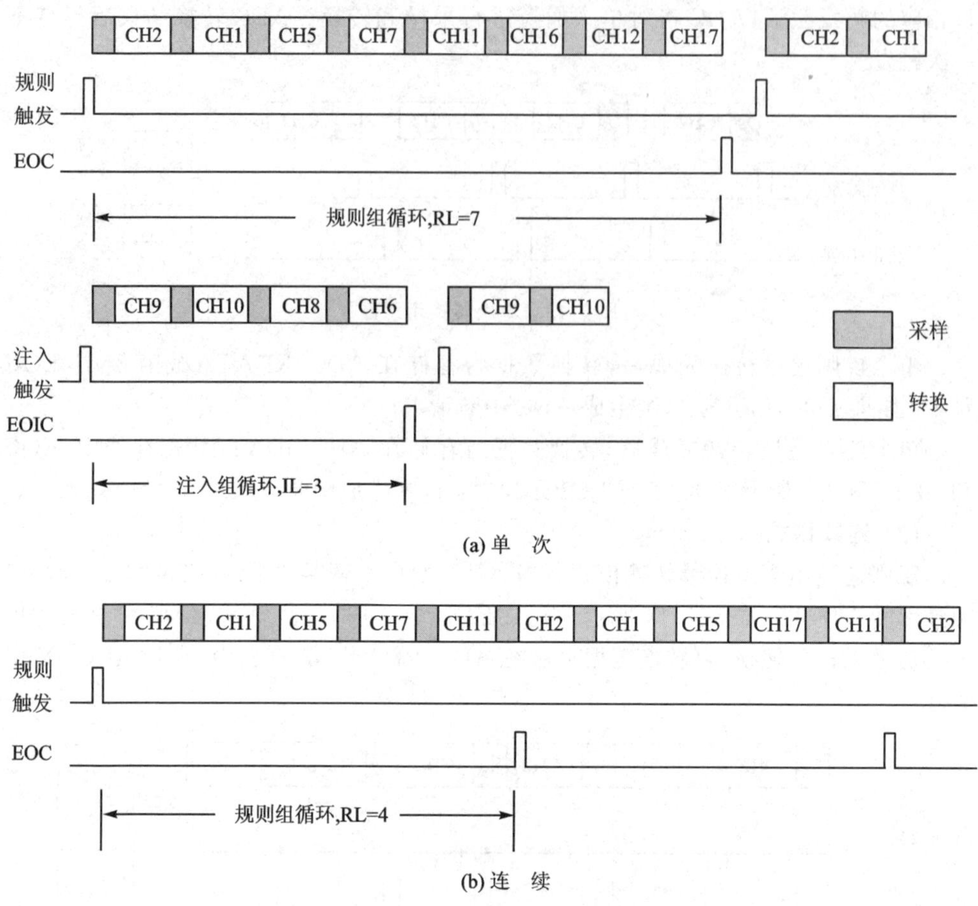

(a) 单 次

(b) 连 续

图 7.15 扫描转换模式示意图

RSQ0 ～ ADC_RSQ2 寄存器中所选择的转换序列的一部分。n 的值由 ADC_CTL0 寄存器中的 DISNUM[2:0]定义。如图 7.16 所示,当发生相应的软件触发或外部触发时,ADC 就会采样和转换在 ADC_RSQ0～RSQ2 寄存器所选择通道中接下来的 n 个通道,直到规则序列中所有的通道转换完成。每个规则组转换周期结束后,EOC 位将被置 1。如果 EOCIE 置 1,则将产生一个中断。

对于注入通道组,将 ADC_CTL0 寄存器中 DISIC 位置 1,启用不连续转换模式。在此模式下,ADC 执行一次转换,该转换的序列是 ADC_ISQ 寄存器中所选择的转换序列的一部分。如图 7.16 所示,当软件触发或外部触发激活时,ADC 采样并转换 ADC_ISQ 寄存器中选择的下一个通道,直到注入序列中的所有通道都完成。每个注入序列转换周期结束后,EOIC 将被置 1。如果 EOICIE 为 1,则将产生一个中断。

规则组和注入组不能同时工作在不连续转换模式。在不连续转换模式下一次只能设置一个组转换。

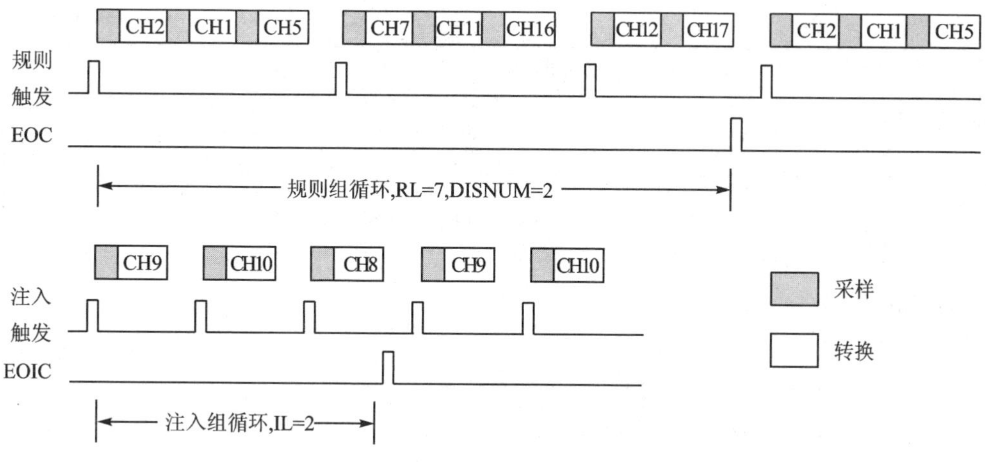

图 7.16　不连续转换模式

4. ADC 寄存器映射

GD32VF103 控制器 ADC0 和 ADC1 的寄存器组映射到存储空间的地址如下：

① ADC0：0x4001 2400；

② ADC1：0x4001 2800。

每一个 ADC 控制器寄存器的偏移地址如表 7.7 所列。

表 7.7　GD32VF103 ADC 控制器的相关寄存器

名　称	地址偏移	初始值	说　明
状态 ADC_STAT	0x00	0x0000 0000	bit[4]：STRC； bit[3]：STIC； bit[2]：EOIC； bit[1]：EOC； bit[0]：WDE
控制 0 ADC_CTL0	0x04	0x0000 0000	bit[23:22]：RWDEN，IWDEN； bit[19:16]：SYNCM[3:0]； bit[15:0]：DISNUM[2:0]，DISIC，DISRC，ICA，WDSC，SM，EOICIE，WDEIE，EOCIE，WDCHSEL[4:0]
控制 1 ADC_CTL1	0x08	0x0000 0000	bit[23:17]：TSVREN，SWRCST，SWICST，ETERC，ETSRC[2:0]； bit[15:11]：ETEIC，ETSIC[2:0]，DAL； bit[8]：DMA； bit[3:0]：RSTCLB，CLB，CTN，ADCON

续表 7.7

名　称	地址偏移	初始值	说　明
采样时间 0 ADC_SAMPT0	0x0c	0x0000 0000	bit[23:0]:SPT10～SPT17[2:0]
采样时间 1 ADC_SAMPT1	0x10	0x0000 0000	bit[29:0]:SPT0～SPT9[2:0]
注入通道数据 寄存器 ADC_IOFFx	0x14～ 0x20	0x0000 0000	bit[11:0]: IOFF[11:0]
看门狗阈值高位 ADC_WDHT	0x24	0x0000 0FFF	bit[11:0]
看门狗阈值低位 ADC_WDLT	0x28	0x0000 0000	bit[11:0]
规则序列 0 ADC_RSQ0	0x2c	0x0000 0000	bit[22:20]:RL[2:0]; bit[19:0]:RSQ15～RSQ12[4:0]
规则序列 1 ADC_RSQ1	0x30	0x0000 0000	bit[29:0]:RSQ11～RSQ6[4:0]
规则序列 2 ADC_RSQ2	0x34	0x0000 0000	bit[29:0]:RSQ5～RSQ0[4:0]
注入序列 ADC_ISQ	0x38	0x0000 0000	bit[21:20]:IL[1:0]; bit[19:0]:ISQ3～ISQ0[4:0]
注入序列数据 ADC_IDATAx	0x3c+4 * x	0x0000 0000	bit[15:0]:IDATAn[15:0]
规则序列数据 ADC_RDATA	0x4c	0x0000 0000	bit[31:16]:ADC1RDTR[15:0]; bit[15:0]:RDATA[15:0]
过采样控制 ADC_OVSAMPCTL	0x50	0x0000 0000	bit[13:12]:DRES[1:0]; bit[9]:TVOS; bit[8:5]:OVSS[3:0]; bit[4:2]:OVSR[2:0]; bit[0]:OVSEN

7.4.4　程序实现

在实现用 DMA 将 ADC 转换数据传输到内存的程序中，包括 GPIO、ADC 和 DMA 等外设的设置和初始化、系统中断设置、中断服务程序以及系统管理等功能。

1. ADC 设置

选择 ADC，设置所选择 ADC 的通道模式、采样模式、采样率和数据对齐方式等属性，选择 ADC 触发方式和触发源，使能所选择的 ADC 通道。在函数 void adc_config(void)中所调用的函数，在本书提供的参考代码中(http://hexiaoqing.net/publications/)。

选择 ADC0 转换器，使用自由通道模式。

```
void adc_config(void)
{
    /* 复位 ADC0 */
    adc_deinit(ADC0);
    /* 设置 ADC0 和 ADC1 通道模式 */
    adc_mode_config(ADC_MODE_FREE);
    /* 关闭 ADC 连续采集模式 */
    adc_special_function_config(ADC0, ADC_CONTINUOUS_MODE, DISABLE);
    /* 关闭 ADC 扫描模式 */
    adc_special_function_config(ADC0, ADC_SCAN_MODE, DISABLE);
    /* 数据右对齐 */
    adc_data_alignment_config(ADC0, ADC_DATAALIGN_RIGHT);
    /* 只使用一个通道 */
    adc_channel_length_config(ADC0, ADC_REGULAR_CHANNEL, 1);
    /* 设置通道 channel 13,排序 0,采样率 */
    adc_regular_channel_config(ADC0, 0, ADC_CHANNEL_13, ADC_SAMPLETIME_55POINT5);
    /* 选择定时器 TIMER1 的通道 1 作为 ADC 采样外触发源 */
    adc_external_trigger_source_config(ADC0, ADC_REGULAR_CHANNEL, ADC0_1_EXTTRIG_
    REGULAR_T1_CH1);
    /* 启用 ADC 外触发 */
    adc_external_trigger_config(ADC0, ADC_REGULAR_CHANNEL, ENABLE);
    /* 启用 ADC0 */
    adc_enable(ADC0);
    delay_1ms(1);
    /* 校准 ADC0 */
    adc_calibration_enable(ADC0);
    /* 启用 DMA0 */
    adc_dma_mode_enable(ADC0);
}
```

2. DMA 设置

选择 DMA 控制器 DMA0，通道 DMA_CH0，设置通道属性。源地址是 ADC 数据寄存器 ADC_RDATA，目标内存地址是全局数组 uint16_t adc_value[]。

```
void dma_config(void)
{
    /* DMA 通道数据结构 */
    dma_parameter_struct dma_data_parameter;
    /* DMA 通道属性 */
    dma_data_parameter.periph_addr   = (uint32_t)(&ADC_RDATA(ADC0));
                                                    //外设 ADC0 数据寄存器
    dma_data_parameter.periph_inc    = DMA_PERIPH_INCREASE_DISABLE;
                                                    //外设地址不变
    dma_data_parameter.memory_addr   = (uint32_t)(&adc_value);
                                                    //内存数据地址
    dma_data_parameter.memory_inc    = DMA_MEMORY_INCREASE_ENABLE;
                                                    //内存地址增加
    dma_data_parameter.periph_width = DMA_PERIPHERAL_WIDTH_16BIT;
                                                    //外设数据宽度 32 bit
    dma_data_parameter.memory_width = DMA_MEMORY_WIDTH_16BIT;
                                                    //内存数据宽度 32 bit
    dma_data_parameter.direction     = DMA_PERIPHERAL_TO_MEMORY;
                                                    //外设到内存
    dma_data_parameter.number        = 2;           //传输次数
    dma_data_parameter.priority      = DMA_PRIORITY_HIGH; //高优先级
    /* 初始化 DMA 控制器 DMA0, 通道 DMA_CH0 */
    dma_init(DMA0, DMA_CH0, &dma_data_parameter);
    /* 使能循环模式 */
    dma_circulation_enable(DMA0, DMA_CH0);
    /* 使能 DMA0_CH0 */
    dma_channel_enable(DMA0, DMA_CH0);
}
```

3. 设置时钟和 GPIO

使能 ADC、DMA、GIPIO 和 TIMER 时钟，将 I/O 引脚设置成模拟输入。

```
void rcu_config(void)
{
    /* 使能 GPIO 时钟 */
    rcu_periph_clock_enable(RCU_GPIOA);
    /* 使能 ADC0 时钟 */
    rcu_periph_clock_enable(RCU_ADC0);
    /* 使能 DMA0 时钟 */
    rcu_periph_clock_enable(RCU_DMA0);
    /* 使能定时器时钟 */
```

```
    rcu_periph_clock_enable(RCU_TIMER1);
    /* 使能外设总线时钟 */
    rcu_adc_clock_config(RCU_CKADC_CKAPB2_DIV8);
}
void gpio_config(void)
{
    /* 将 GPIO_PIN_0 设置成模拟输入 */
    gpio_init(GPIOA, GPIO_MODE_AIN, GPIO_OSPEED_50MHZ, GPIO_PIN_0);
}
```

4. 初始化定时器

初始化定时器 TIMER1,设置定时器参数和输出模式。

```
void timer_config(void)
{
    /* 定时器数据结构 */
    timer_oc_parameter_struct timer_ocintpara;
    timer_parameter_struct timer_initpara;
    /* 定时器属性 */
    timer_struct_para_init(&timer_initpara);
    timer_initpara.prescaler            = 5;
    timer_initpara.alignedmode          = TIMER_COUNTER_EDGE;
    timer_initpara.counterdirection     = TIMER_COUNTER_UP;
    timer_initpara.period               = 199;
    timer_initpara.clockdivision        = TIMER_CKDIV_DIV1;
    timer_initpara.repetitioncounter    = 0;
    /* 初始化定时器 */
    timer_init(TIMER1,&timer_initpara);
    /* 设置输出通道 CH1 PW 机器模式 */
    timer_channel_output_struct_para_init(&timer_ocintpara);
    timer_ocintpara.ocpolarity          = TIMER_OC_POLARITY_LOW;
    timer_ocintpara.outputstate         = TIMER_CCX_ENABLE;
    timer_channel_output_config(TIMER1, TIMER_CH_1, &timer_ocintpara);
    timer_channel_output_pulse_value_config(TIMER1, TIMER_CH_1, 100);
    timer_channel_output_mode_config(TIMER1, TIMER_CH_1, TIMER_OC_MODE_PWM1);
    timer_channel_output_shadow_config(TIMER1, TIMER_CH_1, TIMER_OC_SHADOW_DISABLE);
    /* 定时器自动装载 */
    timer_auto_reload_shadow_enable(TIMER1);
}
```

5. 中断服务程序

处理器响应 DMA0 通道 0 的中断请求,从内存中读取 ADC 转换结果,并把第一个数据打印出来。DMA 通过全局变量 adc_value 将数据传给中断服务程序。

```
/* 中断向量 30,汇编语言,在中断向量表文件中 */
.word DMA0_Channel0_IRQHandler
/* 中断服务程序 */
void DMA0_Channel0_IRQHandler()
{
    if(RESET != dma_interrupt_flag_get(DMA0, DMA_CH0, DMA_INTF_FTFIF)){
        printf("ADC0 regular channel 0 data = %d \r\n",adc_value[0]&0x0fff);
                                                                    //读取并打印
        delay_1ms(10);
        dma_interrupt_flag_clear(DMA0, DMA_CH0, DMA_INTF_FTFIF);  //清除中断标志
        }
    return;
}
```

6. 中断初始化

DMA 中断初始化,设置内核全局中断、中断控制器 ECLIC 和 DMA 中断请求。

```
void int_config(void)
{
    /* 开启全局中断 */
    global_interrupt_enable();
    /* 设置 ECLIC 中断优先级 */
    eclic_priority_group_set(ECLIC_PRIGROUP_LEVEL3_PRIO1);
    /* 开启 ECLIC DMA0 中断 */
    eclic_irq_enable(DMA0_Channel0_IRQn, 1, 1);
    /* 开启 DMA0,通道 0,传输结束中断 */
    dma_interrupt_enable(DMA0, DMA_CH0, DMA_INT_FTF);
    /* 清除中断标志 */
    dma_interrupt_flag_clear(DMA0, DMA_CH0, DMA_INTF_FTFIF);
}
```

7. 主程序

在主程序中,首先启动定时器 TIMER1,用定时器输出触发 ADC0 转换。然后,ADC0 将转换结果存入数据寄存器 ADC_RDATA,并启动 DMA 传输。接着,DMA 将 ADC_RDATA 寄存器中的数据写入内存中,并发出 DMA 中断请求。最后,DMA 中断服务程序打印保存在内存中的数据。

在程序启动时需要初始化处理器引脚、启动系统和外设时钟、初始化定时器、初始化 DMA 控制器、初始化 ADC 和中断控制器等。

```
int main(void)
{
    rcu_config();                       //设置系统时钟
    gpio_config();                      //设置 GPIO
    timer_config();                     //设置定时器
    dma_config();                       //设置 DMA
    adc_config();                       //设置 ADC
    int_config();                       //设置 DMA 中断
    timer_enable(TIMER1);               //启用定时器 1
        while(1){
        __asm("wfi");                   //睡眠
    }
    timer_disable(TIMER1);              //关闭定时器
}
```

7.5　触摸屏中断

触摸屏控制是最常用的人机交互技术之一，LCD 显示加电阻触摸屏是一种典型的触控技术组合。GD32VF103V-EVAL 开发板集成了 LCD 显示和电阻触摸屏，利用处理器的存储控制器 EXMC 接口连接 LCD，使用 I^2S 接口连接触摸屏。

7.5.1　扩展处理器外部设备

在嵌入式系统中，集成在微处理器内部的外设可以满足大部分应用的需求。当系统需要应用处理器所不具备的功能时，例如增加 Wi-Fi 通信模块和系统 RAM 或 ROM 存储资源等，需要在微处理器的外部扩展设备。

那么如何在系统中扩展微处理器的外部功能设备，以及如何在程序中访问或控制这些在系统中扩展的设备呢？

早期微处理芯片内部所集成的设备和接口很少，系统设计时，需要通过在处理器外部总线上连接其他芯片和器件，扩展新的功能。在图 7.17 中，处理器在外部总线上扩展 I/O 接口器件，并通过总线访问和控制外部 I/O 设备。

微控制器(MCU)已经广泛应用于嵌入式系统，它内部集成了 GPIO、UART 等常用的外部接口和设备。然而，微控制器不可能集成所有设备接口。如果系统中需要使用微控制器内部未集成的功能，例如显示和通信等，通常将在微控制器的外部总线上连接功能芯片或器件，扩展新功能的硬件。将所扩展的外部设备的存储空间或寄存器映射到处理器的内存或 I/O 空间，处理器以内存访问方式或 I/O 访问方式，访问和控制所扩展的外部硬件，在程序中实现和应用扩展功能。

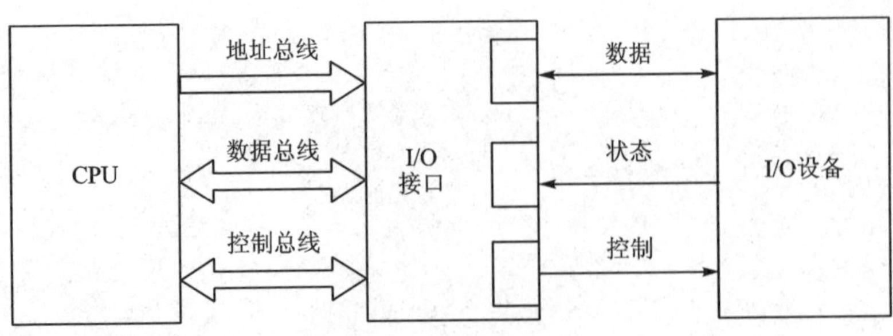

图 7.17　扩展 I/O 接口

7.5.2　LCD 和触摸屏扩展

GD32VF103V-EVAL 评估板集成一块 240×320、262K 彩色 TFT LCD 显示屏，以及一块电阻性触摸屏。

如图 7.18 所示为评估板上 LCD 和触摸屏的接口原理图。其中，LCD 驱动芯片的 16 位数据线连接到处理器 EXMC 存储数据总线 EXMC_D15～EXMC_D0。EXMC 控制总线的读 EXMC_NOE、写 EXMC_NEW 和使能 EXMC_NEO 信号分别连接到 LCD 驱动芯片的读、写和片选 LCD_CS 引脚。处理器 EXMC 地址总线 A23 连接到 LCD 驱动芯片的 DC 控制线。DC=1，写入数据；DC=0，写入命令。

触摸屏驱动芯片选用 XPT2046。XPT2046 自动读取触点处的 X 方向和 Y 方向的电压值，经 XPT2046 内部 ADC 转换成数字信号，并通过 SPI 接口传送到处理器。

1. LCD 驱动芯片

评估板上所选用的 LCD 驱动芯片是 SSD1289。SSD1289 的并行数据线连接 GD32VF103 的 EXMC 外部数据总线。处理器通过数据总线，将控制 LCD 的命令和数据写入 LCD 驱动芯片 SSD1289 中。

SSD1289 集显示储存 GGDRAM、电源电路、门极驱动和源极驱动于一体，可以驱动高达 262K 彩色非晶 TFT 面板，分辨率为 240×320 RGB。

SSD1289 支持两种显示数据输入接口：处理器接口或视频信号接口。通过 8/9/16/18 位 6800 系列/x86 系列兼容并行接口，微处理器将数据写入 SSD1289 内的显示存储器 GDDRAM 中。利用 18/16/6 位视频接口，SSD1289 可以与集成 LCD 驱动的处理器和器件无缝连接。

在 LCD 芯片中 GDDRAM 映射到 GD32VF103 的外部存储区 Bank0。Bank0 的地址范围 0x6000 0000～0x63FF FFFF，GDDRAM 的容量是 172 800 字节。当 EMXC 地址线 A23=1 时，处理器向 LCD 控制器写入显示控制命令和 GDDRAM 内部地址；当 A23=0 时，处理器将显示数据写入 LCD 控制器内部 GDDRAM。由于数据总线宽度为 16 位，地址 A23=1 对应于处理器的地址区间是 0x6100 0000～0x61FF FFFF；A23=0 对应于地址区间 0x6000 0000～0x60FF FFFF。因此，在程

序中通过访问 A23=1 所对应的处理器存储区，写入 LCD 命令和 GDDRAM 内部地址；通过访问 A23=0 所对应的处理器存储区，将显示数据写入 GDDRAM。

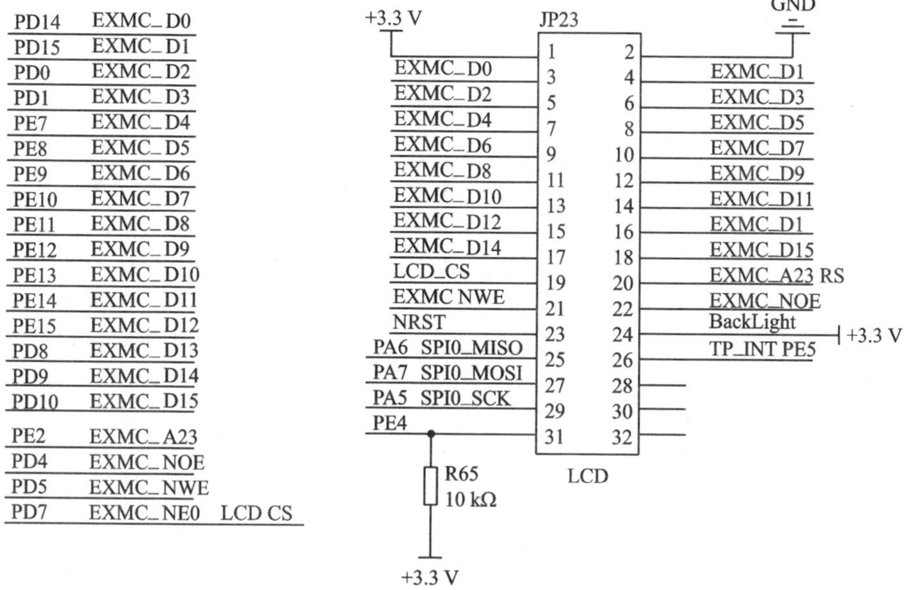

图 7.18　GD32VF103V-EVAL LCD 和触摸屏接口原理

GDDRAM 中的数据地址与 LCD 显示屏上的像素位置相对应，对应关系与 LCD 的显示模式相关。

在 GD32VF103V-EVAL 中，LCD 驱动芯片 SSD1289 采用微处理器接口模式。在初始化阶段，处理器将命令写入 SSD1289，设置显示属性，初始化 LCD。显示时，处理器将需要显示的各个像素数据写入显示内存 GDDRAM 中，LCD 显示所写入的信息。

2. 触摸屏驱动

如图 7.19 所示为触摸屏控制芯片 XPT2046 的结构图。芯片引脚 YN、YP 分别连接到触摸屏 Y 方向的负极和正极，XN、XP 分别连接到触摸屏 X 方向的负极和正极。引脚 DIN、DOUT 和 DCLK 分别是 SPI 接口的数据输入、输出和时钟。引脚 CSN 是片选信号。引脚 BUSY 和 PENIRQN 是输出状态。DIN、DOUT 和 DCLK 分别与处理器引脚 PA6、PA7 和 PA5，即与 SPI0 接口的 MISO、MOSI 和 SCK 连接。CSN 和 PENIRQN 分别连接到 GPIO 的 PE4 和 PE5。

按下触摸屏后，引脚 PENIRQN 从“1”变为“0”，发出外中断请求。处理器从 XPT2046 的 SPI 接口读取触点处 X 方向和 Y 方向的电压值。读取电压值后，程序根据电压值计算出触点位置所映射到 LCD 上的像素坐标。为了减轻干扰和噪声的影响，程序中多次读取同一点的电压值，取其平均值用于计算位置坐标。

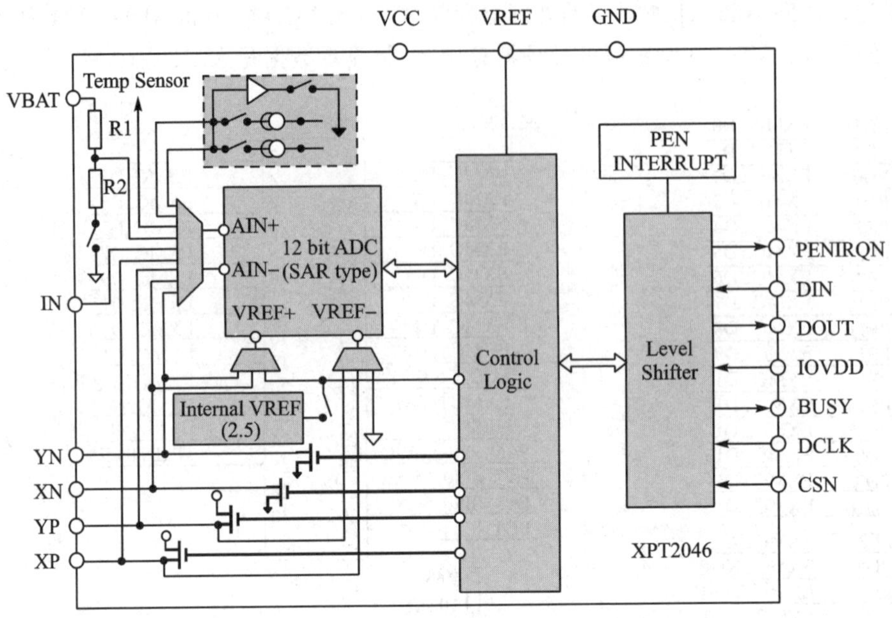

图 7.19 XPT2046 结构图

7.5.3 程序实现

触摸屏交互程序包括 LCD 显示和触摸屏电压读取两部分。

在 LCD 显示部分，首先设置处理器的 EXMC 接口，访问 LCD 控制器，然后设置 LCD 显示属性，最后将显示数据写入驱动芯片的显示存储器 GDDRAM。

在触摸屏部分，首先将处理器与触摸屏控制器相连的 I/O 引脚设置成通用 I/O，然后用 I/O 模拟 SPI 时序，访问触摸屏控制器。在中断服务程序中读取触点 X 和 Y 方向的电压值，计算触点的像素坐标。

1. 设置处理器 EXMC 接口

设置处理器与 LCD 驱动芯片的接口 EXMC，包括选择处理器引脚功能和设定总线时序。

(1) 处理器引脚设置

选择 EXMC 接口的外部存储器功能，使用 D0～D15 数据总线，读 NOE、写 NEW 和片选 NE0。

```
/*设置数据总线 EXMC_D0 到 EXMC_D15*/
gpio_init(GPIOD,GPIO_MODE_AF_PP,GPIO_OSPEED_50MHZ,GPIO_PIN_0|GPIO_PIN_1|
GPIO_PIN_8|GPIO_PIN_9|GPIO_PIN_10 | GPIO_PIN_14 | GPIO_PIN_15);
gpio_init(GPIOE,GPIO_MODE_AF_PP,GPIO_OSPEED_50MHZ,GPIO_PIN_7|GPIO_PIN_8|
GPIO_PIN_9|GPIO_PIN_10| GPIO_PIN_11|GPIO_PIN_12|GPIO_PIN_13|GPIO_PIN_14|
GPIO_PIN_15);
```

```
/* 设置地址线 EXMC_A23,用于选择 GDDRAM 命令、地址或数据 */
gpio_init(GPIOE, GPIO_MODE_AF_PP, GPIO_OSPEED_50MHZ, GPIO_PIN_2);
/* 设置读 EXMC_NOE 写 EXMC_NWE */
gpio_init(GPIOD, GPIO_MODE_AF_PP, GPIO_OSPEED_50MHZ, GPIO_PIN_4 | GPIO_PIN_5);
/* 设置片选 EXMC_NE0 */
gpio_init(GPIOD, GPIO_MODE_AF_PP,GPIO_OSPEED_50MHZ, GPIO_PIN_7);
```

(2) 设置 EXMC 接口时序,支持 SSD1289 片内显存 GDDSRAM

① 时序数据结构。

```
typedef struct
{
    uint32_t bus_latency;                    //总线延时
    uint32_t asyn_data_setuptim;             //数据建立时间
    uint32_t asyn_address_holdtime;          //地址保持时间
    uint32_t asyn_address_setuptime;         //地址建立时间
}exmc_norsram_timing_parameter_struct;
```

② 总线数据结构。

```
typedef struct
{
    uint32_t norsram_region;                 //存储映射地址段 bank
    uint32_t asyn_wait;                      //总线等待使能
    uint32_t nwait_signal;                   //总线等待信号 NWAIT 使能
    uint32_t memory_write;                   //写操作使能
    uint32_t nwait_polarity;                 //等待信号 NWAIT 极性
    uint32_t databus_width;                  //存储总线宽度
    uint32_t memory_type;                    //外存储器类型
    uint32_t address_data_mux;               //地址和数据总线复用使能
    exmc_norsram_timing_parameter_struct * read_write_timing;
}exmc_norsram_parameter_struct;
```

③ 初始化 EXMC,设置 LCD 接口属性。

```
void exmc_norsram_init(exmc_norsram_parameter_struct * exmc_norsram_init_struct)
{
    uint32_t snctl = 0x00000000U, sntcfg = 0x00000000U;
    /* 设置 EXMC 总线 */
    snctl = EXMC_SNCTL(exmc_norsram_init_struct->norsram_region);//读寄存器
    snctl &= ((uint32_t)~(EXMC_SNCTL_NREN | EXMC_SNCTL_NRTP | EXMC_SNCTL_NRW |
    EXMC_SNCTL_NRWTPOL | EXMC_SNCTL_WREN | EXMC_SNCTL_NRWTEN | EXMC_SNCTL_ASYNCWAIT
    | EXMC_SNCTL_NRMUX));
    /* 设置总线属性 */
```

```
    snctl |= (uint32_t)(exmc_norsram_init_struct->address_data_mux <<
    SNCTL_NRMUX_OFFSET) |
                        exmc_norsram_init_struct->memory_type |
                        exmc_norsram_init_struct->databus_width |
                        exmc_norsram_init_struct->nwait_polarity |
                        (exmc_norsram_init_struct->memory_write <<
SNCTL_WREN_OFFSET) |
                        (exmc_norsram_init_struct->nwait_signal <<
SNCTL_NRWTEN_OFFSET) |
                        (exmc_norsram_init_struct->asyn_wait <<
SNCTL_ASYNCWAIT_OFFSET);
    /* 设置总线时序 */
    sntcfg = (uint32_t)((asyn_address_setuptime - 1U) & EXMC_SNTCFG_ASET )|
    (((asyn_address_holdtime - 1U)<< SNTCFG_AHLD_OFFSET ) & EXMC_SNTCFG_AHLD ) |
    (((asyn_data_setuptime - 1U ) << SNTCFG_DSET_OFFSET ) & EXMC_SNTCFG_DSET ) |
    (((bus_latency - 1U ) << SNTCFG_BUSLAT_OFFSET ) & EXMC_SNTCFG_BUSLAT );
    /* 将扩展存储器设置为 NOR FLASH */
    if(EXMC_MEMORY_TYPE_NOR == exmc_norsram_init_struct->memory_type){
        snctl |= (uint32_t)EXMC_SNCTL_NREN;
    }
    /* 设置存储地址区域 */
    EXMC_SNCTL(exmc_norsram_init_struct->norsram_region) = snctl;
    EXMC_SNTCFG(exmc_norsram_init_struct->norsram_region) = sntcfg;
    EXMC_SNCTL(norsram_region) |= (uint32_t)EXMC_SNCTL_NRBKEN;//使能 NOR Flash
}
```

2. LCD 控制

LCD 控制包括设置 LCD 属性和显示格式。

(1) 常数定义

```
#define BANK0_LCD_C      ((uint32_t)0x60000000)      //写入地址或命令
#define BANK0_LCD_D      ((uint32_t)0x61000000)      //写入数据
#define LCD_PIXEL_WIDTH            ((uint16_t)320)    //LCD 像素宽
#define LCD_PIXEL_HEIGHT           ((uint16_t)240)    //LCD 像素高
```

(2) LCD 控制器寄存器读/写

先通过命令方式写入 SSD1289 内部寄存器的地址，然后以数据方式读/写 SSD1289 内部寄存器。

```
/* 将数据写入 LCD 控制器内部的寄存器 */
void lcd_register_write(uint16_t register_id,uint16_t value)  //写寄存器
{
    *(__IO uint16_t *)(BANK0_LCD_C) = register_id;          //写入寄存器地址
    *(__IO uint16_t *)(BANK0_LCD_D) = value;                //向寄存器写入数据
}
/* 从 LCD 控制器内部的寄存器读取数据 */
uint16_t lcd_register_read(uint8_t register_id)              //读寄存器
{
    *(__IO uint16_t *)(BANK0_LCD_C) = register_id;          //写入寄存器地址
    Return( *(__IO uint16_t *)(BANK0_LCD_D));               //读取寄存器数值
}
```

(3) 读/写 SSD1289 显示存储 GDDRAM

```
/* 设置访问 GDDRAM 状态 */
void lcd_gram_write_prepare(void)                       //写入访问 GDDRAM 命令
{
    *(__IO uint16_t *)(BANK0_LCD_C) = 0x0022;          //写命令
}
/* 将数据写入 GDDRAM */
void lcd_gram_write(uint16_t rgb_code)
{
    *(__IO uint16_t *)(BANK0_LCD_D) = rgb_code;        //写入数据
}
/* 从 GDDRAM 读取数据 */
uint16_t lcd_gram_read(void)
{
    uint16_t data;
    *(__IO uint16_t *)(BANK0_LCD_C) = 0x0022;
    data = *(__IO uint16_t *)(BANK0_LCD_D);            //读数据
    return data;
}
```

(4) 初始化 LCD

```
void lcd_init(void)
{
    __IO uint16_t i;
    /* 读取 LCD 控制器设备码 */
    lcd_code = lcd_register_read(0x0000);
    if(0x8989 == lcd_code){                  //是否为 SSD1289
        lcd_register_write(0x0000,0x0001);
```

```
        ……
        lcd_register_write(0x004f,0);
    }
else{
        return;
    }
for(i = 50000;i>0;i--);                        //等待
return;
}
```

(5) 设置光标位置

选择 GDDRAM 内部地址，即 LCD 显示点的位置。

```
void lcd_cursor_set(uint16_t x,uint16_t y)
{
    lcd_register_write(0x004e,x);          //x 坐标
    lcd_register_write(0x004f,y);          //y 坐标
}
```

(6) 设置背景色

将 LCD 像素值初始化为 color。

```
void lcd_clear(uint16_t color)
{
    uint32_t index = 0;
    if(0x8989 == lcd_code){                          //是否为 SSD1289
        lcd_cursor_set(0,0);                         //设置初始地址
    lcd_gram_write_prepare();                        //设置 GDDRAM 写模式
        for(index = 0; index<LCD_PIXEL_WIDTH * LCD_PIXEL_HEIGHT; index ++ ){
            * (__IO uint16_t * ) (BANK0_LCD_D) = color; }}
                                                     //每次写操作内部地址递增
}
```

(7) LCD 点显示函数 LCD_Point

使用点显示函数可以实现任意形状的显示。

```
void lcd_point_set(uint16_t x,uint16_t y,uint16_t point)
{
    if ((x > LCD_PIXEL_HEIGHT)||(y > LCD_PIXEL_WIDTH)){    //是否在有效范围
        return;
    }
    if(0x8989 == lcd_code){                                //是否为 SSD1289
```

```
        lcd_cursor_set(x,y);                 //设置点坐标
        lcd_gram_write_prepare();
        lcd_gram_write(point);               //写入数值
    }
}
```

3. 触摸屏控制

处理器与触摸屏的 SPI 接口方式有两种:使用处理器的 SPI0 接口,使用 I/O 接口。如果使用 SPI0 接口,则通过 SPI0 控制器访问外接 SPI 设备。如果使用 I/O 接口,则通过 I/O 引脚的输出和输入,模拟 SPI 时序,访问外接 SPI 设备。本例用 I/O 模拟 SPI 访问时序。

(1) SPI 传输数据结构

```
typedef struct
{
    uint32_t device_mode;               //SPI 主从属性
    uint32_t trans_mode;                //传输模式
    uint32_t frame_size;                //数据帧长度
    uint32_t nss;                       //NSS 选项
    uint32_t endian;                    //大小段选择
    uint32_t clock_polarity_phase;      //时钟相位和极性
    uint32_t prescale;                  //时钟分频尺度
}spi_parameter_struct;
```

(2) 宏定义

定义 SCK、MISO,MOSI、CS 和 MISO 的定义省略。

```
#define  SPI_SCK_PIN         GPIO_PIN_5
#define  SPI_SCK_PORT        GPIOA
#define  SPI_SCK_LOW()       gpio_bit_reset(SPI_SCK_PORT, SPI_SCK_PIN)   //置 0
#define  SPI_SCK_HIGH()      gpio_bit_set(SPI_SCK_PORT, SPI_SCK_PIN)     //置 1
#define  SPI_MISO_PIN        GPIO_PIN_6
#define  SPI_MISO_READ()     gpio_input_bit_get(SPI_MISO_PORT, SPI_MISO_PIN)
                                                                         //读取数据
```

(3) SPI_IO 设置,将引脚设置为 I/O 模式

```
void touch_panel_gpio_configure(void)
{
    /* 设置 SPI_SCK 引脚,I/O 输出 */
    gpio_init(SPI_SCK_PORT, GPIO_MODE_OUT_PP, GPIO_OSPEED_50MHZ, SPI_SCK_PIN);
    /* 设置 SPI_MOSI 引脚,I/O 输出 */
    gpio_init(SPI_MOSI_PORT, GPIO_MODE_OUT_PP, GPIO_OSPEED_50MHZ, SPI_MOSI_PIN);
```

```
    /* 设置 SPI_MISO 引脚,I/O 输入 */
    gpio_init(SPI_MISO_PORT, GPIO_MODE_IN_FLOATING, GPIO_OSPEED_50MHZ,
    SPI_MISO_PIN);
    /* 设置片选信号,I/O 输出 */
    gpio_init(SPI_TOUCH_CS_PORT, GPIO_MODE_OUT_PP, GPIO_OSPEED_50MHZ,
    SPI_TOUCH_CS_PIN);
    /* 设置中断输入引脚,I/O 输入 */
    gpio_init(TOUCH_PEN_INT_PORT, GPIO_MODE_IN_FLOATING, GPIO_OSPEED_50MHZ,
    TOUCH_PEN_INT_PIN);
}
```

(4) GPIO 模拟 SPI 访问

① 设置时钟 CLK、MOSI 电平,读取 MISO 状态。

```
    /* 设置 MOSI 电平 */
    static void spi_mosi(uint8_t a)              //a = 1 置高;a = 0 置低
    {
        if(a)
            SPI_MOSI_HIGH();                     //输出高电平
    else
        SPI_MOSI_LOW();                          //输出低电平
}
/* 设置 CLK 电平 */
static void spi_clk(uint8_t a)                   //a = 1 置高;a = 0 置低
{
    if(a)
        SPI_SCK_HIGH();                          //输出高电平
    else
        SPI_SCK_LOW();                           //输出高电平
}
/* 读取 MISO 电平 */
static FlagStatus spi_miso(void)                 //读取数据位
{
    return SPI_MISO_READ();                      //读取电平值
}
```

② 读/写数据帧,使用循环,产生连续的时钟,在每个时钟读/写一位数据,8 位构成一个字节帧。

```
/* 模拟 SPI 启动时序 */
void touch_start(void)
{
    spi_clk(0);                                 //置片选低
```

```
    spi_cs(1);                          //置片选高
    spi_mosi(1);                        //置输出高
    spi_clk(1);                         //置时钟高
    spi_cs(0);                          //置片选低
}
/* 模拟写字节 */
void touch_write(uint8_t d)
{
    uint8_t buf, i ;
    spi_clk(0);                         //时钟置低
    for( i = 0; i < 8; i++ ){
        buf = ((d >> (7 - i)) & 0x1);
        spi_mosi(buf);                  //置输出数据位
        /* 模拟时钟脉冲 */
        spi_clk(0);                     //低
        spi_clk(1);                     //高
        spi_clk(0);                     //低
    }
}
/* 模拟读字节 */
uint16_t touch_read(void)
{
    uint16_t buf = 0 ;
    uint8_t i ;
    for( i = 0; i < 12; i++ ){
        buf = buf << 1 ;                //左移移位
        /* 模拟时钟脉冲 */
        spi_clk(1);
        spi_clk(0);
        if(RESET != spi_miso()){        //读取数据位
            buf = buf + 1 ;             //最低位置 1
        }
    }
    return( buf );
}
```

(5) 获取触点坐标

① 读取触摸屏状态。

```
FlagStatus touch_pen_irq(void)
{
    return TOUCH_PEN_INT_READ();        //读取触碰状态
}
```

② 读取触点电压。

```
/* 读取 X 方向电压 */
uint16_t touch_ad_x_get(void)                    //读取 X 方向电压
{
        if (RESET != touch_pen_irq())            //有触碰?
                return 0;
        touch_start();
        touch_write(0x00);                       //读寄存器
        touch_write(CH_X);                       //选择 X 通道
        return (touch_read());                   //读取
}
/* 读取 Y 方向电压 */
uint16_t touch_ad_y_get(void)                    //读取 Y 方向电压
{
    if (RESET != touch_pen_irq())
        return 0;
    touch_start();
    touch_write(0x00);                           //读寄存器
    touch_write(CH_Y);                           //选择 Y 通道
        return (touch_read());                   //读取
}
```

③ 像素坐标映射，通过 X，Y 方向的电压值，计算像素坐标。

```
/* 读取 X 方向像素坐标 */
uint16_t touch_coordinate_x_get(uint16_t adx)
{
    uint16_t sx = 0;
    uint32_t
    r = adx - AD_Left;
    r *= LCD_X - 1;
    sx =  r / (AD_Right - AD_Left);              //X 坐标
    if (sx <= 0 || sx > LCD_X)
        return 0;
    return sx;
}
/* 计算 Y 方向像素坐标 */
uint16_t touch_coordinate_y_get(uint16_t ady)
{
    uint16_t sy = 0;
    uint32_t
```

```
        r = ady - AD_Top;
        r *= LCD_Y - 1;
        sy =   r / (AD_Bottom - AD_Top);                    //Y 坐标
        if (sy <= 0 || sy > LCD_Y)
            return 0;
        return sy;
    }
```

4. 中断服务程序

收到触摸屏的外中断请求后，程序读取触点 X、Y 电压，并计算像素坐标。根据坐标位置判断所触位置的选项，然后控制相应的 LED。

```
void EXTI5_9_IRQHandler(void)
{
        if(RESET != exti_interrupt_flag_get(EXTI_5))
        {
        exti_interrupt_flag_clear(EXTI_5);
        /* 读取点坐标 */
        if(0x8989 == lcd_code){//SSD1289
            get_touch_area(touch_coordinate_x_get(touch_ad_x),(LCD_Y -
                            touch_coordinate_y_get(touch_ad_y)),num);
        }else if((0x9320 == lcd_code) || (0x9300 == lcd_code)){ //ILI9320
        get_touch_area(LCD_X - touch_coordinate_x_get(touch_ad_x),(LCD_Y -
                            touch_coordinate_y_get(touch_ad_y)),num);
        }
        /* 改变 button 显示，控制 LED */
        button_id = find_max(num);
        turn_on_led(button_id);
        change_picture(button_id);
        num[0] = num[1] = num[2] = num[3] = 0;
    }
}
```

7.6　本章小结

中断处理、DMA 数据传输和 LCD 显示是嵌入式应用程序中比较复杂却又非常重要的内容。本章通过按键中断、DMA 中断和触摸屏中断 3 个典型应用，介绍中断应用程序的开发方法，并详细讨论了 ADC 转换、DMA 数据传输以及 LCD 显示模块的扩展和程序开发方法。

第 8 章

深入 RISC-V 程序开发

在嵌入式系统软件开发过程中经常会遇到一些共性的问题。本章将讨论嵌入式系统程序中的启动程序、内存资源管理、程序优化和系统能耗管理等问题，并通过在GD32VF103V-EVAL 开发环境上所实现的程序进行说明。

8.1 RISC-V 启动程序

上电复位后，CPU 程序计数器 PC 指向程序空间的起始地址，读取指令并执行。

启动程序与处理器架构和类型紧密关联，是 CPU 启动后执行的第一段程序，它初始化处理器和系统硬件，为后续运行用高级语言编写的程序做准备。在不同类型处理器之间移植软件系统时，启动程序必须重写或改写。启动程序是引导装载程序(Bootloader)的关键部分，通常用汇编语言编写。例如，在 u-boot 中，CPU 的启动程序文件是“start. s”。

8.1.1 启动过程

当处理器上电，或者复位(RESET)引脚的电平由低变高时，处理器执行硬件初始化及内部自测试(Build-in Self-Test，BIST)，然后执行启动程序，最后执行由高级语言编写的程序，完成系统启动，进入正常工作状态。

启动程序通常包含处理器中断和异常向量表、处理器初始化模块、系统硬件初始化模块，以及准备高级语言程序运行环境模块等。如图 8.1 所示为一个典型嵌入式系统中的启动程序流程。

上电或复位后，处理器 PC 首先指向中断向量表的基地址，即复位中断向量的位置，然后执行启动程序。在启动程序中，先初始化处理器本身的工作状态，再初始化系统中处理器以外的硬件环境，然后初始化 C 语言程序运行环境，最后跳转到 C 语言程序入口 main。

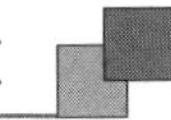

通常,初始化处理器的工作包括选择内核时钟源,设置内核工作频率,设置处理器工作模式,设置内核定时器,初始化存储管理单元,设置内部看门狗(Watchdog)电路,设置外部存储接口,设置内核中断使能及其他片内集成外设。

系统初始化系统中处理器外部的设备。

准备高级语言运行环境需要初始化系统堆栈,改变处理器模式或状态,为高级语言程序运行环境分配并初始化存储空间。

如图 8.2 所示为一个处理器初始化过程的示例。其中,初始化存储管理单元适用于拥有存储管理单元的处理器,并且该步骤必须在初始化处理器的存储器接口之后进行。

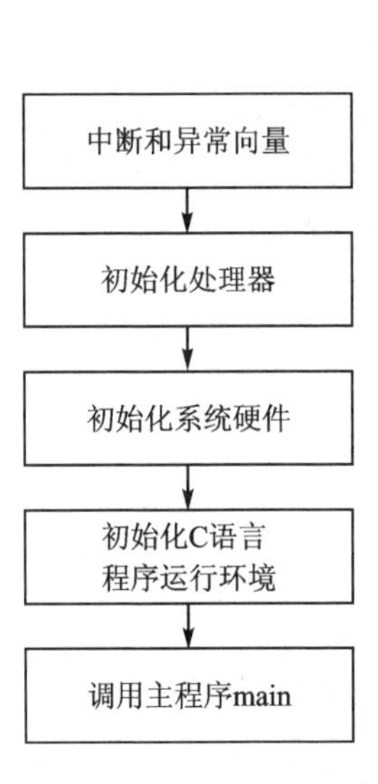

图 8.1　启动程序流程

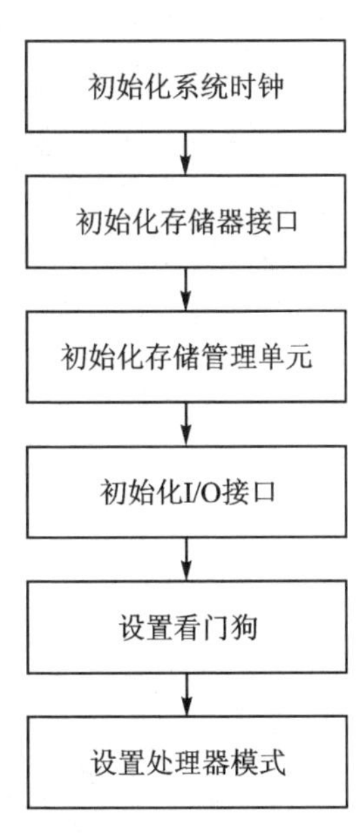

图 8.2　初始化处理器流程

8.1.2　RISC-V 启动程序简介

在 SEGGER Embedded Studio for RISC-V 中,GD32VF103 启动程序涉及 3 个汇编源文件:riscv-crt0.s、entry.s 和 GD32VF1xx_Startup.s,且包含 riscv-crt0.s 中代码所调用的 C 语言函数的文件。中断控制器 ECLIC 管理的中断向量表及中断向量设置代码在 GD32VF1xx_Startup.s 文件中。非向量中断服务入口程序在文件 entry.s 中。其中 riscv-crt0.s 是启动程序的主体部分。

在 GD32VF1xx_Startup.s 中,将中断向量表作为一个段 .section,声明为".section .vector",链接后分配在程序空间的起始位置。

1. riscv-crt0.s 分析

文件 riscv-crt0.s 的主要内容可分为 3 个部分：设置中断入口地址，初始化处理器和系统，准备 C 语言程序运行环境。在 riscv-crt0.s 的最后调用 main()，进入应用主程序。

在 Linker 选项中，选择“_start”作为启动程序入口，则复位后从_start 开始执行启动程序。

(1) 设置异常和中断处理程序入口

将异常和中断处理程序入口地址 trap_entry 写入 CSR 机器模式中断向量寄存器 mtvec，并清除 CSR 中断原因寄存器 mcause。

```
_start:
      ……
    la a0, trap_entry        //a0 = trap_entry，将异常处理入口地址装入寄存器
    csrw mtvec, a0           //将 a0 寄存器值写入 mtvec 寄存器
    csrw mcause, x0          //将 0 写入 mcause 寄存器
```

(2) 初始化处理器和系统

调用外部函数_init()进行初始化。如图 8.3 所示，riscv-crt0.s 调用_init()，_init()调用函数 SystemInit()。

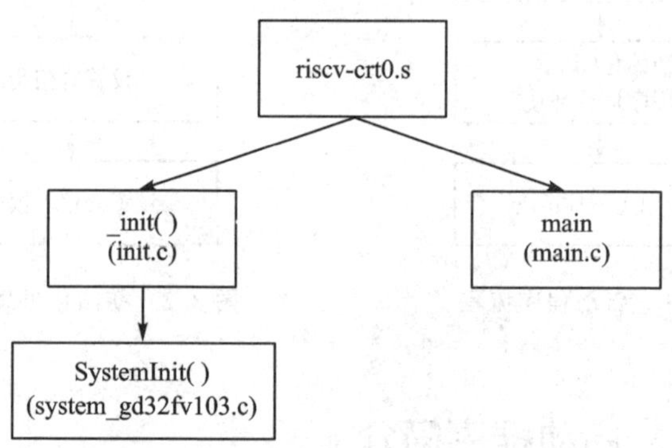

图 8.3 函数调用关系图

① 调用_init()，jalr 指令跳转到存于 t1 寄存器中的地址。

```
la t1, _init              //t1 = _init，将标签地址装入 t1 寄存器
jalr t1                   //pc = t1，将 t1 中的值赋给程序计数器 pc
```

② 调用 SystemInit()，_init()是 riscv-crt0.s 定义的空初始化函数，作为调用接口。实现程序时，在_init()中调用具体实现初始化功能的函数 SystemInit()，以及 eclic_init 等初始化函数。

```
void _init() {
        SystemInit();                                   //初始化系统时钟
        eclic_init(ECLIC_NUM_INTERRUPTS);               //初始化中断控制器 ECLIC
        eclic_mode_enable();                            //启用 ECLIC
}
```

③ 调用 SystemInit()函数，初始化处理器内部时钟。

```
void SystemInit(void)
{
    RCU_CTL |= RCU_CTL_IRC8MEN;             //选择内部时钟源
    ……
    RCU_INT = 0x00FF0000U;                  //关闭时钟中断
    system_clock_config();        //设置系统时钟，选择时钟源，设定锁相环、总线时钟等
}
```

(3) 初始化 C 语言运行环境和变量空间

1）设置栈空间、全局变量空间

```
la gp, __sdata_start__ + 0x800         //全局变量空间
la sp, __stack_end__                   //栈空间顶地址
la tp, __tbss_start__                  //线程变量空间起始地址
```

2）将需要快速执行的程序代码装入内部 RAM

系统启动后，从 ROM 中运行程序。为了提高程序运行速度，常把指令复制到处理器内部集成的紧耦合存储器(Inner Tight Couple Memory，ITCM)，并在 ITCM 中执行。下面的代码把 ROM 中的指令从__fast_load_start__地址开始，复制到 ITCM 中__fast_start__至__fast_end__的地址空间内。

```
/* 装载快速段 */
1        la a0, __fast_load_start__    //a0 = __fast_load_start__,装载标签处地址
2        la a1, __fast_start__         //a1 = __fast_start__,装载标签处地址,ITCM 始
3        la a2, __fast_end__           //a2 = __fast_end__,装载标签处地址,ITCM 终
4        bgeu a1, a2, 2f               //if(a1 == a1)goto 2,跳过复制操作
5    1:                                //局域标签
6        lw t0, (a0)                   //t0 = (a0),读取指令(4 字节)ROM
7        sw t0, (a1)                   //(a1) = t0,指令(4 字节)写入 RAM
8        addi a0, a0, 4                //a0 = a0 + 4,ROM 指针加 4
9        addi a1, a1, 4                //a1 = a1 + 4,RAM 指针加 4
10       bltu a1, a2, 1b               //if(a1<a2)goto 1,循环复制
11   2:
```

第 1 行，“__fast_load_start__”是 ROM 中的标签地址；第 2 行，“__fast_start__”

是 ITCM 标签地址；第 4 行，判断需要复制指令的总长度；第 10 行，判断指令复制是否完成。

3）读取数据段到 RAM

将 ROM 中数据段.data 中的初始数据复制到 RAM 中。“__data_load_start__”是 ROM 中.data 段的起始地址，“__data_start__”是 RAM 中.data 段的起始地址。

```
/* 装载数据段 */
        la a0, __data_load_start__    //a0 = __data_load_start__,装载标签位置地址
        la a1, __data_start__         //a1 = __data_start__,装载标签位置地址
        la a2, __data_end__           //a2 = __data_end__, 装载标签位置地址
        bgeu a1, a2, 2f               //if(a1 == a2)跳转到 2,结束数据装载
    1:
        lw t0, (a0)                   //t0 = (a0),读取 ROM 数据到 t0
        sw t0, (a1)                   //(a1) = t1,将 t0 数据写到 RAM 中(a1)
        addi a0, a0, 4                //a0 = a0 + 4,增加 ROM 指针
        addi a1, a1, 4                //a1 = a1 + 4,增加 RAM 指针
        bltu a1, a2, 1b               //if(a1<a2) 跳转 1, 循环复制
    2:
```

在 riscv-crt0.s 中，“rodata”段、“bss”段和“tbss”段中数据的复制方法与上述相似。

4）初始化数据空间

启动程序时需要对“bss”等未装载数据的段进行初始化。下列程序将“bss”段中的数据清 0。其中，“__bss_start__”是 RAM 中 bss 段的起始地址，“__bss_end__”是 RAM 中 bss 段的结束地址。

```
/* 将 bss 段中的数据清 0 */
        la a0, __bss_start__          //a0 = __bss_start__,获取标签位置地址
        la a1, __bss_end__            //a1 = __bss_end__, 获取标签位置地址
        bgeu a0, a1, 2f               //if(a0 == a1) 跳转到 2,结束装载
    1:
        sw   x0, (a0)                 //(a0) = 0, 将 0 写入内存
        addi a0, a0, 4                //a0 = a0 + 4,增加地址
        bltu a0, a1, 1b               //if(a0<a1) 跳转到 1,循环
    2:
```

5）初始化堆空间

在 C/C++语言程序中，在堆中分配程序中动态申请的内存空间。程序初始化堆的空间，将堆中的第 1 个字清 0，将堆的长度写入第 2 个字中。其中，“__heap_start__”是 RAM 中堆的起始地址，“__heap_end__”是 RAM 中堆的结束地址。

```
/* 初始化堆 */
la a0, __heap_start__        //a0 = __heap_start__,获取标签位置地址
la a1, __heap_end__          //a0 = __heap_end__,获取标签位置地址
sub a1, a1, a0               //a1 = a1 - a0, 计算堆的长度
sw x0, 0(a0)                 //(a0) = 0,将 0 写入堆中第 1 个字
sw a1, 4(a0)                 //(a0 + 4) = a1,将堆的长度写入堆中第 2 个字
```

6) 初始化全局构造函数空间

C++类的构造函数存放在构造函数段。程序从构造函数段逐一获取构造函数指针并执行。其中,"__ctors_start__"是 RAM 中构造函数段的起始地址,"__ctors_end__"是 RAM 中构造函数的结束地址。

```
/*执行构造函数 */
    la s0, __ctors_start__       //s0 = __ctors_start__,获取起始地址
    la s1, __ctors_end__         //s1 = __ctors_end__,获取结束地址
1:
    beq s0, s1, 2f               //s1 == s0 ? 如果完成,则跳出循环
    lw t1, 0(s0)                 //t1 = [s0],读取构造函数入口地址
    addi s0, s0, 4               //s0 = s0 + 4
    jalr t1                      //执行构造函数
    j 1b                         //循环执行
2:
```

(4) 进入主函数 main

引导程序最后跳转到 C/C++程序的入口 main。如果 main 函数需要参数,则在跳转前需将参数写到 a0、a1 寄存器。

```
li a0, 0          //写入参数 1
li a1, 0          //写入参数 2
la t1, main       //装载主程序入口地址
jalr t1           //进入主程序
```

2. GD32VF1xx_Startup.s 分析

GD32VF1xx 通过 ECLIC 管理处理器的多个中断。如果在应用程序中使用中断,则需要设置中断向量表。GD32VF1xx_Startup.s 包括中断向量表(见表 7.2)和复位中断服务程序 Reset_Handler。

如果使用中断向量表处理中断请求,则在 Linker 选项中需要将"Reset_Handler"设置为程序入口。

① Reset_Handler 入口,根据启动程序所在内存地址选择分支跳转。

```
Reset_Handler:
    la   a0, _start                 //读取启动代码入口地址
    li   a1, 1
    slli a1, a1, 29                 //a1 = 0x2000 0000, 片内 SRAM 起始地址
    bleu a1, a0, _start0800         //如果_start 在 SRAM 起始位置,则跳到_start0800
    srli a1, a1, 2                  //a1 = 0x800 0000, 片内 Flash 起始地址
    bleu a1, a0, _start0800         //如果_start 在 Flash 起始位置,则跳到_start0800
    la   a0, _start0800
    add  a0, a0, a1                 //a0 + a1 = 0x800 000 + _start0800,Flash 偏移
    jr   a0                         //跳到_start0800
```

② 设置中断向量,将中断向量表的基地址写入 mtvt,设置非向量中断和内核异常处理程序入口。

```
_start0800:
    li t0, 0x200
    csrs CSR_MMISC_CTL, t0          //NMI 与其他中断共享向量表
    /* 设置 ECLIC 中断向量表入口地址 */
    la t0, vector_base
    csrw CSR_MTVT, t0
    /* 设置非向量中断服务程序入口 */
    la t0, irq_entry
    csrw CSR_MIRQ_ENTRY, t0
    csrs CSR_MIRQ_ENTRY, 0x1
    /* 设置内核异常处理程序入口 */
    la t0, trap_entry
    csrw CSR_MTVEC, t0
    /* 跳到启动代码入口_start */
    la t1, _start
    jalr t1
```

3. entry.s 分析

entry.s 文件中包括 RISC-V 内核异常服务程序 trap_entry 和非向量模式中断服务程序 irq_entry。

(1) trap_entry

响应异常请求后,进入 trap_entry,保存寄存器数据到栈中,跳转到处理函数 handle_trap,处理完成后恢复数据并返回。

```
trap_entry:
    addi sp, sp, -19 * REGBYTES            //分配栈空间
    SAVE_CONTEXT                           //保存通用寄存器,已定义宏
    SAVE_MEPC_MSTATUS                      //保存 mepc 和 mstatus 寄存器值,已定义宏
    /* 调用内核异常处理函数 handle_trap */
    csrr a0, mcause
    mv a1, sp
    call handle_trap                       //使用 ECLIC 后,handle_trap 为空
    /* 恢复上下文 */
    RESTORE_MEPC_MSTATUS                   //恢复 mepc 和 mstatus 寄存器值,已定义宏
    RESTORE_CONTEXT                        //恢复通用寄存器,已定义宏
    addi sp, sp, 19 * REGBYTES             //释放栈空间
    mret                                   //机器模式返回
```

(2) irq_entry

在非向量中断模式下,在响应所有中断请求后,处理器先进入 irq_entry,然后通过执行指令“csrrw ra, CSR_MINTSEL_JAL, ra”,访问自定义 CSR 寄存器 CSR_MINTSEL_JAL,进入中断向量表中对应的服务程序。

```
irq_entry:
    ……
    /* 备份 CSR 寄存器 */
    csrrwi  x0, CSR_PUSHMCAUSE, 16
    csrrwi  x0, CSR_PUSHMEPC, 17
    csrrwi  x0, CSR_PUSHMXSTATUS, 18
service_loop:
    csrrw ra, CSR_MINTSEL_JAL, ra          //跳到中断向量
    /* 恢复寄存器 */
    RESTORE_CONTEXT_EXCPT_X5
    /* 关闭中断 */
    DISABLE_MIE
    /* 恢复 CSR 寄存器 */
    LOAD x5,  18 * REGBYTES(sp)
    csrw CSR_MXSTATUS, x5
    LOAD x5,  17 * REGBYTES(sp)
    csrw CSR_MEPC, x5
    LOAD x5,  16 * REGBYTES(sp)
    csrw CSR_MCAUSE, x5
    RESTORE_CONTEXT_ONLY_X5
    ……
    mret
```

8.2　巧用存储资源

嵌入式系统通常包含多种类型的存储器,例如 RAM、ROM 和寄存器等。而 RAM 又包括 CPU 内部 RAM 和外部 RAM。同一系统中,不同类型存储器映射到

处理器存储空间的不同地址区间。

嵌入式系统中存储设备的多样性和地址的不连续性，增加了在程序中管理内存的复杂程度。

8.2.1 C 语言存储修饰符

在 C 语言中，可以使用修饰符指定变量的存储特性。在声明变量前加上特定修饰符，可以限定该变量的存储类型。常用的修饰符有 auto、static、extern、const、register 和 volatile。在嵌入式 C 语言程序中，const、register 和 volatile 有特殊的作用。

const 修饰的对象为常量。修饰对象可以是数据，也可以是指针。在下列例子中，第 1 行声明常量 k；第 2 行声明指针常量 ptr；第 3 行声明常量数据。

```
1  const int k = 1024;              //k 的值不可改变
2  int * const ptr;                 //ptr 地址不可改变
3  const int * ptr;                 //ptr 位置的数据不可改变
```

在嵌入式系统中，常把 const 修饰的全局和静态变量分配到 ROM 空间。例如，“int k;”中的 k 分配在可写的 RAM 空间中，“const int k;”中的 k 分配在不可写的 ROM 空间。

用 register 修饰使用频率较高的局部变量，命令编译器尽可能地将变量存在 CPU 内部寄存器中，而不是通过内存寻址访问，以提高效率。RISC-V 有 32 个通用寄存器，可以同时存储多个变量。在示例 8.1 中，左侧列出了使用修饰符 register 后 C 语言源程序编译生成的汇编语言，右侧是未使用 register C 语言源程序编译后生成的汇编语言。可以看出，没有使用修饰符时，变量 a 和 b 保存在栈中；添加修饰符后，变量 a 保存在寄存器 ra 中，变量 b 保存在寄存器 s0 中。

示例 8.1：register 修饰符对编译后生成代码的影响。

```
/*
int main(void)
    { register int a = 50, b = 150;
     int value = max(a,b);
    ……}
*/
main:
    ……
    li ra,50   //ra = 50,ra 寄存器变量 a
    li s0,150  //s0 = 150,s0 寄存器变量 b
    mv a1,s0   //a1 = b
    mv a0,ra   //a0 = a
    call max   //调用函数 max
    ……
```

```
/*
int main(void)
{ int a = 50, b = 150;
int value = max(a,b);
……}
*/
main:
    ……
    li a5,50        //a5 = 50
    sw a5,8(sp)     //a = a5, a 在栈中
    li a5,150       //a5 = 150
    sw a5,4(sp)     //b = 150,b 在栈中
    lw a1,4(sp)     //a1 = b
    lw a0,8(sp)     //a0 = a
    call max        //调用函数 max
    ……
```

使用 register 修饰变量时，要求变量必须是处理器内核所支持的数据类型，并且数据不大于处理器所支持的整数。另外，使用 register 修饰的变量不能使用“&”操作获取地址。

如果使用 register 修饰的变量数目大于 RISC-V 可用的寄存器数量，则编译器将自动忽略所添加的修饰符 register。

在嵌入式系统应用程序中，通常在 I/O 端口指针变量前添加修饰符 volatile，保证访问数据的时效性。常见的使用场景包括中断服务程序、访问系统中的外部器件以及多个任务访问共享变量。

读取 volatile 修饰后的变量时，将直接读取目标内存地址或 I/O 寄存器中的内容，而不是从临时寄存器、栈中的临时变量以及系统缓存中复制内容。

经 volatile 修饰的任何变量的读/写操作语句都不会被优化。例如，在示例 8.2 中，使用赋值语句 ioport 产生脉冲，前 3 条写语句可能被编译器优化删除，从而导致输出波形错误。如果将“char *ioport”改写成“volatile char *ioport”，那么前 3 条写语句就不会被编译器删除。

示例 8.2：I/O 模拟输出时序。

```
volatile unsigned char *ioport;
*ioport = 0;
*ioport = 1;
*ioport = 1;
*ioport = 0;
```

8.2.2　堆和栈

程序运行时，C 语言程序中的变量和数据可以存储在内存的静态存储区、栈或堆中。

在程序编译阶段分配静态存储空间，静态存储空间的变量和数据在整个程序运行期间内有效。静态存储区中包含程序代码段和数据段。编译后生成的所有程序指令存储在代码段。

数据段包括只读数据段、已初始化的读/写数据段和未初始化段（BSS）三部分。

只读数据段是程序中使用的一些不会被更改的数据，放置在系统的 ROM 空间。经 const 修饰的变量，以及程序中使用的常数等常量通常存放在该段中。

已初始化数据段是在程序中声明，并且具有初值的变量。这些变量占用存储器的空间，位于可读/写的内存区域内，并且有初始值，以供程序运行时读/写。已经初始化的全局变量和静态（static）局部变量存放在该段中。

未初始化段（BSS）通常存放程序中未初始化的全局变量和静态变量，是可读/写内存区域。

在系统启动的初始化阶段创建栈和堆的空间，栈保存程序中的局部和临时变量，堆为程序中动态申请的内存提供存储空间。因此,栈和堆常称为动态存储区。

BSS 段、栈和堆空间的大小不会影响可执行程序文件的长度。

执行函数时,函数内的局部变量都可以在栈空间上分配存储单元。退出函数时,这些存储单元将被自动释放。

运行时,程序中用 malloc 或 new 在堆中申请内存资源,用 free 或 delete 释放动态申请的内存资源。动态内存的生存周期从用程序申请成功开始到在程序中释放结束。动态申请的内存必须在程序中释放,否则会出现内存泄漏。

在 C 语言中,变量的作用域不仅影响变量的时效性,还影响变量在内存中的区域。在函数内部定义的变量称为局部变量(Local Variable),它的作用域也仅限于函数内部,存储在栈空间中。在所有函数外部定义的变量称为全局变量(Global Variable),它的默认作用域是整个程序,也就是所有的代码文件,包括源文件(.c 文件)和头文件(.h 文件)。如果给全局变量加上 static 关键字,则它的作用域就变成了当前文件。链接时在静态区中为全局变量分配内存空间。在示例 8.3 中,链接时将全局变量 status 和 value 分配到静态存储区,其中 static 关键字限定变量能否被其他文件中的代码访问,而代码块域中的变量 t、ptr 和 local_st 则要根据不同的定义方法,分配到不同的区域,其中 t 和 ptr 是局部变量,存储在栈中;local_st 是静态变量,存储在静态存储区中。ptr 指向由 malloc 分配的空间。

示例 8.3:变量类型。

```
/*main.c*/
#include <stdio.h>
#include <stdlib.h>
static int status;                          //静态全局变量,静态存储区
int value;                                  //全局变量,静态存储区
int main(void)
{
    int t = 0;                              //局部变量,栈上申请
    int *ptr = NULL;                        //指针变量
    static int local_st = 0;                //静态变量
    local_st ++;
    t = local_st;
    ptr = (int *)malloc(sizeof(int));       //从堆上申请空间
    if(ptr != NULL)
    {  free(ptr);
       ptr = NULL;                          //free 后需要将 ptr 置空。
    }
}
```

在运行 C 语言用户程序前系统必须创建和分配栈和堆空间,确定内存中栈和堆的位置和大小。栈和堆的空间过小,可能导致程序运行错误。如果扩大栈和堆的空

间，将增加对系统内存资源的要求。因此需要根据系统中程序的实际情况，设置栈和堆的大小。

通常，在编写系统启动程序时用宏定义，或者用程序工程属性的“code”选项设置栈和堆的大小。例如，在 ARM 处理器 s3c2410A 的启动程序 s3c2410A.s 中，用宏定义栈和堆的大小。

```
/ * s3c2410A.s * /
UND_Stack_Size  EQU     0x00000000                    //未定义异常模式
SVC_Stack_Size  EQU     0x00000008                    //监督模式栈
ABT_Stack_Size  EQU     0x00000000                    //读/写异常模式
FIQ_Stack_Size  EQU     0x00000000                    //快速中断模式
IRQ_Stack_Size  EQU     0x00000080                    //中断模式
USR_Stack_Size  EQU     0x00000400                    //用户模式
Stack_Size      EQU     (UND_Stack_Size + SVC_Stack_Size + ABT_Stack_Size +
\FIQ_Stack_Size + IRQ_Stack_Size + USR_Stack_Size)    //总空间
Heap_Size       EQU     0x00000000                    //堆空间大小
Heap_Size       EQU     0x00000000Heap_Size      EQU     0x00000000
```

如图 8.4 所示为 SEGGER Embedded Studio for RISC-V 中，使用程序工程选项设置栈和堆大小的窗口。相应的链接脚本文件中的内容如下：

```
/ * hello.ld * /
  __HEAPSIZE__ = 1024;
  __STACKSIZE__ = 1024;
```

引导程序在进入 C 语言用户主程序 main()前设置栈和堆空间。

引导程序可以直接跳到用户 main()函数，也可以先调用库函数“__main”，然后从函数 “__main”中跳到用户函数 main()。

Runtime Memory Area	
Heap Size	1,024 bytes
Stack Size	1,024 bytes

图 8.4　堆、栈大小设置选项

在 riscv-crt0.s 中，引导程序利用下列两行声明栈和堆段，链接器根据设置的栈和堆的大小创建栈和堆。引导程序将栈顶指针写入 sp 寄存器。堆的起始地址为“__stack_end__－__STACK_SIZE__－__HEAP_SIZE__”。

```
/ * riscv - crt0.s * /
.section .stack, "wa", %nobits
.section .heap, "wa", %nobits
_start:
    la sp, __stack_end__      //设置栈
……
```

8.2.3 静态空间分配

静态空间分配是指在创建程序的链接阶段为程序中的指令、数据和变量分配空间。链接器根据脚本文件中 SECTIONS 定义的内容，将输入段(section)映射到输出段(section)，将输出段映射到内存空间中。例如，示例 8.4 的 SECTIONS 声明中，将所有的输入“.vector”段及其子段“.vectors.*”映射到起始地址为“__FLASH1_segment_start__”的存储空间。

示例 8.4：SECTIONS 定义。

```
SECTIONS
{
  __FLASH1_segment_start__ = 0x00000000;
  __FLASH1_segment_end__ = 0x00100000;
  __FLASH1_segment_size__ = 0x00100000;
  __RAM1_segment_start__ = 0x20000000;
  __RAM1_segment_end__ = 0x20010000;
  __RAM1_segment_size__ = 0x00010000;
……
  __vectors_load_start__ = __FLASH1_segment_start__;
  .vectors __FLASH1_segment_start__ : AT(__FLASH1_segment_start__) //0x0000000
  {
    __vectors_start__ = .;
    *(.vectors .vectors.*)          //放置所有文件中的.vectors 段及其子段
  }
  ……
}
```

嵌入式 C 语言编译器使用多种手段扩展其内存管理能力。通过支持分散加载机制和属性修饰符__attribute__((section("用户定义区域")))，允许程序员将指定的变量或数据分配到特殊的区域(如 ITCM 中)，强化内存的管理能力，以适应复杂应用场景的需求。例如，通过下列定义和分散加载文件可以将数组 a 和 b 分别装载到内存 EX_RAM1 和 EX_RAM2 中。

数组声明如下：

```
int a[10] __attribute__((section(".Mysection")));
int b[100] __attribute__((section(".Sdram")));
```

分散加载脚本如下：

```
LD_ROM 0x00800000 0x10000 {              //装载时地址
    EX_ROM 0x00800000 0x10000 {          //运行时地址
        *.o (RESET, +First)
        *(InRoot$$Sections)
        .ANY (+RO)}
    EX_RAM 0x20000000 0xC000 {           //RAM 空间
        .ANY (+RW +ZI)}
    EX_RAM1 0x2000C000 0x2000 {          //将.MySection段的变量和数据装载到EX_RAM1中
        .ANY(.MySection)}
      EX_RAM2 0x40000000 0x20000{ //将.Sdram段的变量和数据装载到EX_RAM2中
        .ANY(.Sdram)}
}
```

8.3　C 语言程序优化

速度、成本和功耗是衡量计算机系统性能的重要指标。

硬件和软件因素影响计算机系统的性能。在硬件方面，通过改进处理器、存储器和 I/O 设备的结构和工艺可提高器件的性能。在软件方面，通过改进算法和优化程序，可提高程序的性能。

程序优化是嵌入式系统软件开发过程中的重要环节。对于嵌入式系统，除了提高速度和减少存储资源需求外，降低系统能耗也是优化的重要目标。

8.3.1　什么是优化

优化指在不改变程序功能的情况下，根据处理器及系统的特点，通过修改原始程序中的算法、结构，或利用软件开发工具对程序进行改进，使修改后的程序运行速度更快，占用空间更小或能耗更低。

不同的程序优化目标之间有时是相辅的，例如，减少程序中的指令数量，可以同时提高程序运行速度和节约存储空间；有时是相悖的，例如，取消内联函数能够缩短程序的长度，但降低程序运行的速度。

算法优化和程序结构优化是常用的程序优化方法。

算法优化，即用功能相同效率更好的算法代替传统算法。例如，快速排序算法比冒泡算法速度快，FFT 比普通 DFT 速度快。

程序结构优化，即根据处理器特点通过修改程序中的数据类型和数据结构、改进流程等手段，提高程序运行的效率，减少程序所需的存储资源。

8.3.2　程序速度优化

通过改变程序结构、流程和语句，减少程序运行时处理器实际执行的指令数，从

而减少程序运行的总时间。

1. 数据类型优化

在示例 8.5 中,(a)函数中 sum 的类型为 int,函数返回的类型是 int,两者数据类型相同。(b)函数中 sum 的类型为 int,函数返回的类型是 short,两者数据类型不一致。

对照(a)和(b)编译后生成的汇编语句,(b)比(a)增加了两条指令。可见,当函数返回类型与函数内变量数据类型不一致时,将增加转换数据类型带来的开销。

示例 8.5:返回数据类型的影响。

(a)

```
/*
int checksum(int * data)
{
        int i;
        int sum = 0;
        for(i = 0;i<64;i++)
        {
        sum += data[i];
    }
    return sum;
}
*/
checksum:
    addi  a3,a0,256
    li  a5,0
.L2:
    lw  a4,0(a0)
    add  a5,a5,a4
    addi  a0,a0,4
    bne  a0,a3,.L2
    jr  ra
```

(b)

```
/*
short checksum(int * data)
{
        int i;
        int sum = 0;
        for(i = 0;i<64;i++)
        {
        sum += data[i];
    }
    return sum;
}
*/
checksum:
    addi  a3,a0,256
    li  a5,0
.L2:
    lw  a4,0(a0)
    add  a5,a5,a4
    addi  a0,a0,4
    bne  a0,a3,.L2
    slli  a0,a5,16
    srai  a0,a0,16
    jr  ra
```

在示例 8.6 中,(a)和(b)是功能相同的 RV32I 函数,(a)中函数参数和返回数据的类型是 int,(b)中函数参数和返回类型是 short。通过对比,(b)中多了 5 条指令。(b)中数据类型与处理器字宽不相同。因此,在不影响数据结果时,选择与处理器字宽相同的数据类型,可以减少编译后的指令数。

示例 8.6：变量类型的影响。

<table>
<tr><th>(a)</th><th>(b)</th></tr>
<tr><td>

```
/*
int checksum(int a)
{
        return a + 10;
} */
checksum:
    addi        sp,sp,-16
    sw          a0,12(sp)
    lw          a5,12(sp)
    addi        a5,a5,10
    mv          a0,a5
    addi        sp,sp,16
    jr          ra
```

</td><td>

```
/*
short checksum(short)
{
    return a + 10;
}
 */
checksum:
    addi        sp,sp,-16
    mv          a5,a0
    sh          a5,14(sp)
    lhu         a5,14(sp)
    addi        a5,a5,10
    slli        a5,a5,16
    srli        a5,a5,16
    slli        a5,a5,16
    srai        a5,a5,16
    mv          a0,a5
    addi        sp,sp,16
    jr          ra
```

</td></tr>
</table>

2. 计算替换

不同计算方法(公式)对计算资源的需求有所差别。在不改变计算结果的前提下,选择计算量较小的方法,能够提高程序运行速度。

在示例 8.7 中,程序(b)用逻辑运算"&"替换程序(a)中的取余数运算"%",减少了指令数和计算时间。

示例 8.7：运算替换。

<table>
<tr><th>(a)</th><th>(b)</th></tr>
<tr><td>

```
/*
int checksum(int a)
{
    int b = 0;
    b = a % 7;
    return b;
} */
```

</td><td>

```
/*
int checksum(int a)
{
    int b = 0;
    b = a&7;
    return b;
} */
```

</td></tr>
</table>

```
checksum:
        addi    sp,sp,-32
        sw      a0,12(sp)
        sw      zero,28(sp)
        lw      a4,12(sp)
        li      a5,7
        rem     a5,a4,a5
        sw      a5,28(sp)
        lw      a5,28(sp)
        mv      a0,a5
        addi    sp,sp,32
        jr      ra
```

```
checksum:
        addi    sp,sp,-32
        sw      a0,12(sp)
        sw      zero,28(sp)
        lw      a5,12(sp)
        andi    a5,a5,7
        sw      a5,28(sp)
        lw      a5,28(sp)
        mv      a0,a5
        addi    sp,sp,32
        jr      ra
```

示例 8.7 中,C 语言编译后生成的汇编程序(b)比(a)少 1 条指令。另外,(b)中指令“andi”比(a)中指令“rem”执行时间短。由于 RISC-V RV32IM 支持求余数运算指令,本例的优化效果不够突出。但对于不支持除法运算指令的处理器,求余数计算所用的指令数远远超过“与”运算。

通常,小数被编译器默认为双精度 double 型数据。将小数显式转换成 float 型可提高运行速率。例如,把“3.14”改成“3.14f”。

另外,常用的运算替换方法还有用乘法运算替换除法运算、用乘法运算替代指数运算等。

3. 循环处理

精心处理循环,增加循环体内连续顺序执行的指令数量,减少循环次数,从而可减少循环过程中所执行的总指令数,提高程序执行的速度。

(1) 循环展开

示例 8.8 中,将(a)中循环展开为(b)中的形式,循环体内由 1 条语句变为 4 条语句,(b)中循环次数变为(a)的 1/4。

每次循环,处理器都执行循环体内的语句和循环控制语句。循环(b)与(a)相比,循环体内语句总的执行次数不变,但循环体执行的次数变为 1/4,循环控制指令数变为(a)的 1/4,处理器执行的总指令数变少,执行时间变短。

另外,(b)循环体内连续执行的指令数是(a)的 4 倍,因循环而导致的跳转次数是(a)的 1/4。对于支持指令流水线的处理器,(b)循环运行过程中流水线被打断的次数是(a)的 1/4,能够更好地利用流水线提高程序运行速度。

示例 8.8：循环展开。

(a)	(b)

`int checksum(int *data,`
`    unsigned int N)`
`{`
`    int sum = 0;`
`    do{`
`        sum += *(data++);`
`        N--;`
`    } while(N != 0);`
`    return sum;`
`}`
	`int checksum(int *data,unsigned int N)`
	`{`
	`    int sum = 0;`
	`    do{`
	`        sum += *(data++);`
	`        sum += *(data++);`
	`        sum += *(data++);`
	`        sum += *(data++);`
	`        N -= 4;`
	`    } while(N != 0);`

(2) 避免循环体内重复操作

示例 8.9 中，(b)将(a)中循环体内计算的“a+4”移到循环体外，在内循环外声明临时变量 b=a+4，替代内循环体内计算，去除内循环中的重复计算，减少程序指令数量。

示例 8.9：减少重复计算。

(a)	(b)

`int checksum(int a)`
`{`
`……`
 	
`    for(i = 0;i<64;i++)`
`    {`
`        sum[i] = a + 4;`
`    }`
`……`
`}`
	`int checksum(int a)`
	`{`
	`……`
	`    register int b = a + 4;`
	`    for(i = 0;i<64;i++)`
	`    {`
	`        sum[i] = b;`
	`    }`
	`……`
	`}`

4. 查找表替换

在 C 语言程序中，通常利用函数实现三角计算、对数计算等复杂度较高的运算。如果程序中有大量此类运算，则将带来巨大的计算负担。采用查找表替换复杂的函数计算，将会减轻计算负担，提高程序运行速度。

使用查找表替换函数计算前，需要计算出程序中所使用的所有可能的函数值，并存入数组中。在程序中，以函数的输入参数为索引，从数组中查找函数值，不需要计算。

例如，在示例 8.10 中，将(a)程序改成查找表形式的(b)。其中，用下式计算函数数组中的值。

$$\mathrm{Asin}[i] = \sin\left(i * \frac{P_1^2}{M}\right) \tag{8.1}$$

示例 8.10：查找表。

(a)	(b)

`for(int j = 0;j<N;j ++ )`
`    for (int i = 0; i<M; i ++ )`
`        * ptemp = j * sin(i * pi/M);`
	`for(int j = 0;j<N;j ++ )`
	`    for (int i = 0; i<M; i ++ )`
	`        * ptemp = j * Asin[i];`

在嵌入式系统中，通常将查找表保存在 ROM 中，程序运行时直接从 ROM 中读取数据。

8.3.3 存储资源优化

受限于尺寸、功耗以及成本等因素，嵌入式系统中存储资源 RAM 和 ROM 通常不易扩展。特别在单处理器芯片系统中，程序和数据只能使用片内有限的存储资源。因此，在嵌入式系统软件开发过程中，常常需要优化资源的使用，减少程序对存储资源的需求。

1. ROM 空间优化

在嵌入式系统中，用 ROM 保存二进制程序代码和程序中所需的数据，系统中的 ROM 空间分为代码空间和数据空间。

(1) 代码空间

通常优化程序代码长度的方法有两个：一是使用指令长度小的指令集；二是优化程序，减少指令数。

RISC-V 指令集架构中包括扩展指令集“C”。“C”是压缩指令集模块，指令长度为 16 位。在完成相同操作的情况下，使用 RISC-V 压缩指令集“C”的程序长度是使用 32 位指令集的一半。例如，RV32I 两个数相加指令“add rd，rd，rs1”的长度是 32 位，而“C”指令“c. add rd，rs1”的长度是 16 位。

一些通过简化运算提高程序速度的优化方法同时也缩短程序的长度。用更简单的算法替代复杂算法，可以减少程序指令数。在参数值确定或在数值有限的情况下，可以用简单计算替代复杂运算。例如，计算 a^3 时，用乘法“b＝a * a * a” 替换指数函数“b＝pow(a，3.0f)”后，计算部分由 100 多条指令减少到 2 条指令。

另外，一些加速程序的优化方法会增加程序的指令数。例如，循环展开、内联函数等手段将增加程序代码的长度。使用此类方法对程序进行优化时需要权衡程序运

行速度和空间的问题。在空间允许的情况下进行速度优化。

(2) 数据空间

在ROM中所保存的程序运行时所需的数据通常包括变量初始值、常量和其他数据。通过修改数据类型、调整数据结构等方法可以优化ROM中数据空间的大小。

不同数据类型占用存储空间的大小不同。选择与变量数值范围相应的数据类型将会提高数据空间的利用效率。例如,灰度图像每个像素的取值范围是0～255,如果将图像数组类型声明为int image[][],则每个像素占用4字节,其中3个高位字节中的数据为0。如果将图像数组类型声明为unsigned char image[][],则每个像素占用1字节,内存空间得到充分应用。

"空洞"是编译器自动添加的没有被使用的内存空间。"空洞"中可能会存在一些随机数据或者为0。优化数据结构可以减少或消除数据结构空间中的"空洞"。例如,在缺省情况下,编译器为数据结构和结构体中的成员分配空间时做对齐处理。结构体内成员按照其数据类型对齐。例如,short a以双字节对齐,int a以4字节对齐。结构体本身则以处理器支持的自然边界对齐。RISC-V RV32I处理器的自然边界宽度是4字节。优化结构体内成员的顺序,可以减少结构体中的"空洞",缩短结构体所占用的内存空间的长度。

如图8.5所示,在图(a)中声明结构体mydata1,图(b)是编译器为结构mydata1分配的存储空间格式,结构体总长度为12字节。其中,"x"处是编译器添加的"空洞",共有4字节"空洞"。

```
struct mydata1{
    char a;
    int b;
    char c;
    short d;
}
```

(a) 结构体声明

地址	+0	+1	+2	+3
+0	a[7:0]	x	x	x
+4	b[7:0]	b[15:8]	b[16:23]	b[24:31]
+8	c[7:0]	x	d[15:8]	d[7:0]

(b) 存储分配格式

图8.5　结构体声明(1)

将图8.5(a)中的结构体调整成员顺序得到如图8.6(a)所示的结构体mydata2。编译器为结构体mydata2分配的存储空间,格式如图8.6(b)所示,共8字节。调整成员顺序后,消除了"空洞",结构体减少了4字节长度。

在结构体前添加关键字"packaged",将结构体声明为紧致型结构。编译器对结构体中的成员不做对齐处理,不添加"空洞",顺序排列。使用"packaged"能够缩短结构体总长度,但数据不对齐将会增加处理器运行程序过程中访问数据时的开销。

2. RAM空间优化

在嵌入式系统中,程序运行时处理器可以从ROM取指令,也可以从RAM取指

```
struct mydata2{
    char a;
    char c;
    short d;
    int b;
}
```

(a) 结构体声明

地址	+0	+1	+2	+3
+0	a[7:0]	c[7:0]	d[15:8]	d[7:0]
+4	b[7:0]	b[15:8]	b[23:16]	b[31:24]

(b) 存储分配格式

图 8.6　结构体声明(2)

令。如果运行时程序代码在 ROM 中,则系统 RAM 只需提供程序中的变量空间和程序运行时动态申请的空间。如果系统要求在 RAM 运行程序,则 RAM 还需提供程序代码空间。

将编译器生成程序过程中分配的空间称为静态空间,而在程序运行过程中分配的空间称为动态空间。静态空间在整个程序活动期间内都有效,动态空间在程序运行时申请和释放。

在程序中应尽量使用动态内存空间,提高内存使用效率。

在示例 8.11(a)中,图像处理函数 void imageproc 分配了 3 个图像数组空间,在函数活动期间占用 3 * M * N 字节。在示例 8.11(b)中,函数 void imageproc 内,在需要时用 malloc 申请空间,然后用 free 释放,在函数活动期间最大占用 2 * M * N 字节。可见,使用动态申请内存更有利于优化内存空间。

示例 8.11: 内存空间分配。

(a)

```
void imageproc(……)
{
        char a[M][N];
        char b[M][N];
        char c[M][N];
        ……
        func1(a, b);
        ……
      func2(b, c);
      ……
}
```

(b)

```
void imageproc(……)
{
        char *a, *b, *c;
        a = (char *) malloc(…);
        b = (char *)malloc(…);
    ……
        func1(a, b);
        free(a);
    ……
    c = (char *)malloc(…);
    func2(b, c);
        ……
        free(b);
        free(c);
}
```

优化数据类型和数据结构的方法同样也可用于优化 RAM 空间。

8.4　系统能耗优化

移动互联网和物联网等产业的快速发展，使嵌入式系统的能耗管理技术成为研究和应用热点。能耗管理策略和方案已经成为嵌入式系统软硬件设计中的一项重要内容。本节将分析嵌入式系统的能耗模型和能耗管理技术，讨论嵌入式系统能耗管理方法。

8.4.1　嵌入式系统能耗估计

如图 7.1 所示，嵌入式系统包括处理器和板上器件。系统工作时总能耗是处理器能耗与板上所有器件的能耗之和。

根据能量计算公式，能量 E 与功率 P 和时间 T 的关系如下：

$$E = P \times T \tag{8.2}$$

器件功率 P 由静态功率 P_s 和动态功率 P_d 组成，动态功率通常远大于静态功率。处理器或其他器件上电后处于不工作状态时的功率为静态功率。例如，串口没有数据传输、存储芯片没有被访问，以及处理器处于睡眠状态时的功率就是静态功率。处理器运行程序和器件处于工作状态时增加的功率称为动态功率。总功率表示如下：

$$P = P_s + P_d \tag{8.3}$$

为了有效管理嵌入式系统的能耗，处理器内核通常支持多级功率模式。例如，S3C2410 ARM 处理器支持正常(Normal)、低速(Slow)、空闲(Idle)三种工作状态，正常状态功率最大，空闲状态时只有静态功率。处理器内部外设和板上器件通常支持静态和动态两种工作状态。如果处理器能够控制板上器件的供电和工作时钟，则可以管理系统中处理器芯片以外的器件的功耗状态。

程序运行期间，处理器可能处于正常运行状态、低速运行状态或者空闲状态，外部器件也可能处于静态和动态工作状态。设某程序运行时间为 T_{total}，处理器的静态功耗为 P_{cs}，处理器 K 个动态功耗状态的功耗为 P_{cd}^k，系统中 N 个外部芯片的静态功耗为 P_{ps}^n、动态功耗为 P_{pd}^n。如果程序运行期间处理器处于 k 状态的时间为 T_c^k，第 n 个器件处于动态状态的时间为 T_p^n，则系统运行程序时总的能耗 E_{total} 如下：

$$E_{total} = T_{total} \times \left(P_{cs} + \sum_{n=1}^{N} P_{ps}^n\right) + \sum_{k=1}^{K}\left(T_c^k \times P_{cd}^k\right) + \sum_{n=1}^{N}(T_p^n \times P_{pd}^n) \tag{8.4}$$

式(8.4)中，第一项是系统的静态能耗，第二项是处理器的动态能耗，第三项是处理器外部器件的动态能耗。

从式(8.4)可见，优化系统能耗的途径是减少程序运行时各芯片动态工作的时间，以及降低芯片的动态功耗。

8.4.2 嵌入式系统能耗优化

减少器件动态工作时间和动态功耗是程序中优化系统功耗的主要途径。在程序运行过程中,处理器根据任务中的计算负担以及所需要使用外设和外部器件的情况,选择自身工作时的功耗模式,控制外设和外部器件的工作状态。

1. 处理器能耗优化

(1) 工作频率调整

数字电路的功耗与时钟频率成正比。降低处理器的工作频率,可以降低处理器的功率。处理器的时钟控制和管理单元提供了改变工作频率及管理处理器内各部分时钟的手段。例如,处理器通过查询方式访问慢速外设时,可以降低处理器的工作频率,这样能减少处理器功耗,但不影响程序运行的结果。

(2) 工作电压调整

数字电路的功耗与工作电压的平方成正比。降低处理器的工作电压,能够降低其功率。GD32VF103 处理器的时钟控制和管理单元提供了改变工作电压的方法,一些其他处理器也可以通过程序调整工作电压。当处理器计算负担比较轻时,降低处理器工作电压,可以降低系统的动态和静态能耗。

(3) 睡眠(Sleep)状态管理

如图 8.7 所示为某处理器不同功耗的状态图。系统复位后,处理器进入正常(Normal)功耗状态,功率最大。如果在正常状态时将控制位 IDLE_BIT 置 1,则处理器进入空闲状态。如果在正常状态时将控制位 SLEEP_BIT 置 1,则处理器进入睡眠状态。外部中断唤醒处理器,从空闲状态或睡眠状态回到正常状态。由于在睡眠状态下关闭了更多内部功能单元,所以能够把处理器从睡眠状态下唤醒的中断源数目较少。

当处理器需要等待时,通过设置处理器内部特殊寄存器,或使用处理器的专有指令,可以使处理器进入空闲或睡眠状态,减少处理器动态运行的时间,降低能耗。

目前,主流嵌入式处理器都拥有多个功耗状态,但不同处理器的状态数量和管理方法有所差别。

(4) 内部功能设置

处理器内部集成了总线控制器、定时器、中断控制器、ROM、RAM 以及多种外设。处理器内部时钟管理单元为各功能模块提供驱动时钟。关断所选定功能单元的驱动时钟,可以使该功能单元进入静态功耗模式。另外,一些处理器内置电源管理单元,能够控制内部功能单元的供电状态。

在程序运行时,处理器利用内部时钟控制器或电源管理单元,停止处理器内部未被使用功能单元的驱动时钟或供电,降低处理器的动态功率,降低系统能耗。

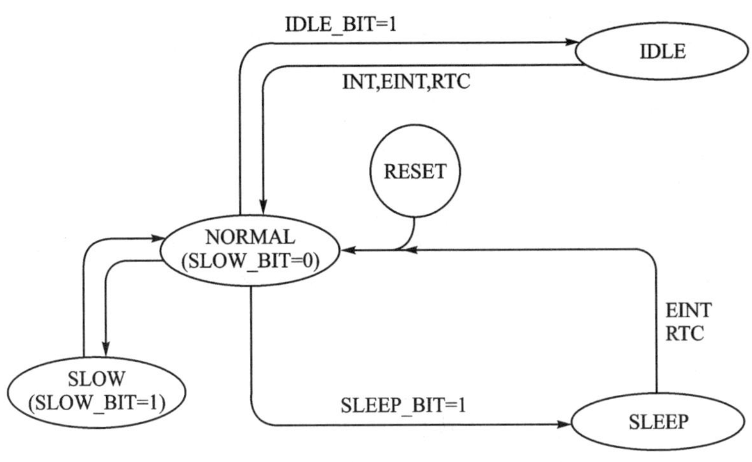

图 8.7 处理器功耗状态图

2. 外部芯片能耗优化

(1) 电源控制

在系统电路板上芯片的电源输入端与电源之间连接开关器件，通过处理器 I/O 引脚控制芯片的供电状态。程序运行时，关断系统板上所有不需工作芯片的电源，使这些芯片的功耗为零，降低系统能耗。

(2) 片选管理

一些外部芯片，例如存储器、ADC、DAC 以及通信接口等，具有片选引脚。当该引脚有效时，器件被选通，进入工作状态。当该引脚无效时，器件进入静态功耗状态。将外部芯片的片选端与处理器的 I/O 引脚相连，在不能控制外部芯片电源的情况下，通过片选信号使未工作的芯片进入静态功耗状态，降低系统能耗。

(3) 访问控制

存储器和通信接口等芯片的功耗与被访问状态和传输状态有关。在没有数据访问时，SRAM 的功耗远低于动态功耗。在没有数据传输时，网络接口芯片的功耗同样远低于其动态功耗。因此，在程序中优化对存储器、通信接口等设备的访问方式，以及减少访问时间和次数，能够降低系统能耗。在示例 8.12(a)中，将长度为 L 的数组 array 成员值进行累加，然后把总和存入内存的 ptotal 位置。在(a)中，每一次循环需要读、写内存各 1 次。如果将(a)改成(b)，循环过程中将累加结果保存在寄存器中，循环结束后 1 次性地将数据写入内存。修改后的程序减少了读/写内存的次数，从而降低了程序执行过程中的 SRAM 的能耗。

示例 8.12： 改进存储访问。

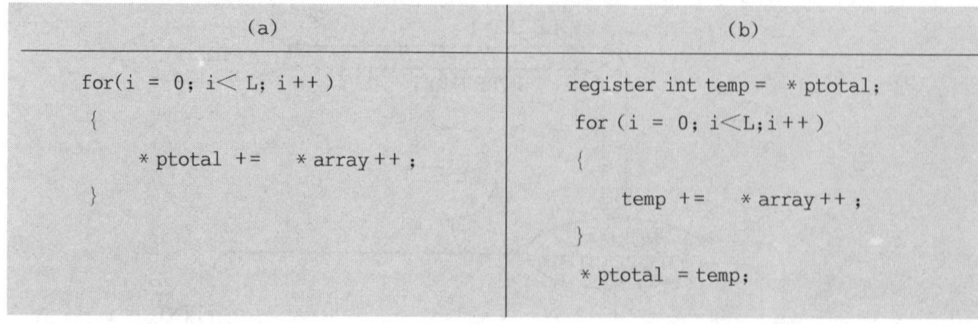

(a)	(b)

for(i = 0; i< L; i++)
{
    *ptotal += *array++;
}
	register int temp = *ptotal;
	for (i = 0; i<L;i++)
	{
	    temp += *array++;
	}
	*ptotal = temp;

3. 程序优化

在 8.3 节介绍的一些常用程序优化方法中，那些既减少程序执行时间，又减少程序中所使用存储空间的方法，同样能够降低程序执行过程中处理器的能耗。

8.4.3 GD32VF103 功耗管理

GD32VF103 支持处理器工作频率调节、工作电压调整、控制外设时钟和睡眠管理 4 种控制处理器功率的手段。

1. 频率调节

GD32VF103 内部有 3 个锁相环电路 PLL、PLL1 和 PLL2，以及多个分频器。处理器的时钟管理单元(RCU)通过配置寄存器 RCU_CFG0 和 RCU_CFG1 调节处理器内部时钟频率。在示例 8.13 中，列出了设置处理器内部时钟的函数。

示例 8.13：设置处理器时钟。

```
/*设置 PLL*/
void rcu_pll_config(uint32_t pll_src, uint32_t pll_mul)
{
    uint32_t reg = 0U;
    reg = RCU_CFG0;
    /*PLL 时钟倍频*/
    reg &= ~(RCU_CFG0_PLLSEL | RCU_CFG0_PLLMF | RCU_CFG0_PLLMF_4);
    reg |= (pll_src | pll_mul);
    RCU_CFG0 = reg;
}
/*设置 PLL1*/
void rcu_pll1_config(uint32_t pll_mul)
{
    RCU_CFG1 &= ~RCU_CFG1_PLL1MF;
    RCU_CFG1 |= pll_mul;
}
```

```
/* 设置 PLL2 */
void rcu_pll2_config(uint32_t pll_mul)
{
    RCU_CFG1 &= ~RCU_CFG1_PLL2MF;
    RCU_CFG1 |= pll_mul;
}
```

2. 电压调整

GD32VF103 处理器利用 RCU 的电压设置寄存器 RCU_DSV，调整处理器内部 1.2 V 供电区域的工作电压。与 RCU_DSV[1:0]值对应的电压值如表 8.1 所列。

表 8.1　1.2 V 供电区域电压设置

RCU_DSV[1:0]	电压/V
00	1.2
01	1.1
10	1.0
11	0.9

3. 总线设备使能

GD32VF103 处理器利用 RCU 总线时钟使能寄存器 RCU_AHBEN、RCU_APB1EN 和 RCU_APB2EN 管理总线上的外设时钟。程序运行时，关闭未使用的外设的时钟，使未使用的外设处于静态功耗状态，降低系统能耗。

将总线时钟使能寄存器中与指定外设对应的位置 1，打开该外设时钟。如果将外设对应的位置 0，则关闭总线上设备的时钟。开启和关闭总线设备时钟的函数如示例 8.14 所示。

示例 8.14：管理外设时钟。

```
/* 开启外设 periph 时钟 */
void rcu_periph_clock_enable(rcu_periph_enum periph)
{
    RCU_REG_VAL(periph) |= BIT(RCU_BIT_POS(periph));
}
/* 关闭外设 periph 时钟 */
void rcu_periph_clock_disable(rcu_periph_enum periph)
{
    RCU_REG_VAL(periph) &= ~BIT(RCU_BIT_POS(periph));
}
```

4. 睡眠状态管理

GD32VF103 处理器支持 4 种功耗状态：正常状态、睡眠状态(Sleep)、深度睡眠

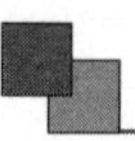

状态(Deep sleep)和后备状态(Standby)。后备状态功耗最低,深度睡眠状态次之,正常状态功耗最高。如图 8.8 所示,处理器执行 wfi/wfe 指令进入低功耗模式。处理器在执行 wfi/wfe 时,根据系统控制寄存器和电源管理单元寄存器(PMU_CTL)的控制位,进入不同的低功耗模式。

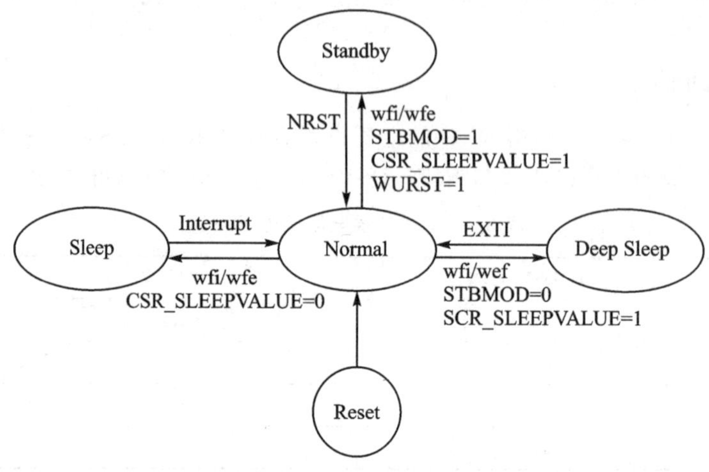

图 8.8　GD32VF103 功耗状态

处理器进入睡眠状态后,如果出现中断请求,则可返回正常工作状态。处理器进入后备状态后,只有复位信号才能使处理器进入正常状态。处理器在深度睡眠状态时,只能被外部中断请求唤醒。

当处理器没有处理任务或需要长时间等待时,使用 wfi/wfe 命令进入低功耗状态,降低系统总体能耗。进入低功耗状态的示例函数如示例 8.15 所示。

示例 8.15:睡眠模式管理。

```
/*进入睡眠状态 sleepmodecmd */
void pmu_to_sleepmode(uint8_t sleepmodecmd)
{
    clear_csr(0x811, 0x1);                //CSR_SLEEPVALUE = 0,选择 SLEEP 模式
    if(WFI_CMD == sleepmodecmd){          //是否为 WFI 命令?
        __WFI();                          //YES,进入 SLEEP 状态,中断唤醒
    }else{                                //NO, WFE 命令
        clear_csr(mstatus, MSTATUS_MIE);  //关闭全局中断使能
        set_csr(0x810, 0x1);              //设置事件唤醒模式
        __WFI();                          //进入 SLEEP 状态,事件唤醒
        clear_csr(0x810, 0x1);            //取消事件唤醒模式
        set_csr(mstatus, MSTATUS_MIE);    //使能全局中断
    }
}
```

8.4.4　看门狗处理

在嵌入式系统中，常使用看门狗（watchdog）电路提高系统的可靠性。看门狗是一个累加或递减的计数器，当累加计数器溢出或递减计数器为零时产生复位信号，使处理器复位。因此，处理器必须在设定的时间间隔内刷新计数器，才能保证系统正常运行。使处理器进入睡眠状态是降低系统能耗的常用方法。睡眠后，处理器不能刷新看门狗计数器，导致处理器复位。这不仅不能降低能耗，反而影响系统的正常工作。该如何解决这个问题？

1. 解决方案

如果能够管理看门狗，使其在处理器正常功耗模式时开启，在处理器进入睡眠状态或者整个系统处于静态功耗状态下关闭，就解决了上述问题。

将处理器状态分为正常运行和睡眠两个状态。处理器正常运行时看门狗定时器处于激活状态，需要不断刷新，从而监测处理器运行程序的状况。处理器睡眠时看门狗定时器不工作，不需要刷新，也不会使系统复位。

在处理器启动、进入睡眠状态和被唤醒的同时，控制看门狗定时器的工作状态。程序启动时启动看门狗计数器，处理器进入睡眠前关闭看门狗计数器，在中断唤醒处理器的同时打开看门狗计数器。

使用上述方案，系统既可以使用看门狗在处理器程序运行出错时自动复位，又能保证处理器在等待任务时正常进入睡眠状态，降低系统能耗。

2. GD32VF103 看门狗

GD32VF103 有两个看门狗定时器外设，自由看门狗定时器（Free Watchdog Timer，FWDGT）和窗口看门狗定时器（Window Watchdog Timer，WWDGT）。

(1) 自由看门狗

如图 8.9 所示为自由看门狗定时器的示意图。FWDGT 是一个 12 位递减计数器，由内部时钟源 IRC40K 驱动，即使处理器主时钟发生故障，也可以正常工作。

控制寄存器（Control Register）控制计数器的工作状态。将 0xCCCC 写入控制寄存器，启用看门狗，计数器开始倒计时。当计数器值为 0x000 时，输出复位信号 Reset。将数据 0xAAAA 写入控制寄存器，计数器重新加载。所加载的数值来自重载寄存器（Reload Register）。在计数器达到 0x000 前重新加载计数器，防止看门狗复位。

预分频器寄存器（Prescaler）和重载寄存器具有写保护，以防止在程序中误写。在写入这些寄存器之前，需要将 0x5555 写入看门狗的控制寄存器。将任何不等于 0x5555 的数值写入看门狗的控制寄存器后，再次保护预分频器寄存器和重载寄存器。在更新预分频器寄存器或重载寄存器的操作过程中，看门狗的状态寄存器中的状态位 PUD 和 RUD 为 1。

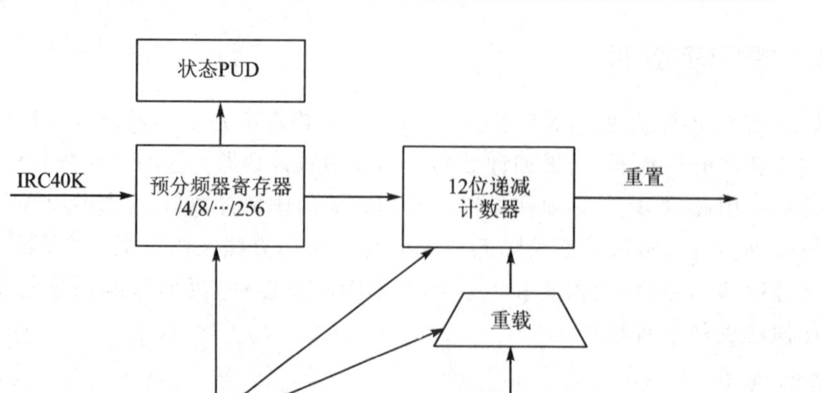

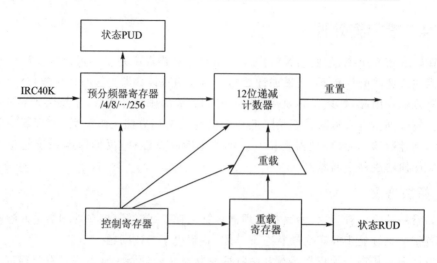

图 8.9 GD32VF103 自由看门狗定时器示意图

GD32VF103 自由看门狗寄存器组映射到内存空间的基地址为 0x4000 3000。表 8.2 列出了相关寄存器的地址偏移量和功能说明。关于寄存器中详细的数据定义,请读者参照 GD32VF103 用户手册。

表 8.2 GD32VF103 Free Watchdog 寄存器

名　称	地址偏移	初始值	功　能
控制寄存器 (FWDGT_CTL)	0x00	0x0000 0000	bit[15:0],16 位特定数值
预分频寄存器 (FWDGT_PSC)	0x04	0x0000 0000	bit [2:0], 1/4、1/8、1/16、1/32、1/64、1/128、1/256
重载寄存器 (FWDGT_RLD)	0x08	0x0000 0FFF	计数器初始值
状态寄存器 (FWDGT_STAT)	0x0c	0x0000 0000	bit [1:0], RUD、PUD

(2) 窗口看门狗

如图 8.10 所示为窗口看门狗定时器的示意图。WWDGT 是一个 7 位递减计数器,时钟源是 APB1 总线时钟。

上电复位后,看门狗定时器处于禁用状态。将控制寄存器中 WDGTEN 位置 1,启动看门狗。启用窗口看门狗定时器后,计数器递减。当计数器中的值小于或等于 0x3F 时,产生复位信号,即 CNT[6]=0。CNT[5:0]是计数器两次重新加载的最大时间间隔。计数时钟频率由 APB1 时钟和预分频器中 PSC[1:0]位确定。

配置寄存器中的 WIN[6:0]指定窗口值。当计数器值小于窗口值,并且大于 0x3F 时,可以通过重新加载计数器防止复位,否则看门狗会使处理器复位。

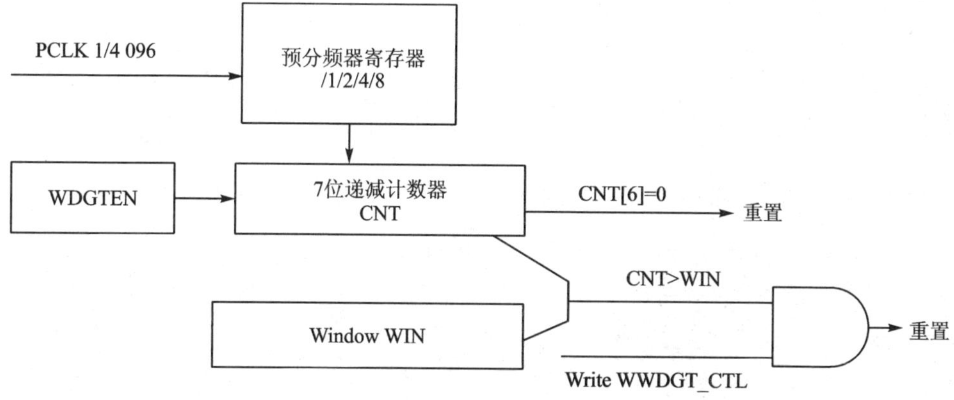

图 8.10　GD32VF103 窗口看门狗定时器示意图

GD32VF103 窗口看门狗寄存器组映射到内存空间的基地址为 0x4000 2C00。表 8.3 列出了相关寄存器的地址偏移量和功能说明。寄存器中详细的数据定义,请读者参照 GD32VF103 用户手册。

表 8.3　GD32VF103 Window Watchdog 寄存器

名　称	地址偏移	初始值	功　能
控制寄存器(WWDGT_CTL)	0x00	0x0000 007F	bit[7], WDGTEN; bit[6:0], CNT[6:0]
设置寄存器(WWDGT_CFG)	0x04	0x0000 007F	bit [9, 8:7, 6:0], EWIE、PSC[1:0]、WIN[6:0]
状态寄存器(WWDGT_STAT)	0x08	0x0000 0000	bit [0], EWIF

3. 方案实现

在 GD32VF103 集成的两个看门狗定时器中,窗口看门狗定时器能够在程序中开启和关闭。因此,本实现使用窗口看门狗定时器。

(1) 设置窗口看门狗,设置计数器、窗口值和预分频值

```
/* 设置窗口看门狗,设置计数器值 counter,窗口值 window,预分频值 prescaler */
void wwdgt_config(uint16_t counter, uint16_t window, uint32_t prescaler)
{
    uint32_t reg_cfg = 0U, reg_ctl = 0U;
    /* 清除相关位 */
    reg_cfg = (WWDGT_CFG &(~(WWDGT_CFG_WIN|WWDGT_CFG_PSC)));
```

```
    reg_ctl = (WWDGT_CTL &(～WWDGT_CTL_CNT));
    /*写入设定值*/
    reg_cfg |= CFG_WIN(window);
    reg_cfg |= prescaler;
    reg_ctl |= CTL_CNT(counter);
    WWDGT_CTL = reg_ctl;
    WWDGT_CFG = reg_cfg;
}
```

(2) 开启和关闭看门狗,设置使能位

```
/*开启看门狗*/
void wwdgt_enable(void)
{
    WWDGT_CTL |= WWDGT_CTL_WDGTEN;
}
/*关闭看门狗*/
void wwdgt_disenable(void)
{
    WWDGT_CTL &= ～WWDGT_CTL_WDGTEN;
}
```

(3) 刷新看门狗,重载新计数器的值

```
void wwdgt_counter_update(uint16_t counter_value)
{
    uint32_t reg = 0U;
    reg = (WWDGT_CTL & (～WWDGT_CTL_CNT));
    reg |= CTL_CNT(counter_value);
    WWDGT_CTL = reg;
}
```

(4) 使处理器睡眠

```
/*进入睡眠前关闭看门狗*/
while(1)
{
    wwdgt_disenable();
    __WFI();
}
/*中断服务程序中打开看门狗*/
void EXTI_ISR_Handler (void)
{
    wwdgt_counter_update(0x7f);
    wwdgt_disenable();
    /*中断事务*/
    ......
}
```

8.5　本章小结

本章首先通过 GD32VF103 的启动程序，分析了处理器的启动过程，讨论了启动程序的作用和结构特点。接着，介绍了 C 语言程序中重要存储修饰符对程序变量的影响，以及使用修饰符改进程序中的资源分配的方法。然后，介绍了常用的优化程序时间、资源和功耗的方法。最后，讨论了嵌入式系统的能耗管理策略，并分析了 GD32VF103 处理器的能耗管理途径，以及处理好看门狗电路与睡眠模式关系的方法。

第9章 嵌入式实时操作系统

RISC-V 处理器芯片主要的应用市场是物联网和嵌入式系统，嵌入式处理器芯片性能和功能的提升及其集成度的大幅度提高，使系统的软件越来越复杂。嵌入式实时操作系统被大量使用，其中 FreeRTOS 是应用最广泛的嵌入式实时操作系统之一，如何将其应用在 RISC-V 处理器上是本章讨论的重点。

9.1 嵌入式操作系统概述

9.1.1 什么是嵌入式操作系统

每一个嵌入式系统里面都至少有一个嵌入式微处理器（或微控制器和 DSP），运行在这些嵌入式微处理器的软件就称为嵌入式软件，初期这些软件都不是很复杂，也称为固件（Firmware）。随着嵌入式微处理器和微控制器从 8 位发展到 16 位和 32 位，整个嵌入式计算机系统也变得越发庞大和复杂，这就需要有一个操作系统对微处理器进行管理，并且提供应用编程接口（API）。于是，实时多任务内核（Real-Time Kernel）在 20 世纪 70 年代末应运而生。

进入 20 世纪 80 年代，嵌入式系统的应用开始变得更加复杂，仅仅只有实时多任务内核的嵌入式操作系统已无法满足以通信设备为代表的嵌入式开发需求。最初的实时多任务内核开始发展成一个包括了网络、文件、图形、开发和调试环境的完整的实时多任务操作系统（称为 RTOS）。

到 20 世纪 90 年代，嵌入式微处理器技术已经成熟，除了传统的 x86 处理器以外，以 ARM7/9 为代表的嵌入式处理器开始流行起来，也让以 Linux 为代表的通用操作系统进入了嵌入式系统应用领域。一些针对资源受限硬件的 Linux 发行版本开始出现，也就是我们所说的嵌入式 Linux。进入 2000 年以后，Android 开始被广泛地应用在具有人机界面的嵌入式设备中。近年来，物联网操作系统又以崭新的姿态进入了人们的视野。

所有可用于嵌入式系统的操作系统都可以称为嵌入式操作系统(国外称为Embedded Operating System 或者 Embedded OS)。既然它是一个操作系统,那就必须具备操作系统的功能——任务(进程)、通信、调度和内存管理等内核功能,还需要具备内核之外的文件、网络、设备等服务能力。为了适应技术发展,嵌入式操作系统还应具备多核、虚拟化和安全的机制,以及完善的开发环境和生态系统。嵌入式 OS 必须能支持嵌入式系统特殊性的需求,诸如:实时性、可靠性、可裁剪和固化(嵌入)等特点。这里就不一一细说。

Jean Labrosse 和 Tammy Noergaard 在 *Embedded Software* 一书的第 1 章 *Embedded Operating System* 中对嵌入式操作系统有这样的描述:每一种嵌入式操作系统所包含的组件可能有所不同,但至少都要有一个内核,这个内核应具备操作系统的基本功能。嵌入式操作系统可以运行在任何移植好的 CPU 上,可以在设备驱动程序之上运行,也可以通过 BSP(板级支持软件包)来支持操作系统运行。

20 世纪 70 年代末,嵌入式操作系统的商业产品开始在北美出现。进入 20 世纪 90 年代,嵌入式操作系统的数量呈现井喷式增长,最鼎盛的时候有数百种之多,经过 30 多年的市场发展和淘汰,如今依然有数十余种。但是,真正在市场上具有影响力,并有一定客户数量和成功的应用产品的嵌入式操作系统并不是很多,常见的有:eCos、μC/OS -II 和 III、VxWorks、pSOS、Nucleus、ThreadX、RTEMS、QNX、INTEGRITY、OSE、C Executive 、CMX、SMX、emOS、Chrous、VRTX 、RTX、Free RTOS、LynxOS、ITRON、Symbian、RT-Thread 和 Linux 家族的各种版本比如 μClinux 和 Android,还有微软家族的 WinCE、Windows Embedded、Windows Mobile 等。其中有些产品已经因为公司被收购而消失,比如 pSOS、VRTX 和 Chrous 等,还有的开源嵌入式操作系统因为缺少维护而逐渐被放弃,比如 eCos。进入 21 世纪,开源的 Linux 在嵌入式系统中大行其道,逐渐成为嵌入式操作系统的一个重要成员。

9.1.2 嵌入式操作系统的分类

我们按照应用将通用的操作系统分成桌面和服务器两种版本,随着智能终端(手机和平板)的兴起,又增加了一个移动版本。服务器版本随着云计算的发展,又出现了云操作系统这个新贵。但是,为嵌入式操作系统分类却是一件很困难的事情。其原因是什么呢? 因为嵌入式系统没有一个标准的平台。从实时性角度看,嵌入式操作系统可分为硬实时和软实时,RTOS 是硬实时操作系统,而 Linux 是软实时操作系统;从商业模式看,分为开源和闭源(私有);从应用角度看,分为通用的嵌入式操作系统和专用的嵌入式操作系统。比如,VxWorks 就是硬实时、私有和专用的操作系统,而嵌入式 Linux 就是软实时、开源和通用的嵌入式操作系统。Android 是一个有趣的例子,它主要应用在智能手机和平板中,它不是一个典型的嵌入式操作系统,但是最近几年，也开始广泛应用在消费电子产品，比如智能电视、智能手表，甚至是工业电子应用中，这说明它正在逐渐变为一个嵌入式操作系统。

从内核技术看，嵌入式操作系统有 3 种架构：单片（Monolithic）、分层（Layer）和微内核（Microkernel）。单片架构是将设备驱动、中间件和内核功能模块集成在一起。单片架构的操作系统因为结构上很难裁剪和调试，后期发展成模块化单片架构，典型的单片架构的操作系统有 μC/OS-II 和 Linux 等。分层架构是指操作系统分成不同级别的层，上层的功能依赖底层提供的服务，这种架构的好处是易于开发和维护，但是每层都有自己的 API，其所带来的附加开销会使操作系统的尺寸增大及性能的降低。VRTX32 是一个典型的分层架构的嵌入式操作系统。模块化的进一步发展，使最小内核功能压缩成只有存储、进程管理和设备驱动，变成一个更小内核模块的操作系统，称为微内核操作系统。这个操作系统的附件模块因为可以动态地加载，使系统的可伸缩和可调试性更强。独立的内存空间又使系统的安全性更好，模块化的架构更容易移植到不同的处理器上。比较前面两种架构，微内核的操作系统的整体开销要大，性能和效率要低。目前嵌入式操作系统许多是微内核架构，比如 VxWorks、Nucleus plus、QNX 和 VRTXsa，最近开源的 RT-Thread smart 是微内核的 RTOS 。随着处理器性能的大幅度提升，AIoT 应用的需要，微内核操作系统将是嵌入式操作系统的发展趋势。

9.1.3 嵌入式操作系统的应用

哪里有嵌入式的应用，哪里就有嵌入式操作系统的身影。今天的嵌入式应用已经无处不在，嵌入式操作系统更是随处可见。哪些应用适合而且必须使用嵌入式操作系统呢？嵌入式操作系统应用的热点如下：

① 无线通信和网络设备：比如手机、基站、无线交换机、路由器和信息安全设备等无通信设备大量使用嵌入式操作系统，包括 RTOS 和开源的 Linux。

② 智能家电：比如智能电视、IP 机顶盒、智能冰箱等产品大量使用包括 Android 在内的嵌入式操作系统。

③ 航空航天和军事装备：包括飞机、宇航器、舰船和武器装备等都在使用经过认证的 RTOS，这个领域也是嵌入式操作系统最早开发的市场之一。

④ 汽车电子：现代汽车和运输工具大量使用嵌入式处理器技术，正在从采用私有的 RTOS 转向标准和开放的 RTOS 及通用的嵌入式操作系统技术，随着智能交通和车联网的发展，汽车电子将给嵌入式操作系统发展带来一个新的春天。

⑤ 物联网设备：物联网的发展对嵌入式操作系统的需要和影响重大，物联网设备需要嵌入式操作系统来支持低功耗无线网络技术、物联网安全和动态的升级和维护功能（OTA）。

⑥ 智能系统：人工智能蓬勃发展，落地在智能制造、智能家居、安防和智慧交通以及无人驾驶等诸多领域，嵌入式人工智能系统离不开嵌入式操作系统的支撑和服务。

9.2　FreeRTOS 原理和功能

FreeRTOS 作为一个轻量级(代码受限)的嵌入式实时操作系统,具有源代码开放、支持 8/16/32/64 位 MCU/CPU、可裁剪、可移植、动态内存管理和低功耗支持等技术特点。FreeRTOS 从诞生之日起就是一个开源软件,无论是商业还是非商业应用,工程师和高校教师都可以免费使用。

9.2.1　FreeRTOS 的发展历程

FreeRTOS 是英国人 Richard Barry 2003 年发布的开源实时内核。FreeRTOS 支持超过 40 种 CPU 架构,在 2017 年每 3 分钟就有一次下载,FreeRTOS 是世界最受开发者欢迎的 RTOS。FreeRTOS 有一个系列软件,包括 FreeRTOS(开源版本)、OpenRTOS(授权版本)、SAFERTOS(安全版本) 和 Amazon FreeRTOS(开源物联网操作系统),2017 年 FreeRTOS 被亚马逊 AWS 托管,FreeRTOS 遵循 MIT license 模式。

FreeRTOS 的每一个版本在正式发布成一个 zip 压缩包之前,都经过完整的测试,确保产品的稳定,压缩包里还会包含一个很简单的入门工程目录,里面有许多移植好的案例,帮助初学者学习和理解 FreeRTOS。

FreeRTOS 是一个 RTOS 的内核,有超过 15 年的历史,支持超过百余种处理器(微控制器)和 MPU(微处理器),涵盖 8/16/32/64 位架构,包括最新的 RISC-V 和 ARMv8-M (ARM Cortex-M33)。FreeRTOS 支持 15 种工具链,开发者可使用 IAR、GCC 和 Keil 等编译器预编译工程项目。

FreeRTOS 是模块化结构,开发有 FreeRTOS＋、AWS IoT 库和 FreeRTOS Labs 组件。FreeRTOS 还有 Long Term Support (LTS) 计划。FreeRTOS＋组件包括 FreeRTOS＋TCP、FreeRTOS＋UDP、FreeRTOS＋CLI、FreeRTOS＋I/O 和 CoreMQTT 等安全和连接组件。AWS IoT 库提供适用于构建基于微控制器的 AWS IoT 设备的连接性、实用程序和无线更新功能组件, AWS 是亚马逊公司的云计算平台,支持 IoT 设备和应用。FreeRTOS Labs 库提供了 FreeRTOS＋FAT 和 FreeRTOS＋POSIX 组件,这些软件可到 FreeRTOS 的官网 FreeRTOS. org 上下载,需要注意的是 AWS IoT 库、FreeRTOS Labs 组件和 FreeRTOS Long Term Support (LTS)项目有部分是正在开发的代码,读者需关注最新的更新。

FreeRTOS 有大量成功的商业应用,随处可见的电子产品都有 FreeRTOS 内核的身影,物联网的兴起和普及让 FreeRTOS 正在成为物联网智能产品的软件核心,围绕 FreeRTOS,全球物联网和嵌入式开发已经形成丰富多彩的生态环境,覆盖芯片、模组、通信、IoT OS 和 IoT 云平台。

9.2.2 FreeRTOS 的基本功能

FreeRTOS 支持抢占、时间片轮询和协程三种任务调度方式，支持无限数量的应用任务，提供队列、信号量、互斥信号量、事件标志等内核机制，满足任务间同步及通信需求，FreeRTOS 具备时钟管理、存储管理机制，针对低功耗应用提供了 tickless 模式。

1. 任务管理

在 FreeRTOS 中，每个执行线程都被称为“任务”。在嵌入式社区中，对任务并没有一个公允的术语，也有的称为线程。每个任务都是在自己权限范围内的一个小程序。其具有程序入口，通常会运行在一个死循环中，也不能退出。每个任务拥有属于自己的栈空间，以及属于自己的自动变量（栈变量）。每个创建的任务需要分配一个任务控制块（TCB），用于保存任务的所有信息，如堆栈指针、任务名称等，如图 9.1 所示为任务的典型结构。

```
void start_task1(void *pvParameters)
{
    while (1)
    {
        xSemaphoreGive(BinSem_Handle);
                printf("Semphore send successfully!\r\n");
                gd_eval_led_on(LED4);
        vTaskDelay(500);
    }
}
```

图 9.1　任务的典型结构

FreeRTOS 的任务管理是通过以下常用的 API 实现的：

- xTaskCreatc()任务创建，如图 9.2 所示；
- vTaskDelay()任务相对延迟；
- vTaskPrioritySet()改变任务优先级；
- vTaskSuspendAll() 挂起任务；
- vTaskDelete()删除任务。

FreeRTOS 系统中的每一个任务都有 4 种运行状态：任务被创建后处于就绪状态（Ready），就绪的任务已经具备执行的条件，只等待调度器进行调度；发生任务切换时，就绪态任务中优先级最高的任务被执行，进入运行态（Running）；任务被挂起函数调用进入挂起态（Suspended），等待定时、信号量等阻塞条件让任务进入阻塞态（Blocked），如图 9.3 所示。

2. 任务通信

嵌入式操作系统的一个重要功能是任务间的通信，FreeRTOS 提供多种任务间的通信机制，常用的有消息队列（queue）、事件标志组（event groups）、任务通知（task

```
/* Create start_task1 ,start_task2 and task3 */
xTaskCreate((TaskFunction_t) start_task1,              /* Task function            */
            (const char    *) "start_task1",           /* Task text name           */
            (uint16_t       ) 512,                     /* Task stack size          */
            (void          *) NULL,                    /* Parameter passed to the task */
            (UBaseType_t    ) START_TASK1_PRIORITY,    /* Task priority            */
            (TaskHandle_t  *) &StartTask1_Handle);     /* Handle to the task       */

xTaskCreate((TaskFunction_t) start_task2,
            (const char    *) "start_task2",
            (uint16_t       ) 512,
            (void          *) NULL,
            (UBaseType_t    ) START_TASK2_PRIORITY,
            (TaskHandle_t  *) &StartTask2_Handle);
xTaskCreate((TaskFunction_t) start_task3,
            (const char    *) "start_task3",
            (uint16_t       ) 512,
            (void          *) NULL,
            (UBaseType_t    ) START_TASK3_PRIORITY,
            (TaskHandle_t  *) &StartTask3_Handle);

/* Start the scheduler*/
vTaskStartScheduler();
```

图 9.2　任务创建 API 的使用

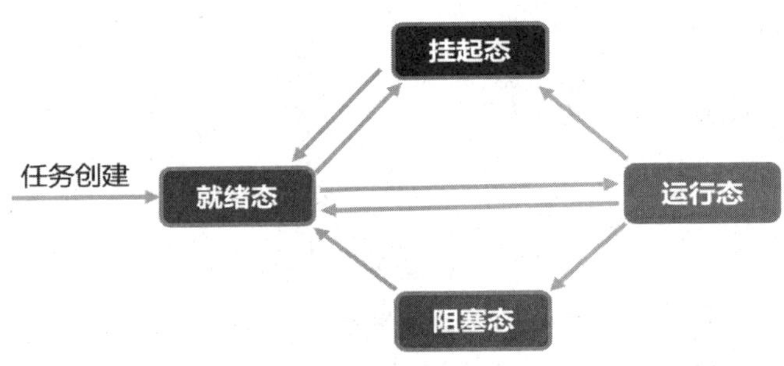

图 9.3　FreeRTOS 的任务状态

notification),FreeRTOS 中所有的通信机制都是基于队列实现的。

消息队列管理的常用 API 如下:

- xQueueCreate() 队列创建;
- xQueueSend() 队列信息发送;
- xQueueReceive() 队列信息接收;
- vQueueDelete() 队列删除。

队列使用之前,必须先创建,如图 9.4 为队列创建的演示代码。

```
MsgQueue = xQueueCreate( 1 , sizeof( int ) );
```

图 9.4　队列创建的演示代码

队列创建要从堆空间中分配内存单元,说明队列的长度和队列项的大小。FreeRTOS 的消息传递是数据的复制,而不是传递数据地址,每一次传递都是 uxItemSize 个字节,图 9.5 展示 Producer 任务向队列 MsgQueue 发送数据,Customer 任务从队列 MsgQueue 接收数据的代码。

```
void Producer( void *pvParameters )
{
    int SendNum = 1;

    for( ;; )
    {
        /* send data to queue */
        printf("Producer send number.\r\n");
        xQueueSend( MsgQueue, ( void* )&SendNum, 0 );
        SendNum++;
        vTaskDelay( 1000 );
    }
}

/***************************************************************
* @brief       Customer Task function
* @param[in]   None
* @param[out]  None
* @RetVal      None
***************************************************************/
void Customer( void *pvParameters )
{
    int16_t ReceiveNum = 0;
    for( ;; )
    {
        /* Receive data from queue */
        if( xQueueReceive( MsgQueue, &ReceiveNum, 200) == pdPASS)
        {
            printf("Customer receive number:%d\r\n",ReceiveNum);
        }
    }
}
```

图 9.5　队列操作的演示代码

与通信相关的另外一个机制是任务同步互斥，FreeRTOS 同步互斥 API 有信号量(Semaphore)和互斥量(Mutexes)。信号量用于任务与任务、任务与中断的同步，包含共享资源；互斥量用于任务之间需要互斥的共享资源的保护。

3. 时间管理

对于很多习惯裸机编程的读者，首先想到的是：利用定时器产生 10 ms 中断，在中断里处理要做的事情不就可以了吗，为什么需要操作系统时钟管理呢？我们知道中断处理程序适合处理简单数据，不适合通信协议和算法等需要长时间占用 CPU 的处理，比如 TCP/IP 协议栈需要使用操作系统时钟管理，RTOS 许多 API 本身的阻塞机制也需要时钟管理。

在使用 FreeRTOS 的过程中，经常在一个任务函数中使用延时函数对这个任务延时，当执行延时函数的时候会进行任务切换，此任务就会进入阻塞态，直到延时完成，任务重新进入就绪态。在 FreeRTOS 中不同的模式使用的函数不同，函数 vTaskDelay()是相对模式(相对时间函数)，函数 vTaskDelayUntil()是绝对模式(绝对延时函数)。相对延迟考虑执行该任务需要消耗的时间和任务执行期间可能的任务抢占所带来的延迟。一般通信协议软件使用相对延迟函数就可以，但控制系统需要精确定时故需要使用绝对延时函数。

时钟管理的演示代码如图 9.6 所示。

```
vTaskDelay()

vTaskDelayUntil()

xTaskGetTickCount()

int Count = 1;
TickType_t      TaskTimeStamp;
TickType_t      DelayTimeMsec = 2000;
TaskTimeStamp = xTaskGetTickCount();

/* Infinite loop */
for(;;)
{
    HAL_GPIO_WritePin(GPIOD, GPIO_PIN_14, GPIO_PIN_SET);
    //YOUR SOFTWARE DELAY - approximately 1 second
    for (Count=0; Count<=40000000; Count++){;}; // Delay 50 milliseconds
    vTaskDelayUntil(&TaskTimeStamp,DelayTimeMsec);
    HAL_GPIO_WritePin(GPIOD, GPIO_PIN_14, GPIO_PIN_RESET);
    vTaskDelayUntil(&TaskTimeStamp,2000); // just a style variation
}
/* USER CODE END 5 */
```

图 9.6　时钟管理的演示代码

4. 中断管理

嵌入式实时操作系统为了保证实时性一般采用事件驱动方式，从软件调度角度看，只有高优先级就绪任务可以运行，其他任务只有当前的任务决定等待其他的事件时才能运行。就绪任务被放在 RTOS 的就绪队列，任务等待它们的事件时被放在等待队列里。从系统硬件外设角度看，中断可以对外部事件做出实时响应和处理，以达到系统实时响应要求。在实时系统中，中断比任务重要，当然前提是系统允许中断。

FreeRTOS 并没有为设计人员提供具体的中断处理方法，但是提供了一些特性使得设计者采用的中断处理方法可以得到实现，实现方式不仅简单，而且具有可维护性。

在 FreeRTOS 中，中断处理方式有两种：第一种是直接中断处理，外设产生中断后，在中断服务程序中完成所有相关工作，这种方式适合处理工作量不多的任务；第二种是延迟中断处理，外设产生中断后，在中断 ISR 中仅清除中断标志位，后续工作由中断处理任务完成，这种情况比较常见，通常中断(ISR)是任务等待的事件之一。延迟中断处理的实现可以使用任务同步机制，比如二值信号量、记录中断发生的次数的计数信号量以及任务通知 API 来完成，如图 9.7 所示。

特别强调的是，只有以“FromISR”或“FROM_ISR”结束的 API 函数才可以在中断服务例程中使用。

5. 内存管理

嵌入式系统本身千差万别，具有不同的内存配置和成本性能需求。所以单一的内存分配算法无法适用于全部的嵌入式应用。因此，FreeRTOS 将内存分配作为可

```
void EXTI0_IRQHandler(void)
{
    BaseType_t pxHigherPriorityTaskWoken;

    if (RESET != exti_interrupt_flag_get(WAKEUP_KEY_PIN)){
        exti_interrupt_flag_clear(WAKEUP_KEY_PIN);

        if(RESET == gd_eval_key_state_get(WAKEUP_KEY_PIN)){

            gd_eval_led_toggle(LED1);

            xSemaphoreGiveFromISR( BinarySem_Handle, &pxHigherPriorityTaskWoken);
            printf("Send Sucessful! ! \r\n");
        }
    }
}
void Receive_task(void *pvParameters)
{

    while(1)
    {
        if(NULL != BinarySem_Handle)
        {

            xSemaphoreTake(BinarySem_Handle,portMAX_DELAY);
        //gpio_bit_write(GPIOA, GPIO_PIN_7, (bit_status)(1-gpio_input_bit_get(GPIOA, GPIO_PIN_7)));
            gd_eval_led_on(LED1);
            printf("Receive Sucessful\r\n\n");
            vTaskDelay(400);
            gd_eval_led_off(LED1);
          // printf("\r\n这是中断与任务间的同步\r\n");
        }
        vTaskDelay(30);
    }
```

图 9.7　延迟中断处理的任务的演示代码

移植部分，这使得不同的应用可以提供适合自身的具体实现，包括静态分配和各种不同的动态分配方式。

在 FreeRTOS 中，当内核请求内存时，其调用 pvPortMalloc()而不是直接调用 malloc()；当释放内存时，其调用 vPortFree()而不是直接调用 free()。pvPortMalloc()具有与 malloc()相同的函数原型；vPortFree()也具有与 free()相同的函数原型。

FreeRTOS 自带有 5 种 pvPortMalloc()与 vPortFree()实现方案，用户可以选用其中一种，当然也可以采用自己的内存管理方式。

5 种实现方案对应的源代码如下：

heap_1.c，实现一个非常基本的 pvPortMalloc()，当内存分配后，不允许释放，具有确定性，适用于内核启动前即创建了所有任务和内核对象的小系统。

heap_2.c，实现了 pvPortMalloc()&vPortFree()，允许内存分配和释放，适用于必须动态创建任务的小实时系统。

heap_3.c，实现调用了标准 malloc()/free()函数，通过挂起 FreeRTOS 调度器实现 malloc/free 线程安全，内核代码量稍有增加。

heap_4.c，动态分配和释放内存，使用最优适配算法及合并算法，将相邻的空闲块合并到一个更大的块，最大限度地减少内存碎片。

heap_5.c，动态分配和释放内存，允许 heap 跨越多个非连续的内存区。

笔者看到在 FreeRTOS 源代码实例中，ARM Cortex M4/M7 和 RISC-V RV32 架构上大多使用 heap_4.c 代码方案，M0/M0+/M3 使用 heap_2.c 代码方案。

9.3　基于 RISC-V 的 FreeRTOS 移植

9.3.1　FreeRTOS 移植概述

FreeRTOS 内核功能主要是由 list. c、queue. c、croutine. c 和 tasks. c 四个文件实现的，stream_buffer. c 是 10. 0 版本以后增加的针对物联网通信的消息和流传输机制，FreeRTOS 内核文件如图 9. 8 所示。我们重点分析 FreeRTOS/ Source 文件夹下的文件，图 9. 8 中①和②包含的是 FreeRTOS 的通用的头文件和 C 文件，这两部分的文件是通用的，适用于各种编译器和处理器，需要移植的头文件和 C 文件放在③portable 这个文件夹中。

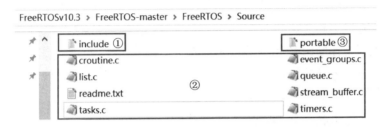

FreeRTOSv10.3 › FreeRTOS-master › FreeRTOS › Source

include ①　　portable ③

croutine.c　　event_groups.c
list.c　　②　　queue.c
readme.txt　　stream_buffer.c
tasks.c　　timers.c

图 9. 8　FreeRTOS 内核文件

FreeRTOS 是一个软件，CPU 和 MCU 是一个硬件，FreeRTOS 要想运行在一个 MCU 上面，它们就必须关联在一起。IAR 文件夹是编译器相关的代码(类似还有 Keil 和 GCC)，MemMang 文件夹下存放的是跟内存管理相关的源文件，比如 heap_4. c。

无论是哪种 CPU 架构(RISC-V 或者 ARM)和处理器(STM32103 还是 STM32F401)，需要修改的就是 3 个文件：portmacro. h，它包含了处理器架构相关的定义及函数声明；port. c，它完成堆栈初始化、调度器启动、节拍定时器初始化及中断处理等工作；portASM. s，它实现处理器架构特定的上下文切换及中断和异常处理工作。FreeRTOS 内核移植代码目录如图 9. 9 所示。

FreeRTOSv10.3 › FreeRTOS-master › FreeRTOS › Source › portable › IAR › RISC-V

名称	修改日期
chip_specific_extensions	2020/2/12 23:00
Documentation	2020/2/12 23:00
port.c	2020/2/12 23:00
portASM.s	2020/2/12 23:00
portmacro.h	2020/2/12 23:00
readme.txt	2020/2/12 23:00

图 9. 9　FreeRTOS 内核移植代码目录

9.3.2 基于 GD32VF103 的 FreeRTOS 移植

笔者使用的是 FreeRTOS(10.4.1),该版本提供了针对 IAR 及 GCC 工具链的标准 RISC-V 处理器内核移植示例,支持 32 位及 64 位架构内核(RV32I 和 RV64I)。它包含了预配置的 OpenISA VEGAboard、SiFive HiFive 开发板,QEMU 模拟器以及用于 Microchip M2GL025 开发板的 Antmicro Renode 模拟器示例,可以扩展支持任何 RISC-V 处理器,但因为每种 RISC-V 处理器在微架构的实现不同,所以需要进行移植。

FreeRTOS 内核绝大部分都采用 C 语言编写,只有与处理器相关的上下文切换采用汇编语言实现,目的是保证上下文切换的效率。将 FreeRTOS 移植到 GD32VF103 MUC 上,其移植的关键要点是实现以下 4 个步骤:

① 开启和关闭中断的方式。

② 进入和退出临界区的方式。

③ 产生周期性的中断,作为系统的时钟节拍。

④ 任务的上下文切换。

其具体实现如下:

1. 中断管理和临界区实现

代码的临界区也称为代码的临界段,这部分代码在执行时不允许被打断。FreeRTOS 的临界区通过关中断来实现,在进入临界段之前须关中断,而临界段代码执行完毕后,要立即开中断。

GD32VF103 MCU 的 ECLIC 中断控制器有一个中断目标阈值级别寄存器(mth),可以实现部分中断屏蔽,优先级别低于该阈值的中断将不会被响应。在移植 FreeRTOS 时,通过设置 mth 来实现开关中断,对于优先级别比阈值高的中断则不受 FreeRTOS 管理,中断不存在额外的延迟。

2. 系统时钟节拍支持

操作系统需要一个时钟节拍,以实现系统的延时、超时等与时间相关的处理。时钟节拍是特定的周期性中断,中断的周期就是节拍的时间。节拍时间的长短根据实际的应用决定,时钟节拍的频率越高,系统的开销就越大。

RISC-V 架构定义了一个 64 位宽度的 mtime 计数器,当 mtime 的计数值增加到与 mtimecmp 寄存器预设的值相等时可以产生中断。选择 mtime 计数器来产生系统时钟节拍,根据 mtime 的时钟频率和系统节拍频率算出 mtimecmp 的值,当中断发生后通过改写 mtimecmp 或者 mtime 的值来清除中断。

3. 上下文切换实现

上下文是某一时间点 CPU 的寄存器内容,FreeRTOS 能够正确地完成任务调度

的关键是上下文切换。上下文切换的过程包括:把即将退出运行态的任务的运行现场保存到其任务堆栈;从下一个要运行的任务的堆栈中恢复它的运行现场。上下文切换的时间应尽可能地短,所以一般由汇编代码编写,作为操作系统移植的一部分。

上下文切换分为任务级别及中断级别的切换。上下文切换的代码通常放在异常处理程序中,该异常的优先级别应设置为最低。

在 RISC-V 架构的处理器上,能够用来作为任务切换的异常有两种:ecall 异常和软件中断。ecall 异常通过调用 ecall 指令来触发;软件中断通过往 msip 寄存器写“1”触发,写“0”清除。GD32VF103 的软件中断连接到 ECLIC 单元进行统一管理。我们实现的 FreeRTOS,移植选用软件中断来作为上下文切换的实现机制。

4. 移植文件修改

FreeRTOS 与处理器相关的移植代码存在于 port.c、portASM.s 和 portmacro.h 三个文件当中。portmacro.h 头文件定义了 FreeRTOS 使用的数据类型,进入和退出临界区的宏,实现开关中断的宏,以及触发和清除软件中断的宏。

portASM.s 中用汇编实现 vPortStartFirstTask()函数,用于启动第一个任务,它的核心操作是从 pxCurrentTCB 中取出当前就绪任务中优先级最高任务的堆栈指针 SP,通过 SP 恢复寄存器现场。此外,实现软件中断的服务函数 eclic_msip_handler(),将当前的寄存器现场(通用寄存器 x1、x5～x31,机器模式状态寄存器 mstatus,机器模式异常 PC 寄存器 mepc)保存到当前在运行任务的堆栈当中,然后从 pxCurrentTCB 取出下一个就绪中优先级最高任务的堆栈指针 SP 恢复寄存器现场,完成任务的上下文切换。

port.c 文件重点实现堆栈初始化函数 pxPortInitialiseStack()、启动 FreeRTOS 调度器特定的处理函数 xPortStartScheduler()、系统时钟节拍定时器初始化函数 vPortSetupTimerInterrupt(),以及系统时钟节拍中断服务函数 xPortSysTick-Handler()。这几个函数分别需要根据 RISC-V 架构和 GD32VF103MCU 硬件特性来实现其功能。

5. 移植测试和验证

验证移植采用调试和借助相应的辅助工具进行。使用 IAR EWRISC-V 建立工程,在代码中创建两个用户任务进行调试,代码调试时需要验证。

① 通过在系统时钟节拍 ISR 和软件中断 ISR 中添加断点,结合 RISC-V 的 mtime 和 mcycle 寄存器验证系统时钟节拍正确产生,且软件中断能够正常触发。

② 在启动第一个任务时,通过添加断点,查看从任务堆栈中恢复的寄存器内容是否跟堆栈初始化时写入的内容一致,从而测试 pxPortInitialiseStack()函数和 vPortStartFirstTask()函数工作的正确性。

③ 在执行任务上下文切换时,在软件中断服务程序中添加断点,单步执行,同时通过 EWRISC-V 的 memory 观察窗口查看压栈到当前任务堆栈中的内容是否跟对

应的寄存器内容相同;在恢复上下文时,检查从下一个执行任务堆栈中恢复的寄存器内容是否与堆栈中的一致。验证 eclic_msip_handler()软件中断服务函数的上下文切换正确性。

④ 启动第一个任务,任务上下文切换的代码验证能正常工作,移植的 FreeRTOS 已可以实现基本的任务调度,接着再继续测试开关中断操作和临界区是否正常。测试开关中断需要增加另外一个外设中断,将其优先级别分别设置成大于或小于 mth 阈值进行测试,在代码中手动调用开关中断操作 API,检测中断触发是否如设计的模式,验证 FreeRTOS 对中断的控制。用同样的方法测试进入和退出临界区。

⑤ 通过 FreeRTOS 系统服务调用测试,测试系统的各项服务,如信号量、消息队列、事件标志等服务是否正常,并测试在受 FreeRTOS 管理的 ISR 中发信号、消息等操作是否正确。

基础调试测试都通过之后,已经基本可以验证移植是否成功。在此基础上还可以借助额外的工具继续验证,如对 EWRISC-V 自带的 FreeRTOS 调试插件显示的信息进行确认,如图 9.10 所示。

Tasks

Task Name	Task Number	Priority/actual	Priority/base	Start of Stack	Top of Stack	Min Fre
Led1Task	1	4	4	0x20003b68	0x20003eb8	Off
Led2Task	2	3	3	0x20003ff8	0x20004348	Off
Led3Task	3	2	2	0x20004488	0x200047d8	Off
ButtonTask	4	5	5	0x20004918	0x20004c48	Off
IDLE	5	0	0	0x20004e08	0x20005178	Off

图 9.10　EWRISC-V RTOS 调试插件 Tasks 窗口

9.4　Tracealyzer 分析工具的应用

Percepio 的 Tracealyzer 工具运行在 Windows 或 Linux PC 上,可用于目标系统运行 Linux、FreeRTOS、OpenRTOS 和 SAFERTOS、VxWorks、μC/OS-III 及 embOS 的 RTOS 应用行为分析。

Tracealyzer 软件工具能够快速、轻松地收集多任务软件有用和有意义的行为,可以快速集成到现有的开发环境,通过快照模式或流模式采集系统运行时的数据。

Tracealyzer 提供超过 30 种视图,可视化 RTOS 运行时行为,视图间以直观的方式相互关联,洞察运行时行为,包括任务运行时间信息、各任务之间的通信流、CPU 的使用率等,帮助开发人员解决问题,提高软件的可靠性,改善软件的性能。

9.4.1　跟踪记录器的移植

Tracealyzer 的跟踪记录器库是运行在嵌入式目标端的一个软件库,与 Free-

RTOS工程集成在一起，负责记录RTOS在运行时产生的事件。记录的事件如果是存储在RAM中，则这种工作方式称为快照模式(Snapshot)；如果是通过通信端口实时发送到PC端，则工作在流模式(Streaming)。跟踪记录器库对处理器硬件没有依赖，只需要使用一个高精度的定时器产生时间戳，为记录的事件添加时间信息。

RISC-V架构的处理器可以利用内核的mcycle计数器来产生时间戳，mcycle是一个64位的计数器，对CPU的周期进行计数，所以频率跟CPU时钟相同，精度非常高。mcycle由两个32位的寄存器组成，Tracealyzer只需要使用低32位寄存器。在trcHardwarePort.h中定义GD32VF103的时间戳实现接口，代码如下：

```
#define TRC_HWTC_TYPE TRC_FREE_RUNNING_32BIT_INCR
#define TRC_HWTC_COUNT read_csr(mcycle)
#define TRC_HWTC_PERIOD 0
#define TRC_HWTC_DIVISOR 4
#define TRC_HWTC_FREQ_HZ TRACE_CPU_CLOCK_HZ
#define TRC_IRQ_PRIORITY_ORDER 1
```

Tracealzyer也需要实现临界区，以防止在记录事件时发生任务切换，导致产生错误。临界区的实现是通过关中断，可以直接使用FreeRTOS的关中断机制在trcKernelPort.h中实现临界区的宏接口，代码如下：

```
#define TRACE_ALLOC_CRITICAL_SECTION() int __irq_status;
#define TRACE_ENTER_CRITICAL_SECTION() __irq_status =
portSET_INTERRUPT_MASK_FROM_ISR();
#define TRACE_EXIT_CRITICAL_SECTION()
portCLEAR_INTERRUPT_MASK_FROM_ISR(__irq_status);
```

以上是将Tracealyzer跟踪记录器库移植到一款处理器上时需要做的第一步工作。

9.4.2 运用Tracealyzer分析FreeRTOS应用

将Tracealyzer跟踪记录器库添加到EWRISC-V工程的FreeRTOS项目中，并进行必要的配置，选择工作在快照模式。在应用代码中创建4个任务，分别为Led1Task～Led3Task和ButtonTask，任务优先级依次递增，程序运行一段时间，将快照数据通过EWRISC-V保存成Hex文件并加载到PC端的Tracealyzer软件中进行分析。

通过水平时间轴视图查看各个任务的执行情况：每个任务或中断占一行，从左向右为时间轴的方向，行中有色矩形为该任务或中断的一次执行实例。由时间轴窗口可以快速地预览整个运行过程中系统的执行情况，放大窗口的时间分辨率之后可以仔细了解任务执行时相关的内核事件和时间信息。Tracealyzer水平时间轴视图如图9.11所示。

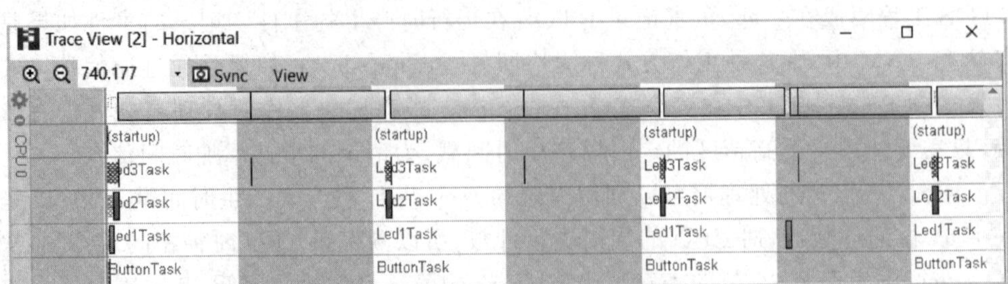

图 9.11 Tracealyzer 水平时间轴视图

9.4.3 任务的时间量分析

RTOS 的任务或者中断称为参与者(Actor),参与者的一次执行称为实例。分析任务的执行通常需要了解如下的时间定义(见图 9.12):

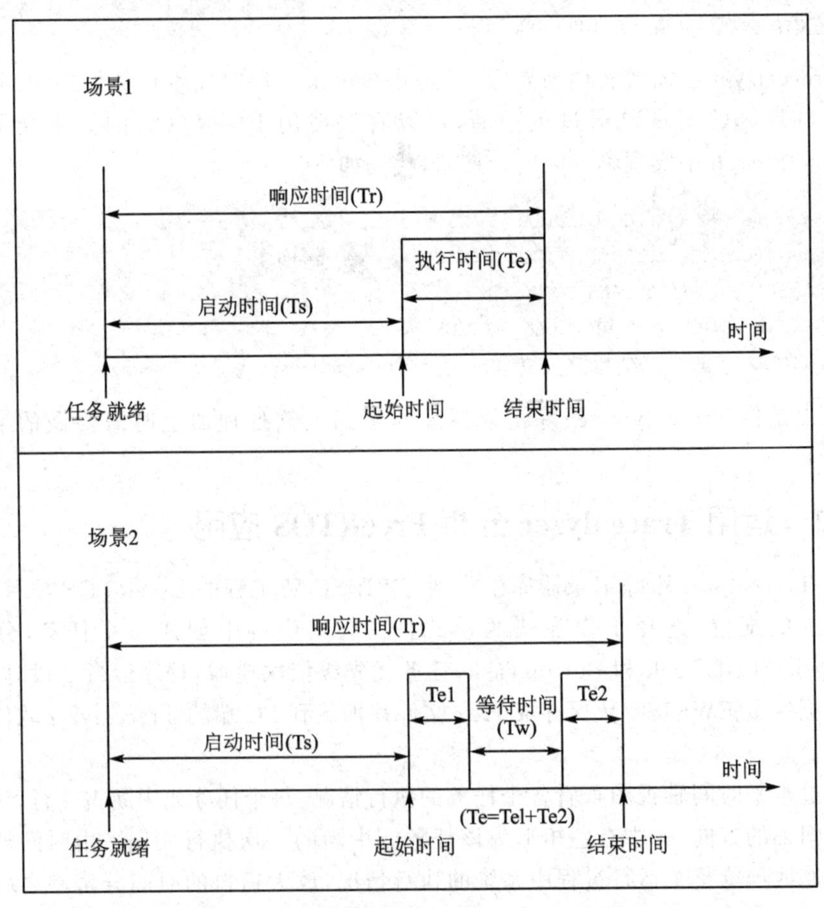

图 9.12 实例的时间关系(场景 2 发生了抢占)

起始和结束时间：参与者实例的开始和结束时间。

执行时间：参与者实例使用的 CPU 时间量(不包括抢占)。

响应时间：从参与者实例开始到结束的时间。更确切地说：任务的响应时间是从任务开始准备就绪时计算的(即内核将任务的调度状态设置为就绪的时间)。

等待时间：实例中参与者实际没有执行的时间，计算方式为(结束时间－开始时间)－执行时间。

启动时间：从任务就绪到开始执行之间的这段时间。

以图 9.13 中 Led3Task 的第 38 个实例为例，等待时间为从任务就绪到任务代码开始执行这段时间，时长为 7 μs，因为该实例未发生被抢占的情况，所以这 7 μs 的时间是完成任务上下文切换所需的时间。

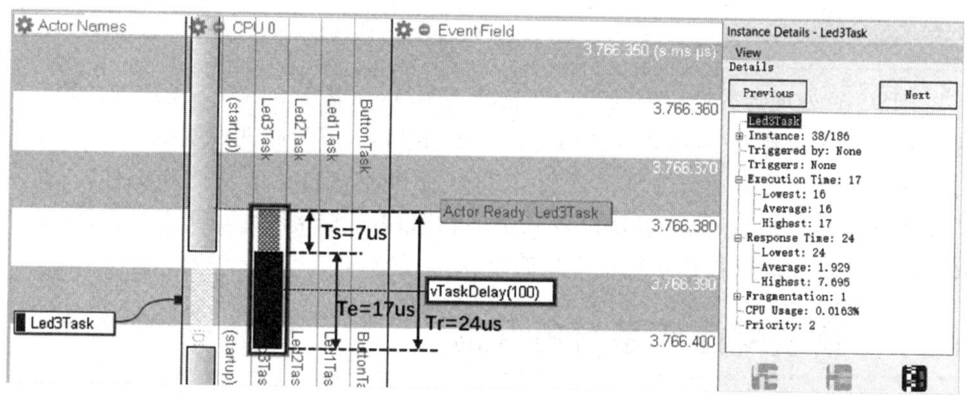

图 9.13　Led3Task 任务实例 38 的时间量

通过跟踪到的事件和记录的时间戳信息，Tracealyzer 能够生成多种视图来观测系统运行时存在的问题，例如设计缺陷导致的线程饥饿和死锁，以及发现系统中不必要的延迟，帮助开发者解决系统的问题，提高嵌入式系统的实时性和可靠性，这些问题使用传统调试手段都难以发现，而且效率低。

此外，SEGGER 公司的 SystemView v3.12 分析软件也支持 FreeRTOS v10.4.1 版本 RTOS 运行时行为的分析。

9.5　本章小结

本章简述了嵌入式操作系统的基本概念和应用，以 FreeRTOS 为例讲解了嵌入式实时操作系统的基本功能，内核 API 的使用，基于 RISC-V MCU 的移植技术，最后讲解了使用 Tracealyzer 软件工具分析 FreeRTOS 的应用开发技术。

第 10 章

物联网操作系统及其应用

RISC-V 处理器的应用方向集中在物联网领域，在基于 RISC-V 处理器的物联网系统设计与应用开发中，嵌入式实时操作系统（RTOS）成为必选的基础软件，为了支撑传感—采集—计算—云的整个过程，RTOS 不断丰富自己的功能和组件，支持更多的无线连接方式、各种传感器以及众多的物联网云平台和物联网安全保障，基于 RTOS 技术的物联网操作系统也应运而生。

10.1　物联网操作系统的起源

物联网操作系统（The Operating System for Internet of Things），简称为 IoT OS，它的起源是从两个传感网的操作系统开始的。一个就是 TinyOS，它是加州大学伯克利分校的一个项目，TinyOS 应用程序都是用 nesC 编写的，nesC 是标准 C 的扩展。另外一个就是瑞典工学院 Contiki 项目，作者是 Adam Dunkels 和他的团队。Adam 在 TCP/IP 网络协议方面是一位著名专家，是 uIP 和 LWIP 项目的作者。Contiki 完全采用 C 语言开发，可移植性非常好，对硬件的要求极低，能够运行在各种类型的单片机、微处理器和 PC 上。2010 年以后欧洲有一个面向物联网的开源项目 RIOT，RIOT 在技术架构上与现在的物联网操作系统非常接近，这 3 个操作系统都是开源软件，它们对今天的物联网操作系统产生了深远的影响。

最早的物联网操作系统开始于 2014 年，具有标志性的是 ARM Mbed OS，华为 2015 年发布了 Huawei Lite OS。2015 年谷歌宣布了 Google Brillo OS，现在改名为 Android Things。2016 年 Linux 基金会推出 Zephry，它是一个针对资源受限开源的 RTOS，在安全架构技术上有一定特色。2017 年 9 月，国内知名的开源嵌入式操作系统 RT-Thread 推出 IoT OS；2017 年 10 月，阿里在杭州云栖大会上宣布 AliOS Things；2017 年 12 月，亚马逊宣布 Amazon FreeRTOS。借助 FreeRTOS 在嵌入式

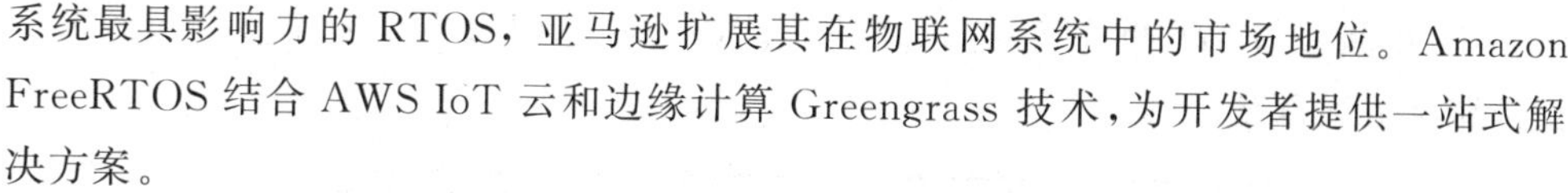

系统最具影响力的 RTOS，亚马逊扩展其在物联网系统中的市场地位。Amazon FreeRTOS 结合 AWS IoT 云和边缘计算 Greengrass 技术，为开发者提供一站式解决方案。

2019 年 9 月，腾讯推出自主研发的轻量级物联网实时操作系统 TencentOS tiny，同时腾讯宣称将其开源，行业也将这一类物联网操作系统称为轻量型的物联网操作系统。TencentOS tiny 具有功耗低、资源占用少、模块化、安全可靠等特点。

2020 年 5 月，微软通过收购 Express Logic，将其 ThreadX RTOS 部署在其 IoT 解决方案的端侧，正式命名为 Azure RTOS。Azure RTOS 与 Azure IoT 无缝集成，因此可以很方便地连接、监视和控制 IoT 产品。ThreadX 是嵌入式系统中颇具影响力的商业 RTOS，已经有大量成熟的商业应用，符合汽车、铁路、医疗、能源和消费者安全规范标准。2020 年 6 月，OneOS 开源版本正式对外发布，标志着中国移动针对物联网领域推出的轻量级操作系统正式登场。2020 年 11 月小米推出物联网操作系统 Xiaomi Vela OS，小米 Vela 是基于开源嵌入式操作系统 NuttX 打造的物联网软件平台。

10.2 物联网操作系统的基本功能

无论是学术界还是产业界，都还没有对 IoT OS 给出一个统一的定义：阿里把 AliOS Things 称为面向 IoT 领域的物联网轻量级嵌入式操作系统，亚马逊称 Amazon FreeRTOS 是针对 MCU 的嵌入式操作系统，ARM 称 Mbed OS 是用于物联网 Cortex-M 的开源操作系统。纵观 IoT OS 技术的发展历程，代码受限的 IoT OS 可以归纳为以下 5 大技术特征：

① 管理“物”的能力，这里“物”是指物联网边缘节点上的嵌入式实时低功耗设备。

② 泛在的通信功能，即支持各种无线和有线、近场和远距离的通信方式及通信协议，比如蓝牙、Wi-Fi、Zig-Bee、NB-IoT、LoRa 和 NFC 等通信技术。

③ 设备的可维护性，即要支持设备的安全动态升级（OTA）和远程维护。

④ 物联网安全，物联网安全是一个广泛的概念，包含设备安全、通信安全和云安全，具备防御外部入侵和篡改能力，工业物联网设备还应具备功能安全。

⑤ 物联网云平台，通过云物联网平台完成远程设备管理、数据存储和分析、安全控制和业务支撑，这是物联网大数据和人工智能的基础。

综上所述，IoT OS 是一种面向“物”的通信和管理平台，物联网操作系统有 3 个重要部分：嵌入式实时操作系统、物联网的通信协议和物联网云平台。典型的端侧 IoT OS 的技术架构如图 10.1 所示，主要包含 IoT 芯片和硬件、RTOS 与驱动和低阶 API、中间件与 IoT 协议和 OTA、高阶 API 和应用，以及 IoT 安全和分布式架构支撑服务五大部分。

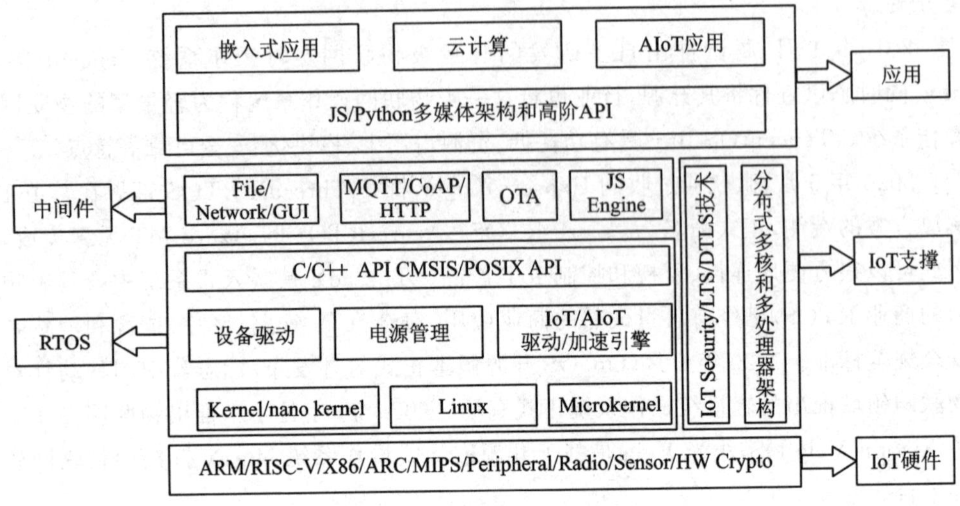

图 10.1　典型的 IoT OS 架构

10.3　TencentOS tiny 简介

TencentOS tiny 是腾讯面向物联网领域开发的嵌入式实时操作系统，具有功耗低、资源占用少、模块化、可裁剪等特性。TencentOS tiny 可以有效减少开发人员在与任务管理、硬件支持、网络协议支持、安全方案以及文件系统和在线升级等常用功能组件相关的开发中所需要的时间和工作量，并且能够快速高效地实现设备的低功耗运行，提供强大的开发调试功能，减少开发测试人力成本，使客户的产品能够实现快速开发和快速上线交付。

TencentOS tiny 由一个轻量级 RTOS 内核加多个物联网组件构成，如下：

① CPU 库：TencentOS tiny 当前主要支持 ARM Cortex M0/3/4/7。

② 驱动管理层：包括板级支持包（BSP）、硬件抽象（HAL）、设备驱动（Drivers），例如 Wi-Fi、GPRS、LoRa 等模块的驱动程序。

③ 内核：TencentOS tiny 实时内核包括任务管理、实时调度、时间管理、中断管理、内存管理、异常处理、软件定时器、链表、消息队列、信号量、互斥锁、事件标志等模块。

④ IoT 协议栈：TencentOS tiny 提供 LWIP、AT 适配层、SAL 层，支持不同的网络硬件，例如以太网、Wi-Fi、GPRS、NB-IoT、4G 等通信模块；提供常用的物联网协议栈，例如 CoAP、MQTT，支撑 IoT 终端快速接入腾讯云。

⑤ 安全框架：TencentOS tiny 为了确保物联网终端数据传输安全以及设备认证安全，提供了完整的安全解决方案；安全框架提供的 DTLS 和 TLS 安全协议，加固了 CoAP 及 MQTT 的传输层，可确保物联网终端在对接腾讯云时实现安全认证和数据加密；针对低资源的终端硬件，安全框架还提供与腾讯云 IoT Hub 配套的密钥认证方案，确保资源受限设备也能在一定程度上实现设备安全认证。

⑥ 组件框架：TencentOS tiny 提供文件系统、KV 存储、自组网、JS 引擎、低功耗框架、设备框架、OTA、调试工具链等一系列组件，供用户根据业务场景选用。

⑦ 应用案例：TencentOS tiny 提供的应用案例和测试代码可方便用户参考使用。

TencentOS tiny 产品架构如图 10.2 所示。

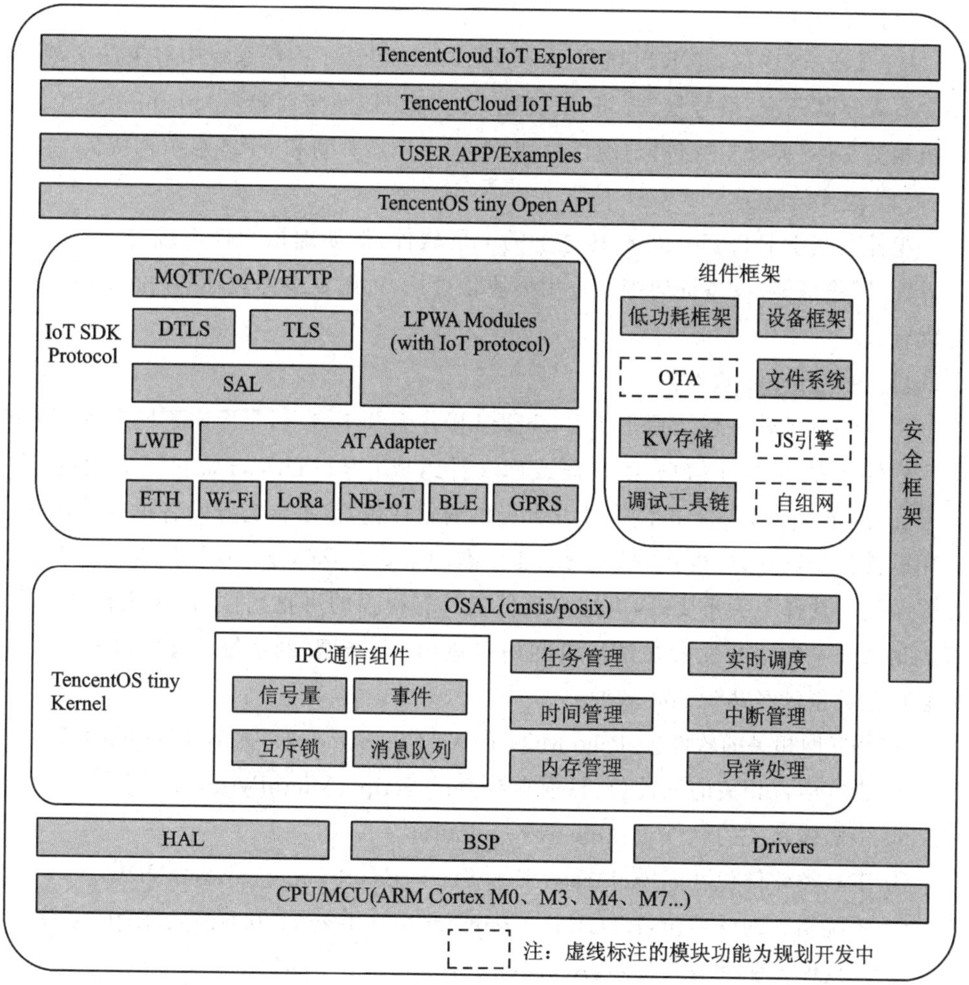

图 10.2　TencentOS tiny 产品架构

10.4 RT-Thread 简介

RT-Thread 是一套开源的嵌入式实时操作系统，开始于 2006 年，最初仅包含基本的内核和几个基本组件，在 15 年的发展中，RT-Thread 迈过了好几座大山，包括软件生态的支持、编译工具支持和工具链完善，应用进入了包括能源、医疗、车载在内需要高可靠性的行业中。在硬件上几乎支持目前所有主流的 CPU 架构(包括 RISC-V 架构)。RT-Thread 现已经发展成为一套完善的、有众多企业应用的物联网操作系统，拥有良好的软件生态，支持市场主流 vFi/NB-IoT/LoRa/3G/4G 芯片和模组。RT-Thread 包括以下部分：

(1) 内　核

RT-Thread 内核，是 RT-Thread 的核心部分，包括了内核系统中对象的实现，例如多线程及其调度、信号量、邮箱、消息队列、内存管理、定时器等；libcpu/BSP(芯片移植相关文件/板级支持包)与硬件密切相关，由外设驱动和 CPU 移植构成。

(2) 组件与服务

组件是基于 RT-Thread 内核之上的上层软件，例如虚拟文件系统、FinSH 命令行界面、网络框架、设备框架等。采用模块化设计，可做到组件内部高内聚，组件之间低耦合。

(3) RT-Thread 软件包

RT-Thread 软件包运行于 RT-Thread 操作系统平台上，是面向不同应用领域的通用软件组件，由描述信息、源代码或库文件组成。RT-Thread 提供了开放的软件包平台，这里存放了官方提供或开发者提供的软件包，该平台为开发者提供了众多可重用软件包的选择，这也是 RT-Thread 生态的重要组成部分。软件包生态对于一个操作系统的选择至关重要，因为这些软件包具有很强的可重用性，模块化程度很高，极大地方便了应用开发者在最短时间内打造出自己想要的系统。RT-Thread 支持的软件包数量已经达到 100 多种：

① 物联网相关的软件包：Paho MQTT、WebClient、mongoose、WebTerminal 等。

② 脚本语言相关的软件包：目前支持 JerryScript、MicroPython。

③ 多媒体相关的软件包：Openmv、mupdf。

④ 工具类软件包：CmBacktrace、EasyFlash、EasyLogger、SystemView。

⑤ 系统相关的软件包：RTGUI、Persimmon UI、lwext4、partition、SQLite 等。

⑥ 外设库与驱动类软件包：RealTek RTL8710BN SDK。

RT-Thread 系统框架图如图 10.3 所示。

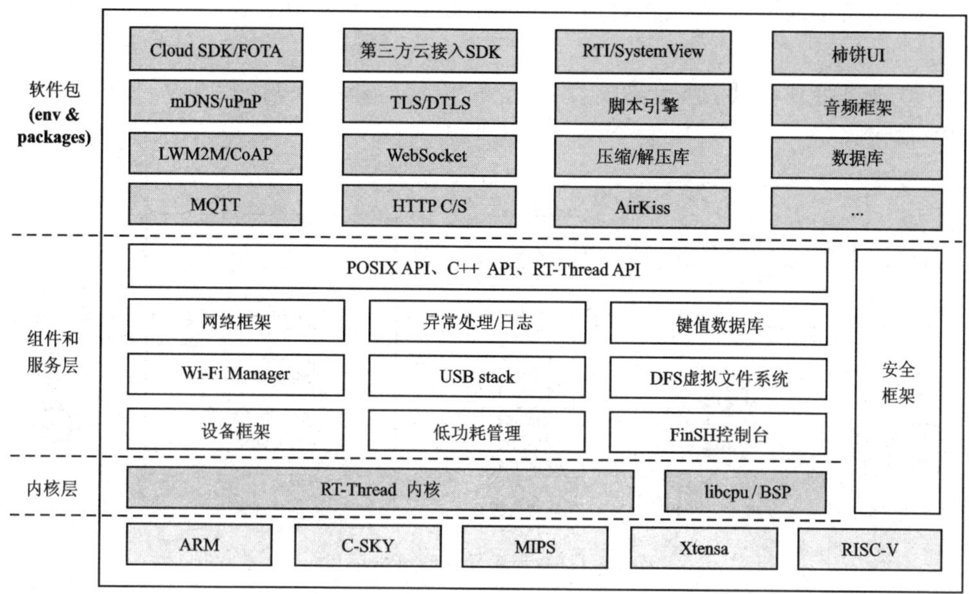

图 10.3　RT-Thread 系统框架图

10.5　基于 RISC-V 和 TencentOS tiny 的空气质量检测终端应用

10.5.1　项目背景

空气质量检测终端项目是一个以腾讯云物联网开发平台为基础，叠加多款产品后，实现的一个验证型项目。项目目标是基于腾讯完善的产品与技术能力，与志愿者们共同建设一套用于监测生活环境大气的系统，监测终端就分布在志愿者的身边，所以这个系统的数据更贴近每个人的生活空间，具有更细粒度的数据监测能力。下面分享一下如何使用 TencentOS tiny RISC-V 定制开发套件打造 一个 PM2.5 监测终端。

10.5.2　项目方案

整个方案由如下几个模块组成(见图 10.4)：

① 数据采集模块：在终端侧采集传感器的监测数据(大气监测终端)。

② 无线接入模块：提供多种无线协议，支持终端接入网络(比如 LoRaWAN 网关或者 Wi-Fi)。

③ 设备接入模块：在云平台侧处理各种无线接入协议及设备数据（IoT Explorer 平台）。

④ 业务处理模块：管理终端设备，分析传感器数据及可视化（Web 界面或者 APP 应用）。

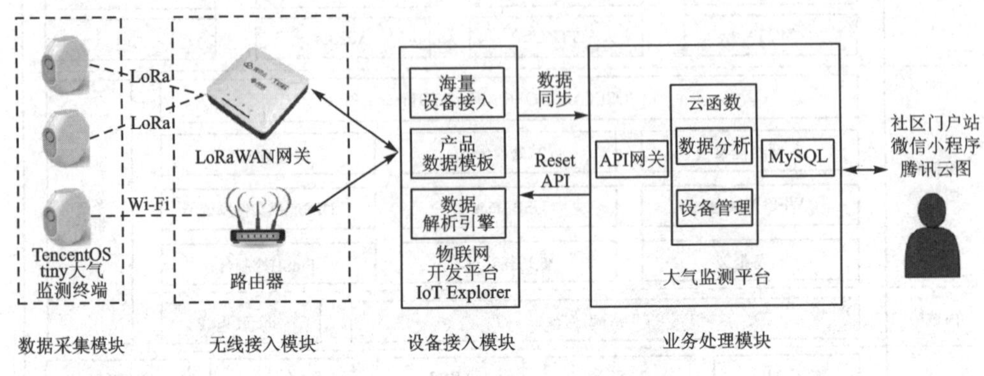

图 10.4　空气质量检测终端项目

1. 终端开发板简介

EVB_LX+是腾讯物联网操作系统 TencentOS tiny 团队联合兆易创新、南京厚德物联网有限公司三方合作设计的一款物联网评估板，用于 TencentOS tiny 基础内核、RISC-V 新 IP 核架构和 IoT 组件功能体验和评估，开发板如图 10.5 所示。

图 10. 5　GD32 RISC-V MCU 和 TencentOS tiny PM2. 5 监测终端

2. 开发板技术指标

① CPU:GD32VF103RBT6，108 MHz,128 KB Flash,32 KB SRAM。

② 显示屏:OLED,64×32 分辨率。

③ 电源特性:Micro USB 接口,5 V 供电,内部有 5 V 转 3.3 V 的 DCDC,MCU 供电电压为 3.3 V,系统 I/O 电压也为 3.3 V。

④ 按键:一个复位按键,一个功能按键。

⑤ 外部扩展存储 :SPI Flash。

⑥ LED 指示灯:上电指示 LED,红色;一个用户定义 LED,蓝色。

⑦ 调试接口:板载 GD-Link 下载调试器,UART2 串口连接 PC。

⑧ 外部晶振 XTAL:8 MHz,32.768 kHz。

⑨ 传感器扩展接口 E53:支持 E53 传感器案例扩展板(支持 UART、SPI、I^2C、GPIO、ADC、DAC 等)。

⑩ 网络模块扩展接口:支持多种无线通信模组扩展(UART、SPI、GPIO)。

3. 开发板扩展接口

LoRaWAN 模组采用瑞兴恒方研发的 LoRaWAN 通信模组,使用串口 AT 进行交互。

PM2.5 空气传感器扩展板和 PM2.5 传感器,扩展板主要用于转接 PM2.5 传感器到开发板的 E53 接口上，PM2.5 空气传感器采用 PMSA003,它的检测精度高,可测试 PM2.5 等多种空气质量参数。

4. 软件开发过程

(1) 下载 Nuclei Studio IDE

目前,GD32VF103 成熟的集成开发环境有芯来科技提供的 Nuclei Studio IDE 和 SEGGER Embedded Studio。TencentOS tiny 中的 RISC-V 项目是基于 Nuclei Studio IDE。Nuclei Studio IDE 的软件安装和使用可参见本书 3.3 节。

(2) 导入 TencentOS tiny 的 RISC-V 工程

首先下载 TencentOS tiny 项目,下载地址为:https://github.com/Tencent/TencentOS-tiny。

官方地址直接下载 zip 包,或者直接使用下面的命令:

```
git clone  https://github.com/Tencent/TencentOS-tiny.git
```

在 Nuclei Studio IDE 菜单栏选择 File→Import,选择 General→Exit Project into Workspace,设置导入方式,然后单击 Next 按钮。

选择好导入方式后,单击 Browse 按钮,选择 TencentOS tiny 项目中 GD32V

工程路径。注意：进入 TencentOS-tiny\board\TencentOS_tiny_EVB_LX\eclipse\lorawan 这一级目录即可，如图 10.6 所示。

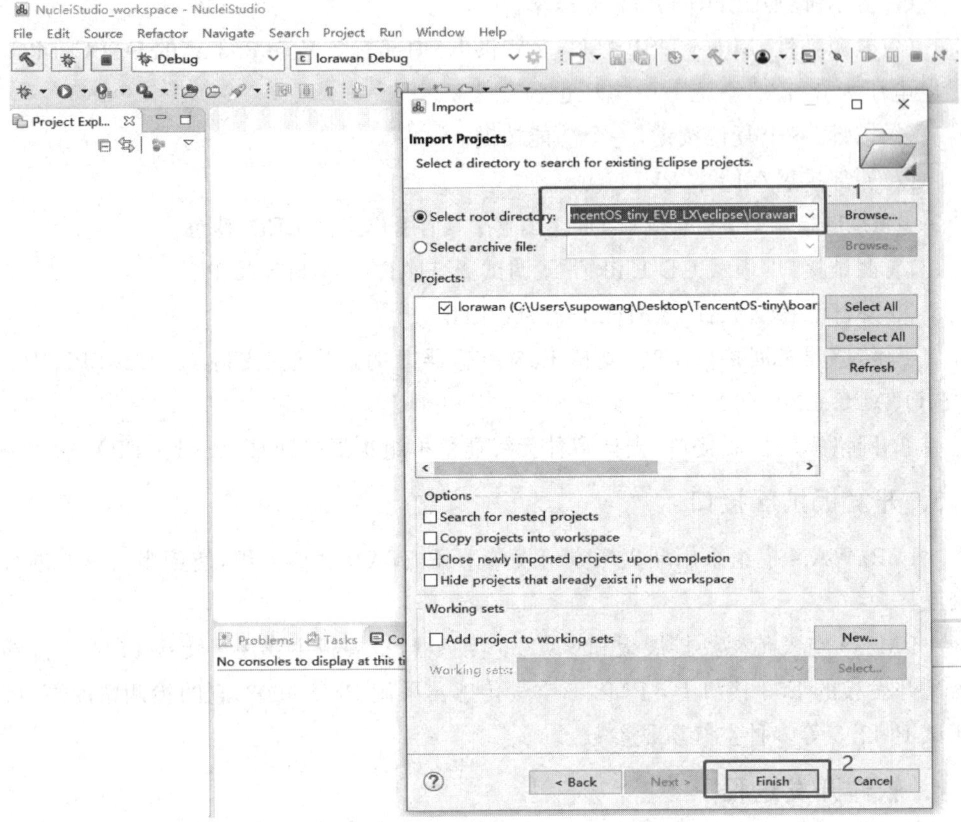

图 10.6　基于 TencentOS tiny 的 RISC-V 工程导入

(3) 编译下载调试 TencentOS tiny 的工程

导入之后，就可看到 TencentOS tiny 的 hello_world 工程了，在 lorawan 工程文件夹上右击 Debug As，选择 Debug Configurations，配置调试参数，如图 10.7 所示。

在 Debugger 选项中修改调试参数如下：

```
-f "${workspace_loc:/${ProjName}/openocd_gdlink.cfg}"
set mem inaccessible-by-default off
set arch riscv:rv32
set remotetimeout 250
```

然后单击 Debug 按钮即可进入调试窗口。如图 10.8 所示，可以进行单步、跳步执行、设置断点等。

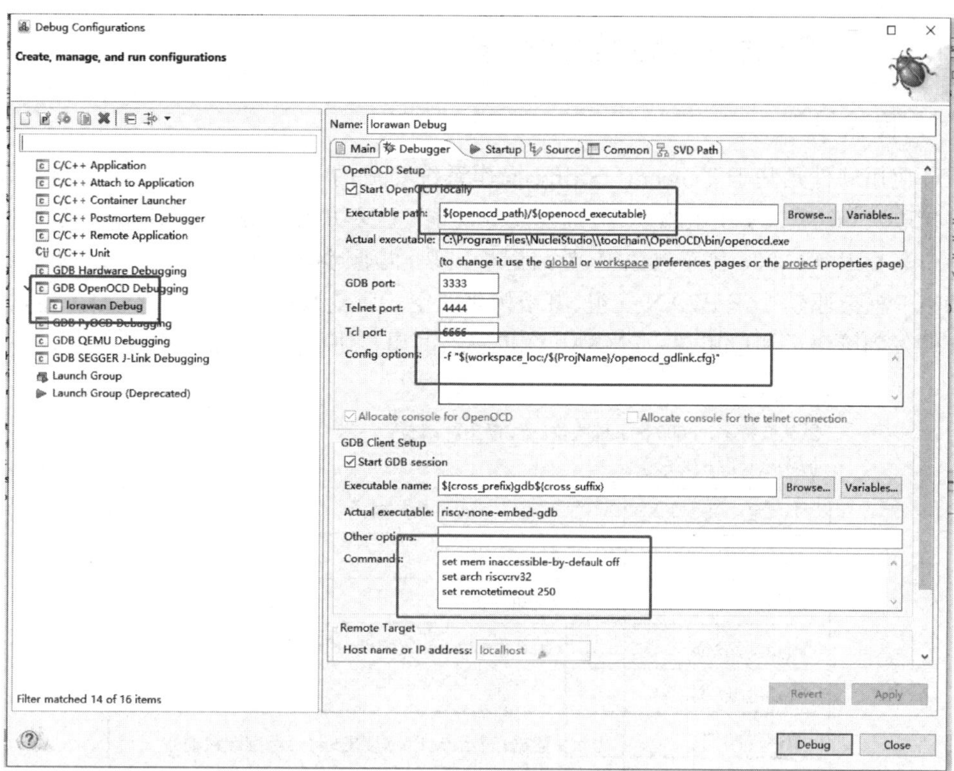

图 10.7　TencentOS tiny 的 RISC-V 工程参数配置

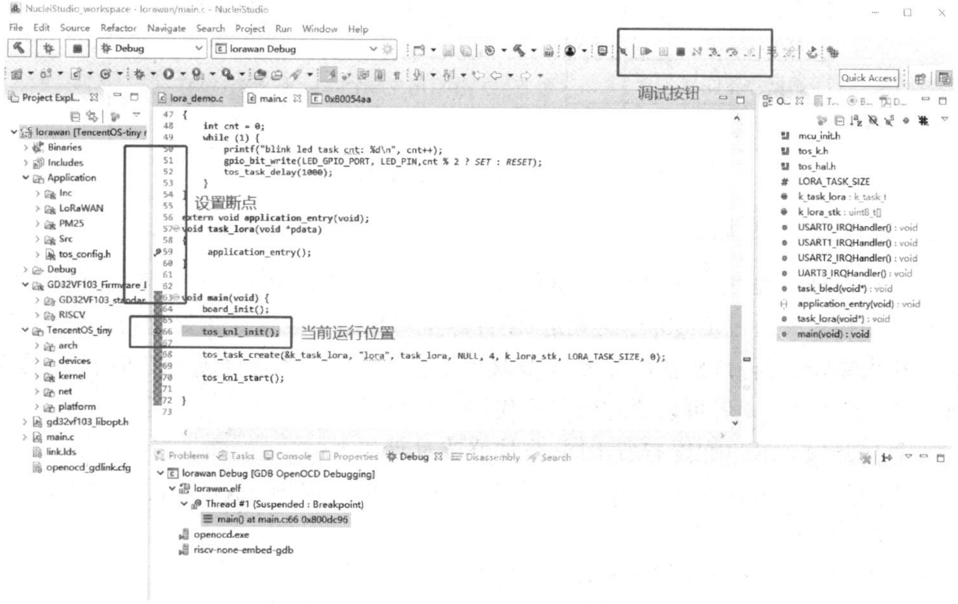

图 10.8　TencentOS tiny 的调试

10.5.3 空气质量检测软件开发

1. 传输协议

应用软件是基于 TencentOS tiny 操作系统完成的，主要处理 PM2.5 传感器数据接收、LoRaWAN 模组驱动、串口收发等功能；主要功能就是通过 RISC-V 芯片的串口采集 PMSA003 传感器数据，然后解析出来，再通过串口驱动和 TencentOS tiny 的 AT 框架驱动 LoRaWAN 模组，将结构化的空气质量数据发送到 LoRa 服务器，进而转发到腾讯云和应用端。PMSA003 传感器的串口协议如图 10.9 所示。

主动式传输协议

默认波特率：9 600 bps，校验位：无，停止位：1位

协议总长度：32字节

定　义	数　据	
起始符1	0x42(固定)	
起始符2	0x4d(固定)	
帧长度高8位	……	帧长度=2×13+2(数据+校验位)
帧长度低8位	……	
数据1高8位	……	数据1表示PM1.0浓度(CF=1，标准颗粒物) 单位：μg/m³
数据1低8位	……	
数据2高8位	……	数据2表示PM2.5浓度(CF=1，标准颗粒物) 单位：μg/m³
数据2低8位	……	
数据3高8位	……	数据3表示PM10浓度(CF=1，标准颗粒物) 单位：μg/m³
数据3低8位	……	

图 10.9　PMSA003 传感器的串口协议

2. 软件流程和配置

软件处理流程：串口接收→数据缓存解析校验→取出其中 26 字节载荷发到邮箱→邮箱接收并通过 LoRa 模组发送，硬件尽量对传感器数据简化处理，云平台有设备解析引擎，只需将传感器的原始数据取出上报，云端再将其转成 JSON，代码结构如图 10.10 所示，读者可以通过阅读源代码进一步学习。

每位开发者项目配置有所不同，具体修改过程如下：

① 进入<TencentOS-tiny\board\TencentOS_tiny_EVB_LX\eclipse\lorawan>目录，导入 lorawan 工程。

② 修改\Application\LoRaWAN\lora_demo.c。

```
'tos_lora_module_join_otaa("8cf957200000025a", "8cf957200000f8061b39aaaaad204a72");'
```

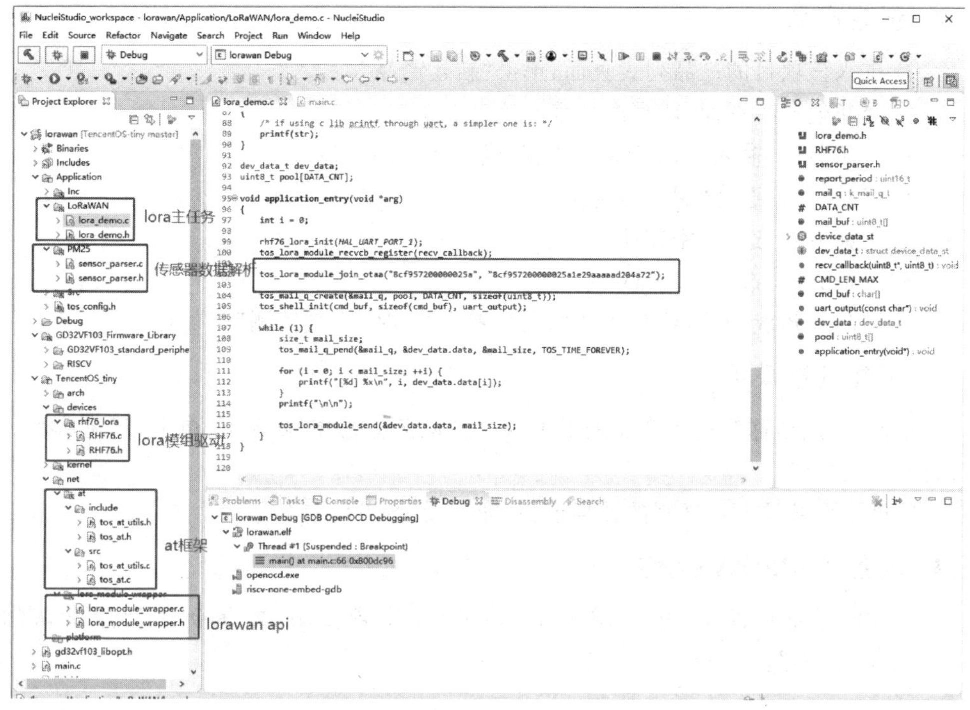

图 10.10 空气质量检测代码结构

填入节点相应的 DevEUI 和 AppKEY。大气监测项目目前将会为参与活动的朋友分配专用的密钥 DevEUI 和 AppKEY。

③ 修改完毕后，重新编译并下载程序。复位做好的 PM2.5 监测终端，确保有 470 MHz 的 LoRa 网关信号覆盖，即可在云端看到监测终端的上报。

10.5.4 腾讯物联网平台

腾讯云物联网开发平台(IoT Explorer)为客户提供便捷的物联网开发工具与服务，助力客户更高效地完成设备接入，并为客户提供物联网应用开发及场景服务能力，帮助客户高效、低成本地构建物联网应用。

1. 创建项目

① 登录“物联网开发平台控制台”(https://console.cloud.tencent.com/iotexplorer)，选择“新建项目”。

② 在新建项目页面，填写项目基本信息后，单击“保存”按钮。

- 项目名称：输入“LoRa 大气监测演示”或其他名称。
- 项目描述：按照实际需求填写项目描述。

③ 项目新建成功后，即可新建产品。

2. 创建产品

① 进入该项目的产品列表页面，单击“新建产品”。

② 在新建产品页面，填写产品基本信息。

- 产品名称：输入“LoRa 大气监测”或其他产品名称。
- 产品类型：选择“用户自定义”。
- 认证方式：选择“密钥认证”。
- 通信方式：选择“LoRaWAN”。

③ 产品新建成功后，可在产品列表页查看“LoRa 大气监测”。

3. 创建数据模板

单击“产品名称”，进入产品配置页，在“自定义功能”配置项下，单击“新建功能”，自定义产品功能。

这里就直接导入定义好的数据模板，即一段 JSON 代码。

4. 配置 LoRaWAN 参数

在设备开发页面中，按需调整 LoRaWAN 参数配置，本示例中使用默认的 OTAA 配置，如图 10.11。

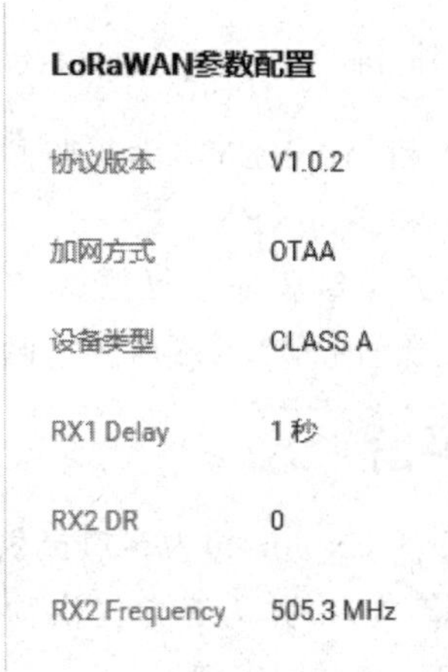

LoRaWAN参数配置

协议版本	V1.0.2
加网方式	OTAA
设备类型	CLASS A
RX1 Delay	1 秒
RX2 DR	0
RX2 Frequency	505.3 MHz

图 10.11　配置 LoRaWAN 参数

5. 设备数据解析和协议

在设备开发页面中，按需调整设备数据解析。由于 LoRa 类资源有限，设备不适合直接传输 JSON 格式数据，使用“设备数据解析”可以将设备原始数据转化为产品 JSON 数据。在本示例中，设备上行数据共有 14 个，包括 PM2.5 和 PM10 等数据。

6. 数据解析脚本

上行数据解析的脚本主函数为 RawToProtocol，带有 fPort、bytes 两个入口参数。fPort：设备上报的 LoRaWAN 协议数据的 FPort 字段；bytes：设备上报的 LoRaWAN 协议数据的 FRMPayload 字段。脚本主函数的出口参数为产品数据模板协议格式的对象，如图 10.12 所示。

下行数据解析的脚本主函数为 ProtocolToRaw，其入口参数为产品数据模板协议格式的对象，本案例不涉及下行控制，可以不处理。

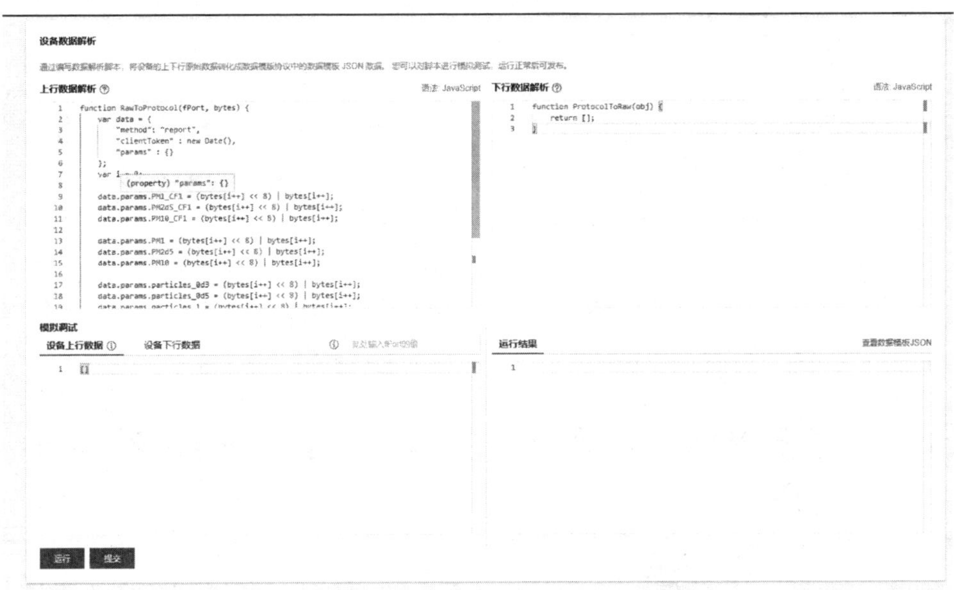

图 10.12　数据解析脚本

7. 创建测试设备

在设备调试页面中，单击“新建设备”，设备名为 PM25_001，DevEUI 等信息可从 LoRa 节点开发板硬件获得，需要与前文的代码保持一致。

```
'tos_lora_module_join_otaa("8cf957200000025a", "8cf957200000f8061b39aaaaad204a72");'
```

8. 查看设备状态

① 保持 LoRa 节点和 LoRa 网关为运行状态。

② 选择“控制台”→“产品开发”→“设备调试”，可查看到设备“PM25_001”。

③ 单击“调试”，可进入设备详情页。

④ 单击“设备属性”，可查询设备上报到开发平台的最新数据及历史数据，如图 10.13 所示。

- 设备属性的最新值：显示设备上报的最新数据。
- 设备属性的更新时间：显示数据的更新时间。

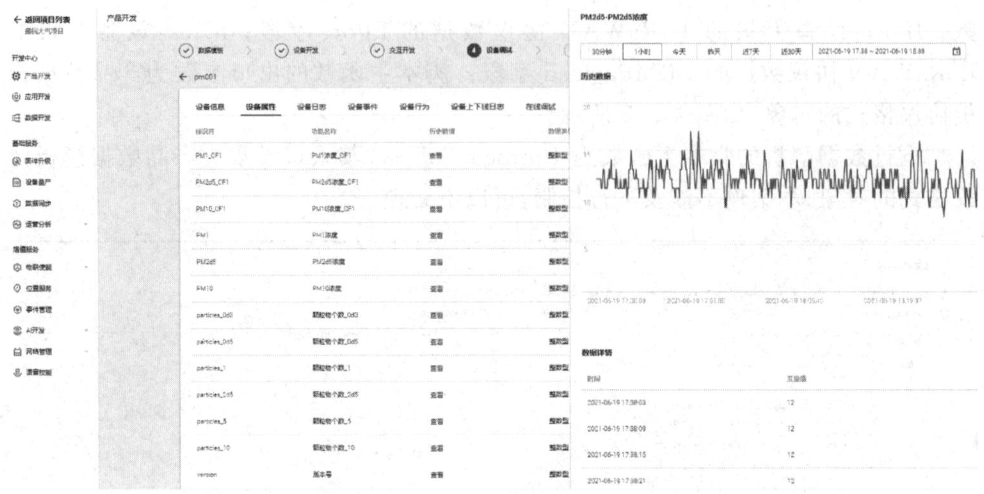

图 10.13　查看设备状态

⑤ 单击“查看”按钮，可查看某个属性的历史上报数据。

10.6　基于 RISC-V 蓝牙开发板的 RT-Thread 多媒体应用

10.6.1　AB32VG1 开发板介绍

中科蓝讯(Bluetrum)公司是专注于研发和销售无线互联 SoC 芯片的高科技公司，提供一站式的应用解决方案，以帮助客户快速推出业界领先的无线智能产品。中科蓝讯芯片产品和软件方案主要应用于：高性能耳机、音箱、AI 智能、万物互联等领域，中科蓝讯是 RISC-V 基金会的战略会员。

AB32VG1 开发板以中科蓝讯公司与 RT-Thread 联合推出的基于 RISC-V 指令集架构的 AB32VG1 生态芯片为核心，配置了许多 MCU 外设资源和蓝牙，适合各种物联网应用开发。

① CPU：AB32VG1 (LQFP48 封装)，主频 120 MHz，片上集成 RAM 192 KB、Flash 4 Mbit、ADC、PWM、USB、UART、I^2C 等资源。

② 开发板搭载蓝牙模块和 FM 模块。

③ TF Card 接口、USB 接口、I^2C 接口。

④ 音频接口 (美标 CTIA)。

⑤ 六路 ADC 输入引脚端子引出。

⑥ 六路 PWM 输出引脚端子引出。

⑦ 1 个全彩 LED 灯模块,1 个电源指示灯,3 个烧录指示灯。

⑧ 1 个 IRDA (红外接收端口)。

⑨ 1 个 Reset 按键,3 个功能按键 (通用板为 2 个功能按键)。

I/O 口通过 2.54 mm 标准间距引出,同时兼容 Arduino Uno 扩展接口,方便二次开发,AB32VG1 开发板如图 10.14 所示。

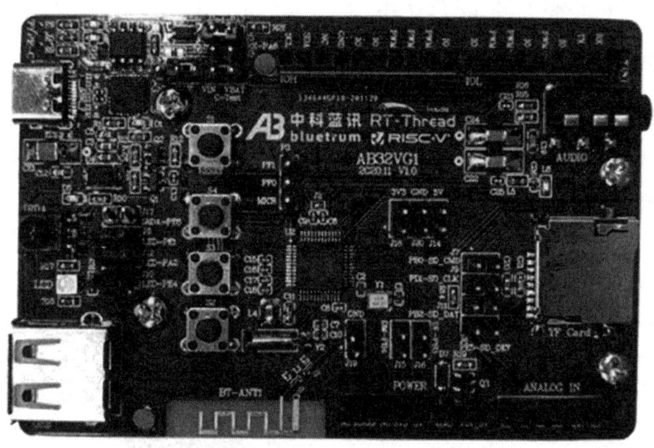

图 10.14　AB32VG1 开发板

10.6.2　WAV 音频播放的应用

1. 软件下载

实验前需要下载 RT-Thread Studio 安装包、Downloader(下载软件) 以及配套的 USB 转串口驱动。

RT-Thread Studio 是一个集成开发环境(IDE),包括工程创建和管理、代码编辑、SDK 管理,RT-Thread 配置、构建配置、调试配置、程序下载和调试等功能,与传统的 IDE 和 RTOS 配置工具相比较,RT-Thread Studio 结合图形化配置系统以及软件包和组件资源,减少重复工作,提高开发效率。可以通过访问 https:/www.rt-thread.org/page/studio.html 免费获得软件以及使用教程。

Downloader(下载软件) 是中科蓝讯配合开发板的专用下载和串口开发的小工具,下载网址为 https://gitee.com/bluetrum/Downloader/blob/main/Downloader_v1.9.7.zip。

USB 转串口驱动是开发板下载和调试时需要的,注意需要这个特定版本,如果 PC 中有其他版本,建议更新成该版本。该版本的下载网址为 https://gitee.com/

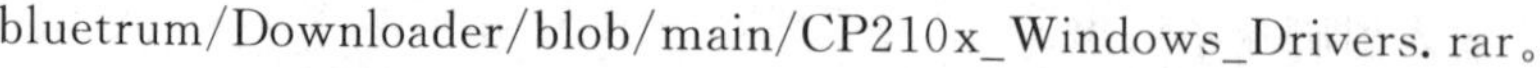

bluetrum/Downloader/blob/main/CP210x_Windows_Drivers.rar。

2. 软件安装

首先需要确保已经安装 RT-Thread Studio，启动软件后在工具栏 SDK 管理器下，安装 AB32VG1 开发板资源包，这样就可以在 RT-Thread Studio 下对 AB32VG1 做开发了。

因为某些硬件原因，我们无法使用 RT-Thread Studio 直接下载代码和调试，因此使用 Downloader 进行程序的固件下载，RT-Thread Studio 编译出来的固件后缀为.dcf，该文件位于工程 Debug 目录下。

3. 实验步骤

(1) 新建工程

打开 studio，选择“新建”→“RT-Thread 项目”→“基于开发板”，然后选择 AB32VG1-AB-PROUGEN，如图 10.15 所示。

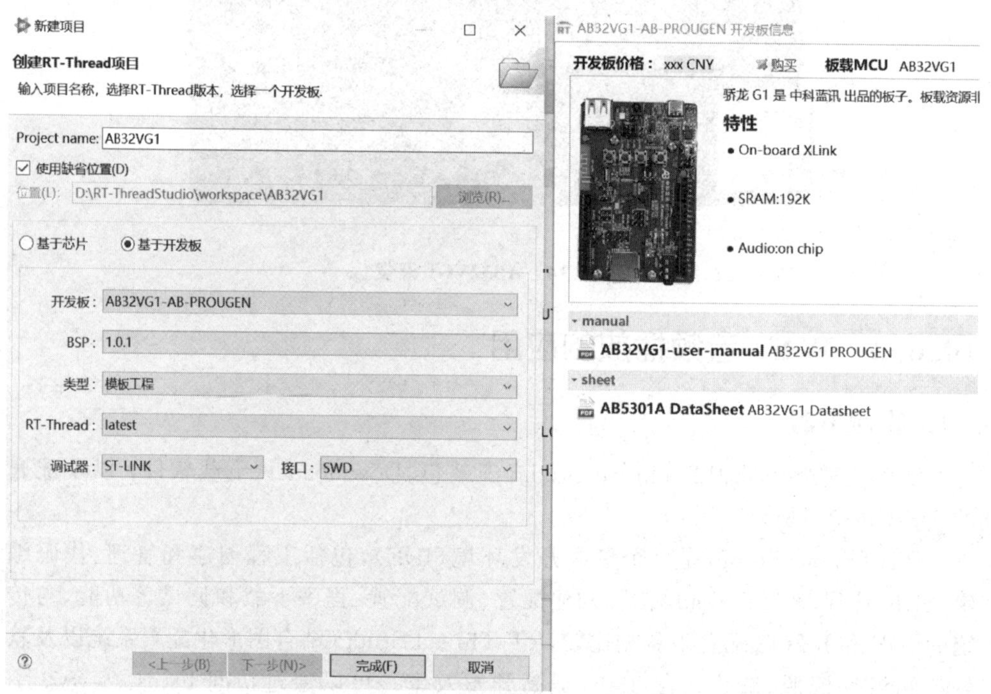

图 10.15 为 AB32VG1 开发板新建工程

(2) 编 译

单击“编译”按钮(构建)，编译工程。

(3) 软件包安装

本实验实现音乐播放功能，需要安装的软件包有 wavplayer、optparse、multibutton 三个软件包。其中 optparse 在 wavplayer 勾选后，自动选择，单击 RT-Thread Setting 进入软件包选择界面，安装 wavplayer 软件包和 multibutton 软件包，软件包选择完成后，单击“保存”按钮，将配置保存并应用到工程中，其会自动下载到 package 目录下，如图 10.16 所示。

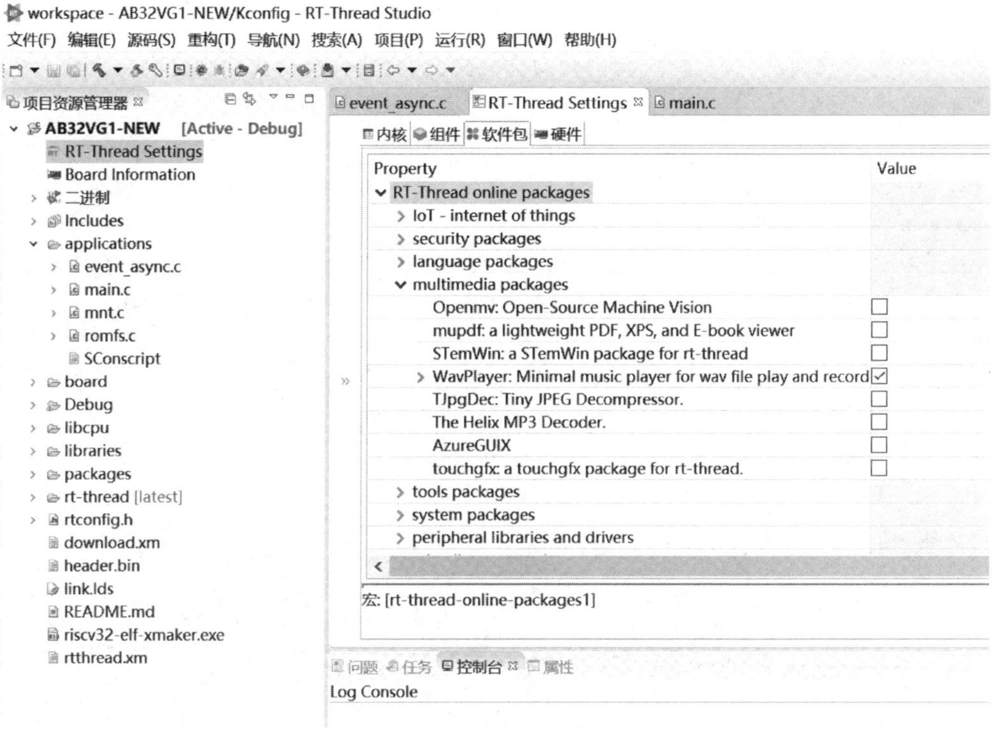

图 10.16 RT-Thread Studio 软件包安装

(4) 实验 demo 编写

安装完 wavplayer、optparse、multibutton 三个软件包之后，就完成了此次实验所需要依赖的软件包。接下来开始编写 demo。首先需要在网站上下载 romfs.c（本文件包含了定义好的两个音频文件，可以用于 demo 播放）替换 applications 下原有的 romfs.c。

下载地址为 https://ab32vg1-example.readthedocs.io/zh/latest/_downloads/c80ffd3057bc4e3e621c37859aec34f0/romfs.c。

然后在 applications 下新建 event_async.c 文件，复制以下代码，该代码可实现按键识别、音频文件读取和播放等核心功能。

```
#include <rtthread.h>
#include <rtdevice.h>
#include "board.h"
```

```
#include <multi_button.h>
#include "wavplayer.h"
#define BUTTON_PIN_0 rt_pin_get("PF.0")
#define BUTTON_PIN_1 rt_pin_get("PF.1")
#define NUM_OF_SONGS     (2u)
static struct button btn_0;
static struct button btn_1;

static uint32_t cnt_0 = 0;
static uint32_t cnt_1 = 0;
static char * table[2] =
{
    "wav_1.wav",
    "wav_2.wav",
};
void saia_channels_set(uint8_t channels);
void saia_volume_set(rt_uint8_t volume);
uint8_t saia_volume_get(void);
static uint8_t button_read_pin_0(void)
{
    return rt_pin_read(BUTTON_PIN_0);
}

static uint8_t button_read_pin_1(void)
{
    return rt_pin_read(BUTTON_PIN_1);
}

static void button_0_callback(void * btn)
{
    uint32_t btn_event_val;
    btn_event_val = get_button_event((struct button * )btn);
    switch(btn_event_val)
    {
    case SINGLE_CLICK:
        if (cnt_0 == 1) {
            saia_volume_set(30);
        }else if (cnt_0 == 2) {
            saia_volume_set(50);
        }else {
            saia_volume_set(100);
            cnt_0 = 0;
```

```
            }
            cnt_0 ++ ;
            rt_kprintf("vol = %d\n", saia_volume_get());
            rt_kprintf("button 0 single click\n");
        break;
        case DOUBLE_CLICK:
            if (cnt_0 == 1) {
                saia_channels_set(1);
            }else {
                saia_channels_set(2);
                cnt_0 = 0;
            }
            cnt_0 ++ ;
            rt_kprintf("button 0 double click\n");
        break;
        case LONG_RRESS_START:
            rt_kprintf("button 0 long press start\n");
        break;
        case LONG_PRESS_HOLD:
            rt_kprintf("button 0 long press hold\n");
        break;
        }
}

static void button_1_callback(void * btn)
{
    uint32_t btn_event_val;
    btn_event_val = get_button_event((struct button * )btn);
    switch(btn_event_val)
    {
    case SINGLE_CLICK:
        wavplayer_play(table[(cnt_1 ++ ) % NUM_OF_SONGS]);
        rt_kprintf("button 1 single click\n");
    break;
    case DOUBLE_CLICK:
        rt_kprintf("button 1 double click\n");
    break;
    case LONG_RRESS_START:
        rt_kprintf("button 1 long press start\n");
    break;
    case LONG_PRESS_HOLD:
        rt_kprintf("button 1 long press hold\n");
```

```
        break;
        }
    }

    static void btn_thread_entry(void * p)
    {
        while(1)
            {
            /* 5ms */
            rt_thread_delay(RT_TICK_PER_SECOND/200);
            button_ticks();
        }
    }

    static int multi_button_test(void)
    {
        rt_thread_tthread = RT_NULL;
        /* Create background ticks thread */
        thread = rt_thread_create("btn", btn_thread_entry, RT_NULL, 1024, 10, 10);
        if(thread == RT_NULL)
        {
            return RT_ERROR;
        }
        rt_thread_startup(thread);
        /* low level drive */
        rt_pin_mode  (BUTTON_PIN_0, PIN_MODE_INPUT_PULLUP);
        button_init  (&btn_0, button_read_pin_0, PIN_LOW);
        button_attach(&btn_0, SINGLE_CLICK,     button_0_callback);
        button_attach(&btn_0, DOUBLE_CLICK,     button_0_callback);
        button_attach(&btn_0, LONG_RRESS_START, button_0_callback);
        button_attach(&btn_0, LONG_PRESS_HOLD,  button_0_callback);
        button_start (&btn_0);
        rt_pin_mode  (BUTTON_PIN_1, PIN_MODE_INPUT_PULLUP);
        button_init  (&btn_1, button_read_pin_1, PIN_LOW);
        button_attach(&btn_1, SINGLE_CLICK,     button_1_callback);
        button_attach(&btn_1, DOUBLE_CLICK,     button_1_callback);
        button_attach(&btn_1, LONG_RRESS_START, button_1_callback);
        button_attach(&btn_1, LONG_PRESS_HOLD,  button_1_callback);
        button_start (&btn_1);
        return RT_EOK;
    }
    INIT_APP_EXPORT(multi_button_test);
```

(5) 程序下载

demo 编写完成后，单击“编译”按钮开始编译，编译成功后下载编译后生成的 rtthread. dcf 固件到芯片中，双击打开前面下载的 Downloader v1. 9. 7，如图 10. 17 所示。

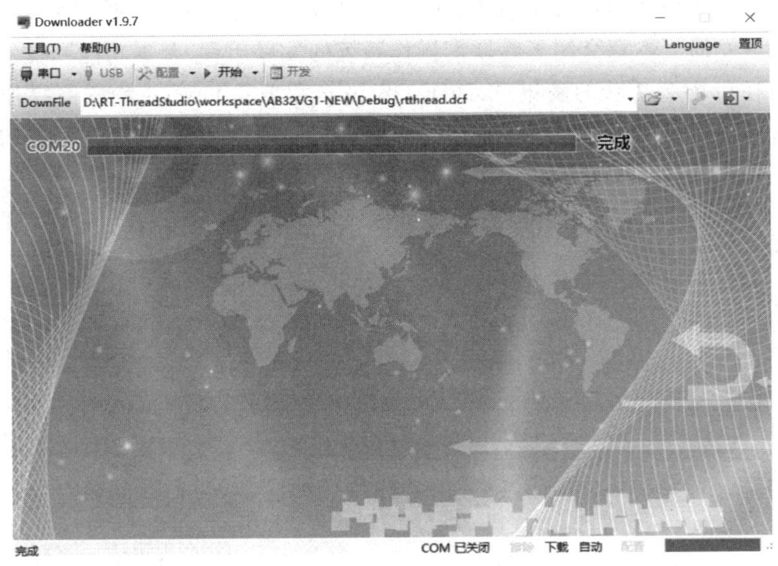

图 10. 17　程序下载

下载成功后会在串口界面打印“Hello World”，并会有 LED 灯闪烁。按下按键 S2，会播放第一首音乐；再次按下，播放下一首音乐，依次循环，如图 10. 18 所示。注意 Downloader v1. 9. 7 界面切换到开发模式。

图 10. 18　demo 执行

10.7 本章小结

越来越多的物联网终端中有 RISC-V 处理器的身影，其中有许多是基于物联网操作系统开发的。本章介绍了物联网操作系统的发展历程、基本功能和技术架构，简述了目前在市场上活跃的腾讯 TencentOS tiny 和 RT-Thread 物联网操作系统，以及基于这两种物联网操作系统和 RISC-V 嵌入式处理器、SoC 芯片开发板和云平台，并详细地介绍了空气质量检测终端应用和音频语音播放应用。

第11章 基于 RISC-V 的电磁车设计

电磁感应是自动导航车辆常用的循迹技术之一。其算法简单，循迹效果好，广泛应用于仓库、码头以及工厂等场地的自动货物搬运车辆。一般将利用电磁感应技术循迹的自动导航车辆称为电磁智能车或电磁车，它涉及传感、控制、电子和计算机等技术。设计和实现电磁智能车是典型的嵌入式系统软硬件开发实践案例。

11.1 工作原理

在车道中间铺设导线，电磁车能够根据导线发出的信号循迹车道。通过交流电流后，导线周围产生交变电磁场。电磁车在运行过程中不断检测导线周围的电磁场强度，判断车身与导线的相对位置，然后控制车身沿车道快速移动。

11.1.1 电磁信号检测

在电磁车上布置多个电感线圈，检测车前端不同位置的磁场强度，然后根据磁场强度的分布关系计算车身相对于车道中心导线的位置偏移。

1. 电磁传感器

在电磁智能车上利用电感线圈作为电磁传感器，检测导线周围的磁场强度。

(1) 电磁传感器的原理

如果在导线中通入交变电流(如按正弦规律变化的电流)，则在导线周围产生变化的磁场。根据毕奥-萨伐尔原理，在距离导线中心 r 的位置，如果导线中电流为 I，且 r 远小于直导线长度，则 r 位置的磁场强度如下：

$$B = \frac{\mu_0 I}{4\pi r} \tag{11.1}$$

如果在磁场中放置一个电感线圈，则在该电感上会产生感应电动势。如图 11.1

所示为电感线圈产生感应电动势的示意图。

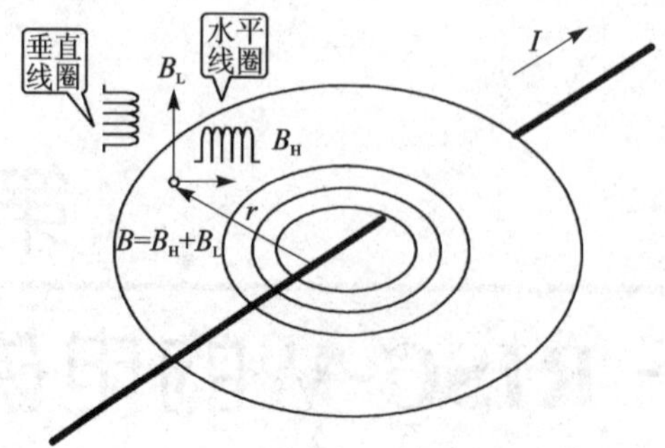

图 11.1　电感线圈产生感应电动势的示意图

设电感线圈内部小范围内磁场均匀分布，则线圈上的感应电动势 E 为

$$E=\frac{\mathrm{d}\Phi(t)}{\mathrm{d}t}=\frac{k}{r}\frac{\mathrm{d}I}{\mathrm{d}t}=\frac{K}{r} \tag{11.2}$$

感应电动势 E 与导线到电感线圈的直线距离 r 成反比。因此，可以利用感应电动势估算导线的实际位置。

在式(11.2)中，$\mathrm{d}\Phi(t)/\mathrm{d}t$ 是电感线圈中的磁通量变化率；K 是常数，与电感线圈的物理属性相关；r 是线圈到导线的垂直距离。

(2) 信号增强

由于电感线圈输出的感应电动势比较微弱，且混杂有噪声和干扰，因此在系统中需要对信号进行滤波和放大。

通常在导线通有 20 kHz、100 mA 的交变电流，频率范围为 20 kHz±1 kHz，电流范围为 100 mA±20 mA，感应电动势是 20 kHz 的交变信号。因此，使用 20 kHz LC 并联谐振电路，选频检测感应电动势，提高抗噪声能力，电路原理如图 11.2 所示。

在图 11.2 中，E 是电感线圈中的感应电动势，L 是电感线圈，R_0 是电感线圈的内阻，C 是谐振电容，振荡电路的谐振频率为

$$f=\frac{1}{2\pi\sqrt{LC}} \tag{11.3}$$

2. 位置偏差估算

在传统智能车的控制方法中，常使用智能车与车道中心的位置偏差信号调整智能车的运动方向，以保证智能车能够循迹移动。

在电磁智能车的前方两侧部署电感线圈，左右两侧电感线圈检测到的感应电动势强度分别为 E_l 和 E_r。可以采用差值法和比值法估算电磁车与导线的位置偏差。

(1) 差值法

计算左右感应电动势 E_l 和 E_r 的差值 ΔE，并以此估计电磁车与赛道中心线的位置偏差。如图 11.3 所示，导线位于车道中心，车道宽度为 W，左右两个传感线圈

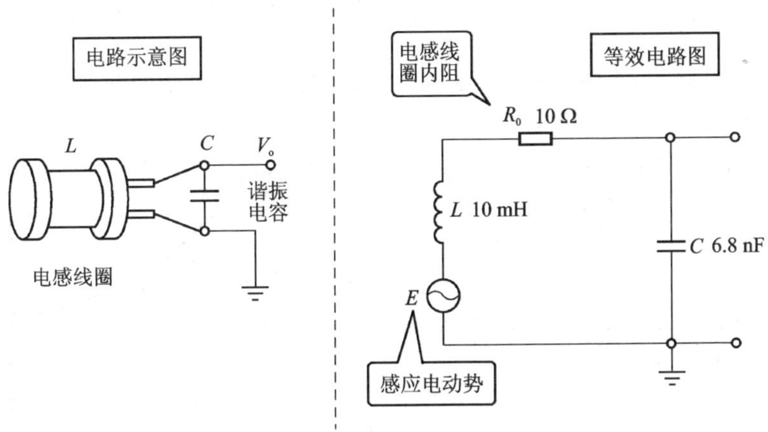

图 11.2　LC 并联谐振电路

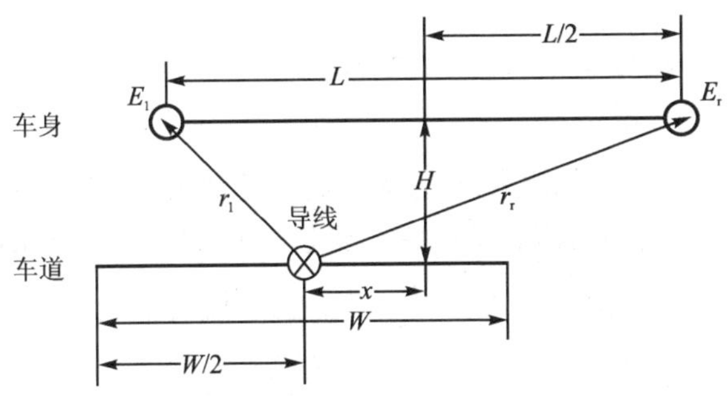

图 11.3　车道与车身位置示意

之间的距离为 L，电感线圈与地面的距离（车身高度）为 H，左右两个电感线圈与导线间的距离分别为 r_l 和 r_r，电磁车的中心与导线（车道中心）之间的偏移为 x。如果电感线圈水平放置，并且线圈的轴与导线垂直，则左右两个传感器的感应电动势的差 ΔE 与位置偏移之间的关系如下：

$$\Delta E = KH\left[\frac{1}{H^2+\left(\frac{L}{2}-x\right)^2}-\frac{1}{H^2+\left(\frac{L}{2}+x\right)^2}\right] \tag{11.4}$$

差值 ΔE 随着电感线圈的水平位置 x 的变化曲线如图 11.4 所示。在图 11.4 中，ΔE 存在两个极值点 A 和 B，A 和 B 两点将 ΔE 曲线分为 3 个区间，$x<x_B$、$x_B\leqslant x\leqslant x_A$ 和 $x_A<x$。在 $x<x_B$ 区间，$\Delta E<0$，且随着 x 增大而降低；在 $x_B\leqslant x\leqslant x_A$ 区间，ΔE 随着 x 增大而增大；在 $x_A<x$ 区间，$\Delta E>0$，且随着 x 增大而降低。

$$x_B=-\sqrt{\frac{1}{12}\left(L^2-4H^2+2\sqrt{16H^4+4H^2L^2+L^4}\right)} \tag{11.5}$$

$$x_A=\sqrt{\frac{1}{12}\left(L^2-4H^2+2\sqrt{16H^4+4H^2L^2+L^4}\right)} \tag{11.6}$$

可以利用 ΔE 在不同区间的变化特性，估计电磁车与导线的偏移，从而控制电磁车的偏转方向。

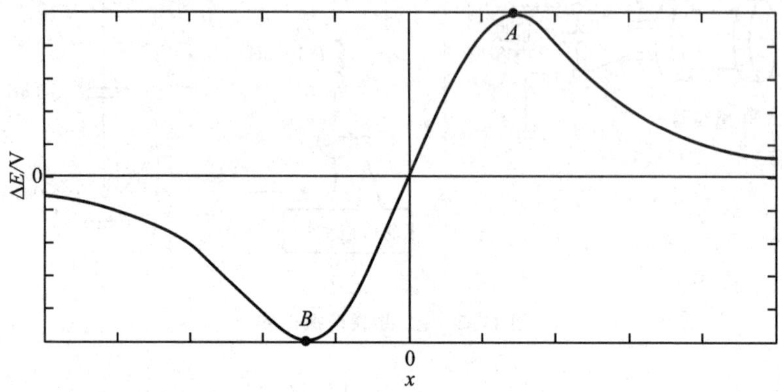

图 11.4　感应电动势差 ΔE 与距离 x 之间的函数

(2) 比值法

在式(11.4)中，ΔE 与常数 KH 有关。将左右两个电感线圈感应电动势的差 ΔE 除以它们的和，用所得的值表示电磁车与车道中心的偏移 poffset，即

$$\text{poffset}=\frac{E_l-E_r}{E_l+E_r}=\frac{2Lx}{2H^2+\frac{L^2}{2}+2x^2} \tag{11.7}$$

根据式(11.7)，poffset 与 x 的关系曲线类似于图 11.4，也分为 3 个区间，$x<x_B$、$x_B\leqslant x\leqslant x_A$ 和 $x_A<x$。在 $x<x_B$ 区间，poffset<0，且随着 x 增大而降低；在 $x_B\leqslant x\leqslant x_A$ 区间，poffset 随着 x 增大而增大；在 $x_A<x$ 区间，poffset>0，且随着 x 增大而降低。

$$x_B=-\sqrt{H^2+\frac{L^2}{2}},\quad x_A=\sqrt{H^2+\frac{L^2}{2}},\quad -1<\text{poffset}<1 \tag{11.8}$$

11.1.2　PID 控制器

PID 算法简单、稳定性好，是工程实践中应用最为广泛的调节控制方法之一。PID 控制器是一种线性控制器，计算预定值与实际测量值的偏差，并将偏差的比例(P)、积分(I)和微分(D)通过线性组合构成控制量，对被控对象进行控制。PID 控制器原理框图如图 11.5 所示。

在图 11.5 中，将预定值与实际输出值的偏差 $e(t)$送到 PID 控制器后，由 PID 控制器算出控制偏差的积分值和微分值，并将它们与原误差信号进行线性组合，得到控制输出量 u，即

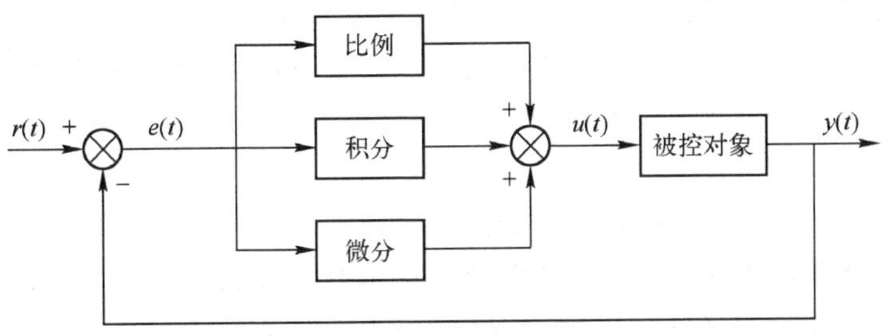

图 11.5 PID控制器原理框图

$$u = k_p e + k_i \int e \mathrm{d}t + k_d \frac{\mathrm{d}e}{\mathrm{d}t} \tag{11.9}$$

式中：k_p、k_i 和 k_d 分别为比例系数、积分系数和微分系数。系统根据 u 的值控制目标，更新目标状态。目标在新的状态下得到信号 u，根据新的 u 再次控制目标，更新状态。如此周而复始地进行。

在数字控制系统中，常使用计算机实现 PID 控制算法。在数字系统中，式(11.9)的离散化形式可写成如下形式，即

$$u_n = k_p \left(e_n + \frac{1}{T_i} \sum_{k=1}^{n} e_k T + T_d \frac{e_n - e_{n-1}}{T} \right) \tag{11.10}$$

式中：u_n 是控制量；e_n 是本次的偏差量；T 是采样时间；e_{n-1} 是上一次的偏差量；e_k 是第 k 次的偏差量；k_p、T_i、T_d 为3个参数。

1. 舵机控制

电磁车系统采用PID算法控制舵机，调整电磁车的方向。根据位置偏差，PID控制器计算出调整舵机转动角度的调整量。将式(11.10)修改后得到数字式PID的表达式，即

$$u(n) = k_p \cdot e(n) + k_i \cdot \sum_{j=0}^{n} e(j) + k_d \cdot [e(n) - e(n-1)] \tag{11.11}$$

式中：$e(j)$是计算得到的第 j 次偏移量。

2. 速度控制

为车道不同弯曲弧度的位置设定特定速度，用式(11.11)中的PID算法控制和调节电磁车的速度。其中，$u(n)$为更新后电磁车的速度，$e(n)$为目标速度与实际速度之差。在应用中，通常只使用比例项和微分项，将PID控制算法简化成PD控制算法。

赛道分为直道、弯道、十字道口、坡道等，在直道部分需要加速，在驶入弯道之前需要提前减速，在十字道口和坡道时需要适当减速。电磁车在转弯时内外两侧车轮会移动不同的曲线距离，外侧车轮移过的位移大于内侧车轮。因此，车的两侧后轮的速度可能不同，需要采用独立的控制单元。根据舵机的转向给电磁车的外轮加上补

偿，避免车轮滑动现象，使电磁车对信息的判定更加准确，行驶速度更快。

通常，用测速编码器测量电磁车的速度。测速编码器一般与电机轴相连，在轴旋转的时候，测速编码器输出脉冲，计数器收到脉冲，根据单位时间内收到的脉冲总量计算车的速度。

光电编码器是一种数字式角度传感器，它能将角位移量转换为与之对应的电脉冲并输出，常用于机械转角位置和旋转速度的检测与控制。在以光电编码器构成的测速系统中，常用的测速方法有 M、T 和 M/T 三种。“M 法”，通过测量一段固定时间间隔内的编码器脉冲数计算转速，适用于高速场合。“T 法”，通过测量编码器两个相邻脉冲的时间间隔来计算转速，适用于速度比较低的场合。“M/T 法”，前两种方法的结合，同时测量一定个数编码器脉冲和产生这些脉冲所花的时间，在整个速度范围内都有较好的准确性。

11.1.3 神经网络控制器

近年来，神经网络技术也在电磁智能车上得到应用。以电感线圈的感应电动势为输入，输出电机控制信号。建立控制器的网络模型，通过学习和训练确定模型参数，生成神经网络控制器，控制电磁车的舵机。

设 n 个电感线圈输出电动势构成向量 $\vec{E}=\{E_1,E_2,\cdots,E_n\}$，舵机的偏转角度是 P，则 P 和 $\vec{E}$ 之间的映射关系如下：

$$P=f(\vec{E}) \tag{11.12}$$

式中：f 是映射函数。

在多传感器的复杂情况下，建立 P 和 $\vec{E}$ 之间的神经网络，训练神经网络，可使其功能接近 f，甚至取得优于 f 的效果。

如图 11.6 所示为四层全连接的网络模型，其中电动势向量的输入端有 n 个神经元，输出端只有一个神经元 P，中间是两个隐含层。

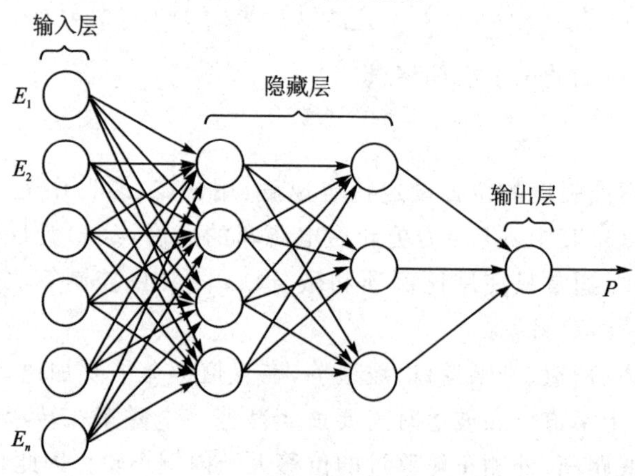

图 11.6 四层全连接神经网络示意

11.2　设计方案

本节利用兆易创新公司所发布的以 GD32VF103BT6 为核心的电磁导航车，根据其硬件结构特点，设计电磁车的软件系统。

11.2.1　总体方案

如图 11.7 所示为电磁车的实物和系统结构图。电磁车系统采用 32 位 RISC-V 内核 GD32VF103 处理器作为控制器，使用电感线圈检测车道周围的磁场强度，使用舵机控制电磁车的转向，使用电机控制电磁车移动，使用速度编码器测量两个后轮的转速。

位于电磁车前方的电感线圈输出的感应电动势，经检波和放大后，处理器的 ADC 模块转换成数字信号。控制器分析所采集的感应电动势，估计电磁车相对于车道的位置偏移，并据此控制电磁车的转向。控制器采用定时器的正交解码功能，实时解码速度编码器的脉冲信号，计算电磁车的车速。控制器采用 PID 算法，更新 PWM 输出，调整电机转速和舵机转向，控制电磁智能车行驶的速度和方向。

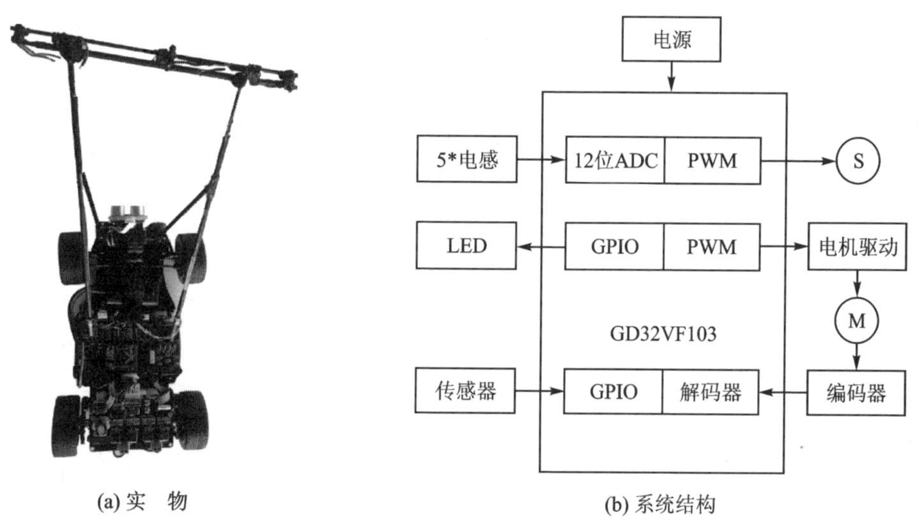

(a) 实　物　　(b) 系统结构

图 11.7　电磁车实物和系统结构图

1. 系统结构

在图 11.7 中，可将电磁车的功能单元分为电源模块、GD32VF103 主控模块、传感器模块、电机驱动模块、速度检测模块等。

电源模块，为整个系统提供合适而又稳定的电源。

GD32VF103 主控模块，是电磁车的核心，采集电感线圈、速度编码器和超声波传感器等的输出信号，估计电磁车的位置和速度状态，估计当前车道形状，并据此调整舵机和电机的控制信号，完成对电磁智能车的控制。

传感线圈，检测线圈所在位置的磁场强度，用于估计电磁车的位置和赛道信息。

电机驱动模块，包括直流电机和舵机，直流电机驱动电磁车移动，舵机控制电磁车的转向。

速度检测模块，使用编码器检测电磁智能车后轮的转速，用于控制电磁车的速度。

2. 估计位置偏移

受限于 GD32VF103 的计算能力和片内资源，智能车选择传统的 PID 控制器，而不是神经网络控制器。

用比值法计算智能车的位置偏差。由于式(11.7)是非单调函数，在 x 的有效取值范围内 poffset 非单调变化，将导致控制过程不稳定。因此，本系统软件采用下式所示的改进比值方法。如图 11.8 所示，在该函数中，poffset 随 x 的增加而单调增加，随 x 的下降而单调下降。

$$\text{poffset}=\frac{\sqrt{E_l}-\sqrt{E_r}}{E_l+E_r}=\frac{\left[\dfrac{1}{H^2+\left(\dfrac{L}{2}-x\right)^2}\right]^{\frac{1}{2}}-\left[\dfrac{1}{H^2+\left(\dfrac{L}{2}+x\right)^2}\right]^{\frac{1}{2}}}{\dfrac{1}{H^2+\left(\dfrac{L}{2}-x\right)^2}+\dfrac{1}{H^2+\left(\dfrac{L}{2}+x\right)^2}} \tag{11.13}$$

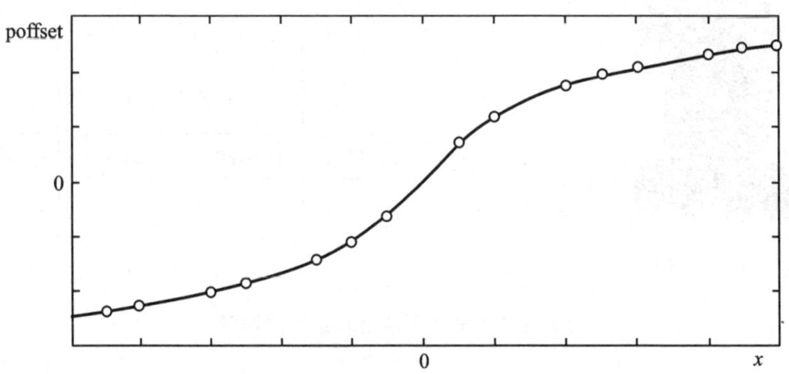

图 11.8 改进比值法 poffset 与 x 的关系曲线

采用模糊 PID 控制器，通过比较 E_l 和 E_r 的大小判断偏转方向。当 $E_l < E_r$ 时，说明车子处于车道中心线的左边，需要给出向右的方向控制；当 $E_l > E_r$ 时，说明车子处于车道中心线的右边，需要给出向左的方向控制。

3. 路径规划

智能车沿着车道行进，根据小车与车道中心线的相对位置引导路径规划。以中心线为基准，采用PID控制方法，将电磁车的几何中心控制在中心导线附近。

如图11.9所示，常用车道的形状主要有直道、弯道和S形道3种基本形状。

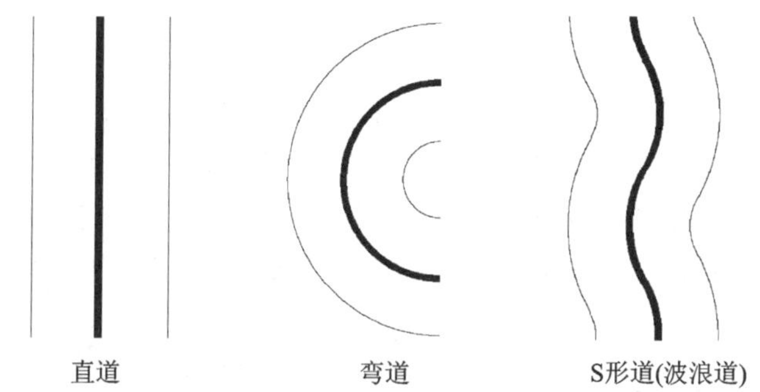

图11.9 车道的3种基本形状

在图11.10所示的车道中，对于弯道，应采取尽量沿着内圈的行驶策略；对于S形道，应采取直线穿过的行驶策略。

图11.10 弯道行驶路径策略

在不同形状的车道上行驶时，应根据电磁车的位置和速度，采用有差别的调节策略。直道时快速、平缓，减少超调量，增加电磁车的移动速度；弯道时可以增加偏移量的超调量，或者进行超前调整；在S道上移动时应减小超调量，或者进行滞后调整。

4. 软件开发环境

本书选用SEGGER公司的Embedded Studio IDE软件开发环境，使用RISC-V汇编语言和C语言作为程序开发语言。由于电磁车的任务比较简单，系统中不选用操作系统。

11.2.2 系统硬件结构

在系统中，控制器的I/O引脚连接传感器、控制器、LED和电机驱动器。

PC0～PC4连接5个电感传感器的输出端。

PB9和PB8分别连接超声波测距的触发和回声端。

PA0 和 PA1 连接左侧电机的驱动电路，PA2 和 PA3 连接右侧电机的驱动电路，PA8 和 PA9 连接左侧速度编码器，PA6 和 PA7 连接右侧速度编码器，PB7 连接舵机驱动电路。

PB12、PB13、PB14 和 PB15 分别控制 LED1、LED3、LED2 和 LED4，PA12、PC8、PA10、PC9、PC7 和 PC6 分别是向上、向下、向左、向右、左下和右下键的输入。

1. 电源模块

如图 11.11 所示为电磁车电源系统的原理图。根据需求，为电路系统提供 4 种电压。电磁车中锂电池的电压为 7.8～8.2 V，为直流电机驱动模块供电。LM2941 将锂电池的输入电压转换为 6 V，为舵机供电。LT1086 将锂电池的输入电压稳压至 5 V，为外设模块供电。AMS1117 将 5 V 电压稳压至 3.3 V，为 GD32VF103 供电。

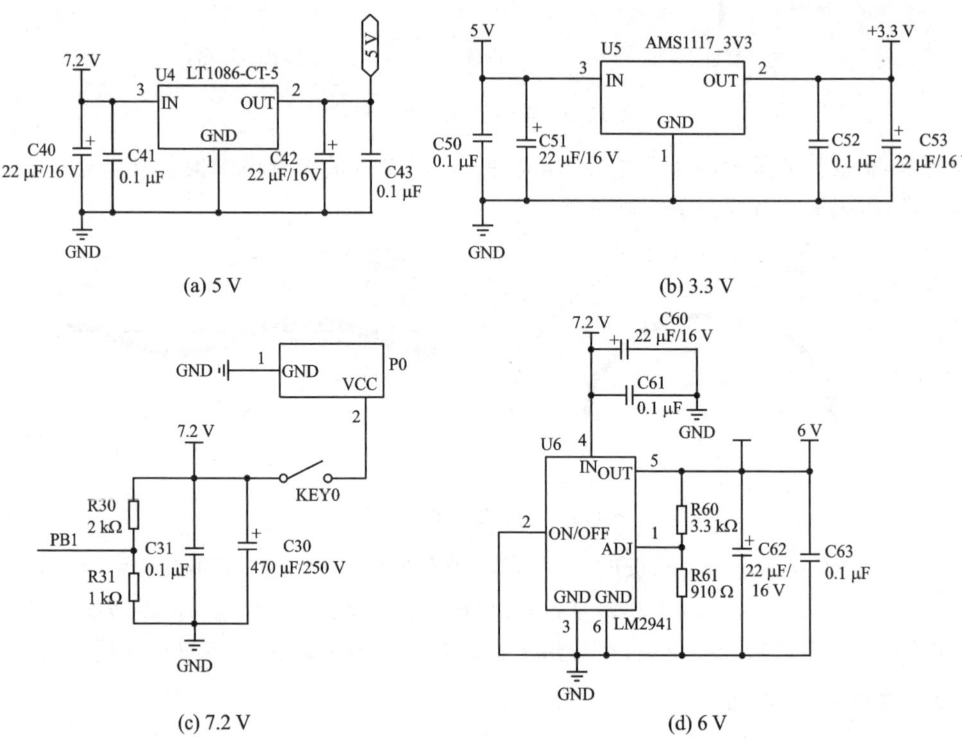

图 11.11 主板电源系统原理图

2. 电感线圈信号增强

图 11.12 是电感线圈信号的检波和放大电路原理。使用两个二极管进行倍压检波，经倍压检波电路可以获得幅值正比于交变电压信号幅值峰-峰值的直流电压信号。为了能够获得幅值更大的动态范围，倍压检波电路中的二极管使用肖特基二极管 1N5817。肖特基二极管 1N5817 的低开启电压一般为 0.1～0.3 V，增加输出信号

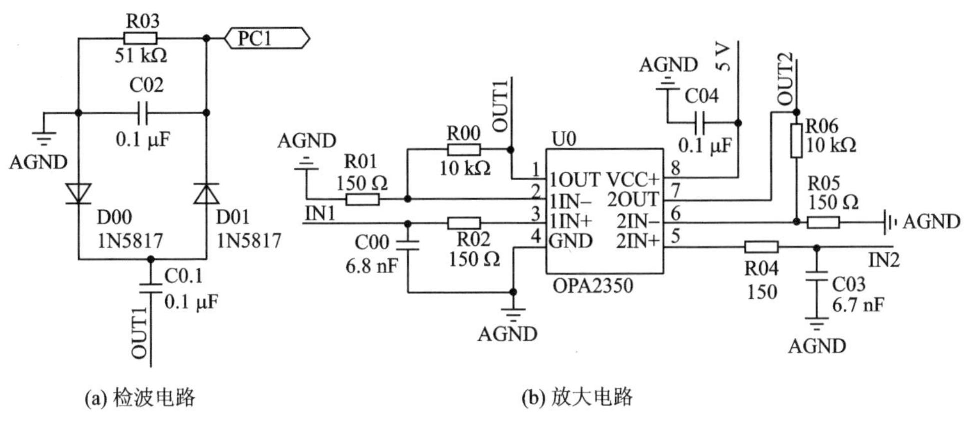

图 11.12　检波和放大电路原理图

的动态范围和电路的灵敏度。

3. 速度编码器

编码器选用一款增量式的数字编码器，引出电源线、地线和信号线，工作电压为5～12 V。编码器的地线与处理器的地线连在一起。电磁车的车轮带动编码器转轴每转一周，编码器的信号线就输出512个脉冲，将编码器的输出接到控制器的计数器输入，累计脉冲数量。用定时器计时，每10 ms记一次计数值数据作为电磁车的速度参考值。

4. 人机交互接口

如图11.13所示为电磁车按键和LED原理图。按键和LED配合实现人机交互功能，用于修改或设定速度、PID系数等相关参数。如图11.13所示，按下按键后，与

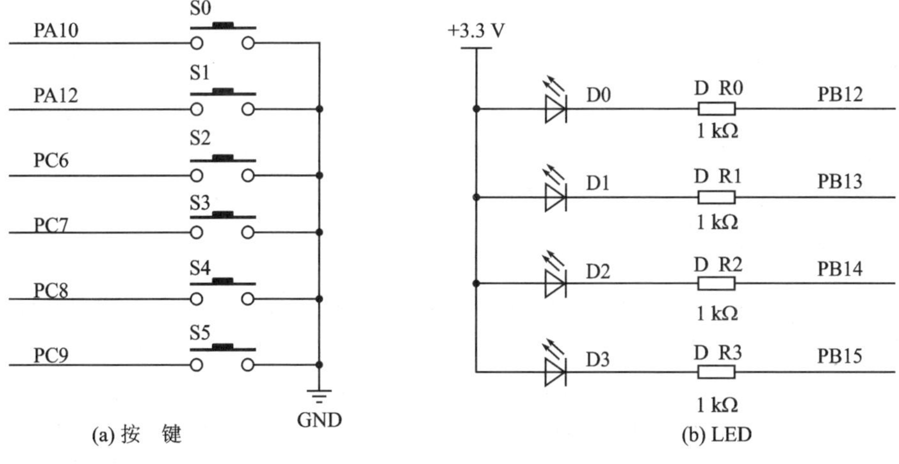

图 11.13　电磁车按键和 LED 原理图

按键连接的端口输入电平将变为低电平。LED 的正端连接电源正极，负端通过限流电阻连接处理器的 I/O 端，当 I/O 输出低电平时，点亮 LED。

5. 直流电机驱动

直流电机驱动模块是直流电机可逆双极型桥式驱动器。其功率元器件由 4 个 N 沟道的 MOSFET 组成。桥式功率驱动电路原理如图 11.14 所示，通过 PWM 输入端 BLI 和 ALI 的输入波形控制电机的转动方向和转速。电机转速的大小取决于 PWM 占空比。

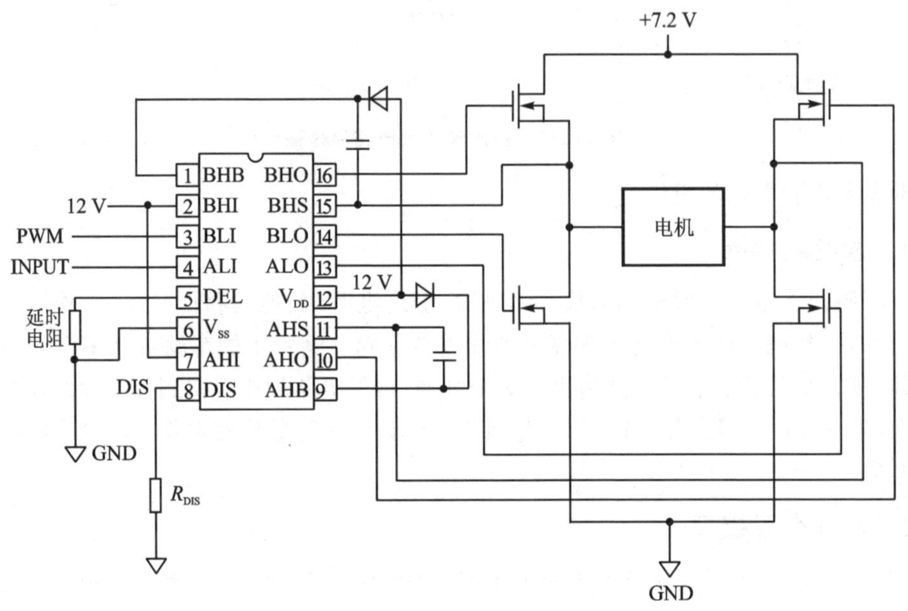

图 11.14　桥式功率驱动电路原理

6. 舵机驱动

用 20 ms 的时基脉冲控制舵机，该脉冲的高电平部分在 0.5～2.5 ms 范围内。通过调整脉冲的宽度控制舵机的偏转角度。使用定时器产生周期 PWM 信号，通过 PB7 输出，驱动舵机。改变定时器输出 PWM 信号的占空比，可调整舵机的偏转角度。

7. 电感线圈布局

为了使智能车具有更好的车道适应性能，采用不同姿态的电感线圈组合排布。通过对不同线圈输入信号的综合分析，估计电磁车的位置偏移和车道形态。电感线圈放置的姿态有水平、垂直等。水平放置时，线圈中心轴与导线周围的电磁场方向平行，灵敏度高，稳定性强，能够克服交叉车道的干扰。竖直放置时，线圈中心轴与导线周围的电磁场方向垂直，灵敏度低，但能较好地检测交叉车道的信号。系统中安装了 5 个电感线圈，排列方式如图 11.15 所示，其中线圈 1、3 和 5 水平放置，线圈 2 和 4 垂

直放置。

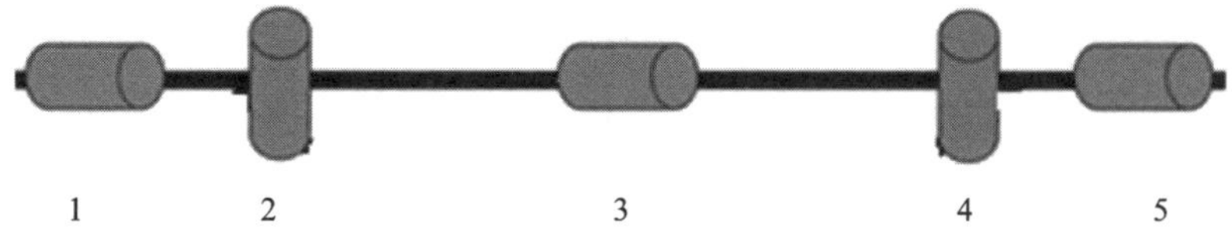

图 11.15　电磁车电感传感器排列

如图 11.15 所示，水平电感线圈的输出信号用于计算电磁车位置偏差，垂直电感线圈的输出线号用于车道类型估计。

11.2.3　系统软件设计

电磁车有运行和调试两种模式。在运行模式下，电磁车自动检测位置偏移，循着车道行进，同时用 LED 指示状态，并通过串行通信接口向上位机发送信息。在调试模式下，用按键控制电磁车在车道上行走，并将数据发送到上位机。

1. 软件总体设计

如图 11.16 所示，系统软件由初始化、传感器数据读取、电机控制、LED 显示、算法、键盘读取和串口通信功能模块等组成。

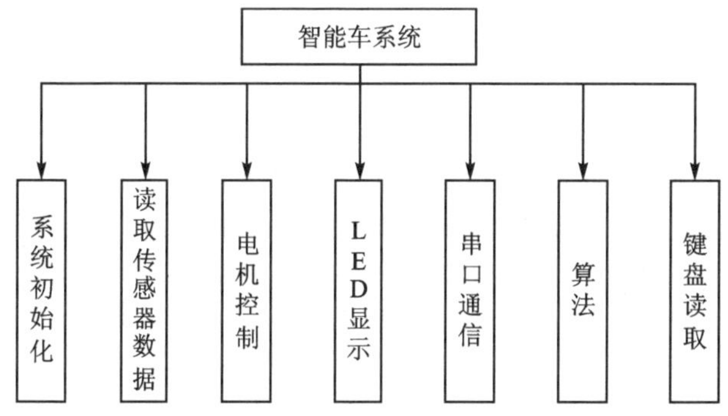

图 11.16　系统软件组成

为了保证采样周期的一致性，电磁车系统使用定时器控制 ADC 的采样周期。根据车道情况和电磁车的速度，设置定时器的周期。

如图 11.17 所示为系统主程序流程。电磁车系统上电复位后，对系统进行初始化，设置处理器时钟、I/O 端口、定时器、ADC 转换器、DMA 控制器、中断控制器和串口通信，测试 ADC 和电机驱动功能。然后读取拨码开关状态，根据拨码状态值，进入调试模式或运行模式。

进入调试模式后，关闭 ADC 转换的 DMA 传输模式，查询键盘状态，判断是否有键按下。当有键按下后，读取按键所表示的方向值。然后读取 ADC 转换结果，估计电磁车位置。如果电磁车离开车道则程序结束，否则显示并向上位机传输信息，同时

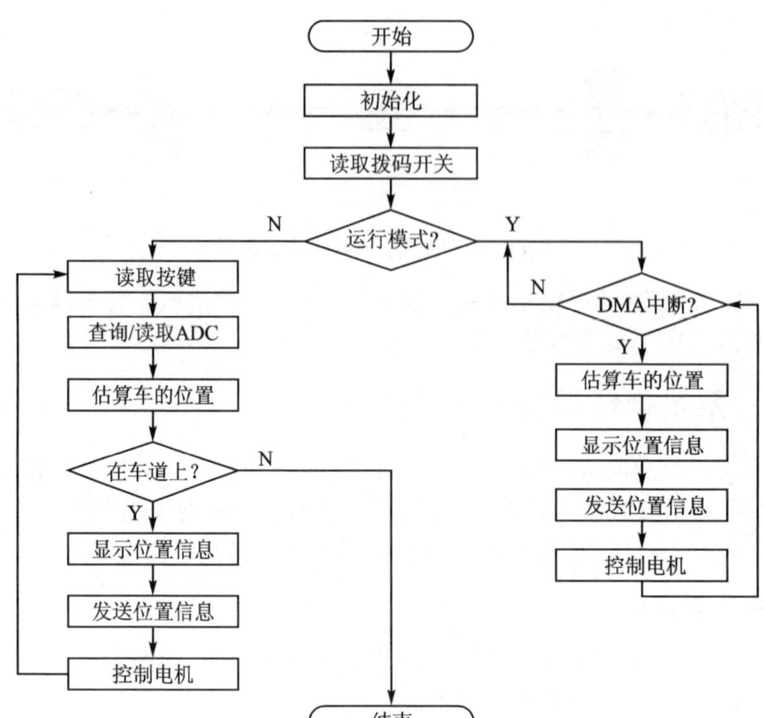

图 11.17 系统主程序流程图

控制电磁车。

进入运行模式后，定时器周期性地触发 ADC 转换，启动 DMA 传输模式，开启 DMA 中断。在 DMA 中断服务程序中，判断电磁车的位置，显示和传输信息，并控制电磁车的运动。控制完成后，程序进入等待状态，电磁车保持运动，直至发生下一次 DMA 中断请求。

2. 读取 ADC 转换数据

在系统中，5 个电感线圈分别连接 5 个模拟输入通道，PC0～PC4，通过 ADC0转换。

调试模式和运行模式采用两种不同的 ADC 转换控制方式。

如图 11.18(a)所示，在调试模式下，设置 ADC 转换模式为单通道，单次触发模式，通过查询方式分别读取 5 个电感线圈的输入值。

如图 11.18(b)所示，在运行模式下，设置 ADC 转换模式为扫描、规则输入模式，并启动 DMA 传输，用定时器触发 ADC 转换过程。

3. 算　法

电磁车通过算法估算位置偏移，判断车道形状，计算舵机和直流电机调控值。设车道的宽度为 W，由左向右有 5 个电感线圈，水平左、垂直左、水平中、垂直右和水平右，

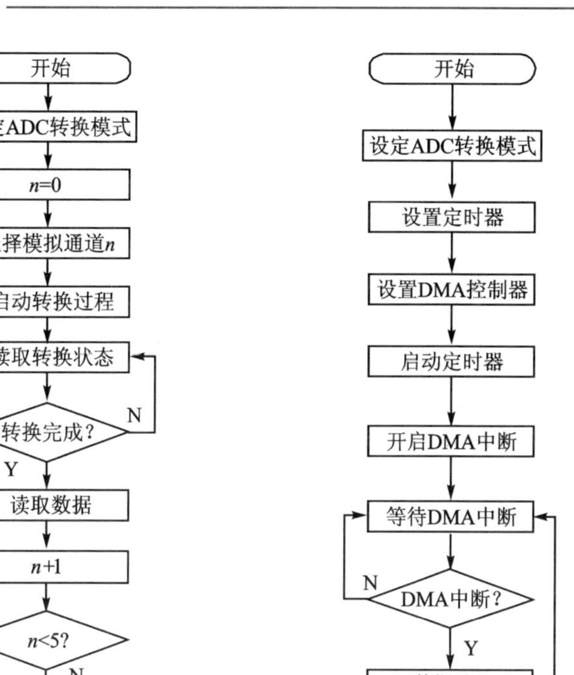

图 11.18　ADC 采样流程

对应的感应信号强度分别为 E_{hl}、E_{vl}、E_{hm}、E_{vr} 和 E_{hr}。在调试阶段，标定电磁车在 3 个不同位置的感应信号强度，作为算法参考。电磁车在车道左边缘时的感应信号强度为 E_{hl}^{l}、E_{vl}^{l}、E_{hm}^{l}、E_{vr}^{l} 和 E_{hr}^{l}，电磁车在车道中间时的感应信号强度为 E_{hl}^{m}、E_{vl}^{m}、E_{hm}^{m}、E_{vr}^{m} 和 E_{hr}^{m}，电磁车在车道右侧边缘时的感应信号强度为 E_{hl}^{r}、E_{vl}^{r}、E_{hm}^{r}、E_{vr}^{r} 和 E_{hr}^{r}。

(1) 估计位置

如图 11.19 所示，将电磁车在车道上的位置 Pos 分为 7 个区域，0 表示中线、1 表示中间偏左，2 表示中间偏右、3 表示左区，4 表示右区，5 表示车道左侧，6 表示车道右侧。另外，用 7 表示远离车道的位置。通过算法 11.1 估计电磁车所在的区间。

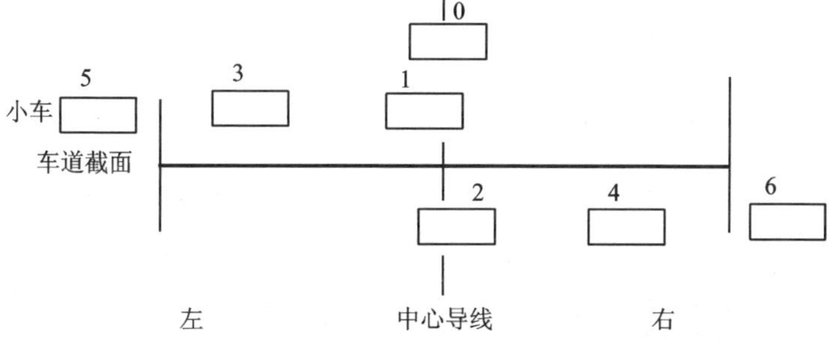

图 11.19　电磁车与车道位置关系图

算法 11.1： 电磁车位置检测。

```
Input：E_hl,E_hm,E_hr；
Output：Pos
Begin；
    If(|E_hr - E_hl|<ε)
        If(| E_hm - E_hm^m |<ε)
            Pos = 0；
        Else
            Pos = 7；
    Else if (E_hr< E_hl)
        If (E_hm> E_hl)
            Pos = 2；
        Else if (E_hr> E_hl^r)
            Pos = 4；
        Else
            Pos = 6；
    Else
        If (E_hm> E_hr)
            Pos = 1；
        Else if (E_hl> E_hr^l)
            Pos = 3；
        Else
            Pos = 5；
    End；
```

(2) 车道形状估计

当电磁车位于直道中心时，由于垂直放置的电感传感器与磁场方向正交，传感器的输出信号非常弱，近似为零。车在弯道和交叉道口时，垂直方向的传感器输出信号将会增大，强度与水平方向相当。通过分析垂直方向传感器输出，判断出电磁车所在位置车道的状况。将车道状况 Type 分为 5 种类型，直道 0、十字道口 1、左转弯 2、右转弯 3 和不确定 4。用算法 11.2 估计车道的形状。

算法 11.2： 车道形状估计。

```
Input:E_hl,E_vl,E_hm,E_vr,E_hr；
Output:Type；
Begin；
    If((E_vr<ε)&&(E_vl<ε))
        If (E_hm>E_hm^m/2)
            Type = 0；
        Else
```

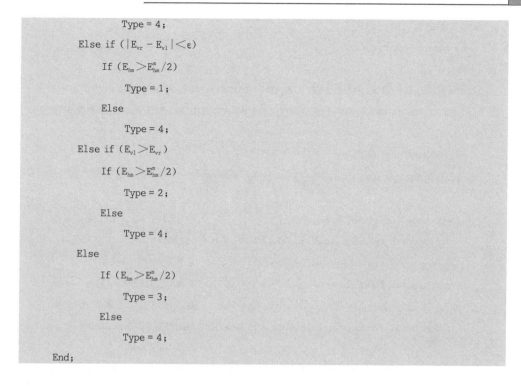

```
            Type = 4;
        Else if (|E_vr - E_vl|<ε)
            If (E_hm>E^m_hm/2)
                Type = 1;
            Else
                Type = 4;
        Else if (E_vl>E_vr)
            If (E_hm>E^m_hm/2)
                Type = 2;
            Else
                Type = 4;
        Else
            If (E_hm>E^m_hm/2)
                Type = 3;
            Else
                Type = 4;
End;
```

11.3　系统软件实现

在图 11.18 中,画出了电磁车工作于调试和运行两个模式的流程,本节根据 11.2 节中的设计方案,给出了系统运行模式下主要功能的代码实现。

11.3.1　数据采集

电磁车需要采集的主要数据包括 5 个电感线圈的感应电动势、2 个速度编码器的速度和超声波传感的测距信号。

1. 采集感应电动势

通过规则通道组和扫描模式,ADC0 逐一将每个输入引脚输入的模拟电动势信号转换成数字信号,并由 DMA0 控制器的通道 0 直接写入内存中。定时器 TIMER0 通道 CH0 溢出事件触发 ADC0 的转换过程,DMA0 从 ADC0 输出数据寄存器 ADC_RDATA 读取数据,并存入内存中。DMA 传输结束后向处理器发出 DMA 中断请求。在示例 11.1、示例 11.2 和示例 11.3 中分别列出了设置 ADC 输入通道和初始化 ADC0、触发 ADC 定时器 TIMER0,以及 DMA 传输控制器 DMA0 的函数。

示例 11.1: 设置 ADC 输入通道和初始化 ADC0。

```
/* 模拟输入引脚初始化 */
void Adc_pin_init(void)
{
    gpio_init(GPIOC, GPIO_MODE_AIN, GPIO_OSPEED_50MHZ, GPIO_PIN_0| GPIO_PIN_1|
    GPIO_PIN_2| GPIO_PIN_3|GPIO_PIN_4);//将 PC0、PC1、PC2、PC3 和 PC4 设置成模拟输入
}
/* 设置 ADC0 工作模式 */
void ADC0_MODE_Set(void)
{
    adc_mode_config(ADC_MODE_FREE);                    //ADC0 和 ADC1 相互独立工作
    adc_special_function_config(ADC0,ADC_SCAN_MODE,ENABLE);
                                                       //使能 ADC0 扫描模式
    adc_special_function_config(ADC0,ADC_CONTINUOUS_MODE,DISENABLE);
                                                       //关闭不连续采集模式
    adc_special_function_config(ADC0,ADC_INSERTED_CHANNEL_AUTO,DISABLE);
                                                       //关闭注入组
    adc_data_alignment_config(ADC0, ADC_DATAALIGN_RIGHT);      //数据右对齐
    adc_resolution_config(ADC0, ADC_RESOLUTION_12B);           //输出 12 位数据
    adc_channel_length_config(ADC0,ADC_REGULAR_CHANNEL, 5);    //规则组 5 通道
    /* 设置规则组通道和采样延时 */
    adc_regular_channel_config(ADC0,0, ADC_CHANNEL_0, ADC_SAMPLETIME_7POINT5);
    adc_regular_channel_config(ADC0,1, ADC_CHANNEL_1, ADC_SAMPLETIME_7POINT5);
    adc_regular_channel_config(ADC0,2, ADC_CHANNEL_2, ADC_SAMPLETIME_7POINT5);
    adc_regular_channel_config(ADC0,3, ADC_CHANNEL_3, ADC_SAMPLETIME_7POINT5);
    adc_regular_channel_config(ADC0,4, ADC_CHANNEL_4, ADC_SAMPLETIME_7POINT5);
    adc_external_trigger_source_config(ADC0,ADC_REGULAR_CHANNEL,
    ADC0_1_EXTTRIG_REGULAR_T0_CH0);           //设置定时器 TIMER0,CH0 作为触发源
    adc_external_trigger_config(ADC0, ADC_REGULAR_CHANNEL, ENABLE);
                                              //使能规则组
    adc_calibration_enable(ADC0);             //ADC0 校准
    adc_dma_mode_enable(ADC0);                //使能 DMA0 传输模式
}
```

示例 11.2：设置触发 ADC 定时器 TIMER0。

```
/* 设置 TIMER0 定时器 */
void Adc_timer_config(void)
{
    timer_parameter_struct timer_initpara;                  //定时器数据结构
    timer_oc_parameter_struct timer_ocintpara;              //定时器输出通道数据结构
    timer_deinit(TIMER0);                                   //复位定时 TIMER0
    /* 定时器参数 */
    timer_initpara.prescaler          = 5;
    timer_initpara.alignedmode        = TIMER_COUNTER_EDGE;
    timer_initpara.counterdirection   = TIMER_COUNTER_UP;
    timer_initpara.period             = 1000;
    timer_initpara.clockdivision      = TIMER_CKDIV_DIV1;
    timer_initpara.repetitioncounter  = 0;
    timer_init(TIMER0,&timer_initpara);                          //设置定时器 TIMER0
    /* 初始化定时器通道 */
    timer_channel_output_struct_para_init(&timer_ocintpara);     //初始化输出参数
    timer_ocintpara.ocpolarity   = TIMER_OC_POLARITY_LOW;        //输出极性
    timer_ocintpara.outputstate = TIMER_CCX_ENABLE;              //使能输出状态
    timer_channel_output_config(TIMER0, TIMER_CH_0, &timer_ocintpara);
                                                                 //设置输出通道
    timer_channel_output_pulse_value_config(TIMER0, TIMER_CH_0, 100);
                                                                 //输出脉冲宽度
    timer_channel_output_mode_config(TIMER0, TIMER_CH_0, TIMER_OC_MODE_PWM1);
                                                                 //PWM 模式
    timer_auto_reload_shadow_enable(TIMER0);        //使能定时器影子寄存器重载
}
```

示例 11.3：设置 DMA 传输控制器 DMA0。

```
/* 初始化 DMA0 控制器 */
void Dma_config(void)
{
    dma_parameter_struct dma_data_parameter;                        //DMA 控制器数据结构
    dma_deinit(DMA0, DMA_CH0);                                      //复位 DMA 通道
    /* 初始化数据结构 */
    dma_data_parameter.periph_addr = (uint32_t)(&ADC_RDATA(ADC0)); //源地址，设备
    dma_data_parameter.periph_inc = DMA_PERIPH_INCREASE_DISABLE;   //外设地址不变
    dma_data_parameter.memory_addr = (uint16_t)(adc_value);        //目标地址，内存
    dma_data_parameter.memory_inc    = DMA_MEMORY_INCREASE_ENABLE; //目标地址递增
    dma_data_parameter.periph_width = DMA_PERIPHERAL_WIDTH_16BIT;//设备数据 16 位
```

```
    dma_data_parameter.memory_width = DMA_MEMORY_WIDTH_16BIT;     //内存数据16位
    dma_data_parameter.direction    = DMA_PERIPHERAL_TO_MEMORY; //从设备到内存
    dma_data_parameter.number       = 5;                          //传输长度
    dma_data_parameter.priority     = DMA_PRIORITY_HIGH;          //优先级
    dma_init(DMA0, DMA_CH0, &dma_data_parameter);                 //初始化DMA
    dma_circulation_enable(DMA0, DMA_CH0);                        //使能循环传输
    dma_channel_enable(DMA0, DMA_CH0);                            //使能DMA通道
}
```

2. 采集速度

电磁车的两个后轮各安装一个速度编码器。为了简化系统直流电机控制过程，用相同PWM信号控制左右两个车轮。将左侧车轮上的速度编码器的输出信号接到定时器TIMER2的两个正交输入通道，以TIMER2的输出值计算电磁车的速度。在进入DMA0中断服务程序后，首先读取编码器的数值，然后关闭定时器TIMER2。在离开DMA0中断服务程序前，清除TIMER2，并重新使能定时器TIMER2。在示例11.4中，列出了初始化速度编码器接口的函数。

示例11.4： 初始化速度编码器接口。

```
/*编码器接口初始化*/
void Decoder_init(void)
{
    /*初始化左侧编码器接口*/
    gpio_init(GPIOA, GPIO_MODE_IN_FLOATING, GPIO_OSPEED_50MHZ,
    MOTOR2_SP1_A_PIN|MOTOR2_SP2_A_PIN);                       //设置定时器输入引脚
    gpio_pin_remap_config(GPIO_TIMER2_PARTIAL_REMAP, ENABLE); //引脚映射到TIMER2
    timer_quadrature_decoder_mode_config(TIMER2,TIMER_ENCODER_MODE2,
    TIMER_IC_POLARITY_RISING, TIMER_IC_POLARITY_RISING);//正交解码模式
    timer_auto_reload_shadow_enable(TIMER2);                  //使能自动重载影子寄存器
    timer_prescaler_config(TIMER2,0x10,TIMER_PSC_RELOAD_NOW);   //分频率
    timer_autoreload_value_config(TIMER2, 1792);              //重载值
    timer_enable(TIMER2);                                     //使能定时器
    return;
}
```

3. 测量障碍距离

电磁车利用超声波传感器测量车与前方障碍之间的距离。超声波传感器的触发信号TRIG连接引脚PB9，超声波回声信号ECHO连接引脚PB8，用定时器TIMER4测量从触发到收到回声之间的时间间隔，从而估计电磁车与障碍物之间的距离。在退出DMA0中断服务程序前，发出TRIG信号，同时启动TIMER4。ECHO回声信号触发外中断请求EXIT_8，在EXIT5_9中断服务程序中读取

TIMER4 的值，并保存在全局变量 idistance 中。示例 11.5 是与初始化超声波传感器接口相关的函数。

示例 11.5：*超声波传感器接口初始化。*

```
/* 初始化定时器 TIMER4 */
void Ultrasonic_Init(void)
{
    timer_parameter_struct initpara;
    timer_struct_para_init(&initpara);                    //使用定时器参数缺省值
    timer_init(TIMER4,&initpara);                         //初始化定时器 TIMER4
    timer_enable(TIMER4);                                 //使能定时器
    return;
}
/*初始化接口和外中断 8 */
void Ultrasonic_interrupt_config(void)
{
    /*初始化 I/O 端口 */
    gpio_init(GPIOB,GPIO_MODE_IN_PP, GPIO_OSPEED_50MHZ,ECHO_B);    //PB8,输入
    gpio_init(GPIOB,GPIO_MODE_OUT_PP, GPIO_OSPEED_50MHZ, TRIG_B);  //PB9,输出
    /*初始化外中断 8 */
    eclic_priority_group_set(ECLIC_PRIGROUP_LEVEL3_PRIO1);         //设定优先级
    eclic_irq_enable(EXTI5_9_IRQn, 1, 1);                        //使能外中断 5~9
    gpio_exti_source_select(GPIO_PORT_SOURCE_GPIOB, GPIO_PIN_SOURCE_8); //选择外中断
    exti_init(EXTI_8, EXTI_INTERRUPT, EXTI_TRIG_RISING);           //上升沿触发
    exti_interrupt_flag_clear(EXTI_8);                             //清除中断标志
    return;
}
/* 中断服务程序,读取定时器值 */
void EXTI5_9_IRQHandler(){
    if(RESET != exti_interrupt_flag_get(EXTI_8)) {    //是否为 echo 中断
        idistance = timer_counter_read(TIMER4);      //读取定时器的值,idist 是全局变量
        }
    return;
}
```

11.3.2　算法实现

在系统程序中，主要使用的算法包括舵机 PID 控制、直流电机 PID 控制、小车位置估计和车道类型估计等算法。

1. 舵机 PID 控制

为了简化计算过程，将 PID 调节简化成 PD 调节，去除了积分调节项。为了保证角度偏移量变化的单调性，在程序中使用式(11.13)计算角度偏移量。在示例 11.6

中，首先通过最左和最右两个电感线圈的电动势信号估计出偏移系数，然后根据偏移系数用 PD 方法计算出更新后的舵机角度控制量，并将此值输出到舵机驱动函数。

示例 11.6：舵机 PD 调节。

```
uint16_t Steer_angle(uint16_t * svalue, uint16_t last_angle, float last_rate)
{
    uint16_t diff_val, left_val_p, right_val_p;
    float prate = 0.0f;
    float prate_D = 0.0f;
    uint16_t current_angle;
    /* 从数组中读取最左和最右两个电感线圈的感应电动势 */
    left_val_p = svalue[0];                                    //左侧
    right_val_p = svalue[4];                                   //右侧
    prate = (sqrt(left_val_p * 3.3/4096) - sqrt(right_val_p * 3.3/4096)) /
    ((left_val_p * 3.3/4096) + (right_val_p * 3.3/4096));      //计算偏移系数
    prate_D = prate - last_rate;                               //偏移系数差分量
    last_rate = prate;                                         //保存当前偏移系数
    current_angle = last_angle + prate * P_S_COEFF + prate_D * D_S_COEFF;
                                                               //当前角度
    return(current_angle);
}
```

2. 速度 PID 调节

为了使电磁车运行更平稳，按照电磁车与车道的偏移程度以及当前车道位置的形状，把电磁车分为不同速度的状态，分别设定其运行时的限定速度。在直道和车道中心时限定速度高，在其他情况下适当降低限定速度。示例 11.7 是调节电磁车的速度函数，其中未使用 I 项。

示例 11.7：电磁车速度 PID 调节。

```
/* 调节电磁车速度 */
uint16_t Motor_speed(uint16_t position, uint16_t type, uint16_t speed, uint16_t
last_speed_delt)
{
    uint16_t speed, delt_speed,dd_speed,update_speed;
    speed = Decoder_Read(TIMER2);                          //读取速度编码器
    if((type == 0)||type == 1)) {                          //判断车道类型,直道或交叉
    if(position == 0){                                     //车道中心, 0 区
        delt_speed = SPEED_0 - speed;                      //速度偏差
        dd_speed = delt_speed - last_speed_delt;           //速度偏差微分
        last_speed_delt = delt_speed;
        update_speed = speed + P_M_COEFF * delt_speed + D_M_COEFF * dd_speed;  //调节值
    }
```

```
        else if((position == 1)||(position == 2)){          //车道附近,1,2 区
            delt_speed = SPEED_1_2 - speed;
            dd_speed = delt_speed - last_speed_delt;
            last_speed_delt = delt_speed;
            update_speed = speed + P_M_COEFF * delt_speed + D_M_COEFF * dd_speed;
        }
        else if((position == 3)||(position == 4)){          //偏离车道,3,4 区
            delt_speed = SPEED_3_4 - speed;
            dd_speed = delt_speed - last_speed_delt;
            last_speed_delt = delt_speed;
            update_speed = speed + P_M_COEFF * delt_speed + D_M_COEFF * dd_speed;
        }
        else if((position == 5)||(position == 6)){          //较远区,5,6 区
            delt_speed = SPEED_5_5 - speed;
            dd_speed = delt_speed - last_speed_delt;
            last_speed_delt = delt_speed;
            update_speed = speed + P_M_COEFF * delt_speed + D_M_COEFF * dd_speed;
        }
        else
            update_speed = 0;
    }
    else{                                                   //弯道上
        delt_speed = SPEED_T_2_3 - speed;
        dd_speed = delt_speed - last_speed_delt;
        last_speed_delt = delt_speed;
        update_speed = speed + P_M_COEFF * delt_speed + D_M_COEFF * dd_speed;
    }
    return update_speed;
}
```

3. 偏移区间和车道类型估计

利用电磁车上不同位置和不同角度放置的电感线圈的感应电动势强度的相对关系,判断电磁车与车道中心的偏移程序和车道类型。将电磁车在车道周围的区域划分为 7 个区域 0～6,0 是中心区域(见图 11.19)。车道类型分为 0、1、2 和 3 四个类型,0 是直道,1 为交叉,2 和 3 是左转弯和右转弯。示例 11.8 是估计电磁车位置的函数,是算法 11.1 的实现。估计车道形状函数,即算法 11.2 的实现请参考本书提供的示例程序(http://hexiaoqing.net/publications/)。

示例 11.8: 偏移区间估计函数。

```
/*估计电磁车位置*/
uint16_t Car_position(uint16_t *svalue)
{
    uint16_t diff_val,left_val_p,right_val_p,left_val_v,right_val_v,mid_val;
    left_val_p = svalue[0];
    right_val_p = svalue[4];
    left_val_v = svalue[1];
    right_val_v = svalue[3];
    mid_val = svalue[2];
    if(abs(right_val_p - left_val_p)<MINERROR) {          //左右相近?
    if(abs(mid_val - MID_MVALUE)<MINERROR)                //靠近车道中线?
        return 0;                                         //中心区域
    else
        return 7;                                         //远离车道中心
    }
    else if(right_val_p>left_val_p){
    if(mid_val>left_val_p)
        return 2;                                         //中心偏右
    else
        if(right_val_p>LEFTVALUE_R)
        return 4;                                         //车道右区
        else
        return 6;                                         //车道右侧
    }
    else {
    if(mid_val>right_val_p)
        return 1;                                         //左侧中心区
    else if(left_val_p>RIGHTVALUE_L)
        return 3;                                         //车道左区
    else
        return 5;                                         //车道左侧
    }
    return 7;                                             //远离车道
}
```

11.3.3 电机控制

用定时器的 PWM 输出控制舵机和直流电机。改变 PWM 的占空比调节直流电机转速和舵机角度。

1. 舵机控制

使用定时器 TIMER3 产生周期为 20 ms 的脉冲，在 0.5～2.5 ms 范围内调节脉冲的宽度，控制舵机的偏转角度。脉宽在 0.5～1.5 ms 之间时左偏，在 1.5～2.5 ms 之间时右偏，在 1.5 ms 时不偏。示例 11.9 是控制舵机的定时器初始化和 PWM 输出函数。

示例 11.9： 舵机控制函数。

```
/*初始化定时器 TIMER3_CH1 和输出端口*/
int Steer_driver_init(void)
{
    timer_pwm_parameter_struct *opwm;
    timer_oc_parameter_struct* ocpara;
    /*初始化 PB7*/
    gpio_init(GPIOB, GPIO_MODE_AF_PP, GPIO_OSPEED_50MHZ, MOTORS_DR_B_PIN);
    gpio_pin_remap_config(GPIO_TIMER3_REMAP, DISABLE);
    /*初始化定时器 TIMER3*/
    timer_primary_output_config(TIMER3,ENABLE);                   //输出使能
    timer_channel_control_shadow_config(TIMER3, ENABLE);
                                                                  //使能定时器
    timer_channel_control_shadow_update_config(TIMER3, TIMER_UPDATECTL_CCUTRI);
                                                                  //更新方式
/* 设置 PWM 模式*/
    opwm->ichms = 0;                                              //输出
    opwm->ichcomfen = 1;                                          //快速比较
    opwm->ichcomsen = 1;                                          //影子寄存器比较
    opwm->ichcomctl = 7;                                          //模式 PWM1
    opwm->ichcomcen = 1;                                          //用 ETIF 清除
    timer_output_pwm_config(TIMER3, TIMER_CH_1, opwm);            //设置通道 1
    ocpara->outputstate = TIMER_CCX_ENABLE;                       //正端输出
    ocpara->outputnstate = TIMER_CCXN_DISABLE;                    //关闭互补输出
    ocpara->ocpolarity = TIMER_OC_POLARITY_HIGH;                  //高
    ocpara->ocnpolarity = TIMER_OCN_POLARITY_HIGH;                //高
    ocpara->ocidlestate = TIMER_OC_IDLE_STATE_LOW;                //空闲状态,低
    ocpara->ocnidlestate = TIMER_OCN_IDLE_STATE_LOW;              //空闲状态低
    timer_channel_output_config(TIMER3,TIMER_CH_1, ocpara);       //设置通道输出
    timer_prescaler_config(TIMER3,STEER_PDIV,TIMER_PSC_RELOAD_NOW); //设置分频
    timer_autoreload_value_config(TIMER3, 1792);                  //脉冲周期
    timer_enable(TIMER3);                                         //使能 TIMER3
}
/*舵机控制*/
/* steer motor control -- 0-180, -90 -- 90 */
void Motor_Steer_Control(int16_t isteer)
{
```

```
    int16_t  steer = 0 ;
    if(isteer>179)
        steer = 179;
    else if (isteer<0)
        steer = 0;
    else steer = isteer;
    timer_val_pwm_config(TIMER3, TIMER_CH_1, steer * 10);     //设置 PWM 脉宽
    return;
}
```

2. 直流电机控制

使用定时器 TIMER1 的 4 个输出通道的 PWM 输出控制直流电机驱动电路，控制小车的速度。通道 TIMER1_CH0 和 TIMER1_CH2 控制左侧车轮，通道 TIMER1_CH1 和 TIMER1_CH3 控制右侧车轮。示例 11.10 是直流电机控制函数，初始化 TIMER1 及其通道的函数与初始化 TIMER3 及其通道的函数相似，读者可参考本书提供的示例程序(http://hexiaoqing.net/publications/)。

示例 11.10：直流电机控制函数。

```
/* 直流电机驱动 */
void Motor_speed_control(int16_t mspeed)
{
    int16_t speed = 0 ;
    /* 检测速度值范围 */
    if(mspeed>100)
        speed = 100;
    else if (mspeed< -100)
        speed = -100;
    else  speed = mspeed;
    if(speed == 0){                              //停止
        timer_val_pwm_config(TIMER1, TIMER_CH_0, 0);
        timer_val_pwm_config(TIMER1, TIMER_CH_1, 0);
        timer_val_pwm_config(TIMER1, TIMER_CH_2, 0);
        timer_val_pwm_config(TIMER1, TIMER_CH_3, 0);
    }
    else if(speed > 0){                          //正转
        timer_val_pwm_config(TIMER1, TIMER_CH_0, speed * 10);
        timer_val_pwm_config(TIMER1, TIMER_CH_1, speed * 10);
        timer_val_pwm_config(TIMER1, TIMER_CH_2, 0);
        timer_val_pwm_config(TIMER1, TIMER_CH_3, 0);
    }
```

```
    else {                          //反转
        timer_val_pwm_config(TIMER1, TIMER_CH_0, 0);
        timer_val_pwm_config(TIMER1, TIMER_CH_1, 0);
        timer_val_pwm_config(TIMER1, TIMER_CH_2, speed * 10);
        timer_val_pwm_config(TIMER1, TIMER_CH_3, speed * 10);
    }
}
```

11.3.4　中断服务程序

系统通过 DMA 中断服务程序，周期性地调度电磁车在运行模式下的工作过程，调度周期是定时器 TIMER0 溢出周期，设为 100 ms。进入中断服务程序后，首先读取速度解码器定时器的数值，并关闭解码定时器；然后根据 adc_value 数组的感应电动势值、电磁车前方障碍物距离 idistance 以及上次控制值，估计新的控制数值；接着用更新的数值控制舵机和直流电机。完成控制后，重新打开速度解码器定时器，打开超声测距定时器，清除中断状态位，并返回。

示例 11.11：DMA 中断服务程序。

```
void DMA0_Channel0_IRQHandler()
{
    uint16_t Decoder_Value, distance;
    uint16_t steer_angle,motor_speed,speed,steer_anle;
    uint16_t car_pos, type;
    speed = Decoder_read();                                 //读取速度值
    Decoder_disable();                                      //关闭解码器
    Led_off(1);Led_off(2);Led_off(3);Led_off(4);            //关闭所有 LED
    if(RESET == dma_interrupt_flag_get(DMA0, DMA_CH0,  DMA_INTF_FTFIF)){  //验证
      Led_on(1);
    }
    if(idistance<MINDISTANCE)
        Led_on(2);                                          //距离障碍物太近
    car_pos = Car_position(adc_value);                      //估计车的位置
        if(car_pos == 7) Led_on(3);                         //远离车道中心
    type =  Track_type(adc_value);                          //车道形状
    motor_speed = Motor_speed(car_pos, type, speed, last_speed_delt);  //更新速度值
    Motor_speed_control(motor_speed);                       //速度控制
    steer_angle = Steer_angle(adc_value,last_angle,last_rate); //更新角度值
    Motor_steer_control(steer_angle);                       //改变角度
    Decoder_write(0);                                       //清除解码器
    Decoder_enable();                                       //使能解码器
    Ultrasonic_enable();            //使能并清除定时器，清除 EXIT_8 状态
    dma_interrupt_flag_clear(DMA0, DMA_CH0, DMA_INTF_FTFIF);  //清除中断状态
    return;
}
```

11.3.5 主程序

在系统主程序中，首先使能在系统中使用的 GPIO、定时器以及内部总线时钟，然后初始化 A/D 转换器、定时器、DMA 控制器和中断控制器，最后进入等待中断状态。

示例 11.12： 主程序。

```
int main(void)
{
    Sys_clk_init();                         //打开所有时钟
    Decoder_init();                         //初始化速度解码器
    /* 初始化 A/D 转换 */
    Adc_pin_init();                         //输入引脚设置
    Adc_mode_set();                         //选择工作模式
    Adc_timer_config();                     //设置触发定时器
    /* 初始化 DMA */
    Dma_config();                           //设置 DMA0
    Dma_interrupt_config();                 //设置 DMA0 中断
    /* 设置 LED 接口 */
    Led_init();
    /* 初始化电机驱动 */
    Motor_driver_init();                    //初始化直流电机接口和定时器
    Steer_driver_init();                    //初始化舵机接口和定时器
    /* 初始化超声传感器接口 */
    Ultrasonic_init();                      //初始化 I/O 口和定时器
    Ultrasonic_interrupt_config();          //初始化外中断接口
    /* 启动定时器 */
    Ultrasonic_enable();                    //启动超声测距定时器
    Decoder_enable();                       //启动解码定时器
    Adc_start();                            //启动 A/D 转换定时器
    while(1){
        __asm("wfi");                       //等待中断
    }
}
```

11.4 本章小结

本章以电磁车硬件平台为基础，介绍了电磁导航引导智能车的原理和关键技术，详细分析了电磁车的结构特点，设计了电磁车的软件总体结构、各个功能函数，并给出了核心功能函数的示例程序。

第 12 章 高性能 RISC-V 处理器

高性能是 RISC-V 处理器最重要的发展方向之一。面向大规模数据服务、边缘计算和人工智能等应用，一些研发机构和厂商发布了多核、支持 Linux 等复杂多线程操作系统的 RISC-V 处理器。SiFive 公司的 U8 系列、芯来科技公司的 UX900 系列和平头哥 C910 等是典型的代表。本章以 C910 为例，分析高性能 RISC-V 处理器架构的特点，重点介绍处理器的多核协同和内存管理机制。

12.1 处理器架构

与 RISC-V 的 MCU 内核（例如 BumbleBee）相比，高性能 RISC-V 处理器采用 64 位多核架构，支持浮点、向量运算等扩展指令集，支持多级流水线，支持存储管理单元（Memory Management Unit，MMU）和物理内存保护（Physical Memory Protection，PMP）。

12.1.1 C910 结构

C910 处理器支持 1～4 个相同的内核，采用哈佛结构，内部总线宽度为 128 bit，支持两级缓存，采用内核中断控制 CLINT 和平台中断控制 PLIC 两级中断管理机制，并支持 RISC-V 多核调试框架。

C910 的内核支持 RV64GCV 指令架构，9～12 级流水线。内存管理单元采用两级 TLB 提高虚拟地址与物理地址之间的转换速度。可配置的浮点执行单元支持半精度、单精度和双精度浮点运算。向量处理单元支持半精度、单精度和双精度浮点以及 8/16/32/64 位整数运算。内核采用超标量结构，支持 3 指令发射。

如图 12.1 所示为 C910 处理器结构，可将处理器分为处理器内核和多核共享系统两部分。多核共享部分包括调试接口（JTAG）、定时器（TIMER）、性能监测单元（Performance Monitor Unit，PMU）和可配置的平台中断控制器（Platform-Level

Interrupt Controller,PLIC)。处理器内核通过可编程接口单元(Programmable Interface Unit,PIU)连接平台的存储和其他设备。

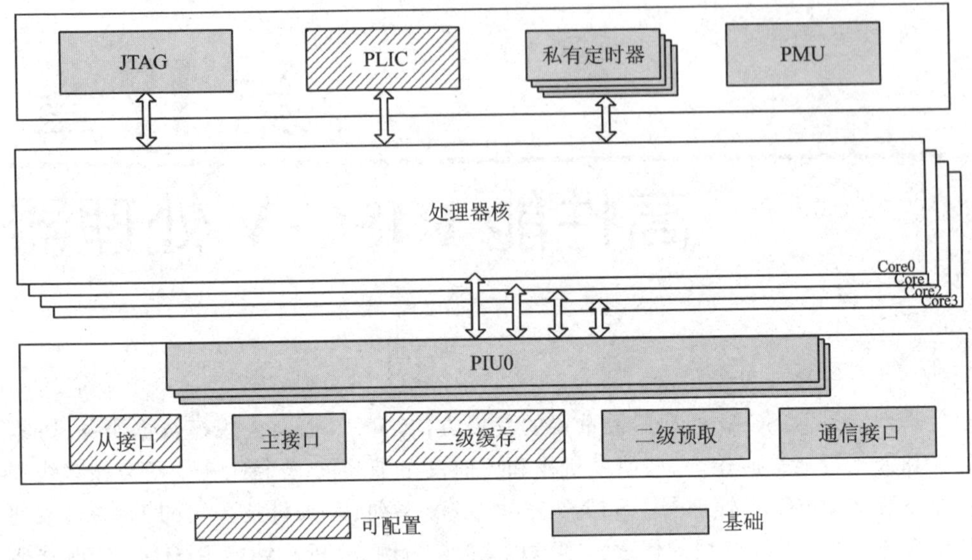

图 12.1 处理器系统结构图

12.1.2 内核系统

如图 12.2 所示,内核系统主要包括取指令单元(Instruction Fetch Unit,IFU)、指令解码单元(Instruction Decode Unit,IDU)、整数计算单元(Integer Unit,IU)、浮点处理单元(Float Point Unit,FPU)、向量处理单元(Vector Unit,VU)、内存管理单元 MMU、物理内存保护 PMP、指令退休单元(Retire Unit,RTU)等。

取指令单元(IFU)一次最多取 8 条指令。指令译码器(IDU)可同时对 3 条指令进行译码,并支持指令乱序调度。

内核集成了算术逻辑单元(ALU)、乘法单元(MULT)、除法单元(DIV)和跳转单元(BJU)等整数执行单元。ALU 支持 64 位整数操作,MULT 支持 16×16、32×32 和 64×64 位整数乘法。DIV 采用基于 16 位的数字循环算法(SRT),执行时间为 3～20 个指令周期。

内核还拥有浮点算术逻辑单元(FALU)、浮点乘加单元(FMAU)和浮点除法开方单元(FDSU)等浮点运算单元,并支持半精度、单精度和双精度浮点运算。矢量计算单元支持标量浮点、矢量浮点和矢量整数运算。

存储单元(LSU)支持矢量、标量存储和双装载指令发射,支持字节、半字、全字、双字和 4 字存储指令,所有装载和存储指令可以乱序执行。在装载字、半字、字节数据时,支持符号位扩展和零扩展。

内存管理单元(MMU)支持 RISC-V SV39 标准,将 39 位虚拟地址转换成 40 位

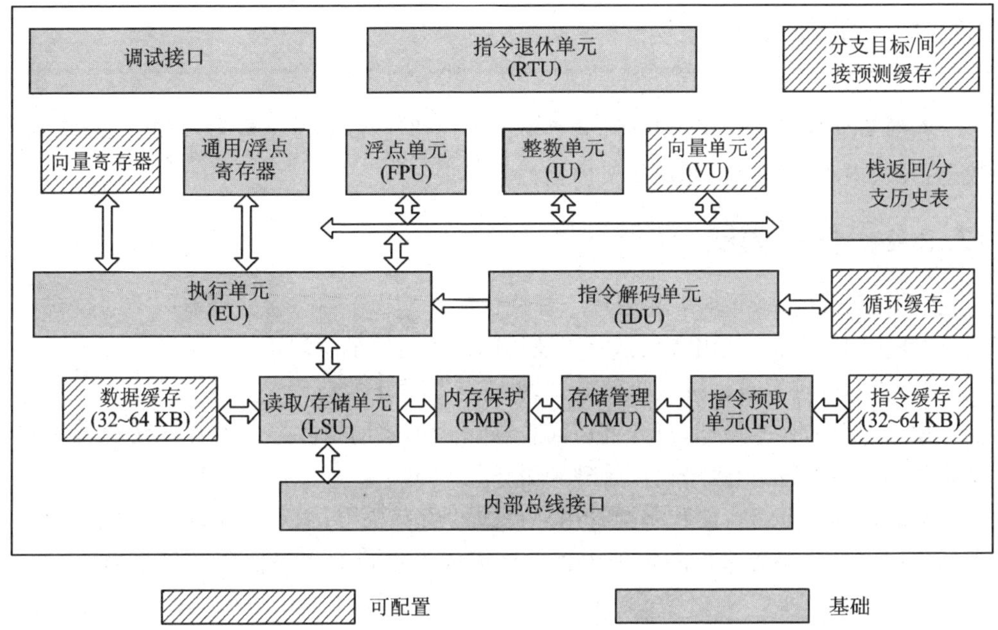

图 12.2　处理器内核结构图

物理地址。

物理内存保护单元(PMP)支持 8～16 个表项,最小粒度为 4 KB。

每个内核独立拥有一级缓存。

12.1.3　多核共享系统

C910 多核共享二级高速缓存(L2 Cache)、可配置的先进扩展接口 AXI4.0、主设备扩展单元、平台中断控制单元 PLIC、定时器和单端口多核调试框架。

二级缓存容量可设置为 128 MB～8 GB,并可以选择 ECC 校验。缓存采用分区结构,可同时处理两个并行访问请求,最大访问带宽 1 024 位。

扩展总线接口采用先进的微控制器总线架构(Advanced Microcontroller Bus Architecture,AMBA),支持关键字优先的地址访问,可以在不同系统时钟与内核时钟比例下工作。

系统级中断控制器 PLIC 支持最多 1 023 个外部中断请求的获取和分发,支持脉冲和边缘触发,支持 32 级中断优先级。

多核共用一个 64 位系统计数器,各个核拥有私有计数器比较值寄存器,将系统计数器的值与私有比较寄存器的值进行比较,产生定时器信号。

12.2 编程模型

在编写处理器的应用程序时,需要考虑处理器特权模式、寄存器组织、异常处理、数据格式、内存组织等与处理器架构相关的因素。

12.2.1 特权模式

C910 支持机器、管理员和用户三种特权模式。程序运行在处理器的不同特权模式下,其访问寄存器、使用特权指令以及访问内存空间的权限不同。

复位后,处理器自动进入机器模式,并在该模式下执行程序。

用户模式的权限最低,只允许访问普通用户模式的寄存器。操作系统协调用户模式资源,为普通用户程序提供管理和服务。

管理员模式下运行的程序拥有用户模式的所有权限,但不能访问一些机器模式下的控制寄存器和受保护的物理内存。该模式下运行的程序使用基于页面的虚拟内存。

机器模式下运行的程序完全拥有对内存、I/O 和底层功能的访问及应用权限。在未使用中断代理(缺省)的情况下,任何模式下发生异常和中断都将切换到机器模式。

大多数指令能够在 3 种特权模式下执行,一些具有重大影响的特权指令只能在管理员模式和机器模式下执行。

如果在非机器模式下发生异常,处理器的特权模式在响应异常时将发生变化,进入更高级模式。在异常处理完成之后,通过指令返回到异常发生前的特权模式。

12.2.2 寄存器

RV64G 支持 32 个 64 位通用寄存器 x0～x31。

C910 浮点单元支持标准 RV64FD 指令集,支持半精度浮点计算。32 个独立的 64 位浮点寄存器 f0～f31,可在用户模式、管理员模式和机器模式下访问。浮点寄存器 f0 与其他浮点寄存完全相同,不同于通用寄存器 x0。单精度浮点数使用 64 位寄存器的低 32 位,高 32 位全为 1。半精度浮点数使用 64 位浮点寄存器的低 16 位,高 48 位全为 1。

通用寄存器与浮点寄存器之间的数据传输可以通过浮点寄存器传送指令实现。浮点寄存器传送指令包括半精度、单精度和双精度 3 条指令。

① 半精度指令,fmv. x. h/fmv. h. x。

```
fmv.h.x fd, rs1    //fd[15:0] <- rs1[15:0]; fd[63:16] <- 48'hffffffffffff
fmv.x.h rd,fs1     //tmp[15:0] <- fs1[15:0] ;rd <- sign_extend(tmp[15:0])
```

② 单精度指令，fmv. x. w /fmv. w. x。

```
fmv.w.x fd, rs1   //fd[31:0] <- rs1[31:0]; fd[63:32] <- 32'hffffffff
fmv.x.w rd,fs1    //tmp[31:0] <- fs1[31:0] ;rd <- sign_extend(tmp[31:0])
```

③ 双精度指令，fmv. x. d /fmv. d. x。

```
fmv.d.x fd, rs1      //fd[63:0] <- rs1[63:0];
fmv.x.d rd,fs1       //rd <- fs1[63:0];
```

从通用寄存器传输到浮点寄存器的数据格式不变，程序可以直接使用这些寄存器，不必经过类型转换。

C910 有 32 个独立的 128 位矢量寄存器，可以在用户模式、管理员模式和机器模式下访问。通过矢量传送指令实现矢量寄存器与通用寄存器和浮点寄存器之间的数据交换。

矢量寄存器与通用寄存器之间的数据传输通过矢量整型寄存器传送指令实现。矢量整型寄存器传送指令包括：

① 整型传送到矢量，vmv. v. x。

```
vmv.v.x vd, rs1      //vd[i] <- rs1
```

② 整型传送到矢量首元素，vmv. s. x。

```
vmv.s.x vd, rs1      //vd[0] <- rs1
```

③ 矢量整型提取元素，vext. x. v。

```
vext.x.v rd, vs2, rs1
//if(unsigned(rs1)> = VLEN/SEW)
//rd = 0;
//else
//rd = vs2[unsigned(rs1)]
fmv.x.w rd,fs1      //tmp[31:0] <- fs1[31:0] ;rd <- sign_extend(tmp[31:0])
```

矢量寄存器与浮点寄存器之间的数据传输通过矢量浮点寄存器传送指令实现。矢量浮点寄存器传送指令包括：

① 浮点传送到矢量，vfmv. v. f。

```
vfmv.v.f vd, fs1              //vd[i] = fs1
```

② 矢量首元素传送到浮点，vfmv. f. s。

```
vfmv.f.s fd, vs1      //fd = vs1[0]
```

③ 浮点传输到矢量首元素，vfmv. s. f。

```
vfmv.s.f vd, fs1      //vd[0] = fs1
```

在不同特权模式下，可访问的处理器的控制和状态寄存器有所不同。在用户模式和机器模式基础上，高性能 RISC-V 处理器内核增加了管理员(Supervisor)模式。管理员模式专有的控制和状态寄存器如表 12.1 所列。

表 12.1 管理员模式的控制和状态寄存器

名 称	读/写权限	寄存器编号	描 述
异常配置寄存器			
sstatus	管理员模式读/写	0x100	状态寄存器
sie	管理员模式读/写	0x104	中断使能控制寄存器
stvec	管理员模式读/写	0x105	向量基地址寄存器
scounteren	管理员模式读/写	0x106	计数器使能控制寄存器
异常处理寄存器			
sscratch	管理员模式读/写	0x140	异常临时数据备份寄存器
sepc	管理员模式读/写	0x141	异常保留程序计数器
scause	管理员模式读/写	0x142	异常事件原因寄存器
stval	管理员模式读/写	0x143	异常事件向量寄存器
sip	管理员模式读/写	0x144	中断状态寄存器
地址转换寄存器			
satp	管理员模式读/写	0x180	虚拟寄存器转换和保护寄存器
MMU 扩展寄存器			
smir	管理员模式读/写	0x9c0	MMU Index 寄存器
smel	管理员模式读/写	0x9c1	MMU EntryLo 寄存器
smeh	管理员模式读/写	0x9c2	MMU EntryHi 寄存器
smcir	管理员模式读/写	0x9c3	MMU 控制寄存器

12.2.3 异常处理

中断和异常处理是处理器的基本功能。与 GD32VF103 仅支持机器和用户模式相比，C910 处理器增加了管理员模式。因此，C910 的中断和异常处理器系统中增加了管理员模式下的中断与异常处理功能。

在 RISC-V 标准中，管理员模式的异常和中断向量表如表 12.2 所列。

表 12.2 管理员模式的异常和中断向量表

中断/异常	向量号	描 述
中断	1	管理员模式软件中断
中断	5	管理员模式计数器中断
中断	9	管理员模式外部中断

续表 12.2

中断/异常	向量号	描　述
中断	16	L1 数据缓存 ECC 中断
异常	1	取指令访问异常
异常	2	非法指令异常
异常	3	调试断点异常
异常	4	加载指令非对齐访问异常
异常	5	加载指令访问错误异常
异常	6	存储/原子指令非对齐访问异常
异常	7	存储/原子指令访问错误异常
异常	9	管理员模式环境调用异常
异常	12	取值页面错误异常
异常	13	加载指令页面错误异常
异常	15	存储、原子指令页面错误异常

当多个中断请求同时发生时，优先级高的中断请求率先得到响应。对内核来说，不同类型中断源的优先级是固定的。相同特权模式下，不同类型中断的优先级顺序为：L1 缓存 ECC 中断 > 外部中断 > 软件中断 > 定时器中断。另外机器模式优先级最高，用户模式优先级最低。

C910 支持异常和中断的委托（delegation）机制。通过委托设置，用户和管理员模式的中断请求可以在管理员模式响应并处理。

12.2.4　数据格式

1. 大小端模式

C910 仅支持小端模式，支持标准补码的二进制整数。如图 12.3 所示为小端存储模式，数据的高地址字节存放在物理内存的高位，数据的低地址字节存放在物理内存的低位。

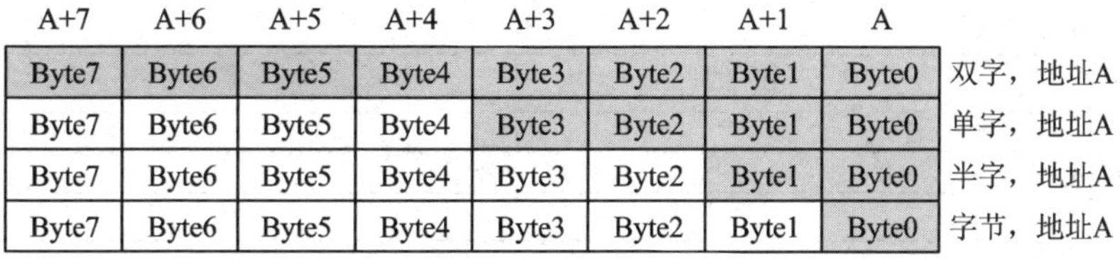

A+7	A+6	A+5	A+4	A+3	A+2	A+1	A	
Byte7	Byte6	Byte5	Byte4	Byte3	Byte2	Byte1	Byte0	双字，地址A
Byte7	Byte6	Byte5	Byte4	Byte3	Byte2	Byte1	Byte0	单字，地址A
Byte7	Byte6	Byte5	Byte4	Byte3	Byte2	Byte1	Byte0	半字，地址A
Byte7	Byte6	Byte5	Byte4	Byte3	Byte2	Byte1	Byte0	字节，地址A

图 12.3　小端模式

2. 浮点数据格式

C910 浮点单元遵从 RISC-V 标准，兼容 IEEE 754—2008 浮点协议，支持半精度、单精度和双精度浮点运算，数据格式如图 12.4 所示。

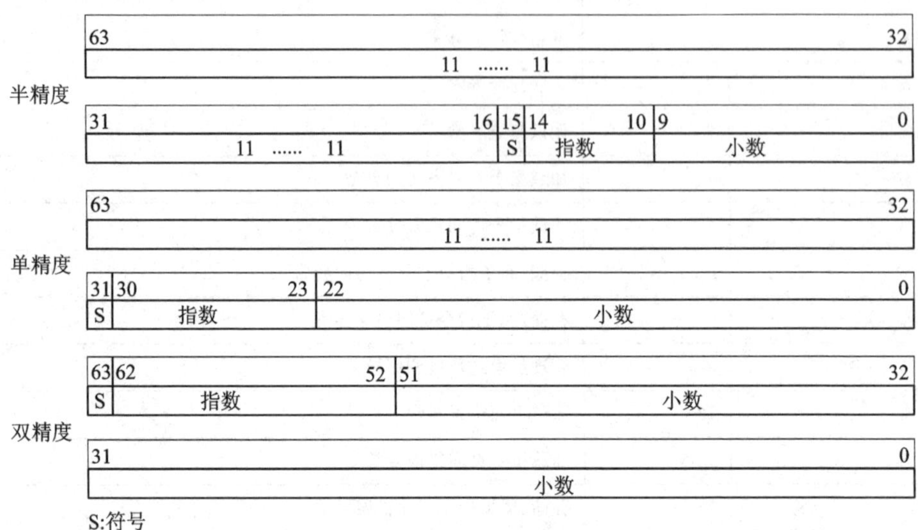

图 12.4　寄存器浮点数据格式

3. 整型数据格式

如图 12.5 所示，寄存器内数据包括有符号和无符号两种类型。其中，从右到左表示从逻辑低位到逻辑高位。

类型	63 bit ～ 8 bit	7 bit ～ 0 bit
字节有符号	ssssssssssssssssssssssss	S 字节
字节无符号	000000000000000000000000	字节

类型	63 bit ～ 16 bit	15 bit ～ 0 bit
半节有符号	sssssssssssssss	S　半字
半节无符号	0000000000000000	半字

类型	63 bit ～ 32 bit	31 bit ～ 0 bit
单节有符号	ssssssssssssssss	S　单字
单节无符号	0000000000000000	单字

类型	63bit ～ 0 bit
双节有符号	S　双字
双节无符号	双字

S:符号

图 12.5　寄存器整型数据格式

4. 矢量数据格式

矢量寄存器的宽度为128位，其中包含的元素个数由当前矢量元素位宽决定。位宽为8位、16位、32位和64位的矢量元素在矢量寄存器中的排列格式如图12.6所示。

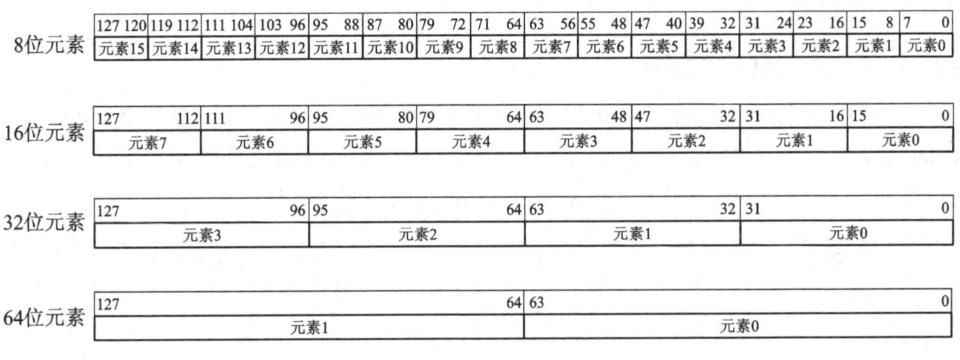

图12.6 寄存器矢量数据格式

12.2.5 内存模式

C910支持两种存储类型，内存(Memory)型和设备(Device)型。内存型存储支持指令投机执行(Speculative Execution)和乱序执行(Out-of-Order Execution)。根据能否缓存，内存型存储又可进一步分为可缓存(Cacheable Memory)和不可缓存(Non-Cacheable Memory)。设备类型存储不可缓存，其中的程序指令必须按顺序执行。

为了支持多核之间的数据共享，C910通过共享属性位(Shareable，SH)将可缓冲内存页面设置为可共享页面。多核共享可共享页面时，由硬件维护数据的一致性。不可共享页面由某个核独占，不需要硬件维护数据的一致性。如果出现多个核访问不可共享页面的情况，则需要通过软件维护数据的一致性。另外，C910可设置页面的安全属性(Security，SEC)。

C910多核采用宽松的内存一致性(Weak Memory Ordering)模型，各个内核保证相同地址访问的顺序性，但放松不同地址访问的顺序性。当一个核能获得另一个核的写数据时，保证其他核也能够同时获得该数据。当一个核能获得自己所写的数据时，不要求其他核此刻也能获得该数据。

宽松的内核一致性模型，可能导致多核之间内存实际的读/写顺序与程序给定的访问顺序不一致。为此，C910扩展了SYNC指令，使得软件能够强制规定内存访问的顺序性。SYNC指令限定了所有指令的执行顺序，保证了在SYNC指令之前的所有指令一定在执行SYNC指令之前完成。SYNC指令还可以同步指令内存，在完成SYNC以前的指令时清空流水线，重新取指。

12.3 指令集

在 C910 中实现了 RV64GCV 指令集，包括标准的整数型指令集 RV64I、乘除法指令集 RV64M、原子指令集 RV64A、单精度浮点指令集 RV64F、双精度浮点指令集 RV64D、压缩指令集 RVC 和矢量指令集 RVV。

12.3.1 浮点指令集

单精度浮点指令集中包含运算、符号处理、数据传输、比较、数据类型转换、内存访问以及浮点数分类等指令。表 12.3 列出了其中数据传输以外的指令。

表 12.3 单精度浮点指令集

名 称	描 述	执行时长
运算		
FADD. S	加法	3
FSUB. S	减法	3
FMUL. S	乘法	4
FMADD. S	乘累加	5
FMSUB. S	乘累减	5
FNMADD. S	乘累加然后取负	5
FNMSUB. S	乘累减然后取负	5
FDIV. S	除法	4～10
FSQRT. S	开平方根	4～10
添加符号位		
FSGNJ. S	添加符号位	3
FSGNJN. S	添加取反的符号位	3
FSGNJX. S	符号位异或	3
比较指令		
FMIN. S	取最小值	
FMAX. S	取最大值	
FEQ. S	比较相等	
FLT. S	比较小于	
FLE. S	比较小于或等于	
数据转换		
FCVT. W. S	单精度浮点转成有符号整型	3+1
FCVT. WU. S	单精度浮点转成无符号整型	3+1
FCVT. S. W	有符号整型转成单精度浮点	3+1

续表 12.3

名　称	描　述	执行时长
FCVT. S. WU	无符号整型转成单精度浮点	3+1
FCVT. L. S	单精度浮点转成有符号长整型	3+1
FCVT. LU. S	单精度浮点转成无符号长整型	
FCVT. S. L	有符号长整型转成单精度浮点	
FCVT. S. LU	无符号长整型转成单精度浮点	
内存存储指令		
FLW	单精度浮点加载	不定周期
FSW	单精度浮点存储	不定周期
浮点数分类指令		
FCLASS. S	单精度浮点分类	1+1

双精度浮点指令集中的指令数量、功能和格式与单精度浮点指令集一致，将单精度指令集中指令“XXX. S” 中的“S”改为“D“，即将”XXX. S” 改成”XXX. D”，就是双精度浮点指令。

12. 3. 2　矢量指令集

按功能可将矢量指令集分为矢量整型、矢量浮点和矢量加载存储指令。矢量指令集比较大，表 12. 4 列出了一些典型的矢量整型指令。

表 12. 4　矢量整型指令

名　称	描　述	执行时长
矢量控制指令		
VSETVL	寄存器设置 VL 和 VTYPE	1
矢量 MISC 指令		
VAND. VV	矢量按位与	3
矢量缩减指令		
VREDSUM. VS	矢量缩减累积指令	
矢量乘法指令		
VMUL. VV	矢量整型乘法取低位	3～4
矢量移位指令		
VSLL. VV	矢量逻辑左移	3
矢量整型加减法指令		
VADD. VV	矢量整型加法	3

续表 12.4

名　称	描　述	执行时长
矢量整型比较指令		
VMSEQ. VX	矢量标量整型相等比较	3+1
矢量整型最大/最小指令		
VMINU. VV	矢量整型无符号取最小值	
矢量整型除法/取余数指令		
VDIVU. VV	矢量整型无符号除法	
矢量整型定点加减法指令		
VSADDU. VX	矢量标量整型无符号饱和加法	3+1

12.4　虚拟内存管理

C910 内存管理单元(MMU)兼容 RISC-V SV39 虚拟内存管理系统,包括地址转换、页面保护和页面属性管理等主要功能。地址转换将 39 位虚拟地址转换为 40 位物理地址,页面保护为页面设置访问权限。

C910 MMU 采用两级查找缓冲区(Translation Look-aside Buffer,TLB),并主要利用 TLB 实现地址转换。输入内核所使用的虚拟地址,查找 TLB 页中的内容,输出虚拟地址所对应的物理地址。

C910 MMU 利用自定义的扩展控制寄存器对 TLB 进行读/写、查询和无效操作。

MMU 向管理员模式和机器模式开放控制寄存器读/写权限。MMU 控制寄存器包括管理员模式 MMU 控制索引寄存器(Supervisor MMU Control Index Register,SMCIR)、管理员模式 MMU 索引寄存器(Supervisor MMU Index Register,SMIR)、管理员模式 MMU 入口地址高位(Supervisor MMU Entry High,SMEH)、管理员模式 MMU 入口地址低位(Supervisor MMU Entry Low,SMEL)和 SV39 规范 MMU 地址转换寄存器(SV39 Address Transfer,SATP)。

C910 采用最多三级页表索引的方式实现地址转换。访问第一级页表得到第二级页表的基地址和相应的权限属性,访问第二级页表得到第三级页表的基地址和相应的权限属性,访问第三级页表得到最终物理地址和相应的权限属性。每一级访问都有可能得到最终的物理地址,即叶子页表。将 27 位虚拟页面号等分为 3 个 9 位的虚拟页帧号(Virtual Page frame Number,VPN),每次访问使用一部分 VPN 进行索引。

将叶子页表的表项内容、虚拟地址转换得到的物理地址和相应的权限属性,缓存在 TLB 内,加速地址转换过程。TLB 有两级:第一级 uTLB 分为指令、数据两个部

分，分别为 32、17 个表项；第二级 jTLB 为指令和数据共用，4 路组联。

如果 uTLB 匹配失败，则访问 jTLB。如果 jTLB 进一步匹配失败，则 MMU 将启动硬件页表漫游（Hardware Page Table Walk），从内存中得到最终的地址转换结果。

MMU 支持可配置的奇偶校验，可以对 jTLB 的标签 TAG 和数据 DATA 进行校验。开启检验机制后，jTLB 在写入时对数据进行奇偶编码，在读取时进行校验。

12.5 物理内存保护

C910 内存保护（PMP）遵从 RISC-V 标准。在受保护的系统中，监视存储系统和外围设备。PMP 物理内存保护单元负责对存储器系统和外围设备的访问合法性进行检查。PMP 通过可配置的 8/16 个表项，对存储区域的访问权限进行设置。每个表项通过 0～15 的号码来标识和索引。地址划分最小粒度是 4 KB。

12.5.1 PMP 控制寄存器

PMP 表项主要由一个 8 位的设置寄存器和一个 64 位地址寄存器构成，所有 PMP 控制寄存器只能在机器模式下访问。

1. 物理内存保护设置寄存器

每个 64 位物理内存保护设置寄存器（Physical Memory Protection Configure，PMPCFG）提供 8 个表项的权限设置。如图 12.7 所示为 PMPCFG 寄存器的表项结构，如图 12.8 所示为表项内属性位定义。

63　56	55　48	47　40	39　32	31　24	23　16	15　8	7　0	
entry7_cfg	entry6_cfg	entry5_cfg	entry4_cfg	entry3_cfg	entry2_cfg	entry1_cfg	entry0_cfg	pmpcfg0
8	8	8	8	8	8	8	8	

63　56	55　48	47　40	39　32	31　24	23　16	15　8	7　0	
entry7_cfg	entry6_cfg	entry5_cfg	entry4_cfg	entry3_cfg	entry2_cfg	entry1_cfg	entry0_cfg	pmpcfg2
8	8	8	8	8	8	8	8	

图 12.7　PMPCFG 寄存器结构

7	6　5	4　3	2	1	0
L(WARL)	0(WARL)	A(WARL)	X(WARL)	W(WARL)	R(WARL)
1	2	2	1	1	1

图 12.8　表项内属性位定义

在图 12.8 中，R 是可读属性，W 是可写属性，X 是可执行属性，A 是表项地址匹配模式，L 是锁定（Lock）使能位。

地址匹配模式包括无效表项(00,OFF),以相邻表项的地址作为匹配区间(01,Top of range,TOP),4 字节对齐区间(10,Naturally aligned four-byte region,NA4)和最小 4 KB 的 2 的幂次方区间匹配(11,Naturally aligned power-of-2 regions,NAPOT)。

2. 物理内存保护地址寄存器

PMP 实现了 8/16 个物理内存保护地址寄存器(Physical Memory Protection Address,PMPADDR)pmpaddr0~pmpaddr7/15,存放需要保护内存区间的起始物理地址。根据 RISC-V 规范,PMP 地址寄存器的[37:0]位存放内存物理地址的[39:2]位,其结构如图 12.9 所示。表项中页面的最小粒度是 4 KB,地址寄存器中的[8:0]为 0。

	63 38	37 9	8 0
	0	address[37:9](WARL)	0(WARL)
Reset	0	0	0

图 12.9 地址寄存器

12.5.2 内存保护实现

在 C910 中,PMPCFG 寄存器 pmpcfg0 中的 entry0_cfg~entry7_cfg 分别对应于 PMPADDR 寄存器 pmpaddr0~pmpaddr7 中的地址所对应的区域;PMPCFG 寄存器 pmpcfg2 中的 entry0_cfg~entry7_cfg 分别对应于 PMPADDR 寄存器 pmpaddr8~pmpaddr15 中的地址所对应的区域。

将需要保护的物理内存区域的 40 位基地址[39:0]的高 38 位[39:2]写入选定的 PMPADDR 寄存器 pmpaddrx(x:0~15)的低 38 位 pmpaddx[37:0]中,选择 pmpcfg0 或 pmpcfg2 寄存器中对应的区域,设定 pmpaddx[37:0]的保护属性。

pmpaddx[37:0]中的地址值的格式决定了所保护内存区域的大小,表 12.5 是在地址中区域块大小的编码。

表 12.5 支持的保护区间编码

pmpaddr[31:0]	pmpcfg. A	区域大小
aaaa_aaaa_aaaa_aaaa_aaaa_aa01_1111_1111	NAPOT	4 KB
aaaa_aaaa_aaaa_aaaa_aaaa_a011_1111_1111	NAPOT	8 KB
aaaa_aaaa_aaaa_aaaa_aaaa_0111_1111_1111	NAPOT	16 KB
aaaa_aaaa_aaaa_aaaa_aaa0_1111_1111_1111	NAPOT	32 KB
aaaa_aaaa_aaaa_aaaa_aa01_1111_1111_1111	NAPOT	64 KB
aaaa_aaaa_aaaa_aaaa_a011_1111_1111_1111	NAPOT	128 KB
aaaa_aaaa_aaaa_aaaa_0111_1111_1111_1111	NAPOT	256 KB

续表 12.5

pmpaddr[31:0]	pmpcfg. A	区域大小
aaaa_aaaa_aaaa_aaa0_1111_1111_1111_1111	NAPOT	512 KB
aaaa_aaaa_aaaa_aa01_1111_1111_1111_1111	NAPOT	1 MB
aaaa_aaaa_aaaa_a011_1111_1111_1111_1111	NAPOT	2 MB
aaaa_aaaa_aaaa_0111_1111_1111_1111_1111	NAPOT	4 MB
aaaa_aaaa_aaa0_1111_1111_1111_1111_1111	NAPOT	8 MB
aaaa_aaaa_aa01_1111_1111_1111_1111_1111	NAPOT	16 MB
aaaa_aaaa_a011_1111_1111_1111_1111_1111	NAPOT	32 MB
aaaa_aaaa_0111_1111_1111_1111_1111_1111	NAPOT	64 MB
aaaa_aaa0_1111_1111_1111_1111_1111_1111	NAPOT	128 MB
aaaa_aa01_1111_1111_1111_1111_1111_1111	NAPOT	256 MB
aaaa_a011_1111_1111_1111_1111_1111_1111	NAPOT	512 MB
aaaa_0111_1111_1111_1111_1111_1111_1111	NAPOT	1 GB
aaa0_1111_1111_1111_1111_1111_1111_1111	NAPOT	2 GB
aa01_1111_1111_1111_1111_1111_1111_1111	NAPOT	4 GB
a011_1111_1111_1111_1111_1111_1111_1111	NAPOT	8 GB
0111_1111_1111_1111_1111_1111_1111_1111	NAPOT	16 GB
1111_1111_1111_1111_1111_1111_1111_1111	NAPOT	保留

12.6　中断控制器

C910 多核处理器(C910MP)的中断管理分为两部分,多核平台中断控制(PLIC)和内核中断控制(CLINT),分别使用平台中断控制器和内核局部中断控制器进行管理。

12.6.1　内核局部中断控制器

C910MP 内核局部中断控制器(CLINT),用于处理软件中断和定时器中断,CLINT 寄存器映射到内核的存储空间。

1. 寄存器地址映射

CLINT 中断控制器占据 64 KB 内存空间。其高 13 位地址由 SoC 配置决定,低 27 位地址映射如表 12.6 所列。表 12.6 中包括机器模式和管理员模式下每一个内核的软件中断控制寄存器(MSIP0～3 和 SSIP0～3),以及每个内核计数器比较值寄存器(MTIMECMPL/H0～3 和 STIMECMPL/H0～3)。所有寄存器仅支持字对齐访问。

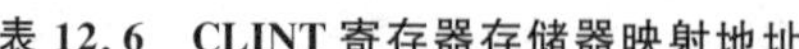

表 12.6 CLINT 寄存器存储器映射地址

地 址	名 称	类 型	初始值	描 述
0x400 0000	MSIP0	读/写	0x0000 0000	核 0 机器模式软件中断,bit[0]
0x400 0004	MSIP1	读/写	0x0000 0000	核 1 机器模式软件中断,bit[0]
0x400 0008	MSIP2	读/写	0x0000 0000	核 2 机器模式软件中断,bit[0]
0x400 000C	MSIP3	读/写	0x0000 0000	核 3 机器模式软件中断,bit[0]
0x400 4000	MTIMECMPL0	读/写	0xffff ffff	核 0 机器模式时钟计数器比较值寄存器(低 32 位)
0x400 4004	MTIMECMPH0	读/写	0xffff ffff	核 0 机器模式时钟计数器比较值寄存器(高 32 位)
0x400 4008	MTIMECMPL1	读/写	0xffff ffff	核 1 机器模式时钟计数器比较值寄存器(低 32 位)
0x400 400C	MTIMECMPH1	读/写	0xffff ffff	核 1 机器模式时钟计数器比较值寄存器(高 32 位)
0x400 4010	MTIMECMPL2	读/写	0xffff ffff	核 2 机器模式时钟计数器比较值寄存器(低 32 位)
0x400 4014	MTIMECMPH2	读/写	0xffff ffff	核 2 机器模式时钟计数器比较值寄存器(高 32 位)
0x400 4018	MTIMECMPL3	读/写	0xffff ffff	核 3 机器模式时钟计数器比较值寄存器(低 32 位)
0x400 401C	MTIMECMPH3	读/写	0xffff ffff	核 3 机器模式时钟计数器比较值寄存器(高 32 位)
0x400 C000	SSIP0	读/写	0x0000 0000	核 0 管理员模式软件中断,bit[0]
0x400 C004	SSIP1	读/写	0x0000 0000	核 1 管理员模式软件中断,bit[0]
0x400 C008	SSIP2	读/写	0x0000 0000	核 2 管理员模式软件中断,bit[0]
0x400 C00C	SSIP3	读/写	0x0000 0000	核 3 管理员模式软件中断,bit[0]
0x400 D000	STIMECMPL0	读/写	0xffff ffff	核 0 管理员模式时钟计数器比较值寄存器(低 32 位)
0x400 D004	STIMECMPH0	读/写	0xffff ffff	核 0 管理员模式时钟计数器比较值寄存器(高 32 位)
0x400 D008	STIMECMPL1	读/写	0xffff ffff	核 1 管理员模式时钟计数器比较值寄存器(低 32 位)
0x400 D00C	STIMECMPH1	读/写	0xffff ffff	核 1 管理员模式时钟计数器比较值寄存器(高 32 位)

续表 12.6

地　址	名　称	类　型	初始值	描　述
0x400 D010	STIMECMPL2	读/写	0xffff ffff	核 2 管理员模式时钟计数器比较值寄存器(低 32 位)
0x400 D014	STIMECMPH2	读/写	0xffff ffff	核 2 管理员模式时钟计数器比较值寄存器(高 32 位)
0x400 D018	STIMECMPL3	读/写	0xffff ffff	核 3 管理员模式时钟计数器比较值寄存器(低 32 位)
0x400 401C	STIMECMPH3	读/写	0xffff ffff	核 3 管理员模式时钟计数器比较值寄存器(高 32 位)

2. 软件中断

用 MSIP 和 SSIP 寄存器的最低位 SIP 控制机器模式和管理员模式下的软件中断。SIP 置 1，产生软件中断。SIP 置 0，清除软件中断。仅在使能位 CLINTEE 位为 1 时，CLINT 管理员模式软件中断请求有效。

机器模式拥有修改访问所有中断寄存器的权限，管理员模式仅具有访问修改管理员模式软件中断配置寄存器(SSIP)的权限，用户模式没有修改 MSIP 和 SSIP 的权限。

3. 定时器中断

多核共享一个 64 位的系统公共定时器 MTIME，在有效供电的电源下工作。系统定时器不可写，仅能通过复位(Reset)清 0。通过读取 PMU 的 TIME 寄存器，获取系统定时器的当前值。

每一个核均有一组 64 位的机器模式时钟定时器比较值寄存器(MTIMECMPL/H)和一组 64 位管理员模式时钟定时器比较值寄存器(STIMECMPL/H)。通过字对齐方式访问这两个比较寄存器，修改其高 32 位和低 32 位的数值。

CLINT 将{CMPH[31:0]，CMPL[31:0]}的值与系统定时器的当前值进行比较，确认是否产生定时器中断。当{CMPH[31:0]，CMPL[31:0]}的值大于系统定时器的值时，不产生中断。当{CMPH[31:0]，CMPL[31:0]}的值小于或等于系统定时器时的值时，CLINT 产生对应的定时器中断。软件可通过修改 MTIMECMP 和 STIMECMP 的值，清除对应的时间中断。仅在使能位 CLINTEE 为 1 时，核的管理员模式定时器中断请求有效。

机器模式下拥有修改访问定时器中断相关寄存器的权限；管理员模式下仅具有访问修改管理员模式定时器比较值寄存器(STIMECMPL/H)的权限；用户模式没有修改寄存器的权限。

12.6.2 平台中断控制器

用平台中断控制器(PLIC)管理外部中断的采样、优先级仲裁和分发。处于机器模式或管理员模式的每个内核都可以作为中断目标。

多核 C910(C910MP)的 PLIC 最多支持 4 个核、8 个目标的中断分发和 1 023 个中断源采样,支持电平和脉冲中断输入,支持 32 个中断优先级,能够独立维护每个中断目标(内核)的中断使能、中断阈值,可设置 PLIC 寄存器的访问权限。

1. 中断处理机制

(1) 中断仲裁

在 PLIC 中,只有符合特定条件的中断请求才能参与对某个中断目标的仲裁。需要满足的条件包括:①中断源处于等待状态;②中断源的优先级大于 0;③对于中断目标,该中断的使能位有效。

当有多个中断请求等待某个中断目标时,PLIC 选优先级最高的中断。在 C910MP 的 PLIC 中,机器模式中断优先级始终高于管理员模式中断。相同模式的情况下,优先级配置寄存器中的值越大,优先级越高,优先级为 0 的中断无效,如多个中断拥有相同的优先级,则优先处理 ID 较小的中断。

PLIC 将仲裁结果以中断 ID 的形式更新对应中断目标的中断响应或完成寄存器。

(2) 中断请求与响应

当特定中断目标存在有效中断请求,且该中断的优先级大于该目标的中断阈值时,PLIC 向该目标发起中断请求。中断目标收到中断请求,且可响应该中断请求时,向 PLIC 发送中断响应消息。

中断目标向其对应的中断响应/完成寄存器发起读操作,读取当前 PLIC 仲裁出的中断 ID。中断目标根据所获得的 ID 进行下一步处理。如果获得的中断 ID 为 0,则表示没有有效中断请求,中断目标结束中断处理。

当 PLIC 收到中断目标发起的读操作且返回响应的 ID 后,将该 ID 对应的中断源 IP 位清 0,且在中断完成之前屏蔽该中断源。

(3) 中断完成

当中断目标完成中断处理后需要向 PLIC 发送中断完成消息。

中断目标写中断响应/完成寄存器,写操作的值为本次完成的中断 ID。如果中断类型为电平中断,则还需清除外部中断源。

PLIC 收到该中断完成请求后,解除 ID 对应的中断源采样屏蔽,结束整个中断处理过程。

2. PLIC 寄存器地址映射

PLIC 中断控制器占据 64 MB 内存空间。其高 13 位地址由 SoC 配置决定,低

27 位地址映射如表 12.7 所列。在表 12.7 中，包括机器模式和管理员模式每个内核的中断阈值寄存器、响应/完成寄存器（PLIC_H0～3_M/STH 和 PLIC_H0～3_M/SCLAIM）和中断使能寄存器（PLIC_H0～3_M/SIE0～31），每个中断源的中断状态寄存器（PLIC_IP0～31）、中断优先级寄存器（PLIC_PRIO1～1 023）和 PLIC 权限控制寄存器（PLIC_CTRL）。

表 12.7 PLIC 寄存器地址映射

偏移地址	名 称	类 型	初始值	描 述
0x0000 0004	PLIC_PRIO1	读/写	0x0000	中断源 1～1 023 优先级配置寄存器 PLIC_PRIO[4:0]
0x0000 0ffc	PLIC_PRIO1023	读/写	0x0000	
0x0000 1000	PLIC_IP0	读/写	0x0000	1～1 023 号中断状态寄存器，每 1 位对应于 1 个中断源
0x0000 107c	PLIC_IP31	读/写	0x0000	
0x0000 2000	PLIC_H0_MIE0	读/写	0x0000	核 0，1～1 023 机器模式中断使能寄存器，每 1 位对应于 1 个中断源
0x0000 207c	PLIC_H0_MIE31	读/写	0x0000	
0x0000 2080	PLIC_H0_SIE0	读/写	0x0000	核 0，1～1 023 管理员模式中断使能，每 1 位对应于 1 个中断源
0x0000 20fc	PLIC_H0_SIE31	读/写	0x0000	
0x0000 2100	PLIC_H1_MIE0	读/写	0x0000	核 1，1～1 023 机器模式中断使能，每 1 位对应于 1 个中断源
0x0000 217c	PLIC_H1_MIE31	读/写	0x0000	
0x0000 2180	PLIC_H1_SIE0	读/写	0x0000	核 1，1～1 023 管理员模式中断使能，每 1 位对应于 1 个中断源
0x0000 21Fc	PLIC_H1_SIE31	读/写	0x0000	
0x0000 2200	PLIC_H2_MIE0	读/写	0x0000	核 2，1～1 023 机器模式中断使能，每 1 位对应于 1 个中断源
0x0000 227c	PLIC_H2_MIE31	读/写	0x0000	
0x0000 2280	PLIC_H2_SIE0	读/写	0x0000	核 2，1～1 023 管理员模式中断使能，每 1 位对应于 1 个中断源
0x0000 22fc	PLIC_H2_SIE31	读/写	0x0000	
0x0000 2300	PLIC_H3_MIE0	读/写	0x0000	核 3，1～1 023 机器模式中断使能，每 1 位对应于 1 个中断源
0x0000 237c	PLIC_H3_MIE31	读/写	0x0000	
0x0000 2380	PLIC_H3_SIE0	读/写	0x0000	核 3，1～1 023 管理员模式中断使能，每 1 位对应于 1 个中断源
0x0000 23fc	PLIC_H3_SIE31	读/写	0x0000	
0x001f fffc	PLIC_CTRL	读/写	0x0000	PLIC 权限控制
0x0020 0000	PLIC_H0_MTH	读/写	0x0000	核 0 机器模式中断阈值，bit[4:0]
0x0020 0004	PLIC_H0_MCLAIM	读/写	0x0000	核 0 机器模式中断响应/完成 bit[9:0]
0x0020 1000	PLIC_H0_STH	读/写	0x0000	核 0 管理员模式中断阈值，bit[4:0]
0x0020 1004	PLIC_H0_SCLAIM	读/写	0x0000	核 0 管理员模式中断响应/完成 bit[9:0]
0x0020 2000	PLIC_H1_MTH	读/写	0x0000	核 1 机器模式中断阈值，bit[4:0]

续表 12.7

偏移地址	名称	类型	初始值	描述
0x0020 2004	PLIC_H1_MCLAIM	读/写	0x0000	核 1 机器模式中断响应/完成 bit[9:0]
0x0020 3000	PLIC_H1_STH	读/写	0x0000	核 1 管理员模式中断阈值,bit[4:0]
0x0020 3004	PLIC_H1_SCLAIM	读/写	0x0000	核 1 管理员模式中断响应/完成 bit[9:0]
0x0020 4000	PLIC_H2_MTH	读/写	0x0000	核 2 机器模式中断阈值, bit[4:0]
0x0020 4004	PLIC_H2_MCLAIM	读/写	0x0000	核 2 机器模式中断响应/完成 bit[9:0]
0x0020 5000	PLIC_H2_STH	读/写	0x0000	核 2 管理员模式中断阈值, bit[4:0]
0x0020 5004	PLIC_H2_SCLAIM	读/写	0x0000	核 2 管理员模式中断响应/完成 bit[9:0]
0x0020 6000	PLIC_H3_MTH	读/写	0x0000	核 3 机器模式中断阈值, bit[4:0]
0x0020 6004	PLIC_H3_MCLAIM	读/写	0x0000	核 3 机器模式中断响应/完成 bit[9:0]
0x0020 7000	PLIC_H3_STH	读/写	0x0000	核 3 管理员模式中断阈值, bit[4:0]
0x0020 7004	PLIC_H3_SCLAIM	读/写	0x0000	核 3 管理员模式中断响应/完成 bit[9:0]

12.7 本章小结

本章以 C910 为对象,分析了高性能 RISC-V 处理器的结构和特点,介绍了 RV64GCV 架构指令集的特点;详细说明了 C910 的特权模式、内存管理单元、内存保护功能和中断控制器;重点分析了 C910MP 系统中的内存共享和中断管理机制。

参考文献

[1] 胡振波. RISC-V 发展现状与应用.(2018-04-25)[2020-10-20]. https://mp.weixin.qq.com/s/7SBGzYSEg81vP0jL66GCKQ.

[2] RISC-V Foundation. History of RISC-V. [2020-10-21]. https://riscv.org/about/history/.

[3] 包云岗. RISC-V 国际基金会 CEO 对"Nvidia 收购 ARM"的侧面回应.(2020-09-10)[2020-10-22]. https://zhuanlan.zhihu.com/p/254400565.

[4] DAVID PATTERSON, ANDREW WATERMAN. RISC-V 手册:一本开源指令集的指南. 勾凌睿,黄成,刘志刚,译.[2020-10-24]. http://staff.ustc.edu.cn/~xhzhou/reference/RISC-V-Reader-Chinese-v2p1.pdf.

[5] 胡振波. RISC-V 架构与嵌入式开发快速入门. 北京:人民邮电出版社,2018.

[6] RISC-V MCU 中文社区. 设计资源. [2020-10-20]. https://www.riscv-mcu.com/.

[7] IAR System. IAR Getting started with IAR RISC-V GD32V Eval board. [2020-10-23]. http://www.iar.com.

[8] 嘉楠. K210 技术规格书. [2020-10-12]. https://canaan-creative.com/developer.

[9] Open-ISA. V32M1-VEGA Development Board User Guide. [2020-10-22]. https://github.com/open-isa-org/open-isa.org/releases/download/1.0.0/Documentation.zip.

[10] beautifulzzzz. Artix-7 35T Arty FPGA 评估套件学习 + SiFive RISC-V 指令集芯片验证. [2020-10-22]. https://www.cnblogs.com/zjutlitao/p/9745365.html.

[11] Hex-Five Security. MultiZone Security for RISC-V. [2020-10-22]. https://hex-five.com/multizone-security-sdk/.

[12] RISC-V Foundation. RISC-V - Getting Started. (2020-08-12)[2020-10-22]. https://risc-v-getting-started-guide. readthedocs. io/_/downloads/en/latest/pdf/.

[13] Rolf Segger. The SEGGER Compiler. (2020-02-12)[2020-10-22]. https://blog. segger. com/the-segger-compiler/.

[14] 何小庆. 3 种物联网操作系统分析与比较. 微纳电子与智能制造，2020(1):65-72.

[15] KernelNewbies. Linux5. 8-RISCV. [2020-10-22]. https://kernelnewbies. org/Linux_5. 8#RISCV.

[16] RISC-V Foundation. RVfpga: Understanding Computer Architecture includes teaching materials and hands-on exercises for students. (2020-09-2) [2020-10-22]. https://riscv. org/2020/09/imagination-announces-the-first-risc-v-computer-architecture-course/.

[17] Samuel Greengard. Will RISC-V Revolutionize Computing? COMMUNICATIONS OF THE ACM，2020，63(5)：30-32.

[18] PicoRio. Three Phases of the PicoRio Development. [2020-10-22]. https://picorio-doc. readthedocs. io/en/latest/general/roadmap. html.

[19] CHIPS Alliance. Harnesses the energy of open source collaboration to accelerate hardware development. [2020-10-22]. https://chipsalliance. org/.

[20] 芯片开发社区. 平头哥半导体芯片开发社区(OCC). [2020-10-22]. https://occ. t-head. cn.

[21] 芯来科技. BumbleBee 内核文档. [2020-10-22]. https://github. com/nuclei-sys/BumbleBee_Core_Doc.

[22] GigaDevice. GD32VF103 User Manual V1. 2. (2019-10-30) [2020-10-22]. http://www. gd32mcu. com/cn/download.

[23] GigaDevice. GD32VF103_Datasheet_EN. pdf. (2020-12-15)[2021-02-01]. http://www. gd32mcu. com/cn/download.

[24] Open-ISA. V32M1_VEGA_Board_User_Guide. [2020-10-22]. https://open-isa. org/downloads/.

[25] Open_ISA. RV32M1_Vega_Develop_Environment_Setup. [2020-10-22]. https://open-isa. org/downloads/.

[26] WCH. CH32V103 数据手册. (2020-05-18)[2020-10-22]. http://www. wch. cn/products/CH32V103. html.

[27] WCH. CH32V103 评估板说明及应用参考. (2021-03-12)[2021-04-01]. http://www. wch. cn/products/CH32V103. html.

[28] SiFive Inc. SiFive FE310-G000 Manual v3p1. (2019-08-22)[2020-10-22]. https://sifive. cdn. prismic. io/sifive%2F500a69f8-af3a-4fd9-927f-10ca77077532_fe310-g000. pdf.

[29] SiFive Inc. SiFive FE310-G002 Manual v19p05. (2019-05-08) [2020-10-22]. https://sifive. cdn. prismic. io/sifive%2F59a1f74e-d918-41c5-b837-3fe01ba7eaa1_fe310-g002-manual-v19p05. pdf.

[30] yahboom. K210 开发者套件. [2021-04-10]. https://www. yahboom. com/study/K210-Developer-Kit.

[31] sipeed. Maix(k210)系列开发板又一新 IDE 加持,PlatformIO IDE. (2019-04-29)[2020-10-20]. https://blog. sipeed. com/p/category/maix-software/maix-duino.

[32] SiFive Inc. HiFive Unmatched,RISC-V Powered Development PC. [2020-10-22]. https://sifive. cdn. prismic. io/sifive/c05b8ddd-e043-45a6-8a29-2a137090236f_HiFive+Unmatched+Product+Brief+%28released%29. pdf.

[33] OpenHW. OpenHW Group member Bluespec updates its free RISC-V tool with CV32e40p. (2020-10-20)[2021-03-01]. https://www. openhwgroup. org/.

[34] Robert Oshana, Mark Kraeling. 嵌入式系统软件工程——方法、实用技术及应用. 单波,等译. 北京:清华大学出版社,2016.

[35] OpenOCD. Open On-Chip Debugger. [2020-10-22]. http://openocd. org/getting-openocd/.

[36] RISC-V MCU 中文社区. NucleiStudio 的快速上手. (2020-09-22)[2021-01-20]. https://www. riscv-mcu. com/quickstart-doc-u-rvstar_nucleistudio_quickstart. html.

[37] GigaDevice. GD32VF103 MCU 工具链和应用开发. [2021-01-30]. http://www. gd32mcu. com/cn/download? kw=GD32VF1.

[38] 使用 NucleiStudio 导入 GD32VF103_Demo_Suites 的例程. (2019-10-10)[2020-10-20]. http://bbs. eeworld. com. cn/thread-1092840-1-1. html.

[39] IAR System. IAR Embedded Workbench for RISC-V. [2020-10-22]. https://www. iar. com/products/architectures/risc-v/iar-embedded-workbench-for-risc-v/.

[40] IAR System. Getting started with IAR RISC-V GD32V Eval board. [2021-01-30]. https://github. com/IARSystems/iar-risc-v-gd32v-eval.

[41] SiFive Inc. Freedom E SDK. (2020-04-01)[2020-10-20]. https://www. sifive. com/software.

[42] RISC-V Foundation. The RISC-V Instruction Set Manual,Volume II: Privileged Architecture. [2021-01-20]. www. riscv. org.

[43] RISC-V Foundation. The RISC-V Instruction Set Manual,Volume I: Unprivileged Architecture. [2021-01-20]. www. riscv. org.

[44] 芯来科技. BumbleBee 处理器内核指令架构手册. [2021-01-20]. https://www. rvmcu. com/index. php? app=quickstart&ac=doc&u=pdf&id=8.

[45] RISC-V Foundation. RISC-V 调用约定. [2021-01-20]. https://github. com/riscv/riscv-elf-psabi-doc/blob/master/riscv-elf. md.

[46] billpig. GNU 汇编使用经验. (2010-01-19)[2020-10-22]. https://blog. csdn. net/billpig/article/details/5212955.

[47] junhua198310. objcopy 命令介绍. (2007-06-27)[2020-10-22]. http://blog. csdn. net/junhua198310/archive/2007/06/27/1669545. aspx.

[48] 程序园. RISC-V 数据模型. (2018-02-23)[2020-10-22]. http://www. voidcn. com/article/p-rrmxakhy-brz. html.

[49] 躲猫猫. GCC 优化选项简单说明. (2010-10-17)[2020-10-22]. http://blog. chinaunix. net/uid-23916171-id-2653114. html.

[50] CSDN. The GNU linker,ld (Sourcery G++ Lite 2010q1-188) Version 2. 19. 51. (2015-07-19)[2020-10-20]. https://download. csdn. net/download/loki67/8942785? utm_source=iteye_new.

[51] Atmel. AT24C02 数据手册. [2020-10-20]. https://datasheetspdf. com/datasheet/AT24C02C. html.

[52] cy36998. CPU 访问外设方法. (2013-07-27)[2020-10-20]. https://blog. csdn. net/u010495838/article/details/9527181.

[53] 李华. MCS-51 系列单片机实用接口技术. 北京:北京航空航天大学出版社,1993.

[54] SSD. SSD1289 数据手册. (2015-01-07)[2020-10-22]. https://wenku. baidu. com/view/b8e52f48376baf1ffc4fad9f. html.

[55] Vasilios Konstantakos, Alexander Chatzigeorgiou, Theodore Laopoulos. Energy Consumption Estimation in Embedded Systems. IEEE Transactions On Instrumentation And Measurement, 2008, 57(4), 797-804.

[56] PIJUSH KANTI DUTTA PRAMANIK, et al. Power Consumption Analysis, Measurement, Management, and Issues: A State-of-the-Art Review of Smartphone Battery and Energy Usage. IEEE Access, 2019, 7, 182113-182172.

[57] Gang Luo, Bing Guo, Yan Shen, et al. Analysis and optimization of embed-

ded software energy consumption on the source code and algorithm level. 2009 Fourth International Conference on Embedded and Multimedia Computing，2009.

[58] 张炜，韩进. 嵌入式系统降低功耗的方法研究. 单片机与嵌入式系统，2009（6）：8-11.

[59] 卜爱国，李杰，王超. 嵌入式系统动态电源管理技术研究. 单片机与嵌入式系统. 2008(10)：16-19.

[60] 李九阳. 嵌入式系统的深度功耗优化.（2015-08-18）[2020-10-22]. https://blog.csdn.net/lijiuyangzilsc/article/details/47748837.

[61] 李允，熊光泽. 嵌入式系统的功耗管理技术研究. 单片机与嵌入式系统应用，2008(10)：86-89.

[62] 半斗米. 嵌入式软件异步编程：单线程编程模型.（2018-03-23）[2020-10-20]. https://blog.csdn.net/zoomdy/article/details/79662512.

[63] Richard Barry. USING THE FREERTOS REAL TIME KERNEL-A Practical Guide.（2013-09-30）[2020-10-20]. https://ishare.iask.sina.com.cn/f/62215198.html.

[64] 李志明. STM32 嵌入式系统开发实战指南. 北京：机械工业出版社，2013.

[65] Jim Cooling. Real-time Operating Systems Book 1：The Theory. Lindentree Associates，2019.

[66] FreeRTOS. Memory Management. [2021-03-01]. https://www.freertos.org/a00111.html.

[67] 付元斌，张爱华，何小庆. 基于 RISC-V MCU 的 FreeRTOS 的移植与应用开发. 单片机与嵌入式系统应用，2021(1)：4-7.

[68] 北京麦克泰软件技术公司. 基于 SystemView v3.12 分析 FreeRTOS v10.4.1.(2020-10-20)[2021-03-01]. http://www.bmrtech.com/News/news_show/62.html.

[69] Jim Cooling. 嵌入式实时操作系统-基于 STM32Cube、FreeRTOS 和 Tracealyzer 的应用开发. 何小庆，张爱华，付元斌，译. 北京：清华大学出版社，2021.

[70] 何小庆. 嵌入式操作系统风云录——历史演进与物联网未来. 北京：机械工业出版社，2017.

[71] Jean labrosse，Jack Ganssle. Embedded Systems Know it All Bundle. Newnes，2008.

[72] 北京攀藤科技. 数字式通用颗粒物浓度传感器 PMSA003 系列数据手册.（2019-05-02）[2020-10-20]. https://max.book118.com/html/2019/0502/

8017072114002021. shtm.

[73] Supowang. 详解 GD32 RISC-V MCU 和腾讯云打造 PM2. 5 监控终端. (2020-11-10)[2021-03-01]. https://mp. weixin. qq. com/s/Angaftj3tvmTaNz3AHRjow.

[74] 中科蓝讯. AB32VG1 开发板用户手册. [2021-03-10]. https://oss-club. rt-thread. org/uploads/20210310/662ed0b75e92362ff10b72b15b743151. pdf.

[75] Bruceoxl. 玩转中科蓝讯(AB32VG1)开发板，第六章音乐播放器. (2021-04-24)[2021-04-30]. https://blog. csdn. net/bruceoxl/article/details/116097779 76.

[76] 中科蓝讯. ab32vg1-example. (2021-03-02)[2021-04-01]. https://gitee. com/bluetrum/AB32VG1_Example.

[77] 孔令和,等. 物联网操作系统原理. 北京:人民邮电出版社. 2020.

[78] 平头哥半导体有限公司. 玄铁 C910 用户手册. [2021-04-01]. https://www. t-head. cn/.